JN272742

ライブラリ数理・情報系の数学講義＝別巻2

# 基礎演習 微分積分

金子　晃・竹尾富貴子　共著

サイエンス社

サイエンス社のホームページのご案内
http://www.saiensu.co.jp
ご意見・ご要望は　rikei@saiensu.co.jp　まで.

# は し が き

　本書は，主に理工系の大学1年生向けの微分積分学の演習書です．『ライブラリ数理・情報系の数学講義』に対する別巻という位置づけで出版される演習問題集の一つの巻ですが，使用する定義や定理は要項にまとめて掲げ，微分積分のどんな教科書にも対応できるよう配慮しましたので，ほとんどの大学の微分積分の講義や演習に対する自習書として広く利用可能であると思います．

　扱っている題材は，理工系の1年生向けの標準的な微分積分の講義内容をカバーしています．1変数の微分積分が中心ですが，著者達が勤めていた学科のカリキュラムのように，偏微分や重積分の初歩を1年生で教えるところもあるので，これらについても，主に2変数までの範囲で基本的な事項を取り上げています．

　問題は計算練習が中心ですが，収束や連続性，微分可能性などの基本的な理論問題も比較的たくさん取り上げましたので，1年生向けとしては数学科でも十分使えると思います．ただし，本格的な多変数の微分積分の計算や，一様収束などの高度な理論演習は今後の巻に期待したいと思います．なお，☺ は挑戦問題です．気軽に楽しんでください．

　演習問題は著者達がお茶の水女子大学理学部情報科学科における講義や演習で実際に使っていたものを中心とし，かつて同僚であった諸先生方の作成された試験問題なども参考にさせて頂きました．特に，斎藤直子さんと矢野裕子さんには，演習の時間に実際に学生に配布されたプリントとそれに対する学生の反応を大いに参考にさせて頂きました．この場を借りて感謝致します．

　今回の原稿作成にあたっては，お茶の水女子大学理学部数学科3年の石井千晶さんに全体を精読して頂き，多くの貴重なコメントを頂きました．ここに深く感謝致します．また本書の出版にあたりサイエンス社の田島伸彦部長，編集部の鈴木綾子さんにお世話になりました．ここに，感謝の意を記します．

2011年11月30日

著者

# 目　次

## 第1章　数と数列　　1

- 1.1　種々の記数法・有理数と無理数 ............................................. 1
- 1.2　数　列 ............................................................................. 7
- 1.3　級数・連分数・その他の無限表現 ......................................... 15
- 1.4　上極限・下極限 ................................................................ 19
- 　　　演習問題 ....................................................................... 21

## 第2章　関　数　　23

- 2.1　関　数 ........................................................................... 23
- 2.2　連続関数 ........................................................................ 31
- 　　　演習問題 ....................................................................... 33

## 第3章　微分法　　35

- 3.1　微分法 ........................................................................... 35
  - 3.1.1　連続性と微分可能性 ................................................. 35
  - 3.1.2　導関数の計算 – 1. 基礎 ............................................ 37
  - 3.1.3　導関数の計算 – 2. 発展 ............................................ 39
- 3.2　高次導関数 ..................................................................... 43
- 3.3　平均値の定理とその応用 .................................................... 49
- 3.4　テイラーの定理 ................................................................ 53
  - 3.4.1　漸近展開・マクローリン展開 ..................................... 53
  - 3.4.2　一般二項展開 .......................................................... 55
  - 3.4.3　不定形の極限値への応用 ........................................... 57
  - 3.4.4　剰余項付きテイラーの定理 ........................................ 59
- 3.5　不等式・凸性 ................................................................... 63
- 3.6　曲線の概形 ..................................................................... 65
- 　　　演習問題 ....................................................................... 67

目　次　　　　　　　　　　　iii

# 第4章　積　分　法　　　　　　69

## 4.1　不　定　積　分 ................................................. 69
### 4.1.1　基本的な計算法 ........................................ 69
### 4.1.2　有理関数の不定積分 .................................... 73
### 4.1.3　三角関数の有理式の不定積分 ........................... 75
### 4.1.4　無理関数の不定積分 .................................... 77
## 4.2　定積分の基礎概念 ......................................... 79
## 4.3　広　義　積　分 ................................................. 84
## 4.4　定積分の応用 ............................................... 86
### 4.4.1　面積の計算と曲線弧の長さ ............................ 86
### 4.4.2　曲線弧の長さ .......................................... 88
### 4.4.3　回転体の体積と表面積 ................................. 90
演習問題 ......................................................... 92

# 第5章　級　　　数　　　　　　　　94

## 5.1　級数の和と収束・発散 ..................................... 94
## 5.2　ダランベール，コーシーの判定法 ........................ 96
## 5.3　絶対収束と級数の積 ....................................... 98
## 5.4　べき級数の収束半径，収束域とテイラー級数 ............ 100
### 5.4.1　べ　き　級　数 ......................................... 100
### 5.4.2　テイラー級数 .......................................... 100
演習問題 ......................................................... 102

# 第6章　偏　微　分　　　　　　　104

## 6.1　2変数関数の極限値 ....................................... 104
## 6.2　2変数関数の連続性 ....................................... 106
## 6.3　2変数関数の微分可能性 .................................. 108
## 6.4　全　微　分 .................................................. 111
### 6.4.1　全微分可能性と接平面 ................................. 111
## 6.5　高次偏微分と $C^k$ 級関数 ................................ 114

- **6.6** 合成関数の微分，陰関数，平均値の定理 .......... 116
  - **6.6.1** 合成関数の微分 .......... 116
  - **6.6.2** 平均値の定理 .......... 118
  - **6.6.3** 陰 関 数 .......... 119
- **6.7** テイラーの定理と極値 .......... 121
  - **6.7.1** 2 変数関数のテイラーの定理 .......... 121
  - **6.7.2** 2 変数関数の極大・極小 .......... 123
  - **6.7.3** 条件付き極値問題 .......... 125
  - 演 習 問 題 .......... 126

## 第 7 章　重 積 分　128

- **7.1** 重積分の定義，計算 .......... 128
- **7.2** 重積分の変数変換 .......... 131
- **7.3** 広義重積分 .......... 133
- **7.4** 重積分の応用 .......... 135
- 演 習 問 題 .......... 138

## 問 題 解 答　140

- 1 章 .......... 140
- 2 章 .......... 155
- 3 章 .......... 164
- 4 章 .......... 196
- 5 章 .......... 214
- 6 章 .......... 223
- 7 章 .......... 236

## 索 引　248

# 1 数と数列

## 1.1 種々の記数法・有理数と無理数

★ **数の集合に対する記号** $N$ 自然数, $Z$ 整数, $Q$ 有理数, $R$ 実数, $C$ 複素数.

★ **正整数 $n$ の $p$ 進法表現** $p \geq 2$ を自然数とする．任意の $0$ 以上の整数 $n$ に対し，$n = c_k p^k + c_{k-1} p^{k-1} + \cdots + c_0 \ (0 \leq c_i < p, c_k \neq 0)$ の形の表現が，$n$ と $p$ により一意に定まる．本書では以下，$p \neq 10$ のときは
$$c_k c_{k-1} \cdots c_{0(p)}$$
で $p$ 進法表現を表す.

例：十進数の $15$ を三進数で表現すると $15 = 1 \times 3^2 + 2 \times 3^1 + 0 \times 3^0$ より $120_{(3)}$.

★ **小数 $r$ の $p$ 進法表現** $r \ (0 \leq r < 1)$ について $r = \dfrac{a_1}{p} + \dfrac{a_2}{p^2} + \cdots \ (0 \leq a_i < p)$ の形の表現を用いる．これを，
$$0.a_1 a_2 \cdots_{(p)}$$
で表現する．

例：$\dfrac{7}{8} = \dfrac{2}{3} + \dfrac{1}{3^2} + \dfrac{2}{3^3} + \dfrac{1}{3^4} + \cdots$ より，十進数の $\dfrac{7}{8}$ を三進法表現すると $0.2121\cdots_{(3)}$ である.

★ ある整数 $k_0$ 以上の $k$ に対し，すべて $a_k = p - 1$ となる小数は**非正則**と呼ぶ：十進法表現でいえば，$0.4999\cdots$ は $k \geq 2$ に対し，$a_k = 10 - 1 = 9$ であり，**非正則表現**である．これは $\dfrac{1}{2}$ と等しく，$\dfrac{1}{2} = 0.5 = 0.5000\cdots$ は**正則表現**という．
非正則表現を除けば，実数の小数表現は一意に定まる.

★ **正実数 $x$ の $p$ 進法表現** $x = n + r, n \in Z, 0 \leq r < 1$ と分解する（$n$ は整数部分，$r$ は小数部分）．
$n, r$ については同上の表現を用い，$c_k c_{k-1} \cdots c_0 . a_1 a_2 \cdots_{(p)}$ で表現する.

★ **有理数と小数** $x$ が有理数であるとは，分数，すなわち二つの整数の比として表されることをいう．これは $x$ の小数展開が循環すること，すなわち，$c_k c_{k-1} \cdots c_0 . a_1 a_2 \cdots a_l \underline{b_1 b_2 \cdots b_m} \underline{b_1 b_2 \cdots b_m} b_1 \cdots$ のように，$b_1 b_2 \cdots b_m$ が繰り返されることと同値である．以下これを $c_k c_{k-1} \cdots c_0 . a_1 a_2 \cdots a_l \dot{b}_1 b_2 \cdots \dot{b}_m$ と略記する．
例えば，$\dfrac{47}{22} = 2.1363636\cdots = 2.1\dot{3}\dot{6}$ の場合は，$k = 0, c_0 = 2, l = 1, a_1 = 1, m = 2, b_1 = 3, b_2 = 6$ である.

## 例題 1.1 ───────────────── 十進法の分数と小数, 循環小数 ─

(1) 十進法で表された分数 $\frac{1}{13}$ を十進小数に展開せよ.
(2) 十進循環小数 $0.12341234\cdots$ を十進分数に直せ.

**[解答]** 1 を 13 で割ると, 右のようになり,

$$\frac{1}{13} = 0.076923 + \frac{1}{10^6 \times 13}$$

となる. すなわち,

$$\frac{1}{13} = 0.076923 + \frac{1}{10^6}\left(\frac{1}{13}\right)$$

右辺の $\frac{1}{13}$ は左辺と同じなので,

$$\frac{1}{13} = 0.076923 + \frac{1}{10^6}\left\{0.076923 + \frac{1}{10^6}\left(\frac{1}{13}\right)\right\}$$
$$= \cdots = 0.076923076923\cdots = 0.\dot{0}7692\dot{3}$$

```
       0.076923
   13) 1.00
       91
       ──
       90
       78
       ──
       120
       117
       ───
        30
        26
        ──
        40
        39
        ──
        10  ← 以後繰り返す
```

である.

(2) これは, 小数以下に 1234 が繰り返されているので, 初項が 0.1234 で公比が $10^{-4}$ の級数和である. 従って,

$$0.12341234\cdots = 0.1234 + 0.1234 \times 10^{-4} + \cdots = \frac{0.1234}{1 - 10^{-4}}$$
$$= \frac{1234}{9999}$$

である.

**注** 最後の答は公式 $0.\dot{a}_1\cdots\dot{a}_k = \frac{a_1\cdots a_k}{9\cdots 9}$ として小中学校で学んだ人も多いであろう. 実は同じ導き方でこの公式は何進法にも翻訳でき, 例えば五進法の循環小数 $0.\dot{1}23\dot{4}$ は五進法の分数 $\frac{1234_{(5)}}{4444_{(5)}}$ となる.

## 問題

**1.1.1** 十進法で表された次の分数を十進小数に展開せよ.
(1) $\frac{1}{11}$ (2) $\frac{1}{27}$ (3) $\frac{2}{37}$ (4) $\frac{3}{41}$

**1.1.2** 次の十進循環小数を十進分数に直せ.
(1) $0.\dot{6}00\dot{3}$ (2) $0.\dot{2}85\dot{6}$

## 1.1 種々の記数法・有理数と無理数

**――例題 1.2 ――――――――――――――――――― 進法の変換–1. 整数の場合 ――**

十進法で表された整数 23 を二進法, 三進法, 八進法で表せ.

**解答**

- 二進法で表すには, $j \times 2^k$ ($j = 0, 1$) の数の和に分解し, その和の係数で表す. すなわち,
$$23 = 16 + 4 + 2 + 1 = 1 \times 2^4 + 1 \times 2^2 + 1 \times 2^1 + 1 \times 2^0$$
より 23 の二進法表現は $10111_{(2)}$ である.

- 三進法で表すには $j \times 3^k$ ($j = 0, 1, 2$) の数の和に分解し,
$$23 = 18 + 3 + 2 = 2 \times 3^2 + 1 \times 3^1 + 2 \times 3^0$$
より 23 の三進法表現は $212_{(3)}$ である.

- 同様に八進法で表すには $j \times 8^k$ ($j = 0, 1, 2, 3, 4, 5, 6, 7$) の数の和に分解し,
$$23 = 16 + 7 = 2 \times 8^1 + 7 \times 8^0$$
より 23 の八進法表現は $27_{(8)}$ である.

### 問 題

**1.2.1** 十進法で表された次の整数を二進法で表せ.
(1) 7 　(2) 9 　(3) 13 　(4) 21 　(5) 29

**1.2.2** 上の数を三進法で表せ. また八進法で表せ.

**1.2.3** 八進法の $62_{(8)}$ を十進法で表せ. また二進法で表せ.

**1.2.4** (1) 八進法の $6_{(8)}$ と $3_{(8)}$ を二進法で表せ.
(2) (1) の結果を利用して二進法の $110011110_{(2)}$ を八進法で表せ.

**1.2.5** 十六進法の F は十進法で 15 であることに注意して, 十六進法の FF を十進法で表せ.

**1.2.6** 次の各問を二進法で計算せよ.
(1) $1110_{(2)} + 101_{(2)}$ 　(2) $1100_{(2)} - 111_{(2)}$ 　(3) $111_{(2)} \times 11_{(2)}$
(4) $111_{(2)} \div 10_{(2)}$ 　(5) $111_{(2)} + 1101_{(2)}$ 　(6) $1000_{(2)} - 11_{(2)}$

**1.2.7** 次の各問を二進法で計算せよ.
(1) $1111_{(2)} \times 11_{(2)}$ 　(2) $1011_{(2)} \div 11_{(2)}$ (商と余りを示せ)
(3) $11111_{(2)} \div 111_{(2)}$ ((2) と同じ)

**例題 1.3** ─────────────── 進法の変換−2. 小数の場合（その 1）───

(1) 割り算 $10_{(2)} \div 1001_{(2)}$ を実行することにより，この数を二進小数に展開せよ．

(2) 十進法で書かれた分数 $\dfrac{2}{9}$ を二進法で表し，二進小数展開せよ．

**[解答]** (1) $1_{(2)} + 1_{(2)} = 10_{(2)}$ より，$10_{(2)} - 1_{(2)} = 1_{(2)}$ であることを考慮して割り算をすると，右のようになり，

$$10_{(2)} \div 1001_{(2)} = 0.00111_{(2)} + 0.000010_{(2)} \div 1001_{(2)}$$

```
              0.00111
       1001 ) 10.000
              1 001
              ─────
               1110
               1001
               ────
               1010
               1001
               ────
                 10
```

となる．ここで，
$$0.000010_{(2)} \div 1001_{(2)} = 0.0000001_{(2)} \times (10_{(2)} \div 1001_{(2)})$$

となり，$10_{(2)} \div 1001_{(2)}$ に上式をもう一度代入すると

$$10_{(2)} \div 1001_{(2)} = 0.00111_{(2)} + 0.0000001_{(2)} \times (0.00111_{(2)} + 0.000010_{(2)} \div 1001_{(2)})$$
$$= \cdots = 0.001110001110\cdots_{(2)} = 0.\dot{0}0111\dot{0}_{(2)}$$

となる．

(2) $\dfrac{2}{9}$ は $2 = 2^0 + 0 \times 2^0 = 10_{(2)}, 9 = 2^3 + 0 \times 2^2 + 0 \times 2^1 + 1 \times 2^0 = 1001_{(2)}$ より二進法の分数で $\dfrac{10_{(2)}}{1001_{(2)}}$ と表される．上と同様に後者の割り算を二進法で実行すれば，二進小数展開 $0.\dot{0}0111\dot{0}_{(2)}$ が得られる．

**[別解]** 与えられた十進分数を直接 $\dfrac{i}{2^k}$ ($i = 0$ または $i = 1$) の和に分解して求めてみよう．

$$\dfrac{2}{9} = \dfrac{1}{8} + \dfrac{7}{8 \cdot 9} = \dfrac{1}{8} + \dfrac{1}{16} + \dfrac{5}{16 \cdot 9} = \dfrac{1}{8} + \dfrac{1}{16} + \dfrac{1}{32} + \dfrac{1}{32 \cdot 9}$$
$$= \dfrac{0}{2^1} + \dfrac{0}{2^2} + \dfrac{1}{2^3} + \dfrac{1}{2^4} + \dfrac{1}{2^5} + \dfrac{1}{32 \cdot 9} = 0.00111_{(2)} + \dfrac{1}{2^6} \times \dfrac{2}{9}$$

右辺に左辺と同じ $\dfrac{2}{9}$ が出てきたので，$\dfrac{1}{2^6}$ 倍でのこの繰り返しになり

$$\dfrac{2}{9} = 0.\dot{0}0111\dot{0}_{(2)}$$

となる．

─── **問 題** ───

**1.3.1** (1) 十進法で書かれた分数 $\dfrac{4}{7}$ を二進法で表せ．

(2) 上で求めた二進分数の割り算を二進法で実行することにより二進法で小数展開せよ．

**1.3.2** 二進小数 $0.110110110110110\cdots_{(2)}$ を十進法で表せ．

## 1.1 種々の記数法・有理数と無理数

**例題 1.4** ───────── 進法の変換−2. 小数の場合（その2）───

$e = 2.7182818284590141\cdots$ の二進法表現を小数点以下 10 桁まで求めよ．

**[解答]** $\frac{1}{2^{10}} \fallingdotseq 0.00097$ より，十進法表現の小数点以下 4 桁以下は繰り上がりによる影響以外は二進法表現の 10 桁までには現れない．そこで，とりあえず 2.718 までを二進小数に直してみよう．ちなみに，残りは $< \frac{3}{10000} < \frac{1}{2^{11}}$ である．

$$1000 = 2^9 + 2^8 + 2^7 + 2^6 + 2^5 + 2^3 \quad \text{より}, \quad 1000_{(10)} = 1111101000_{(2)}$$
$$718 = 2^9 + 2^7 + 2^6 + 2^3 + 2^2 + 2 \quad \text{より}, \quad 718_{(10)} = 1011001110_{(2)}$$

なので，
$$0.718_{(10)} = \frac{718_{(10)}}{1000_{(10)}} = \frac{1011001110_{(2)}}{1111101000_{(2)}}$$

である．そこで，この割り算を実行すると，右のようになり，小数点以下 11 桁目が 0 なので残りの項を加えても 10 桁目への影響は無い．以上に整数部分 $2 = 10_{(2)}$ を加えて，答は $10.1011011111_{(2)}$．

```
                      0.10110111110
        1111101000 ) 1011001110
                     1111101000
                      110110100
                      1111101000
                      1011101000
                      1111101000
                       111101000
                      1111101000
                      1110111000
                      1111101000
                      1110001000
                      1111101000
                      1100101000
                      1111101000
                      1001101000
                      1111101000
                        11101000
```

**[別解]** $\frac{1}{2^n}$ の小数表示

$\frac{1}{2} = 0.5, \frac{1}{2^2} = 0.25, \ldots, \frac{1}{2^{10}} = 0.0009765625$ を順に計算しつつ，$0.7182818\cdots$ から引けるものだけ引いて行き，引けたところの桁に 1 を立てる．計算は長いので省略するが，この方法は打ち切り誤差を気にせず機械的に行えるという利点を持つ．

### 問題

**1.4.1** 十進法の $\frac{1}{3}$ について次の問に答えよ．
(1) 二進法の分数で表せ．さらにそれを二進法の小数に展開せよ．
(2) 三進法の分数で表せ．さらにそれを三進法の小数に展開せよ．
(3) 十二進法の分数で表せ．さらにそれを十二進法の小数に展開せよ．

**1.4.2** 七進法の循環小数 $0.123123123\cdots$ は十進法ではどんな数を表すか．

**1.4.3** ☺ $\pi = 3.14159265358979323846\cdots$ の二進法表現を小数点以下 10 桁まで求めよ．

**1.4.4** ☺ 開平法（平方根の筆算による求め方）の計算を二進法で実行することにより，$\sqrt{2}$ の二進小数展開を小数点以下 10 桁まで求めよ．

## 例題 1.5 ──────────────────────────── 無理数 ──

$\sqrt{5}$ が**無理数**であることを示せ.

**[解答]** $\sqrt{5} = \dfrac{q}{p}$ と既約分数で表されたと仮定する.
$\sqrt{5} = \dfrac{q}{p}$ より $\sqrt{5}p = q$ となる. 両辺を 2 乗すると

$$5p^2 = q^2 \tag{1.1}$$

となるので, $q^2$ は 5 の倍数である.

2乗して 5 の倍数なので, $q$ も 5 の倍数である. $q = 5m$ とし, 式 (1.1) に代入すると,

$$5p^2 = 25m^2 \quad \text{すなわち} \quad p^2 = 5m^2$$

となり, $p^2$ は 5 の倍数より $p$ も 5 の倍数である.

従って, $p$ も $q$ も 5 の倍数となり, $\dfrac{q}{p}$ が既約分数であることに矛盾する. これより, $\sqrt{5}$ は分数で表すことができないので, 無理数である.


### 問 題

**1.5.1** $\sqrt{2}$ および $\sqrt{11}$ が無理数であることを示せ.

**1.5.2** $\sqrt[3]{2}$ が無理数であることを示せ.

**1.5.3** $\sqrt[3]{2} + \sqrt{2}$ が無理数であることを示せ.

**1.5.4** $1 < \sqrt{2} < 2$ を示せ. また, これを用いて, 二つの有理数 $a, b$ の間に無理数が必ず存在することを示せ.

**1.5.5** $n$ を自然数とする. $\sqrt{n}$ と $\sqrt{n+1}$ の間には有理数が必ず存在することを示せ.

**1.5.6** $\sqrt[3]{2}$ は 2 次の無理数ではないことを, すなわち, $a, b, c \in \mathbf{Z}$ $(a \neq 0)$ で, $x = \sqrt[3]{2}$ が $ax^2 + bx + c = 0$ の根となるようなものは存在しないことを示せ.

**1.5.7** $x$ の絶対値を $\max\{x, -x\}$ で定義するとき, これから実数 $x, y$ に対する三角不等式

$$\bigl||x| - |y|\bigr| \leq |x + y| \leq |x| + |y|$$

を導け.

**1.5.8** $|a - b| + |b - c| \geq |a - c|$ を示せ.

**1.5.9** 数列 $\{a_k\}$ に対して $\left|\displaystyle\sum_{k=1}^{N} a_k\right| \leq \displaystyle\sum_{k=1}^{N} |a_k|$ を示せ.

## 1.2 数列

★ 実数の集合 $A$ で, すべての元 $x \in A$ に対して,
$$x \leq M$$
が成り立つ実数 $M$ が存在するとき, $A$ は**上に有界**であるという. 同様に,
$$x \geq m$$
が成り立つ $m$ が存在するとき, $A$ は**下に有界**であるという. さらに, 集合 $A$ が上に有界かつ下に有界のとき, **有界**であるという.

★ 数列 $\{a_n\}$ に対しては, 集合 $A = \{a_1, a_2, \ldots\}$ を考えて**有界性**を定義する.

★ 上のような $M$ を集合 $A$ [または数列 $\{a_n\}$] の (一つの) **上界**と呼び, $m$ を $A$ [または $\{a_n\}$] の (一つの) **下界**と呼ぶ.

★ 実数の集合 $A$ の**上限** $\mu$ とは, 最小の上界のことをいい, **下限** $\nu$ とは, 最大の下界のことをいう.

上に有界でないときは $\mu = \infty$ とし, 下に有界でないときは $\nu = -\infty$ とする.

★ 上に有界であるとき, 上限は次の2条件を満たす $\mu$ として特徴付けられる:
  (1) $\mu$ は上界である. すなわち, すべての $x \in A$ に対し $x \leq \mu$ が成り立つ.
  (2) $\mu$ より小さい数は上界とはならない.

下に有界であるとき, 下限は次の2条件を満たす $\nu$ として特徴付けられる:
  (1) $\nu$ は下界である. すなわち, すべての $x \in A$ に対し $x \geq \nu$ が成り立つ.
  (2) $\nu$ より大きい数は下界とはならない.

★ $A$ の上限が $A$ に属するとき, この上限を $A$ の**最大値**といい, 下限が $A$ に属するとき, この下限を $A$ の**最小値**という.

★ 数列 $\{a_n\}$ において, すべての $n \in \boldsymbol{N}$ に対し,
$$a_n \leq a_{n+1}$$
が成り立つとき, 数列 $\{a_n\}$ は**単調増加 (数) 列**であるといい,
$$a_n \geq a_{n+1}$$
が成り立つとき, 数列 $\{a_n\}$ は**単調減少 (数) 列**であるという.

単調増加列または単調減少列であるとき, 単に**単調 (数) 列**であるという.

★ **実数の連続性公理**　上に有界な実数の集合には上限が存在する.

これより,「下に有界な実数の集合に下限が存在する」ことも成り立つ.

―― 例題 1.6 ――――――――――――――― 有界性，最大値，最小値，上限，下限 ――

実数の次のような部分集合について，有界性を調べ，最大値，最小値，上限，下限を求めよ．
(1) $A = \{x \in \mathbf{R} \mid x^3 \leq 1\}$ (2) $B = \left\{ \dfrac{x^2 - 1}{x^2 + 1} \mid x \in \mathbf{R} \right\}$

**[解答]** (1) 集合 $A$ に属するすべての $x$ に対して，$x^3 \leq 1$，すなわち，$x \leq 1$ が成り立つので，$A$ は上に有界である．また，どんな実数 $a$ に対しても $x < a$ かつ $x^3 < 1$ なる $x \in A$ が存在するので，$A$ は下に有界ではない．従って，集合 $A$ は有界ではない．

$A$ の上界の集合は $\{x \geq 1\}$ で，その最小の 1 が上限である．そして，この 1 は集合 $A$ に属するので，$A$ の最大値でもある．

$A$ は下に有界ではないので，その下限は $-\infty$ である．そして，もちろん，$A$ の最小値は存在しない．

以上より，$A$ は上に有界であり，下に有界ではないので有界ではない．最大値は 1 で，最小値はない．上限は 1 で，下限は $-\infty$ である．

(2) $f(x) = \dfrac{x^2 - 1}{x^2 + 1}$ とおくと

$$-1 \leq -1 + \frac{2x^2}{x^2 + 1} = f(x) = 1 - \frac{2}{x^2 + 1} \leq 1$$

より，集合 $B$ は有界である．

また，上の変形から直ちに分かるように，$f(0) = -1$ となるので，$-1$ は下限であり，最小値でもある．

次に，$f(x) = 1 - \dfrac{2}{x^2 + 1} \leq 1$ かつ $\displaystyle\lim_{x \to \infty} 1 - \dfrac{2}{x^2 + 1} = 1$ より，1 は上限である．しかし，$\dfrac{x^2 - 1}{x^2 + 1} = 1$ を満たす $x$ は存在しないので最大値は存在しない．

以上より，$B$ は上にも下にも有界なので有界である．最大値は存在せず，最小値は $-1$ である．上限は 1 で，下限は $-1$ である．

～～ 問 題 ～～～～～～～～～～～～～～～～～～～～～～～～～～

**1.6.1** 次のような部分集合について，有界性を調べ，最大値，最小値，上限，下限を求めよ．

(1) $\{x \in \mathbf{R} \mid 0 < x \leq 5\}$ (2) $\left\{ (-1)^n - \dfrac{1}{n} \mid n \in \mathbf{N} \right\}$
(3) $\{x \in \mathbf{R} \mid x^2 + x - 6 < 0\}$ (4)☺ $\{\sin n \mid n \in \mathbf{Z}\}$

### 例題 1.7 ──────────── 有界性，単調性（その1）

次の数列 $\{a_n\}$ について有界性と単調性を調べよ．
(1) $a_n = 1 + (-1)^n \dfrac{1}{n}$
(2) $a_n = n^2$
(3) $1, \dfrac{1}{2}, 2, 1, \dfrac{1}{2}, \dfrac{1}{4}, 4, 2, 1, \dfrac{1}{2}, \dfrac{1}{4}, \dfrac{1}{8}, 8, 4, 2, 1, \dfrac{1}{2}, \dfrac{1}{4}, \dfrac{1}{8}, \dfrac{1}{16}, 16, 8, 4, 2, 1, \dfrac{1}{2}, \dfrac{1}{4}, \dfrac{1}{8}, \cdots$

**解答** (1)
$$a_1 = 1 - 1 = 0, \quad a_2 = 1 + \frac{1}{2} = \frac{3}{2}, \quad a_3 = 1 - \frac{1}{3} = \frac{2}{3}$$
より，$a_1 < a_2 > a_3$ である．単調ならば，すべての $n$ に対して，$a_n \leq a_{n+1}$ または，すべての $n$ に対して，$a_n \geq a_{n+1}$ だが，$a_1 < a_2 > a_3$ ではどちらでもないので，単調ではない．

また，すべての $n$ に対して，$0 \leq a_n < 2$ が成り立つので，有界である．

(2) $a_n \geq 1$ より，下に有界である．
$$a_n = n^2 < (n+1)^2 = a_{n+1}$$
なので，数列 $\{a_n\}$ は単調増加列である．また，どんな実数 $M > 1$ に対しても，$M < n$ となる自然数 $n$ が存在するので，
$$M < n < n^2 = a_n$$
となる．従って，すべての $n \in \boldsymbol{N}$ に対して，$a_n \leq M$ となる実数 $M$ は存在しないので，数列 $\{a_n\}$ は上に有界ではない．

(3) この数列は，数が増減しているので，単調ではない．$a_n \geq 0$ は明らかより，下に有界である．また，$1, 2, 4 = 2^2, 8 = 2^3$ が順次出てきており，$2^n$ は無限大に発散するので，上に有界ではない．
(実際，この数列は，$a_{n(n-1)+k} = 2^{n-k}$ ($n = 1, 2, \ldots, k = 1, 2, \ldots, 2n$) と表される．)

### 問題

**1.7.1** 次の数列 $\{a_n\}$ について有界性と単調性を調べよ．
(1) $a_n = \sin \dfrac{\pi}{2n}$   (2) $a_n = n - \dfrac{20}{n}$   (3) $a_n = n + \dfrac{20}{n}$

## 例題 1.8 ───────── 有界性，単調性（その 2）

$a_n = \left(1 + \dfrac{1}{n}\right)^n$ とおけば，数列 $\{a_n\}$ は単調増加列となることを示せ.

**解答** (1) 二項展開の公式 $(a+b)^n = a^n + na^{n-1}b + \dfrac{n(n-1)}{2!}a^{n-2}b^2 + \cdots$
$+ \dfrac{n(n-1)\cdots(n-k+1)}{k!}a^{n-k}b^k + \cdots + b^n$ により

$$a_n = \left(1 + \dfrac{1}{n}\right)^n$$
$$= 1 + n\dfrac{1}{n} + \dfrac{n(n-1)}{2!}\left(\dfrac{1}{n}\right)^2 + \dfrac{n(n-1)(n-2)}{3!}\left(\dfrac{1}{n}\right)^3 + \cdots$$
$$+ \dfrac{n(n-1)\cdots(n-k+1)}{k!}\left(\dfrac{1}{n}\right)^k + \cdots + \left(\dfrac{1}{n}\right)^n$$

である．また，$k = 1, 2, \ldots, n$ に対し

$$\dfrac{n(n-1)\cdots(n-k+1)}{k!}\left(\dfrac{1}{n}\right)^k = \dfrac{1}{k!}\left(1 - \dfrac{1}{n}\right)\left(1 - \dfrac{2}{n}\right)\cdots\left(1 - \dfrac{k-1}{n}\right)$$
$$< \dfrac{1}{k!}\left(1 - \dfrac{1}{n+1}\right)\left(1 - \dfrac{2}{n+1}\right)\cdots\left(1 - \dfrac{k-1}{n+1}\right) \tag{1.2}$$

なので，

$$a_n < 1 + 1 + \dfrac{1}{2!}\left(1 - \dfrac{1}{n+1}\right) + \dfrac{1}{3!}\left(1 - \dfrac{1}{n+1}\right)\left(1 - \dfrac{2}{n+1}\right) + \cdots$$
$$+ \dfrac{1}{k!}\left(1 - \dfrac{1}{n+1}\right)\left(1 - \dfrac{2}{n+1}\right)\cdots\left(1 - \dfrac{k-1}{n+1}\right) + \cdots$$
$$+ \dfrac{1}{n!}\left(1 - \dfrac{1}{n+1}\right)\left(1 - \dfrac{2}{n+1}\right)\cdots\left(1 - \dfrac{n-1}{n+1}\right) \tag{1.3}$$
$$+ \dfrac{1}{(n+1)!}\left(1 - \dfrac{1}{n+1}\right)\left(1 - \dfrac{2}{n+1}\right)\cdots\left(1 - \dfrac{n}{n+1}\right) \tag{1.4}$$
$$= \left(1 + \dfrac{1}{n+1}\right)^{n+1} = a_{n+1}$$

である．ただし，式 (1.3) では式 (1.2) を用い，さらに最後の項 (1.4) を追加した．従って，数列 $\{a_n\}$ は単調増加である．

### 問題

**1.8.1** $a_n = \left(1 + \dfrac{1}{n}\right)^n$ に対し，すべての $n \in \boldsymbol{N}$ について $a_n < 3$ となることを示せ.

## 1.2 数列

★ **数列の収束の定義** $a_n$ が $a$ に収束するとは，$n$ を大きくしたとき，$a_n$ が $a$ にいくらでも近づくこと：$a_n \to a \iff |a_n - a| \to 0$，すなわち，
どんな小さい $\varepsilon > 0$ に対しても，

$$n_\varepsilon \text{ が存在して}, n \geq n_\varepsilon \text{ のとき } |a_n - a| < \varepsilon$$

が成り立つことである．このとき，$a$ を**数列** $\{a_n\}$ の**極限**（値）といい，$\lim\limits_{n\to\infty} a_n = a$ と表す．

★ **数列の収束の公式** $\lim\limits_{n\to\infty} a_n = a$, $\lim\limits_{n\to\infty} b_n = b$ がともに存在するとき，

$$\lim_{n\to\infty}(a_n \pm b_n) = a + b, \qquad \lim_{n\to\infty}(a_n b_n) = ab.$$

さらに，$b_n \neq 0, b \neq 0$ なら

$$\lim_{n\to\infty} \frac{a_n}{b_n} = \frac{a}{b}.$$

また

$$\text{すべての } n \in \boldsymbol{N} \text{ に対し } a_n \leq b_n \quad \text{ならば}, \quad a \leq b \tag{1.5}$$

となる．

★ **はさみうちの原理** すべての $n$ について $a_n \leq c_n \leq b_n$，かつ $a_n \to a, b_n \to a$ ならば，$c_n \to a$ となる．

★ **基本定理（有界単調列の収束）** 上に有界な単調増加列は収束する．

★ 漸化式で定義される数列の極限値 $a$ は，この数列がもし収束すれば，漸化式に含まれる数列のすべての項を極限値 $a$ で置き換えて得られる方程式を満たす．

★ **$e$ の定義** 数列 $\left\{\left(1 + \dfrac{1}{n}\right)^n\right\}$ は例題 1.8 と問題 1.8.1 より，上に有界な単調増加列なので，極限値が存在する．これを $e$ と定義する．

★ **基本的な極限値の例**

$$\lim_{n\to\infty}\left(1 + \frac{1}{n}\right)^n = e \tag{1.6}$$

$$\lim_{n\to\infty}\frac{n^k}{a^n} = 0 \quad (a > 1, k \in \boldsymbol{N}) \tag{1.7}$$

$$\lim_{n\to\infty}\frac{a^n}{n!} = 0 \tag{1.8}$$

$$\lim_{n\to\infty}\sqrt[n]{n} = 1 \tag{1.9}$$

式 (1.7), (1.8), (1.9) の証明は問題 1.9.2 にある．

---
**例題 1.9** ──────────────────────────────── 数列の極限（その 1）──

次のような数列の極限値を求めよ．
(1) $\displaystyle\lim_{n\to\infty}\frac{1}{n}$  (2) $\displaystyle\lim_{n\to\infty}(-1)^n\frac{1}{n}$  (3) $\displaystyle\lim_{n\to\infty}\left(1-\frac{1}{n}\right)^n$

──────────────────────────────────────────────

**解答** (1) $a_n=\dfrac{1}{n}$ とおくと，$a_n=\dfrac{1}{n}>\dfrac{1}{n+1}=a_{n+1}>0$ で $\{a_n\}$ は 下に有界な単調減少列である．基本定理より $\alpha$ に収束し，(1.5) より，

$$a_n \geq \alpha \geq 0 \qquad (\text{任意の } n\in\boldsymbol{N} \text{ について}) \tag{1.10}$$

である．$\alpha>0$ とすると，$\dfrac{1}{\alpha}<\infty$ より $\dfrac{1}{\alpha}<N$ なる $N\in\boldsymbol{N}$ が存在する．このとき，$\alpha>\dfrac{1}{N}=a_N$ となり，式 (1.10) に矛盾する．

従って，$\alpha=0$，すなわち，$\displaystyle\lim_{n\to\infty}\frac{1}{n}=0$ である．

(2) $a_n=-\dfrac{1}{n},\ b_n=(-1)^n\dfrac{1}{n},\ c_n=\dfrac{1}{n}$ とおくと，$a_n\leq b_n\leq c_n$ で (1) より，$\displaystyle\lim_{n\to\infty}a_n=\lim_{n\to\infty}c_n=0$ なので，はさみうちの原理より

$$\lim_{n\to\infty}b_n=\lim_{n\to\infty}(-1)^n\frac{1}{n}=0$$

となる．

(3) $\left(1-\dfrac{1}{n}\right)^n=\left(\dfrac{n-1}{n}\right)^n=\left(\dfrac{1}{1+\frac{1}{n-1}}\right)^n=\dfrac{1}{\left(1+\frac{1}{n-1}\right)^{n-1}\left(1+\frac{1}{n-1}\right)}$ より，

$$\lim_{n\to\infty}\left(1-\frac{1}{n}\right)^n=\frac{1}{\displaystyle\lim_{n\to\infty}\left(1+\frac{1}{n-1}\right)^{n-1}\lim_{n\to\infty}\left(1+\frac{1}{n-1}\right)}=\frac{1}{e}=e^{-1}$$

となる．

── 問 題 ──

**1.9.1** 数列 $\{a_n\}$ において，$c\ (0<c<1)$ と $n_0\in\boldsymbol{N}$ が存在して，$n\geq n_0$ に対して，$|a_{n+1}|\leq c|a_n|$ が成り立つならば，$\displaystyle\lim_{n\to\infty}a_n=0$ となることを示せ．

**1.9.2** 式 (1.7), (1.8), (1.9) を示せ．

**1.9.3** 次の極限値は存在するか．存在すればそれを求めよ．

(1) $\displaystyle\lim_{n\to\infty}\frac{2n^2-1}{n^2+1}$  (2) $\displaystyle\lim_{n\to\infty}\frac{\sqrt{n^2+1}-\sqrt{n^2-1}}{\sqrt{n^2+2}-\sqrt{n^2+1}}$

(3) $\displaystyle\lim_{n\to\infty}n(\sqrt{n^2+2}-\sqrt{n^2-1})$  (4) $\displaystyle\lim_{n\to\infty}\frac{(2n)!}{n^n}$

## 1.2 数列

---**例題 1.10**--------------------------------**数列の極限（その2）**---

第 $n$ 項が次式で与えられる数列の極限を求めよ．

(1) $\dfrac{1}{n^3}\{1\cdot 2 + 2\cdot 3 + \cdots + n(n+1)\}$

(2) $\dfrac{1}{1\cdot 3} + \dfrac{1}{3\cdot 5} + \cdots + \dfrac{1}{(2n-1)(2n+1)}$

(3) $\dfrac{1}{1\cdot 3} + \dfrac{1}{2\cdot 4} + \cdots + \dfrac{1}{n(n+2)}$

---

**解答** (1) $\displaystyle\sum_{k=1}^{n} k(k+1) = \sum_{k=1}^{n}\left\{\dfrac{1}{3}\left((k+1)^3 - k^3\right) - \dfrac{1}{3}\right\}$

$= \dfrac{1}{3}\left((n+1)^3 - 1\right) - \dfrac{n}{3} = \dfrac{n^3 + 3n^2 + 2n}{3}$

より，

$$a_n = \dfrac{1}{n^3}\{1\cdot 2 + 2\cdot 3 + \cdots + n(n+1)\} = \dfrac{1}{n^3}\sum_{k=1}^{n} k(k+1) = \dfrac{1}{3}\left(1 + \dfrac{3}{n} + \dfrac{2}{n^2}\right).$$

従って，$\displaystyle\lim_{n\to\infty} a_n = \dfrac{1}{3}$ である．

(2) $a_n = \dfrac{1}{1\cdot 3} + \dfrac{1}{3\cdot 5} + \cdots + \dfrac{1}{(2n-1)(2n+1)}$

$= \dfrac{1}{2}\left\{\left(1 - \dfrac{1}{3}\right) + \left(\dfrac{1}{3} - \dfrac{1}{5}\right) + \cdots + \left(\dfrac{1}{2n-1} - \dfrac{1}{2n+1}\right)\right\}$

$= \dfrac{1}{2}\left(1 - \dfrac{1}{2n+1}\right).$

従って，$\displaystyle\lim_{n\to\infty} a_n = \dfrac{1}{2}$ である．

(3) $a_n = \dfrac{1}{1\cdot 3} + \dfrac{1}{2\cdot 4} + \cdots + \dfrac{1}{n(n+2)}$

$= \dfrac{1}{2}\left\{\left(1 - \dfrac{1}{3}\right) + \left(\dfrac{1}{2} - \dfrac{1}{4}\right) + \cdots + \left(\dfrac{1}{n} - \dfrac{1}{n+2}\right)\right\}$

$= \dfrac{1}{2}\left\{1 + \dfrac{1}{2} - \dfrac{1}{n+1} - \dfrac{1}{n+2}\right\}.$

従って，$\displaystyle\lim_{n\to\infty} a_n = \dfrac{1}{2}\left(1 + \dfrac{1}{2}\right) = \dfrac{3}{4}$ である．

### 問題

**1.10.1** $a \neq -1$ のとき，$\displaystyle\lim_{n\to\infty} \dfrac{a^n}{1 + a^n}$ を求めよ．

## 例題 1.11 ─────────────────── 漸化式 ─

$a_1 = 3, a_{n+1} = 2\sqrt{a_n}\ (n \geq 1)$ とする.
(1) $a_n < 4$ を確かめよ.
(2) $a_n$ の単調性を調べよ.
(3) $a_n$ の極限値を求めよ.

**解答**　(1) 数学的帰納法により示す. $a_1 = 3 < 4$ は明らかである. ここで, $a_n < 4$ と仮定すると,
$$a_{n+1} = 2\sqrt{a_n} < 2\sqrt{4} = 4$$
より, $a_{n+1} < 4$ となる. 従って, すべての $n$ について $a_n < 4$ となる.

(2) $a_2 = 2\sqrt{a_1} = 2\sqrt{3} > 3 = a_1$ である. ここで, $a_n > a_{n-1}$ と仮定すると,
$$a_{n+1} = 2\sqrt{a_n} > 2\sqrt{a_{n-1}} = a_n$$
となるので, 数列 $\{a_n\}$ は単調増加列である.

(3) (1) と (2) より, 数列 $\{a_n\}$ は上に有界な単調増加列である. 従って, 基本定理より, 収束する. その極限値を $\alpha$ とすると,
$$\lim_{n \to \infty} a_{n+1} = \lim_{n \to \infty} 2\sqrt{a_n} \quad \text{より} \quad \alpha = 2\sqrt{\alpha}.$$
すなわち, $\alpha^2 = 4\alpha$ かつ $\alpha \neq 0$ より $\alpha = 4$.

従って, $a_n$ の極限値は 4 である.

### 問題

**1.11.1**　$r > 1$ とし $a_1 = r, a_{n+1} = \dfrac{1}{2}\left(a_n + \dfrac{r}{a_n}\right)\ (n \geq 1)$ とする.
(1) $a_n \geq \sqrt{r}$ を確かめよ.
(2) $a_n$ の単調性を調べよ.
(3) $a_n$ の極限値を求めよ.

**1.11.2**　$a_1 = 1, a_{n+1} = \dfrac{2a_n + 3}{a_n + 2}\ (n \geq 1)$ とする.
(1) 数学的帰納法により, すべての $n$ について $0 < a_n < \sqrt{3}$ となることを示せ.
(2) 上の結果を用いて $a_n$ が単調増加であることを示せ.
(3) 数列 $\{a_n\}$ は収束することを示し, 極限値を求めよ.

**1.11.3**　$r > 1$ で, すべての $n$ について, $a_n + r a_{n+1} = 1$ とする.
数列 $\{a_n\}$ は収束するか. また, 数列 $\{a_n\}$ が収束するとすれば, 極限値を求めよ.

## 1.3 級数・連分数・その他の無限表現

★ **（無限）級数** $\sum_{n=1}^{\infty} a_n$ の 収束・発散・和とは，部分和が成す数列 $\left\{b_n = \sum_{k=1}^{n} a_k\right\}$ の収束・発散・極限値のことである．

★ 初項 $a$，公比 $r$ の（無限）等比級数

$$\sum_{n=1}^{\infty} ar^{n-1} = a + ar + ar^2 + \cdots + ar^{n-1} + \cdots$$

は，$|r| < 1$ のとき，収束して $\sum_{n=1}^{\infty} ar^{n-1} = \dfrac{a}{1-r}$ となり，

$|r| \geq 1$ のとき，発散する．

★ **比較定理** 二つの級数 $\sum_{n=1}^{\infty} a_n, \sum_{n=1}^{\infty} b_n$ について，$0 \leq a_n \leq b_n$ が成り立っているとき，

$\sum_{n=1}^{\infty} b_n$ が収束すれば $\sum_{n=1}^{\infty} a_n$ も収束する．

$\sum_{n=1}^{\infty} a_n$ が発散すれば $\sum_{n=1}^{\infty} b_n$ も発散する．

---

**例題 1.12-1** 級数（その1）

級数 $\sum_{n=1}^{\infty} \dfrac{1}{n(n+1)}$ の和を求めよ．

---

**[解答]** 第 $n$ 項までの和をとると，

$$\sum_{k=1}^{n} \frac{1}{k(k+1)} = \sum_{k=1}^{n} \left(\frac{1}{k} - \frac{1}{k+1}\right)$$
$$= \left(1 - \frac{1}{2}\right) + \left(\frac{1}{2} - \frac{1}{3}\right) + \cdots + \left(\frac{1}{n} - \frac{1}{n+1}\right) = 1 - \frac{1}{n+1}.$$

従って，

$$\sum_{n=1}^{\infty} \frac{1}{n(n+1)} = \lim_{n \to \infty} \sum_{k=1}^{n} \frac{1}{k(k+1)} = \lim_{n \to \infty} \left(1 - \frac{1}{n+1}\right) = 1.$$

―― 例題 1.12-2 ――――――――――――――――――――――――― 級数（その 2）――

次の級数の和を求めよ．
$$\sum_{n=2}^{\infty} n(n-1)r^n \quad (|r|<1 \text{ とする})$$

**解答**

$$S = \sum_{n=2}^{\infty} n(n-1)r^n = 2r^2 + 3\cdot 2r^3 + \cdots + n(n-1)r^n + \cdots \tag{1.11}$$

とおく．

$$rS = \sum_{n=2}^{\infty} n(n-1)r^{n+1} = \sum_{n=3}^{\infty} (n-1)(n-2)r^n \tag{1.12}$$

より，(1.11)−(1.12) から

$$(1-r)S = 2r^2 + \sum_{n=3}^{\infty} 2(n-1)r^n = \sum_{n=2}^{\infty} 2(n-1)r^n. \tag{1.13}$$

さらに，

$$r(1-r)S = \sum_{n=2}^{\infty} 2(n-1)r^{n+1} = \sum_{n=3}^{\infty} 2(n-2)r^n \tag{1.14}$$

より，(1.13)−(1.14) から

$$(1-r)(1-r)S = 2r^2 + \sum_{n=3}^{\infty} 2r^n = \sum_{n=2}^{\infty} 2r^n = \frac{2r^2}{1-r}.$$

これより，$S = \dfrac{2r^2}{(1-r)^3}$，すなわち，$\displaystyle\sum_{n=2}^{\infty} n(n-1)r^n = \dfrac{2r^2}{(1-r)^3}$ である．

～～ **問　題** ～～～～～～～～～～～～～～～～～～～～～～～～～～～

**1.12.1** 次の級数の和を求めよ．

(1) $\displaystyle\sum_{n=2}^{\infty} \frac{1}{n^2-1}$ 　　(2) $\displaystyle\sum_{n=1}^{\infty} \frac{1}{n^2+3n}$ 　　(3) $\displaystyle\sum_{n=1}^{\infty} \frac{2^n+3^n}{5^n}$

(4) $\displaystyle\sum_{n=1}^{\infty} nr^n$ 　$(|r|<1$ とする$)$ 　　(5) $\displaystyle\sum_{n=1}^{\infty} \frac{r^n}{n}$ 　$(|r|<1$ とする$)$

## 1.3 級数・連分数・その他の無限表現

★ **連分数**とは $a_0 + \cfrac{b_1}{a_1 + \cfrac{b_2}{a_2 + \cfrac{b_3}{a_3 + \cdots}}}$

のような数式をいう．これは，適当に有限なところで切って得られる数列の極限値と解釈する．

$b_n$ がすべて 1 のものを**正則連分数**と呼ぶ．

★ **基本定理（区間縮小法）**

$[a_n, b_n] \supset [a_{n+1}, b_{n+1}]$, $n = 1, 2, \ldots$ かつ $b_n - a_n \to 0 \ (n \to \infty)$ なら，すべての区間に共通な点がただ一つ定まる．

---
**例題 1.13** ──────────────── 連分数展開 ──

$\sqrt{5}$ を正則連分数に展開せよ．

---

**解答** $2 < \sqrt{5} < 3$ より

$$\sqrt{5} = 2 + (\sqrt{5} - 2) = 2 + \frac{(\sqrt{5}-2)(\sqrt{5}+2)}{\sqrt{5}+2} = 2 + \frac{1}{2+\sqrt{5}}$$

となり，右辺の $\sqrt{5}$ は左辺と同じなので，

$$\sqrt{5} = 2 + \cfrac{1}{2 + \left(2 + \cfrac{1}{2+\sqrt{5}}\right)} = 2 + \cfrac{1}{4 + \cfrac{1}{2+\sqrt{5}}} = 2 + \cfrac{1}{4 + \cfrac{1}{4 + \cfrac{1}{4 + \cfrac{1}{2+\sqrt{5}}}}}$$

$$= 2 + \cfrac{1}{4 + \cfrac{1}{4 + \cfrac{1}{4 + \cfrac{1}{4 + \cdots}}}}.$$

〜〜〜 **問 題** 〜〜〜

**1.13.1** 次の数を正則連分数に展開せよ．

 (1) $\sqrt{11}$   (2) $\sqrt{17}$   (3) $\sqrt{26}$   (4) $\sqrt{27}$

**1.13.2** 次の数列は収束するか．収束するならば極限値を求めよ．

$$2, \quad 2 + \tfrac{1}{2}, \quad 2 + \cfrac{1}{2+\frac{1}{2}}, \quad 2 + \cfrac{1}{2+\frac{1}{2+\frac{1}{2}}}, \quad \ldots$$

---例題 1.14----------------------------------無限表現から得られる数列---

次の数列は収束するか．また，収束するならば極限値を求めよ．

$$\sqrt{2}, \quad \sqrt{2+\sqrt{2}}, \quad \sqrt{2+\sqrt{2+\sqrt{2}}}, \quad \ldots$$

**[解答]** $a_1 = \sqrt{2}$, $a_2 = \sqrt{2+\sqrt{2}} = \sqrt{2+a_1}$, $a_3 = \sqrt{2+\sqrt{2+\sqrt{2}}} = \sqrt{2+a_2}$ より，$a_{n+1} = \sqrt{2+a_n}$ である．また，

$$a_n < a_{n+1} < 2 \tag{1.15}$$

である．何故なら，$a_1 < 2, a_1 < a_2$ は明らかで，$a_n < 2, a_{n-1} < a_n$ と仮定すると，

$$a_{n+1} = \sqrt{2+a_n} < \sqrt{2+2} = 2, \quad a_n = \sqrt{2+a_{n-1}} < \sqrt{2+a_n} = a_{n+1}$$

が成り立つので，すべての $n$ について式 (1.15) が成り立つ．

従って，数列 $\{a_n\}$ は上に有界な単調増加列である．基本定理（有界単調列の収束）より，極限 $\alpha$ に収束する．

$$\lim_{n \to \infty} a_{n+1} = \lim_{n \to \infty} \sqrt{2+a_n} \quad \text{より}, \quad \alpha = \sqrt{2+\alpha}.$$

これより，$\alpha^2 - \alpha - 2 = (\alpha-2)(\alpha+1) = 0, \alpha > 0$ より，$\alpha = 2$ となり，この数列の極限値は 2 である．

~~~ **問 題** ~~~

**1.14.1** 次の表現を数列の極限として適当に意味付けし，極限値を求めよ．

(1) $\sqrt{1+\sqrt{7+\sqrt{1+\sqrt{7+\cdots}}}}$

(2) $\cfrac{2}{1+\sqrt{\cfrac{2}{1+\sqrt{\cfrac{2}{1+\cdots}}}}}$

**1.14.2** （ガウス (Gauss) の算術幾何平均） $a > b > 0$ とし，$a_1 = \dfrac{a+b}{2}, b_1 = \sqrt{ab}$．以下順に $a_n = \dfrac{a_{n-1}+b_{n-1}}{2}, b_n = \sqrt{a_{n-1}b_{n-1}}$ で二つの数列 $\{a_n\}, \{b_n\}$ を定める．

(1) $a_n \geq b_n$ を確かめよ． (2) $a_n$ の単調性を調べよ．
(3) $b_n$ の単調性を調べよ． (4) $\{a_n\}$ と $\{b_n\}$ の有界性を調べよ．
(5) $a_n$ と $b_n$ が同一の極限値を持つことを示せ．

## 1.4 上極限・下極限

★ 数列 $\{a_n\}$ の上極限 $\mu = \varlimsup_{n\to\infty} a_n$ とは，$\{a_n\}$ の収束部分列の極限値の中で最大のもので，$+\infty$ を含めて必ず存在する．
- $\mu < \infty$ のとき，
  (i) どんな正数 $\varepsilon$ に対しても，$a_n > \mu + \varepsilon$ なる $n$ は有限個
  (ii) どんな正数 $\varepsilon$ に対しても，$a_n > \mu - \varepsilon$ なる $n$ は無限個
- $\mu = \infty$ のとき，
  ($\infty$) どんな実数 $K$ に対しても，$a_n > K$ なる $n$ は無限個

同様に下極限 $\nu = \varliminf_{n\to\infty} a_n$ とは，$\{a_n\}$ の収束部分列の極限値の中で最小のもので，$-\infty$ を含めて必ず存在する．
- $\nu > -\infty$ のとき，
  (i′) どんな正数 $\varepsilon$ に対しても，$a_n < \nu - \varepsilon$ なる $n$ は有限個
  (ii′) どんな正数 $\varepsilon$ に対しても，$a_n < \nu + \varepsilon$ なる $n$ は無限個
- $\nu = -\infty$ のとき，
  ($\infty'$) どんな実数 $K$ に対しても，$a_n < K$ なる $n$ は無限個

★ 上極限は上限の極限である：
$$\varlimsup_{n\to\infty} a_n = \lim_{n\to\infty} \sup_{k\geq n} a_k$$

同様に，下極限は下限の極限である：
$$\varliminf_{n\to\infty} a_n = \lim_{n\to\infty} \inf_{k\geq n} a_k$$

★ $\{a_n\}$ が収束する $\iff$ $\{a_n\}$ の上極限と下極限が一致する．

★ $\{a_n\}$ がコーシー (Cauchy) 列とは任意の正数 $\varepsilon$ に対し，ある自然数 $n_\varepsilon$ が存在して，
$$n, m \geq n_\varepsilon \quad \text{ならば} \quad |a_n - a_m| < \varepsilon$$

が成り立つことである．

★ **実数の完備性**
コーシー列は収束する．

### 例題 1.15 ──────────────────────────── 上極限, 下極限 ──

次の数列 $\{a_n\}$ について, 上極限, 下極限を求めよ.

(1) $a_n = \dfrac{1}{n}$   (2) $a_n = (-1)^{n+1}\dfrac{n+2}{n+1}$   (3) $a_n = \left\{1 - \dfrac{(-1)^n}{2}\right\}^n$

**解答** (1) 例題 1.9(1) より $\displaystyle\lim_{n\to\infty}\dfrac{1}{n} = 0$ である. 極限が存在するときは, 上極限, 下極限も極限と同じ 0 である.

(2) 上極限は 1, 下極限は $-1$ である.
何故なら, どんな正数 $\varepsilon$ に対しても, $\dfrac{1}{2m} < \varepsilon$ となる自然数 $m$ が存在する. 従って, $a_{2n-1} = 1 + \dfrac{1}{2n} > 1 + \varepsilon$ となる $n$ は高々 $m$ 個である. また, すべての $a_{2n-1}$ に対し, $a_{2n-1} > 1 - \varepsilon$ が成り立つので, 前頁の (i), (ii) から上極限は 1 である.

すべての $a_{2n}$ に対し, $a_{2n} < -1 + \varepsilon$ となり, $a_{2n} < -1 - \varepsilon$ となる $n$ は高々 $m$ 個なので, 前頁の (i′), (ii′) から下極限は $-1$ である.

(3) 上極限は $\infty$, 下極限は 0 である.
何故なら,
$$a_{2n} = \left(1 - \dfrac{1}{2}\right)^{2n} = \dfrac{1}{2^{2n}}, \quad a_{2n+1} = \left(1 - \dfrac{-1}{2}\right)^{2n+1} = \left(\dfrac{3}{2}\right)^{2n+1}$$
より $\displaystyle\lim_{n\to\infty} a_{2n} = 0$, $\displaystyle\lim_{n\to\infty} a_{2n+1} = \infty$ である. 上極限は収束部分列の極限値の中の最大のものなので $\infty$ であり, 下極限は収束部分列の極限値の中の最小のものであるが, $a_n \geq 0$ より負の収束部分列の極限値は持たないので 0 が下極限である.

### 問題

**1.15.1** 次の数列 $\{a_n\}$ について, 上極限, 下極限を求めよ.

(1) $a_n = (-1)^n$   (2) $a_n = \{1 + (-1)^n\}n$   (3) $a_n = \sin\dfrac{n\pi}{3}$

(4) $a_n = (-1)^n n$   (5) $a_n = (-1)^n + \dfrac{1}{n}$

(6) $a_n = \sqrt[n]{n^2 + (-1)^n n}$   (7) $a_n = \dfrac{(-1)^n}{1 + \frac{1}{n}} + \dfrac{(-1)^{n^2}}{2 - \frac{1}{n}}$

(8) $a_n = (-1)^{n(n-1)/2} + \dfrac{(-1)^n}{n}$

**1.15.2** 次の数列について, 上極限, 下極限を求めよ.

$$1, \dfrac{1}{2}, 1, \dfrac{1}{2}, \dfrac{1}{3}, 1, \dfrac{1}{2}, \dfrac{1}{3}, \dfrac{1}{4}, 1, \dfrac{1}{2}, \dfrac{1}{3}, \dfrac{1}{4}, \dfrac{1}{5}, \cdots$$

**1.15.3** $\displaystyle\overline{\lim_{n\to\infty}} a_n = a$, $\displaystyle\overline{\lim_{n\to\infty}} b_n = b$ ならば, $\displaystyle\overline{\lim_{n\to\infty}} a_n b_n = ab$ となるか. 正しければ証明し, 誤りならば (すなわち, 必ずしもそうはならないならば), 反例を一つ与えよ.

## 演習問題

1. ⊙ $p$ を $p \neq 2, 5$ なる素数とするとき，$\dfrac{1}{p}$ の十進小数展開の循環節の長さは $p-1$ の約数となる．これを以下の順で示せ．
   (1) 整数を $p$ で割ったときの余りの種類は割り切れる場合を除くと $p-1$ 個である．
   (2) ある段階での余りが $x$ のとき，次の小数展開の数字を計算した後の余りは $10x \bmod p$ である．ここに，$a \bmod p$ は $a$ を $p$ で割ったときの余りを表す．
   (3) $1 \leq x \leq p-1$ なる整数 $x$ から出発して $x$ を $10x \bmod p$ で取り替える操作を続けると，何回かして元に戻る．$x$ に対してこの操作で得られる整数の集合を $C(x)$ と書くとき，二つの整数 $x, y$ について $C(x)$ と $C(y)$ は，一致するか，共通の要素を持たないかのいずれかである．
   (4) $C(x)$ の個数 $|C(x)|$ はどの $x$ に対しても同じ値になる．

2. 次のような数列の極限を求めよ．
   (1) $\displaystyle\lim_{n\to\infty}(\sqrt{n^2+2n}-n)$
   (2) $\displaystyle\lim_{n\to\infty}\sqrt{n}\,a^n \quad (|a|<1)$
   (3) $\displaystyle\lim_{n\to\infty}\dfrac{n!}{n^n}$
   (4) $\displaystyle\lim_{n\to\infty}\dfrac{1}{n}\sin na \quad (a \in \boldsymbol{R})$
   (5) $\displaystyle\lim_{n\to\infty}\dfrac{{}_n\mathrm{C}_r}{n^r}$
   (6) $\displaystyle\lim_{n\to\infty}n^{2/n}$
   (7) $\displaystyle\lim_{n\to\infty}\sqrt[2n+1]{n^2+2n+1}$
   (8) $\displaystyle\lim_{n\to\infty}\left(1+\dfrac{1}{n^2}\right)^n$
   (9) $\displaystyle\lim_{n\to\infty}\left(1+\dfrac{\sqrt{n}}{n+1}\right)^n$
   (10) $\displaystyle\lim_{n\to\infty}\left(1+\dfrac{a}{2n}\right)^n \quad (a \in \boldsymbol{R})$
   (11) $\displaystyle\lim_{n\to\infty}\left(1-\dfrac{1}{n(n+1)}\right)^{n^2}$

3. 次のような二つの数列 $\{a_n\}, \{b_n\}$ に対し，比 $\dfrac{a_n}{b_n}$ $(n \in \boldsymbol{N})$ の極限値を求めよ．
   (1) $a_n = 1+2+\cdots+n, \; b_n = n$
   (2) $a_n = 1+2+\cdots+n, \; b_n = n^2$
   (3) $a_n = 1+2+\cdots+n, \; b_n = n^3$
   (4) $a_n = n^2+(-1)^n n, \; b_n = n^2+\{1+(-1)^n\}n$

4. $a_1 \geq 3$ とし，$a_{n+1} = 3 + \dfrac{4}{a_n}$ $(n \geq 1)$ とする．
   (1) すべての $n \in \boldsymbol{N}$ に対し $a_n \geq 3$ を示せ．
   (2) $|a_{n+1}-4| \leq \dfrac{1}{3}|a_n-4|$ を示し，$\displaystyle\lim_{n\to\infty}a_n$ を求めよ．

5. $1 < a_1 < 3$ とする．漸化式 $a_{n+1} = -a_n^2 + 4a_n - 2$ $(n \geq 1)$ で定まる数列の極限を調べよ．

6. 次の極限値を決定せよ．また，これを計算機で確認するときの問題点を述べよ．
   (1) $\displaystyle\lim_{n\to\infty}\dfrac{1.0000001^n}{n^{1000000}}$
   (2) $\displaystyle\lim_{n\to\infty}\dfrac{1000000^n}{n!}$

7 数列 $\{a_n\}$ を $a_{n+1} = \sqrt{a_n}$ という漸化式で定義する．この数列が $n \to \infty$ のときどうなるかを，$a_1 \geq 0$ の値により分類して答えよ．

8 数列 $\{a_n\}$ を $a_{n+1} = |a_n - 1|$ という漸化式で定義する．この数列の収束・発散を論ぜよ．

9 ☺ 数列 $\{a_n\}$ を $a_{n+1} = |\sqrt{a_n} - 1|$ という漸化式で定義する．この数列の収束・発散を論ぜよ．

10 ☺ $\lambda > 1$ のとき $\sum_{n=1}^{\infty} \dfrac{1}{n^\lambda}$ が収束することを，次の順序で示せ．

(1) 任意の正整数 $p$ に対し $\sum_{n=1}^{\infty} \dfrac{1}{n^{1+1/p}}$ が収束すれば，上の級数も収束する．

(2) $\sum_{n=1}^{\infty} \left( \dfrac{1}{n^{1/p}} - \dfrac{1}{(n+1)^{1/p}} \right)$ は収束する．

(3) $n \geq 1, p \geq 1$ に対し不等式 $\left(1 + \dfrac{1}{2pn}\right)^{pn} < \left(1 + \dfrac{1}{n}\right)^n$ が成り立つ．

[ヒント：$\left(1 + \dfrac{1}{2pn}\right)^{pn} = \left\{\left(1 + \dfrac{1}{2pn}\right)^{2pn}\right\}^{1/2} \leq 3^{1/2} = \sqrt{3}$ を用いよ．]

(4) $\dfrac{1}{n^{1/p}} - \dfrac{1}{(n+1)^{1/p}} > \dfrac{1}{2pn(n+1)^{1/p}}$ が成り立つ．

(5) $\sum_{n=1}^{\infty} \dfrac{1}{n^{1+1/p}}$ は収束する．

11 次の級数の収束・発散を調べよ．

(1) $\sum_{n=1}^{\infty} \dfrac{1}{2n}$ (2) $\sum_{n=1}^{\infty} \dfrac{1}{n^2 + 2}$ (3) $\sum_{n=1}^{\infty} \dfrac{\sqrt{n}}{n^2 + 1}$ (4) $\sum_{n=1}^{\infty} \dfrac{n}{n^2 + 2}$

(5) $\sum_{n=2}^{\infty} \dfrac{1}{\log n}$ (6) $\sum_{n=2}^{\infty} \dfrac{1}{\sqrt{n} \log n}$ (7) $\sum_{n=1}^{\infty} \dfrac{\log n}{n^2}$

(8) $\sum_{n=1}^{\infty} (\sqrt{n} - \sqrt{n-1})$ (9) $\sum_{n=1}^{\infty} \left( \dfrac{1}{\sqrt{n}} - \dfrac{1}{\sqrt{n+1}} \right)$

12 ☺ 次の命題が正しければ証明し，誤りならば反例を与えよ．

(1) $\{a_n\}, \{b_n\}$ がともに収束すれば，$\{a_n^2 + b_n^2\}$ も収束する．

(2) $a_n - a_{n-1} \to 0$ ならば $\{a_n\}$ は収束する．

(3) $\{a_{2n}\}, \{a_{3n}\}, \ldots, \{a_{kn}\}, \ldots$ がすべて収束すれば，$\{a_n\}$ も収束する．

(4) $\{a_n + a_{n+1}\}, \{a_n + a_{n+2}\}$ がともに収束すれば，$\{a_n\}$ も収束する．

# 2 関 数

## 2.1 関 数

★ 関数 $f(x)$ の**定義域**とは，$f(x)$ が定義される $x$ の集合 のことである（人為的に制限して考えることもある）．
★ 関数 $f(x)$ の**値域**(ちいき)とは，$f(x)$ が取る値の集合のことである．
★ 関数 $f(x)$ の**最大値・最小値・上限・下限・有界**とは，
$f$ の値域を実数の部分集合と見たときの最大値・最小値・上限・下限・有界のことである（1.2 節参照）．
★ 関数 $f(x)$ において，$x_1 \leq x_2$ ならば常に $f(x_1) \leq f(x_2)$ ($f(x_1) < f(x_2)$) が成り立つとき，**単調増加関数**（**狭義単調増加関数**）という．同様に $x_1 \leq x_2$ ならば常に $f(x_1) \geq f(x_2)$ ($f(x_1) > f(x_2)$) が成り立つとき，**単調減少関数**（**狭義単調減少関数**）という．単調増加関数と単調減少関数をあわせて，**単調関数**という．

★ **いろいろな関数**：
- 多項式関数　$a_0 x^n + a_1 x^{n-1} + \cdots + a_n$
- 有理関数　$\dfrac{a_0 x^n + a_1 x^{n-1} + \cdots + a_n}{b_0 x^m + b_1 x^{n-1} + \cdots + b_m}$
- 代数関数（無理関数）　$\sqrt{x^2 + 2x + 3}$, $\sqrt[3]{x^3 + 1}$, $\sqrt{x + \sqrt{x}}$ など．
- 初等超越関数

  指数関数　$e^x = \exp(x)$, 対数関数 $\log x$.
  三角関数　$\sin x$, $\cos x$, $\tan x$, $\sec x = \dfrac{1}{\cos x}$,
  　　　　　$\operatorname{cosec} x = \dfrac{1}{\sin x}$, $\cot x = \dfrac{1}{\tan x}$.
  逆三角関数　$\operatorname{Arcsin} x$, $\operatorname{Arccos} x$, $\operatorname{Arctan} x$.
  双曲線関数　$\sinh x = \dfrac{e^x - e^{-x}}{2}$, $\cosh x = \dfrac{e^x + e^{-x}}{2}$, $\tanh x = \dfrac{e^x - e^{-x}}{e^x + e^{-x}}$.

★ **逆三角関数の主値**
$-\dfrac{\pi}{2} \leq \operatorname{Arcsin} x \leq \dfrac{\pi}{2}$ 　$(-1 \leq x \leq 1)$, 　　$0 \leq \operatorname{Arccos} x \leq \pi$ 　$(-1 \leq x \leq 1)$,
$-\dfrac{\pi}{2} < \operatorname{Arctan} x < \dfrac{\pi}{2}$ 　$(-\infty < x < \infty)$.

★ **特殊記号で定義された関数**：

$|x|$, $\max\{x^2-1, x^3\}$, $\min\{\sin x, \cos x\}$,
切り捨て $[x] = \lfloor x \rfloor$, 切り上げ $\lceil x \rceil$.

ヘビサイド (Heaviside) 関数  $Y(x) = \begin{cases} 1 & (x \geq 0 \text{ のとき}) \\ 0 & (x < 0 \text{ のとき}) \end{cases}$

符号関数  $\mathrm{sgn}\, x = \begin{cases} 1 & (x > 0 \text{ のとき}) \\ 0 & (x = 0 \text{ のとき}) \\ -1 & (x < 0 \text{ のとき}) \end{cases}$

$x_+ = \max\{x, 0\} = xY(x) = \begin{cases} x & (x \geq 0 \text{ のとき}) \\ 0 & (x < 0 \text{ のとき}) \end{cases}$

$x_- = \max\{-x, 0\} = -xY(-x) = \begin{cases} 0 & (x > 0 \text{ のとき}) \\ -x & (x \leq 0 \text{ のとき}) \end{cases}$

従って，$|x| = x_+ + x_-$, $x = x_+ - x_-$.

---

**例題 2.1** ─────────────── 関数の最大値，最小値，上限，下限 ──

次の関数について与えられた定義域での最大値，最小値，上限，下限を求めよ．さらに有界性と単調性を調べよ．

$$y = \sin x \quad (0 < x < \pi)$$

---

**[解答]**  値域は $(0, 1]$ で，$x = \dfrac{\pi}{2}$ で最大値 $1$ をとる．
$\sin 0 = \sin \pi = 0$ だが，$0$ も $\pi$ も定義域に含まれていないので，最小値は存在しない．
上限は $1$ で，下限は $0$ である．
値域は $(0, 1]$ なので，有界である．
また，$\left(0, \dfrac{\pi}{2}\right)$ で単調増加で，$\left(\dfrac{\pi}{2}, \pi\right)$ で単調減少なので，単調関数ではない．

---

〜〜　**問　題**　〜〜〜〜〜〜〜〜〜〜〜〜〜〜〜〜〜〜〜〜〜〜〜〜〜〜〜〜

**2.1.1**　次の関数について定義域を $0 < x < \dfrac{\pi}{2}$ としたときの有界性，単調性を調べよ．

(1) $x \sin x$　　(2) $x \sin \dfrac{1}{x}$　　(3) $\dfrac{1}{x} \sin \dfrac{1}{x}$　　(4) $x^2 \left(1 + x \sin \dfrac{1}{x}\right)$

### 例題 2.2 ─────────────────────── グラフの概形 ──

次の関数のグラフの概形を描け．
(1) $|x|$　　(2) $\max\{x^2-2, x^3\}$　　(3) $\min\{\sin x, \cos x\}$

**解答** (1) $x \geq 0$ のとき，
$$y = x,$$
$x \leq 0$ のとき，
$$y = -x$$
となるので，右図のようになる．

(2) $y = x^2 - 2$ と $y = x^3$ のグラフの上の部分である．交点を求めるには，$x^3 = x^2 - 2$ より，
$$(x+1)(x^2 - 2x + 2) = 0$$
から $x = -1$ のみなので，交点は $(-1, -1)$ で，右図のようになる．

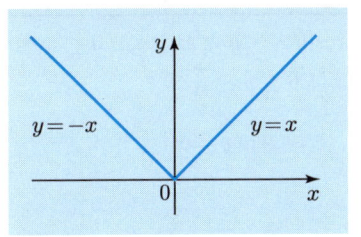

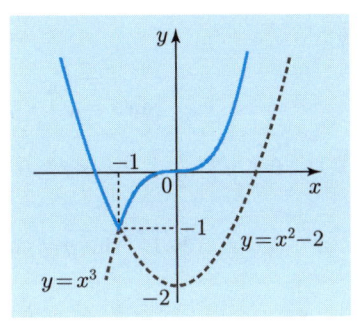

(3) $y = \sin x$ と $y = \cos x$ のグラフの下の部分である．従って，
$$\left[2n\pi - \frac{3\pi}{4}, 2n\pi + \frac{\pi}{4}\right] \text{ で } y = \sin x, \quad \left[2n\pi + \frac{\pi}{4}, 2n\pi + \frac{5\pi}{4}\right] \text{ で } y = \cos x$$
となり，下図のようになる．

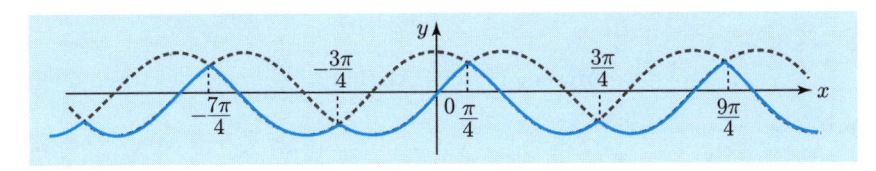

#### 問　題

**2.2.1** 次の関数のグラフの概形を描け．
(1) $|x-1| + |x-2|$　　(2) $\dfrac{1}{|x|+1}$　　(3) $\dfrac{|x|}{|x|+1}$　　(4) $\max\{1-x^2, 0\}$
(5) $x|x|$　　(6) $\max\{1-(x-1)^2, 1-(x+1)^2\}$　　(7) $\log(|x|+1)$
(8) $e^{-|x|}$　　(9) $\lfloor x \rfloor$　　(10) $x - \lfloor x \rfloor$　　(11) $\lfloor 1-x \rfloor$
(12) $\lfloor x^2 \rfloor$　　(13) $\lfloor x^3 \rfloor$　　(14) $x^3 - \lfloor x^3 \rfloor$

### 例題 2.3 　　　　　　　　　　　　　　　　　　　逆三角関数（その 1）

逆三角関数について $0 \leq x \leq 1$ のとき次を示せ.

$$\operatorname{Arcsin}\sqrt{1-x^2} + \operatorname{Arcsin} x = \frac{\pi}{2}$$

**解答**　$\operatorname{Arcsin} x = y$ とおくと, $0 \leq x \leq 1$ より, 値域は $0 \leq y \leq \frac{\pi}{2}$ で

$$\sin y = x$$

となる.

さらに, $\operatorname{Arcsin}\sqrt{1-x^2} = z$ とおくと, $0 \leq z \leq \frac{\pi}{2}$ で

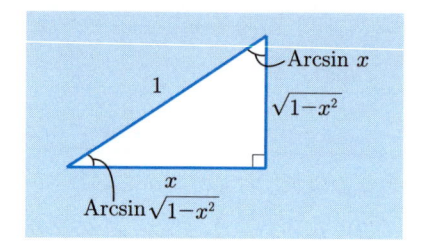

$$\sin z = \sqrt{1-x^2} = \sqrt{1-\sin^2 y} \tag{2.1}$$

となる. また, $0 \leq y \leq \frac{\pi}{2}$ より $\cos y \geq 0$ なので,

$$\sqrt{1-\sin^2 y} = \cos y = \sin\left(\frac{\pi}{2} - y\right) \tag{2.2}$$

となり, 式 (2.1), (2.2) より $\sin z = \sin\left(\frac{\pi}{2} - y\right)$ となる.

また, $0 \leq z \leq \frac{\pi}{2}, 0 \leq \frac{\pi}{2} - y \leq \frac{\pi}{2}$ より, $z = \frac{\pi}{2} - y$ となり

$$z + y = \frac{\pi}{2}.$$

従って,

$$\operatorname{Arcsin}\sqrt{1-x^2} + \operatorname{Arcsin} x = \frac{\pi}{2}$$

が成り立つ.

---

### 問 題

**2.3.1** 逆三角関数について次を示せ.

(1) $\operatorname{Arcsin} x + \operatorname{Arccos} x = \frac{\pi}{2}$

(2) $\operatorname{Arctan} x + \operatorname{Arctan} \dfrac{1}{x} = \begin{cases} \dfrac{\pi}{2} & (x > 0 \text{ のとき}) \\ -\dfrac{\pi}{2} & (x < 0 \text{ のとき}) \end{cases}$

## 例題 2.4 — 逆三角関数（その2）

例題 2.3 の式

$$\operatorname{Arcsin}\sqrt{1-x^2} + \operatorname{Arcsin} x = \frac{\pi}{2} \tag{2.3}$$

は $-1 \leq x < 0$ でも成り立つか? 成り立たない場合は正しい式を示せ．

**[解答]** $f(x) = \operatorname{Arcsin}\sqrt{1-x^2}$, $g(x) = \operatorname{Arcsin} x$ とおくと，$f(x)$ は偶関数，$g(x)$ は奇関数なので $-1 \leq x < 0$ に対しては，

$$f(x) + g(x) = f(|x|) - g(|x|).$$

$0 \leq x \leq 1$ に対しては，例題 2.3 に示すように

$$f(x) + g(x) = \operatorname{Arcsin}\sqrt{1-x^2} + \operatorname{Arcsin} x$$
$$= \frac{\pi}{2}$$

なので $-1 \leq x < 0$ に対しては，

$$\operatorname{Arcsin}\sqrt{1-x^2} - \operatorname{Arcsin} x = \frac{\pi}{2} \tag{2.4}$$

となり，式 (2.3) は成り立たない．

また，$\operatorname{Arcsin}\sqrt{1-x^2} + \operatorname{Arcsin} x$ に関しては式 (2.4) より

$$\operatorname{Arcsin}\sqrt{1-x^2} = \operatorname{Arcsin} x + \frac{\pi}{2}$$

なので

$$\operatorname{Arcsin}\sqrt{1-x^2} + \operatorname{Arcsin} x$$
$$= 2\operatorname{Arcsin} x + \frac{\pi}{2} \quad (-1 \leq x < 0)$$

となり，右図下のようになる．

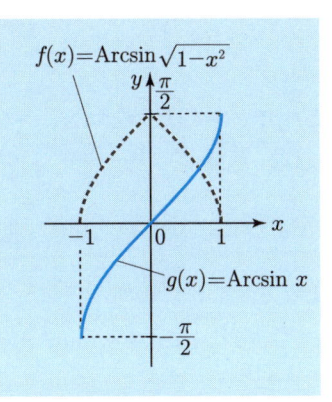

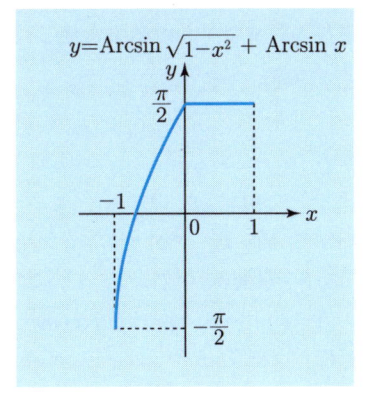

### 問題

**2.4.1** $\operatorname{Arctan}\dfrac{1}{2} + \operatorname{Arctan}\dfrac{1}{3} = \dfrac{\pi}{4}$ を示せ．

## 例題 2.5 ——————————————————————————— 双曲線関数 ———

双曲線関数について，次を示せ．
(1) $\cosh^2 x - \sinh^2 x = 1$
(2) $1 - \tanh^2 x = \dfrac{1}{\cosh^2 x}$

**解答** (1) $\sinh x = \dfrac{e^x - e^{-x}}{2}$, $\cosh x = \dfrac{e^x + e^{-x}}{2}$ より

$$\begin{aligned}\cosh^2 x - \sinh^2 x &= \left(\frac{e^x + e^{-x}}{2}\right)^2 - \left(\frac{e^x - e^{-x}}{2}\right)^2 \\ &= \frac{e^{2x} + 2 + e^{-2x}}{4} - \frac{e^{2x} - 2 + e^{-2x}}{4} \\ &= \frac{2 + 2}{4} = 1\end{aligned}$$

となり，与式は示された．

(2) $\tanh x = \dfrac{e^x - e^{-x}}{e^x + e^{-x}}$ より

$$\tanh x = \frac{\sinh x}{\cosh x}$$

となる．これより

$$\begin{aligned}1 - \tanh^2 x &= 1 - \left(\frac{\sinh x}{\cosh x}\right)^2 = \frac{\cosh^2 x - \sinh^2 x}{\cosh^2 x} \\ &= \frac{1}{\cosh^2 x}.\end{aligned}$$

最後の等式は (1) の結果を使った．

### 問題

**2.5.1** 双曲線関数について，次を示せ．
(1) $\sinh(\alpha \pm \beta) = \sinh \alpha \cosh \beta \pm \cosh \alpha \sinh \beta$
(2) $\cosh(\alpha \pm \beta) = \cosh \alpha \cosh \beta \pm \sinh \alpha \sinh \beta$
(3) $\sinh 2x = 2 \sinh x \cosh x$
(4) $\cosh 2x = \cosh^2 x + \sinh^2 x = 1 + 2 \sinh^2 x = 2 \cosh^2 x - 1$
(5) $\tanh 2x = \dfrac{2 \tanh x}{1 + \tanh^2 x}$

★ **$x = a$ で $f(x)$ の極限値**　$\lim_{x \to a} f(x) = A$ が存在するとは，$x$ が $a$ に連続的に近づくとき，$f(x)$ が $A$ に限りなく近づくこと，すなわち，
どんな正数 $\varepsilon$ に対しても，ある正数 $\delta$ が存在して，
$$0 < |x - a| < \delta \quad \text{ならば} \quad |f(x) - A| < \varepsilon$$
が成り立つことである．
　(i.e. $\forall \varepsilon > 0\ \exists \delta > 0$ s.t. $0 < |x - a| < \delta \Rightarrow |f(x) - A| < \varepsilon$.)
　また，次の関係（コーシー（Cauchy）の判定条件）も成り立つ．
$$\lim_{x \to a} f(x) \text{ が存在する} \iff \lim_{\varepsilon, \varepsilon' \to 0} |f(a + \varepsilon) - f(a + \varepsilon')| = 0 \qquad (2.5)$$

★ **$x = a$ で $f(x)$ の右極限値**　$\lim_{x \to a+0} f(x) = A$ が存在するとは，$x$ が $a$ の右から $a$ に連続的に近づくとき，$f(x)$ が $A$ に限りなく近づくこと，すなわち，
どんな正数 $\varepsilon$ に対しても，ある正数 $\delta$ が存在して，
$$a < x < a + \delta \quad \text{ならば} \quad |f(x) - A| < \varepsilon$$
が成り立つことである．
　(i.e. $\forall \varepsilon > 0\ \exists \delta > 0$ s.t. $a < x < a + \delta \Rightarrow |f(x) - A| < \varepsilon$.)

★ **$x = a$ で $f(x)$ の左極限値**　$\lim_{x \to a-0} f(x) = A$ が存在するとは，$x$ が $a$ の左から $a$ に連続的に近づくとき，$f(x)$ が $A$ に限りなく近づくこと，すなわち，
どんな正数 $\varepsilon$ に対しても，ある正数 $\delta$ が存在して，
$$a - \delta < x < a \quad \text{ならば} \quad |f(x) - A| < \varepsilon$$
が成り立つことである．
　(i.e. $\forall \varepsilon > 0\ \exists \delta > 0$ s.t. $a - \delta < x < a \Rightarrow |f(x) - A| < \varepsilon$.)

★ 従って，極限値が存在するとは，右極限値と左極限値が存在して等しいことである．
　($\lim_{x \to a} f(x) = A \iff \lim_{x \to a-0} f(x) = A$ かつ $\lim_{x \to a+0} f(x) = A$ )

★ 右極限値と左極限値をあわせて，**片側極限値**という．

★ **基本的な極限値**：

$$\lim_{x \to 0} \frac{\sin x}{x} = 1 \qquad (2.6\text{-a}) \qquad \lim_{x \to \infty} \left(1 + \frac{1}{x}\right)^x = e \qquad (2.6\text{-b})$$

$$\lim_{x \to 0} (1 + x)^{1/x} = e \qquad (2.6\text{-c}) \qquad \lim_{x \to 0} \frac{\log(1 + x)}{x} = 1 \qquad (2.6\text{-d})$$

$$\lim_{x \to 0} \frac{e^x - 1}{x} = 1 \qquad (2.6\text{-e}) \qquad \lim_{x \to \infty} \frac{e^x}{x^k} = \infty \qquad (2.6\text{-f})$$

$$\lim_{x \to \infty} x^k e^{-x} = 0 \qquad (2.6\text{-g})$$

上式の証明は問題 2.6.1 にある．

―― 例題 2.6 ――――――――――――――――――――――――――― 関数の極限値 ――

次の関数の $x=0$ における左右の片側極限を調べよ．また，極限が存在するときは極限値を求めよ．

(1) $f(x) = |x(x+1)|$      (2) $f(x) = \dfrac{x^2+x}{|x|}$

**解答** (1) $x=0$ での左側極限を求めるには，$-1 < x < 0$ で関数を考察すれば十分である．このとき，$|x(x+1)| = -x(x+1)$ なので，

$$\lim_{x \to -0} |x(x+1)| = \lim_{x \to -0} (-x(x+1)) = 0.$$

$x > 0$ のとき，$|x(x+1)| = x(x+1)$ なので，

$$\lim_{x \to +0} |x(x+1)| = \lim_{x \to +0} (x(x+1)) = 0.$$

従って，$\lim_{x \to -0} |x(x+1)| = \lim_{x \to +0} |x(x+1)|$ より極限値は存在して，

$$\lim_{x \to 0} |x(x+1)| = 0$$

である．

(2) $x$ が負の方から $0$ に近づくとき，$|x| = -x$ より

$$\lim_{x \to -0} \frac{x^2+x}{|x|} = \lim_{x \to -0} \frac{x^2+x}{-x} = \lim_{x \to -0} (-x-1) = -1.$$

$x$ が正の方から $0$ に近づくとき，$|x| = x$ より

$$\lim_{x \to +0} \frac{x^2+x}{|x|} = \lim_{x \to +0} \frac{x^2+x}{x} = \lim_{x \to +0} (x+1) = 1.$$

従って，$\lim_{x \to -0} \dfrac{x^2+x}{|x|} \neq \lim_{x \to +0} \dfrac{x^2+x}{|x|}$ となり，極限値は存在しない．

**問 題**

**2.6.1** 式 (2.6–b)〜(2.6–g) を示せ．

**2.6.2** 次の極限値は存在するか．また，極限が存在するときは極限値を求めよ．

(1) $\lim_{x \to \infty} \sqrt{x+1}(\sqrt{x} - \sqrt{x-1})$      (2) $\lim_{x \to 0} \dfrac{2x - \sin x}{3x}$

**2.6.3** 次の関数の $x=0$ における左右の片側極限を調べよ．また，極限が存在するときは極限値を求めよ．

(1) $f(x) = x \sin \dfrac{1}{x}$      (2) $f(x) = Y(x)$ （ヘビサイド関数）

## 2.2 連続関数

★ **連続性の定義** $f(x)$ が $x = a$ で連続とは，$\lim_{x \to a} f(x) = f(a)$ なること，

詳しく言うと，以下の (C1), (C2), (C3) を満たすことである．
- (C1) $f(a)$ が定義されている．
- (C2) $\lim_{x \to a} f(x) = A$ が存在する．
- (C3) $A = f(a)$.

★ $f(x)$ が区間 $I$ で連続とは $I$ の各点で連続なことである．

★ **中間値の定理**

$f(x)$ が閉区間 $[a, b]$ で連続なら，$f(a)$ と $f(b)$ の間の任意の値 $k$ に対し，$f(x) = k$ となる $x \in (a, b)$ が存在する．

★ **最大値の定理**

$f(x)$ が閉区間 $[a, b]$ で連続なら，$f$ はこの区間で最大値・最小値に到達する．

---

**例題 2.7** ─────────────── 連続性 ─

次の関数の $x = 0$ における連続性を調べよ．

$$f(x) = \begin{cases} \dfrac{x^2 + x}{|x|} & (x \neq 0 \text{ のとき}) \\ 1 & (x = 0 \text{ のとき}) \end{cases}$$

---

[解答] 連続性を調べるには，上述の連続性の定義 (C1) ～ (C3) が成り立つことを調べる．

(C1) $f(0) = 1$ は定義されている．

(C2) $\lim_{x \to +0} f(x) = \lim_{x \to +0} \dfrac{x^2 + x}{x} = 1$, $\lim_{x \to -0} f(x) = \lim_{x \to +0} \dfrac{x^2 + x}{-x} = -1$

より，$\lim_{x \to 0} f(x)$ が存在しないので，$x = 0$ において連続ではない．

---

問題

**2.7.1** 次の関数の $x = 0$ における連続性を調べよ．

(1) $f(x) = \dfrac{x^2 + x}{|x|}$ 　　(2) $f(x) = \begin{cases} x \sin \dfrac{1}{x} & (x \neq 0 \text{ のとき}) \\ 0 & (x = 0 \text{ のとき}) \end{cases}$

―― 例題 2.8 ――――――――――――――――――――――――― 連続関数の性質 ――

(1) $f$ を区間 $I$ で連続とする．任意の $x_1, x_2 \in I$ に対し方程式 $f(x) = \frac{1}{2}(f(x_1) + f(x_2))$ の解 $x \in I$ が少なくとも一つ存在することを示せ．

(2) 方程式 $x^3 + 2x^2 - 2x - 1 = 0$ は三つの実根（実数解）を持つことを示せ．

**解答** (1) $x_1 = x_2$ のときは，$x = x_1$ が解である．
$x_1 \neq x_2$ のとき，$x_1 < x_2$ と仮定する．$f(x)$ は閉区間 $[x_1, x_2]$ で連続である．$k = \frac{1}{2}(f(x_1) + f(x_2))$ は $f(x_1)$ と $f(x_2)$ の間の値なので，中間値の定理より $f(x) = k$ となる $x \in I$ が少なくとも一つ存在する．$x_1 > x_2$ のときも，全く同様に示すことができる．

(2) $f(x) = x^3 + 2x^2 - 2x - 1$ とおき，お互いに共通部分のない開区間でその両端の $f$ の値が異符号となるようなものを見つければ，中間値の定理から三つの実数解がえられる．実際，
$$f(2) = 8 + 8 - 4 - 1 = 11 > 0, \quad f(0) = -1 < 0$$
より区間 $[0, 2]$ に対して，中間値の定理を使うと，$f$ はこの区間で連続で，$0$ は $f(2)(>0)$ と $f(0)(<0)$ の間の値なので，$f(x) = 0$ となる $x \in (0, 2)$ が存在する．

同様に区間 $[-1, 0]$ に対して，中間値の定理を使うと，
$$f(-1) = -1 + 2 + 2 - 1 = 2, \quad f(0) = -1$$
より，$f(x) = 0$ となる $x \in (-1, 0)$ が存在する．

区間 $[-3, -1]$ でも同様に，
$$f(-3) = -27 + 18 + 6 - 1 = -4 < 0, \quad f(-1) = 2 > 0$$
より，$f(x) = 0$ となる $x \in (-3, -1)$ が存在する．

従って，少なくとも，区間 $(-3, -1), (-1, 0), (0, 2)$ にそれぞれ解を持つ．また，方程式 $x^3 + 2x^2 - 2x - 1 = 0$ は 3 次式なので解は高々三つである．従って，与式は，三つの実根を持つ．

### 問題

**2.8.1** $n$ が奇数ならば，$n$ 次代数方程式 $x^n + a_1 x^{n-1} + \cdots + a_{n-1} x + a_n = 0$ は少なくとも一つの実根（実数解）を持つことを証明せよ．

**2.8.2** ☺ $f(x)$ は $\mathbf{R}$ 上の連続関数で，そのグラフは任意の $c$ に対して $y = c$ と高々 2 点でしか交わらず，かつ $y = 0$ とはちょうど 2 点で交わるとする．このとき $f(x)$ は正の最大値または負の最小値のいずれか一つ，あるいはそれぞれを一つずつ取ることを示せ．また，これらの各々についてグラフの例を具体的な関数で与えよ．

## 演習問題

**1** 次の関数について与えられた定義域での最大値，最小値，上限，下限を求めよ．さらに有界性と単調性を調べよ．

(1) $y = \log x$ $\quad (0 < x \leq 1)$ $\qquad$ (2) $y = \sin x$ $\quad (0 \leq x < \infty)$
(3) $y = e^x$ $\quad (-\infty < x < \infty)$ $\qquad$ (4) $y = 1 - e^{-x}$ $\quad (0 \leq x < \infty)$
(5) $y = 1 - |x|$ $\quad (-1 \leq x \leq 1)$ $\qquad$ (6) $y = x$ $\quad (-1 \leq x \leq 1)$
(7) $y = x^2$ $\quad (-1 < x < 1)$ $\qquad$ (8) $y = x^3$ $\quad (-1 \leq x < \infty)$
(9) $y = x^4$ $\quad (-1 < x < 1)$ $\qquad$ (10) $y = \dfrac{1}{1+x^2}$ $\quad (-\infty < x < \infty)$
(11) $\operatorname{Arctan} x$ $\quad (-\infty < x < \infty)$ $\qquad$ (12) $\operatorname{Arcsin} x$ $\quad (-1 \leq x \leq 1)$

**2** 次の関数のグラフの概形を描け．

(1) $\sinh x$ $\qquad$ (2) $\sin |x|$ $\qquad$ (3) $|\sin x|$
(4) $\operatorname{sgn} \sin x$ $\qquad$ (5) $\dfrac{\cos x}{1 + \sin x}$

**3** 次の表現を簡単にせよ．

(1) $\operatorname{Arcsin}(\cos 2x)$ $\quad \left(-\dfrac{\pi}{2} \leq x \leq 0\right)$ $\qquad$ (2) $\tan \operatorname{Arccos} \dfrac{1}{\sqrt{x^2+1}}$
(3) $\operatorname{Arccos} \dfrac{\sqrt{2x}}{x+1} + \operatorname{Arctan} \dfrac{\sqrt{2x}}{\sqrt{x^2+1}}$ $\quad (x \geq 0)$

**4** ☺ $0 \leq \lambda \leq 1$ に対して $f(\lambda x + (1-\lambda)y) \leq \lambda f(x) + (1-\lambda)f(y)$ が常に成り立つとき，$f$ を**凸関数**という．

(1) 凸関数のグラフの幾何学的意味を説明せよ．
(2) 凸関数に対して次の不等式を示せ．
$$\lambda_j \geq 0, \sum_{j=1}^n \lambda_j = 1 \quad \text{ならば} \quad f\left(\sum_{j=1}^n \lambda_j x_j\right) \leq \sum_{j=1}^n \lambda_j f(x_j)$$

**5** 次の片側極限値は存在するか．存在すればそれを求めよ．

(1) $\displaystyle\lim_{x \to -0} \dfrac{|x|}{x}$ $\qquad$ (2) $\displaystyle\lim_{x \to +0} \dfrac{|x|}{x}$ $\qquad$ (3) $\displaystyle\lim_{x \to 1-0} \dfrac{x}{1-x}$ $\qquad$ (4) $\displaystyle\lim_{x \to 1+0} \dfrac{x}{1-x}$

**6** 次の極限値を求めよ．

(1) $\displaystyle\lim_{x \to 0} x \cot x$ $\qquad$ (2) $\displaystyle\lim_{x \to 0} \dfrac{\sin 5x}{\sin 3x}$ $\qquad$ (3) $\displaystyle\lim_{x \to \infty} \dfrac{x^2 + x - 1}{x^2 + x + 1}$ $\qquad$ (4) $\displaystyle\lim_{x \to 0} \dfrac{x^2 + x - 1}{x^2 + x + 1}$
(5) $\displaystyle\lim_{x \to 1} \dfrac{\sqrt{x} - 1}{x - 1}$ $\qquad$ (6) $\displaystyle\lim_{x \to -\infty} a^x$ $\quad (a > 0)$ $\qquad$ (7) $\displaystyle\lim_{x \to +\infty} a^x$ $\quad (a > 0)$

**7** 次の極限値（$\pm\infty$ も含む）を $m, n$ の大小，$a_0$ の符号で場合分けして求めよ．ただし $a_0 \neq 0, b_0 \neq 0$ とする．

(1) $\displaystyle\lim_{x \to +\infty} \dfrac{a_0 x^m + a_1 x^{m-1} + \cdots + a_m}{x^n + b_1 x^{n-1} + \cdots + b_n}$ $\qquad$ (2) $\displaystyle\lim_{x \to +\infty} \dfrac{a_0 x^m + a_1 x^{m-1} + \cdots + a_m}{b_0 x^n + b_1 x^{n-1} + \cdots + b_n}$
(3) $\displaystyle\lim_{x \to +\infty} \dfrac{|a_0 x^m + a_1 x^{m-1} + \cdots + a_m|}{b_0 x^n + b_1 x^{n-1} + \cdots + b_n}$

**8** $f(x) = \sum_{n=0}^{\infty} \dfrac{x^2}{(1+x^2)^n}$ の連続性を $x \neq 0$ の場合と $x = 0$ の場合に場合分けして調べよ．

**9** 次の関数 $f(x)$ の連続性を調べよ．
(1) $f(x) = \dfrac{x}{x^2 + 2}$ 　　(2) $f(x) = \dfrac{x^2 + 4}{x^2 - 4}$ 　　(3) $f(x) = \operatorname{sgn}(x + x^2)$

(4) $f(x) = x^2 \operatorname{sgn} x$ 　　(5) $f(x) = \begin{cases} \dfrac{x^2 - 4}{x - 2} & (x \neq 2 \text{ のとき}) \\ 4 & (x = 2 \text{ のとき}) \end{cases}$

(6) $f(x) = \begin{cases} e^{-1/x} & (x > 0 \text{ のとき}) \\ 0 & (x \leq 0 \text{ のとき}) \end{cases}$

**10** ⌣ 数列 $a_n$ は連続関数 $f(x)$ により $a_{n+1} = f(a_n)$ という漸化式で定義されているとする．
(1) もし，数列 $a_n$ が収束すれば，その極限 $a$ は $x = f(x)$ の解となることを示せ．
(2) 数列 $a_n$ が収束部分列 $a_{n_k}$ を持つとき，その極限は $x = f(x)$ の解となるか．正しければ証明し，誤りならば反例を一つ与えよ．
(3) $f(x)$ が連続関数でないときは，漸化式 $a_{n+1} = f(a_n)$ で定まる数列が収束したとしても，極限 $a$ は必ずしも $a = f(a)$ を満たさないことを反例により示せ．

**11** ⌣ $f(x)$ は全実数直線上で定義され，$0 < f'(x) < \dfrac{1}{2}$ を満たすとする．
(1) $f(c) = c$ を満たすような実数 $c$ がただ一つ存在することを示せ．
(2) $x_1$ を任意に選ぶとき，漸化式 $x_{n+1} = f(x_n)$ $(n \geq 1)$ で定まる数列は，必ず上で述べた値 $c$ に収束することを示せ．

**12** ⌣ $a < b < c$ とするとき，方程式 $\dfrac{1}{x-a} + \dfrac{1}{x-b} + \dfrac{1}{x-c} = 0$ は実数の解をいくつ持つか．またそれらの解と $a, b, c$ の大小関係を示せ．

**13** ⌣ $n \in \boldsymbol{N}$ に対し，次の関係式を証明せよ．
(1) $\displaystyle\sum_{k=0}^{n} {}_n\mathrm{C}_k \cos \dfrac{k\pi}{2} = (\sqrt{2})^n \cos \dfrac{n\pi}{4}$, 　$\displaystyle\sum_{k=0}^{n} {}_n\mathrm{C}_k \sin \dfrac{k\pi}{2} = (\sqrt{2})^n \sin \dfrac{n\pi}{4}$
(2) $\displaystyle\sum_{k=0}^{n} {}_n\mathrm{C}_k \sin\left(x + \dfrac{k\pi}{2}\right) = (\sqrt{2})^n \sin\left(x + \dfrac{n\pi}{4}\right)$

# 3 微分法

## 3.1 微分法

### 3.1.1 連続性と微分可能性

★ **微分係数**
$$f'(x) = \lim_{h \to 0} \frac{f(x+h) - f(x)}{h}.$$
これが存在するとき，$f(x)$ は $x$ で**微分可能**という．

★ **右微分係数** [**左微分係数**] とは以下のように "前進差分商" ["後退差分商"] の極限値のことである：
$$f'_+(x) = \lim_{h \to +0} \frac{f(x+h) - f(x)}{h} \quad \left[ f'_-(x) = \lim_{h \to -0} \frac{f(x+h) - f(x)}{h} \right].$$
これが存在するとき，$f(x)$ は $x$ で**右微分可能** [**左微分可能**] という．

★ $f(x)$ が点 $x$ で**微分可能**なことと，点 $x$ で左右の微分係数が存在し，それらが一致することとは同値である．

★ $f(x)$ が点 $x = a$ で微分可能なら，点 $x = a$ で連続である．

★ $f(x)$ が開区間 $(a, b)$ で微分可能とは，$a < x < b$ なる任意の $x$ で微分係数が存在することである．

★ $f(x)$ が閉区間 $[a, b]$ で微分可能とは，$a < x < b$ なる任意の $x$ で微分可能，かつ $x = a$ では右微分可能，$x = b$ では左微分可能なことである．

★ $f(x)$ が区間 $I$ で微分可能なとき，区間の各点 $x \in I$ に微分係数 $f'(x)$ を対応させる関数を $f(x)$ の**導関数**という．

---

**例題 3.1-1** ──────────────── 導関数の定義式 ──

関数 $f(x) = \sin x$ の導関数を定義式から求めよ．

**【解答】**
$$\begin{aligned}
f'(x) &= \lim_{h \to 0} \frac{f(x+h) - f(x)}{h} = \lim_{h \to 0} \frac{\sin(x+h) - \sin x}{h} \\
&= \lim_{h \to 0} \frac{2 \cos \frac{2x+h}{2} \sin \frac{h}{2}}{h} = \lim_{h \to 0} \cos\left(x + \frac{h}{2}\right) \frac{\sin \frac{h}{2}}{\frac{h}{2}} = \lim_{h \to 0} \cos\left(x + \frac{h}{2}\right) \lim_{h \to 0} \frac{\sin \frac{h}{2}}{\frac{h}{2}} \\
&= \cos x.
\end{aligned}$$
上式では，三角関数の加法定理と $\lim_{t \to 0} \frac{\sin t}{t} = 1$ を使った．

---
**例題 3.1-2** ━━━━━━━━━━━━━━━━━━━━━━━━ 微分可能性 ━━

関数 $f(x) = |x(x+1)|$ の $x=0$ での連続性と微分可能性を調べよ．さらに，存在する場合は $f'(0)$ を求めよ．

---

**[解答]** $\lim_{x \to 0} f(x) = \lim_{x \to 0} |x(x+1)| = 0 = f(0)$ より，$x=0$ で連続である．

$$f'_+(0) = \lim_{h \to +0} \frac{f(0+h) - f(0)}{h} = \lim_{h \to +0} \frac{|h(h+1)| - 0}{h}$$
$$= \lim_{h \to +0} \frac{h(h+1) - 0}{h} = \lim_{h \to +0} (h+1) = 1.$$
$$f'_-(0) = \lim_{h \to -0} \frac{f(0+h) - f(0)}{h} = \lim_{h \to -0} \frac{|h(h+1)| - 0}{h}$$
$$= \lim_{h \to -0} \frac{-h(h+1) - 0}{h} = \lim_{h \to -0} -(h+1) = -1.$$

従って，$f'_+(0) \neq f'_-(0)$ より，微分不可能である．

## 問 題

**3.1.1** 次の関数の導関数を定義式 $f'(x) = \lim_{h \to 0} \dfrac{f(x+h) - f(x)}{h}$ から求めよ．

(1) $f(x) = \cos x$ (2) $f(x) = \tan x$ (3) $f(x) = \log x$
(4) $f(x) = \log(1-x)$ (5) $f(x) = e^x$ (6) $f(x) = e^{-x}$
(7) $f(x) = a^x$

**3.1.2** 次の関数 $f(x)$ の $x=0$ での連続性と微分可能性を調べよ．さらに，存在する場合は $f'(0)$ を求めよ．

(1) $f(x) = |x|$ (2) $f(x) = |x^3|$ (3) $f(x) = \sqrt{|x|}$
(4) $f(x) = \dfrac{1}{\sqrt{1-x}}$ (5) $f(x) = \sin|x|$ (6) $f(x) = \max\{x, 0\}$
(7) $f(x) = Y(x)$ (8) $f(x) = \sqrt{|x^3|}$ (9) $f(x) = \cos\sqrt{|x|}$

(10) $f(x) = \begin{cases} \dfrac{1}{x} & (x \neq 0 \text{ のとき}) \\ 0 & (x = 0 \text{ のとき}) \end{cases}$

(11) $f(x) = \begin{cases} x \operatorname{Arctan} \dfrac{1}{x} & (x \neq 0 \text{ のとき}) \\ 0 & (x = 0 \text{ のとき}) \end{cases}$

## 3.1.2 導関数の計算 − 1. 基礎

★ **主な導関数のリスト**

$$(x^a)' = ax^{a-1}, \quad (e^x)' = e^x, \quad (a^x)' = a^x \log a,$$
$$(\log x)' = \frac{1}{x}, \quad (\log_a x)' = \frac{1}{x \log a},$$
$$(\sin x)' = \cos x, \quad (\cos x)' = -\sin x, \quad (\tan x)' = \sec^2 x = \frac{1}{\cos^2 x}.$$

★ **線形性**

$$\{af(x) + bg(x)\}' = af'(x) + bg'(x) \quad (a, b \text{ は定数}).$$

★ **積の微分**

$$(f(x)g(x))' = f'(x)g(x) + f(x)g'(x).$$

**商の微分**

$$\left(\frac{f(x)}{g(x)}\right)' = \frac{f'(x)g(x) - f(x)g'(x)}{g(x)^2} \quad (g(x) \neq 0).$$

特に

$$\left(\frac{1}{f(x)}\right)' = -\frac{f'(x)}{f(x)^2} \quad (f(x) \neq 0).$$

★ **合成関数の微分**

$$[f(g(x))]' = f'(g(x))g'(x).$$

---

**例題 3.2** ──────────────────────────────── 合成関数の微分 ──

合成関数の微分公式を用いて，関数 $y = (3x^2 + 1)^3$ を微分せよ．

**[解答]** $f(t) = t^3$, $t = g(x) = 3x^2 + 1$ とおくと，

$$f'(t) = 3t^2, \quad g'(x) = 6x$$

より

$$y' = f'(g(x))g'(x) = 3(3x^2 + 1)^2 \times 6x = 18x(3x^2 + 1)^2.$$

---

問 題

**3.2.1** 合成関数の微分公式を用いて，次の関数を微分せよ．

(1) $\sqrt{(x+3)(x-1)}$ (2) $\sqrt{\dfrac{x+3}{x-2}}$ (3) $(x^2 + x - 1)^3$

---例題 3.3---――――――――――――――――――基礎的手法―

積の微分，商の微分，合成関数の微分の公式を用いて次の関数の導関数を求めよ.

(1) $(x-3)(2x^2+1)$ (2) $\dfrac{x-3}{2x^2+1}$ (3) $\dfrac{x}{\sqrt{x^2+1}}$

**解答** (1) $f(x) = x-3$, $g(x) = 2x^2+1$ とおくと,

$$f(x)g'(x) + f'(x)g(x) = (x-3)(4x) + (2x^2+1) = 6x^2 - 12x + 1$$

より

$$((x-3)(2x^2+1))' = (fg)' = fg' + f'g = 6x^2 - 12x + 1.$$

(2) $f(x) = x-3$, $g(x) = 2x^2+1$ とおくと,

$$f'(x)g(x) - f(x)g'(x) = (2x^2+1) - (x-3)(4x) = -2x^2 + 12x + 1$$

より

$$\left(\dfrac{x-3}{2x^2+1}\right)' = \left(\dfrac{f}{g}\right)' = \dfrac{f'g - fg'}{g^2} = \dfrac{-2x^2 + 12x + 1}{(2x^2+1)^2}.$$

(3) $f(x) = x$, $g(x) = \sqrt{x^2+1} = \sqrt{h(x)}$, $h(x) = x^2+1$ とおくと, 合成関数の微分の公式により,

$$f'(x)g(x) - f(x)g'(x) = \sqrt{x^2+1} - x\dfrac{h'(x)}{2\sqrt{h(x)}} = \sqrt{x^2+1} - \dfrac{x^2}{\sqrt{x^2+1}} = \dfrac{1}{\sqrt{x^2+1}}.$$

従って商の微分の公式により

$$\left(\dfrac{x}{\sqrt{x^2+1}}\right)' = \left(\dfrac{f}{g}\right)' = \dfrac{f'g - fg'}{g^2} = \dfrac{1}{\sqrt{(x^2+1)^3}}.$$

なお，慣れてきたらこのように丁寧に合成関数などの記号を明記するには及ばない.

### 問 題

**3.3.1** 積の微分，商の微分，合成関数の微分の公式を用いて次の関数の導関数を（定義される範囲で）求めよ.

(1) $\dfrac{2x}{3x^2+1}$ (2) $\dfrac{x^2}{\log x}$ (3) $\dfrac{\sin x}{x}$ (4) $\dfrac{1}{\sin x}$

(5) $\dfrac{1}{\sqrt[3]{x^2+a^2}}$ (6) $\sqrt{(x^2+1)^3}$ (7) $\log\log x^3$ (8) $\log\tan x$

(9) $\sqrt{x+\sqrt{x}}$ (10) $\sin\sqrt{x}$ (11) $\dfrac{1}{\cos^2 x}$

### 3.1.3 導関数の計算 − 2. 発展

★ **逆関数の存在** 関数 $f(x)$ が区間 $I$ 上で狭義単調関数であるとき，逆関数 $f^{-1}(x)$ が存在し，任意の $x \in I$ に対し
$$f^{-1}(f(x)) = x$$
が成り立つ．

★ **逆関数の微分公式**
$$\frac{d}{dx}f^{-1}(x) = \frac{1}{f'(f^{-1}(x))}, \quad \text{略して} \quad \frac{dy}{dx} = \frac{1}{\frac{dx}{dy}}.$$

★ **陰関数の微分公式** 例えば $y = \sqrt[3]{x^2+2x-1}$ を直接微分するのは面倒だが，これを $y^3 = x^2+2x-1$ と変形して両辺を $x$ で微分すると，
$$3y^2 y' = 2x+2. \quad \therefore \quad y' = \frac{2(x+1)}{3y^2} = \frac{2(x+1)}{3\sqrt[3]{(x^2+2x-1)^2}}.$$

★ **対数微分法** $y = f(x)$ の両辺の対数をとり
$$\log y = \log f(x)$$
の両辺を微分する．

★ **媒介変数（パラメータ）表示の微分公式** $x = f(t), y = g(t)$ のとき
$$\frac{dy}{dx} = \frac{\frac{dy}{dt}}{\frac{dx}{dt}} = \frac{g'(t)}{f'(t)}.$$

★ **導関数のリストの続き**

$$(\operatorname{Arcsin} x)' = \frac{1}{\sqrt{1-x^2}} \tag{3.1}$$

$$(\operatorname{Arccos} x)' = -\frac{1}{\sqrt{1-x^2}} \tag{3.2}$$

$$(\operatorname{Arctan} x)' = \frac{1}{x^2+1} \tag{3.3}$$

$$(\sinh x)' = \cosh x \tag{3.4}$$

$$(\cosh x)' = \sinh x \tag{3.5}$$

$$(\tanh x)' = \frac{1}{\cosh^2 x} \tag{3.6}$$

式 (3.1) 〜 (3.6) の証明は例題 3.6 と問題 3.6.1 にある．

---**例題 3.4** ──────────────────────── 陰関数・逆関数の微分 ──

陰関数・逆関数の微分公式を利用して関数 $f(x) = 1 - \sqrt[3]{x}$ の（定義されたところでの）微分を計算せよ．

**[解答]** 与式は $1 - f(x) = \sqrt[3]{x}$ より，両辺を 3 乗して

$$(1 - f(x))^3 = x. \tag{3.7}$$

**解法 1**（陰関数の微分公式を使う）

式 (3.7) の両辺を $x$ で微分すると，

$$3(1 - f(x))^2 (-f'(x)) = 1.$$

従って，陰関数の微分公式より，

$$f'(x) = \frac{-1}{3(1-f(x))^2} = \frac{-1}{3\sqrt[3]{x^2}}.$$

**解法 2**（逆関数の微分公式を使う）

式 (3.7) の両辺を $f(x)$ で微分して，

$$\frac{dx}{df(x)} = 3(1-f(x))^2(-1) = -3(1-f(x))^2$$

従って，逆関数の微分公式より，

$$f'(x) = \frac{1}{\frac{dx}{df(x)}} = -\frac{1}{3(1-f(x))^2} = -\frac{1}{3\sqrt[3]{x^2}}.$$

最後の等式は式 (3.7) から得た $1 - f(x) = \sqrt[3]{x}$ を用いた．

## 問題

**3.4.1** 陰関数・逆関数の微分公式を利用して関数 $f(x) = -\sqrt{x+2}$ の（定義されたところでの）微分を計算せよ．

**3.4.2** 次のようなパラメータ表示を通して定義された $x$ の関数 $y$ に対し $\dfrac{dy}{dx}$ を求めよ．またそのグラフの概形を描いてみよ．

(1) $x = \dfrac{1-t^2}{1+t^2}, \ y = \dfrac{2t}{1+t^2}$     (2) $x = \sin t, \ y = \cos t$

(3) $x = \dfrac{1}{t}, \ y = 1 - t^2$     (4) $x = \cosh t, \ y = \sinh t$

(5) $x = \tan t, \ y = 2 + 3\sin t$

## 3.1 微分法

---**例題 3.5**--- 対数微分法 ---

次の関数の導関数を求めよ．
(1) $y = x^x$　　(2) $y = \dfrac{(x+3)^4}{(x+1)^2(x+2)^3}$

**解答**　(1) 両辺の対数をとって，$\log y = x \log x$.
この式の両辺を $x$ で微分すると，

$$\frac{y'}{y} = \log x + x \times \frac{1}{x} = \log x + 1.$$

従って，

$$y' = y(\log x + 1) = x^x(\log x + 1).$$

(2) 両辺の対数をとって，

$$\log y = \log \frac{(x+3)^4}{(x+1)^2(x+2)^3}$$
$$= 4\log(x+3) - 2\log(x+1) - 3\log(x+2).$$

この式の両辺を $x$ で微分すると

$$\frac{y'}{y} = \frac{4}{x+3} - \frac{2}{x+1} - \frac{3}{x+2}$$
$$= \frac{4(x+1)(x+2) - 2(x+2)(x+3) - 3(x+3)(x+1)}{(x+1)(x+2)(x+3)}$$
$$= \frac{-x^2 - 10x - 13}{(x+1)(x+2)(x+3)}.$$

従って，

$$y' = \frac{-x^2 - 10x - 13}{(x+1)(x+2)(x+3)} \frac{(x+3)^4}{(x+1)^2(x+2)^3} = \frac{(-x^2 - 10x - 13)(x+3)^3}{(x+1)^3(x+2)^4}.$$

### 問題

**3.5.1** 次の関数の導関数を求めよ．

(1) $y = x^{\cos x} \quad (x \geq 0)$　　(2) $y = \sqrt{(x+1)(x+2)(x^2+1)}$

(3) $y = \sqrt{\dfrac{(x+1)(x+4)}{(x+2)(x+3)}}$　　(4) $y = \sqrt{\dfrac{x^2+1}{(1-x)(1+x)}}$

(5) $y = x^{1/x}$　　(6) $y = x^{x^x}$　　(7) $y = 3xe^{-2x}$　　(8) $y = 3^{x^2+x}$

### 例題 3.6 — 逆三角関数，双曲線関数の微分

式 (3.1), (3.4)，すなわち次式を確かめよ．
(1) $(\text{Arcsin}\, x)' = \dfrac{1}{\sqrt{1-x^2}}$  (2) $(\sinh x)' = \cosh x$

**解答** (1) $\text{Arcsin}\, x = y$ とおくと，$x = \sin y$. 両辺を $x$ で微分すると，$1 = \cos y \dfrac{dy}{dx}$．従って，

$$\frac{dy}{dx} = \frac{1}{\cos y}. \tag{3.8}$$

また，逆三角関数の主値の定義より，$-\dfrac{\pi}{2} \leq y \leq \dfrac{\pi}{2}$．これより，$\cos y \geq 0$ だから，

$$\cos y = \sqrt{1 - \sin^2 y} = \sqrt{1 - x^2}. \tag{3.9}$$

式 (3.8), (3.9) より，$(\text{Arcsin}\, x)' = \dfrac{dy}{dx} = \dfrac{1}{\sqrt{1-x^2}}$．

(2) $\sinh x = \dfrac{e^x - e^{-x}}{2}$ より，$(\sinh x)' = \dfrac{e^x + e^{-x}}{2} = \cosh x$．

### 問題

**3.6.1** 式 (3.2), (3.3), (3.5), (3.6) を確かめよ．

**3.6.2** 次の公式を確かめよ．
(1) $(\text{Arcsin}\, ax)' = \dfrac{a}{\sqrt{1-(ax)^2}}$  (2) $(\text{Arccos}\, ax)' = -\dfrac{a}{\sqrt{1-(ax)^2}}$
(3) $\left(\text{Arctan}\, ax\right)' = \dfrac{a}{1+(ax)^2}$  (4) $\left(\text{Arcsin}\, \dfrac{x}{a}\right)' = \dfrac{1}{\sqrt{a^2-x^2}}$  $(a > 0)$
(5) $\left(\text{Arccos}\, \dfrac{x}{a}\right)' = -\dfrac{1}{\sqrt{a^2-x^2}}$  $(a > 0)$  (6) $\left(\text{Arctan}\, \dfrac{x}{a}\right)' = \dfrac{a}{a^2+x^2}$

**3.6.3** 次の関数の導関数を求めよ．
(1) $\text{Arcsin}\, \dfrac{x-1}{x+1}$  (2) $\text{Arctan}\, x^2$  (3) $x^2 \text{Arcsin}\, 2x$  (4) $\dfrac{1}{\text{Arctan}\, x}$
(5) $\text{Arcsin}\, \cos x$  $(x \neq n\pi,\ n \in \mathbf{Z})$  (6) $\text{Arcsin}\, \dfrac{x}{\sqrt{1+x^2}}$
(7) $x \text{Arcsin}\, x + \sqrt{1-x^2}$  (8) $x \text{Arctan}\, x - \log \sqrt{1+x^2}$
(9) $\cosh(x^2)$  (10) $\sinh\left(\dfrac{x-1}{x+1}\right)$

**3.6.4** 双曲線関数 $\sinh x, \cosh x, \tanh x$ の逆関数を適当な定義域と込みで定義せよ．そしてそれらの導関数を計算せよ．

## 3.2 高次導関数

★ $n$ 次導関数の求め方

(1) 直接 $n$ 回微分する（予め部分分数分解などで変形するとよい）．
(2) ライプニッツ (Leibniz) の公式

$$(fg)^{(n)} = \sum_{k=0}^{n} {}_n C_k f^{(n-k)} g^{(k)}$$
$$= f^{(n)}g + nf^{(n-1)}g' + \frac{n(n-1)}{2}f^{(n-2)}g'' + \cdots$$
$$+ {}_n C_k f^{(n-k)} g^{(k)} + \cdots + fg^{(n)} \quad (3.10)$$

を利用する．

(3) 微分方程式を立てて漸化式を導く．
(4) $x=0$ での微分係数 $f^{(n)}(0)$ だけを求める場合は，$x=0$ でのテイラー展開を利用する方法がある．（テイラー展開については 5.4 節を参照．）

---
**例題 3.7** ─────────────────── $n$ 次導関数（その 1）

次の関数の $n$ 次導関数を求めよ．ただし $m \in \boldsymbol{N}, r \in \boldsymbol{R} \setminus \boldsymbol{N}$（集合 $\boldsymbol{R}$ から $\boldsymbol{N}$ を除いたもの）．

(1) $f(x) = x^m \ (m > n)$  (2) $f(x) = x^m \ (m = n)$
(3) $f(x) = x^m \ (m < n)$  (4) $f(x) = x^r$

---

**解答**  (1) $f(x) = x^m$ を一度微分すると $f'(x) = mx^{m-1}$ と次数が一つ少なくなり，さらに $f''(x) = m(m-1)x^{m-2}$ となり，順次 $n \ (n < m)$ 回微分すると，

$$f^{(n)}(x) = m(m-1)\cdots(m-n+1)x^{m-n} = \frac{m!}{(m-n)!} x^{m-n}.$$

(2) $m$ 回微分すると，$f^{(m)}(x) = m(m-1)\cdots 2 \cdot 1 = m!$.
(3) $m+1$ 回微分すると，定数の微分は 0 なので，$n > m$ に対し，$f^{(n)}(x) = 0$.
(4) $r \in \boldsymbol{R} \setminus \boldsymbol{N}$ に対しては，同様に考えて $f^{(n)}(x) = r(r-1)\cdots(r-n+1)x^{r-n}$.

**問　題**

**3.7.1** 次の関数の $n$ 次導関数を求めよ．ただし $m \in \boldsymbol{N}, r \in \boldsymbol{R} \setminus \boldsymbol{N}$．

(1) $f(x) = (ax+b)^m \ (m \geq n)$  (2) $f(x) = (ax+b)^r$
(3) $f(x) = \dfrac{1}{x}$  (4) $f(x) = \dfrac{1}{x^m}$  (5) $f(x) = \dfrac{1}{(ax+b)^m}$

---
**例題 3.8** ─────────────────────────── $n$ 次導関数（その 2）───

関数 $f(x) = \sqrt{ax+b}$ の $n$ 次導関数を求めよ．

---

**解答** $f(x) = (ax+b)^{\frac{1}{2}}$ より，$f'(x) = \dfrac{a}{2}(ax+b)^{-\frac{1}{2}}$，
$f''(x) = \dfrac{a^2}{2}\dfrac{-1}{2}(ax+b)^{-\frac{3}{2}}$, $f'''(x) = \dfrac{a^3}{2}\dfrac{-1}{2}\dfrac{-3}{2}(ax+b)^{-\frac{5}{2}}$．これより，

$$f^{(n)}(x) = (-1)^{n-1}\frac{a^n(2n-3)!!}{2^n}(ax+b)^{-\frac{2n-1}{2}} \quad (n \geq 2)$$

と推測される．実際，$n = 2$ のとき，成り立つ．$n = k$ のとき成り立つとして，$n = k+1$ のとき，

$$\begin{aligned}
f^{(k+1)}(x) &= (f^{(k)}(x))' = \left((-1)^{k-1}\frac{a^k(2k-3)!!}{2^k}(ax+b)^{-\frac{2k-1}{2}}\right)' \\
&= (-1)^{k-1}\frac{a^k(2k-3)!!}{2^k}\frac{-(2k-1)a}{2}(ax+b)^{-\frac{2k-1}{2}-1} \\
&= (-1)^k\frac{a^{k+1}(2k-1)!!}{2^{k+1}}(ax+b)^{-\frac{2(k+1)-1}{2}}
\end{aligned}$$

となるので，$n = k+1$ のときも成り立つ．従って，

$$f^{(n)}(x) = (-1)^{n-1}\frac{a^n(2n-3)!!}{2^n}(ax+b)^{-\frac{2n-1}{2}}$$

となる．ただし，

$$\begin{aligned}
(2n-1)!! &= (2n-1)(2n-3)(2n-5)\cdots 3\cdot 1 \quad (n \geq 2), \\
(-1)!! &= 1
\end{aligned}$$

である．

～～ **問　題** ～～～～～～～～～～～～～～～～～～～～～～～

**3.8.1** 次の関数の $n$ 次導関数を求めよ．

(1) $f(x) = \dfrac{1}{\sqrt{ax+b}}$ (2) $f(x) = \log|x|$ (3) $f(x) = \log(ax+b)$

(4) $f(x) = \log(5x+1)$ (5) $f(x) = \sin x$ (6) $f(x) = \sin(ax+b)$

(7) $f(x) = \cos x$ (8) $f(x) = \cos(ax+b)$ (9) $f(x) = e^x \sin x$

(10) $f(x) = \dfrac{1}{1+2x}$ (11) $f(x) = \dfrac{1}{1-2x}$ (12) $f(x) = \sqrt{x}$

(13) $f(x) = 5^{2x+1}$ (14) $f(x) = e^x$ (15) $f(x) = e^{ax} \ (a \geq 0)$

(16) $f(x) = e^{-ax} \ (a \geq 0)$ (17) $f(x) = a^x \ (a \geq 0)$

## 3.2 高次導関数

---**例題 3.9**-------------------------------------------$n$ 次導関数（その 3）---

次の関数を適当に変形して計算のやさしいものに分解することにより，$n$ 次導関数を求めよ．

(1) $\dfrac{1}{1-4x^2}$ (2) $\sin x \sin 3x$ (3) $\sinh x$ (4) $\log(1+3x+2x^2)$

---

**解答** (1) $f(x) = \dfrac{1}{1-4x^2} = \dfrac{1}{2}\left(\dfrac{1}{2x+1} - \dfrac{1}{2x-1}\right)$ なので，問題 3.8 1 (10) の結果を用いて

$$f^{(n)}(x) = \dfrac{1}{2}\left\{\dfrac{(-2)^n n!}{(2x+1)^{n+1}} - \dfrac{(-2)^n n!}{(2x-1)^{n+1}}\right\}$$
$$= (-2)^{n-1} n!\left\{\dfrac{1}{(2x-1)^{n+1}} - \dfrac{1}{(2x+1)^{n+1}}\right\}.$$

(2) $f(x) = \sin x \sin 3x = \dfrac{1}{2}(\cos 2x - \cos 4x)$ より，問題 3.8.1 (8) の結果を用いて $b=0, a=2$ または $a=4$ なので

$$f^{(n)}(x) = \dfrac{1}{2}\left\{2^n \cos\left(2x + \dfrac{n\pi}{2}\right) - 4^n \cos\left(4x + \dfrac{n\pi}{2}\right)\right\}$$
$$= 2^{n-1} \cos\left(2x + \dfrac{n\pi}{2}\right) - 2\cdot 4^{n-1} \cos\left(4x + \dfrac{n\pi}{2}\right).$$

(3) $f(x) = \sinh x = \dfrac{e^x - e^{-x}}{2}$ より，問題 3.8.1 (14), (16) の結果を用いて

$$f^{(n)}(x) = \dfrac{e^x - (-1)^n e^{-x}}{2}.$$

(4) $f(x) = \log(1+3x+2x^2) = \log(x+1)(2x+1) = \log(x+1) + \log(2x+1)$ より，問題 3.8.1 (3) において，$b=1, a=1$ または $a=2$ なので

$$f^{(n)}(x) = (-1)^{n-1}\dfrac{(n-1)!}{(x+1)^n} + (-1)^{n-1} 2^n \dfrac{(n-1)!}{(2x+1)^n}$$
$$= (-1)^{n-1}(n-1)!\left\{\dfrac{1}{(x+1)^n} + \dfrac{2^n}{(2x+1)^n}\right\}.$$

### 問 題

**3.9.1** $\left(\dfrac{x}{3} - \dfrac{y}{2}\right)^6$ の二項展開における $x^3 y^3$ の係数を求めよ．

---
**例題 3.10** ────────────────────────── ライプニッツの公式 ─

ライプニッツの公式を使って次の関数の $n$ 次導関数を求めよ．

(1) $e^{4x}x^2$   (2) $e^{-x}\log x$

───────────────────────────────────────

**[解答]** (1) $f(x) = e^{4x},\ g(x) = x^2$ とおくと，

$$f^{(k)}(x) = 4^k e^{4x}, \quad g'(x) = 2x, \quad g''(x) = 2, \quad g^{(k)}(x) = 0 \quad (k \geq 3)$$

より，ライプニッツの公式 (3.10) において，第 4 項目以降は 0 になるので，

$$\begin{aligned}
(e^{4x}x^2)^{(n)} &= f^{(n)}(x)g(x) + nf^{(n-1)}(x)g'(x) + \frac{n(n-1)}{2}f^{(n-2)}(x)g''(x) \\
&= 4^n e^{4x} x^2 + n 4^{n-1} e^{4x} 2x + \frac{n(n-1)}{2} 4^{n-2} e^{4x} 2 \\
&= x^2 4^n e^{4x} + 2xn 4^{n-1} e^{4x} + n(n-1) 4^{n-2} e^{4x} \\
&= \left\{16x^2 + 8xn + n(n-1)\right\} 4^{n-2} e^{4x}.
\end{aligned}$$

(2) $f(x) = e^{-x},\ g(x) = \log x$ とおくと，$f^{(k)}(x) = (-1)^k e^{-x}$,

$$g'(x) = \frac{1}{x}, \quad g''(x) = -\frac{1}{x^2}, \quad \cdots, \quad g^{(k)}(x) = (-1)^{k-1}\frac{(k-1)!}{x^k} \quad (k \geq 1).$$

より，ライプニッツの公式を使って

$$\begin{aligned}
(e^{-x}\log x)^{(n)} &= (-1)^n e^{-x} \log x + \sum_{k=1}^{n} {}_n\mathrm{C}_k \left\{(-1)^{n-k} e^{-x}\right\} \left\{(-1)^{k-1} \frac{(k-1)!}{x^k}\right\} \\
&= (-1)^n e^{-x} \left(\log x - \sum_{k=1}^{n} {}_n\mathrm{C}_k \frac{(k-1)!}{x^k}\right)
\end{aligned}$$

となる．

───── 問 題 ─────

**3.10.1** ライプニッツの公式を使って次の関数の $n$ 次導関数を求めよ．

(1) $e^x \sin x$    (2) $e^x \log(2x+1)$    (3) $x \sin(2x+1)$

(4) $x^2 \log(x+1)$    (5) $x^3 a^x\ (a > 0)$    (6) $\sqrt{x}(1-x)^2$

## 3.2 高次導関数

―― 例題 3.11-1 ―――――――――――――――― 高次微分の計算–漸化式 ――

関数 $f(x) = \dfrac{1}{x^2+1}$ について，次の問いに答えよ．

(1) 関係式 $(x^2+1)f(x) = 1$ の両辺を $n$ 回微分して次の等式を証明せよ．

$$(x^2+1)f^{(n)}(x) + 2nxf^{(n-1)}(x) + n(n-1)f^{(n-2)}(x) = 0 \quad (n \geq 2)$$

(2) 微分係数 $f^{(n)}(0)$ を求めよ．

**解答** (1) $g(x) = x^2+1$ とおくと，$g'(x) = 2x$, $g''(x) = 2$, $g'''(x) = 0$ より，与式の左辺を $n$ 回微分すると，ライプニッツの公式から $n \geq 2$ において

$$\begin{aligned}
\{(x^2+1)f(x)\}^{(n)} &= (f(x)g(x))^{(n)} \\
&= f^{(n)}(x)g(x) + nf^{(n-1)}(x)g'(x) + \frac{n(n-1)}{2}f^{(n-2)}(x)g''(x) \\
&= (x^2+1)f^{(n)}(x) + nf^{(n-1)}(x) \cdot 2x + \frac{n(n-1)}{2}f^{(n-2)}(x) \cdot 2 \\
&= (x^2+1)f^{(n)}(x) + 2nxf^{(n-1)}(x) + n(n-1)f^{(n-2)}(x).
\end{aligned}$$

与式の右辺 1 は微分すると 0 なので

$$(x^2+1)f^{(n)}(x) + 2nxf^{(n-1)}(x) + n(n-1)f^{(n-2)}(x) = 0.$$

(2) (1) の結果に $x=0$ を代入すると $f^{(n)}(0) + n(n-1)f^{(n-2)}(0) = 0\ (n \geq 2)$. 従って，

$$f^{(n)}(0) = -n(n-1)f^{(n-2)}(0). \tag{3.11}$$

これより，$f(0) = 1$ から

$$\begin{aligned}
f^{(2n)}(0) &= -2n(2n-1)f^{(2n-2)}(0) \\
&= -2n(2n-1)(-1)(2n-2)(2n-3)f^{(2n-4)}(0) = \cdots \\
&= (-1)^n (2n)!\, f(0) = (-1)^n (2n)!.
\end{aligned}$$

また，$f'(x) = \dfrac{-2x}{x^2+1}$ より $f'(0) = 0$ なので，式 (3.11) を使うと，

$$f^{(2n+1)}(0) = 0.$$

以上より，

$$f^{(n)}(0) = \begin{cases} (-1)^{n/2} n! & (n \text{ が偶数}) \\ 0 & (n \text{ が奇数}) \end{cases}$$

---
**例題 3.11-2** ─────────────── 高次微分の計算−複素数の利用 ──

複素数値の実数値関数 $f(x) = \varphi(x) + i\psi(x)$ に対して，その微分を
$$f'(x) = \varphi'(x) + i\psi'(x)$$
で定義するとき，次の式が成り立つことを示せ．ただし，$a$ は実の定数とする．

(1) $\left(\dfrac{1}{x+ai}\right)' = -\dfrac{1}{(x+ai)^2}$  (2) $\left(\dfrac{1}{x+ai}\right)^{(n)} = \dfrac{(-1)^n n!}{(x+ai)^{n+1}}$

---

**解答** (1) $\dfrac{1}{x+ai} = \dfrac{x}{x^2+a^2} - \dfrac{a}{x^2+a^2}i$ であるから，定義により

$$\left(\dfrac{1}{x+ai}\right)' = \left(\dfrac{x}{x^2+a^2}\right)' - \left(\dfrac{a}{x^2+a^2}\right)'i = \dfrac{x^2+a^2-2x^2}{(x^2+a^2)^2} + \dfrac{2ax}{(x^2+a^2)^2}i$$
$$= -\dfrac{(x-ai)^2}{(x^2+a^2)^2} = -\dfrac{1}{(x+ai)^2}.$$

(2) $\left(\dfrac{1}{(x+ai)^n}\right)' = -\dfrac{n}{(x+ai)^{n+1}}$ を言えばよい．この式は $\left(\dfrac{1}{(x+ai)^{n+1}}\right)' = \left(\dfrac{1}{(x+ai)^n} \dfrac{1}{x+ai}\right)'$ に注意すれば，積の微分の公式を用いて，実数の場合と同様，数学的帰納法で示せる．よって，複素数値関数の微分に対する積の微分の公式を示す：

$$\{(\varphi(x)+i\psi(x))(u(x)+iv(x))\}'$$
$$= \{(\varphi(x)u(x)-\psi(x)v(x))+i(\varphi(x)v(x)+\psi(x)u(x))\}'$$
$$= (\varphi(x)u(x)-\psi(x)v(x))'+i(\varphi(x)v(x)+\psi(x)u(x))'$$
$$= (\varphi'(x)+i\psi'(x))(u(x)+iv(x))+(\varphi(x)+i\psi(x))(u'(x)+iv'(x)).$$

### 問題

**3.11.1** 関数 $f(x) = \mathrm{Arcsin}\, x$ について，次の問いに答えよ．
(1) 関係式 $(1-x^2)f''(x) - xf'(x) = 0$ を示せ．
(2) 微分係数 $f^{(n)}(0)$ を求めよ．

**3.11.2** 関数 $f(x) = \log(x+\sqrt{x^2+1})$ について，次の問いに答えよ．
(1) 関係式 $(1+x^2)f''(x) + xf'(x) = 0$ を示せ．
(2) 微分係数 $f^{(n)}(0)$ を求めよ．

**3.11.3** 関数 $f(x) = \sqrt{1+mx^2}$ について，次の問いに答えよ．
(1) 関係式 $(1+mx^2)f'(x) - mxf(x) = 0$ を示せ．
(2) 微分係数 $f^{(n)}(0)$ を求めよ．

**3.11.4** $f(x) = \dfrac{1}{x^2+1} = \dfrac{i}{2}\left(\dfrac{1}{x+i} - \dfrac{1}{x-i}\right)$ と変形し，この右辺を直接 $n$ 回微分することにより，$f^{(n)}(0)$ に対して例題 3.11-1 (2) と同じ値を導いてみよ．

## 3.3 平均値の定理とその応用

### ★ ロル (Rolle) の定理

$f(x)$ が $[a,b]$ で連続で，$(a,b)$ で微分可能，かつ $f(a) = f(b)$ なら，

$$f'(c) = 0 \quad (a < c < b)$$

を満たす $c$ が存在する．

### ★ 平均値の定理

$f(x)$ が $[a,b]$ で連続で，$(a,b)$ で微分可能なら，

$$f'(c) = \frac{f(b) - f(a)}{b - a} \quad (a < c < b)$$

を満たす $c$ が存在する．

### ★ 平均値の定理の言い換え

$f(x)$ が $[a,b]$ で連続で，$(a,b)$ で微分可能なら，

$$f'(b) = f(a) + f'(a + \theta(b-a))(b-a) \quad (0 < \theta < 1)$$

を満たす $\theta$ が存在する．

### ★ 応用：ロピタル (l'Hospital) の定理

$\lim_{x \to a} f(x) = 0$，$\lim_{x \to a} g(x) = 0$ のとき，$f(x), g(x)$ が $x \neq a$ で微分可能なら

$$\lim_{x \to a} \frac{f(x)}{g(x)} = \lim_{x \to a} \frac{f'(x)}{g'(x)}$$

(右辺が存在すれば，左辺も存在し，等号が成立．)

### ★ 不定形の極限値

$\frac{0}{0}$ 型，$\frac{\infty}{\infty}$ 型，$\infty \times 0$ 型，$1^\infty$ 型などがある．
ロピタルの定理は上記の $\frac{0}{0}$ 型の他，$\frac{\infty}{\infty}$ 型にも適用できる．他の型は適当に変形してこれらに帰着させる．

---例題 3.12--- ――――――――――平均値の定理―

次のような関数 $f(x)$ と区間 $[a,b]$ について，平均値の定理を満たす $c$ を求めよ．
(1) $f(x) = \sqrt{x}$, $[a,b] = [0,1]$   (2) $f(x) = x^2 + x$, $[a,b]$ は一般の区間

**[解答]** (1) $f(0) = 0, f(1) = 1, f'(x) = \dfrac{1}{2\sqrt{x}}$ より，平均値の定理

$$f'(c) = \frac{f(1) - f(0)}{1 - 0} = 1$$

を満たす $c$ は $\dfrac{1}{2\sqrt{c}} = 1$ から求まる．すなわち，$c = \dfrac{1}{4}$ が求めるものである．

(2) $f(a) = a^2 + a$, $f(b) = b^2 + b$, $f'(x) = 2x + 1$ より平均値の定理から

$$2c + 1 = \frac{(b^2 + b) - (a^2 + a)}{b - a} = a + b + 1$$

を満たす $c$ を求める．従って，

$$c = \frac{a + b}{2}$$

が求めるものである．

## 問題

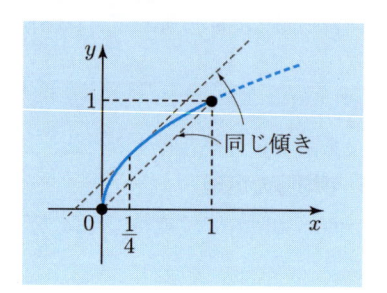

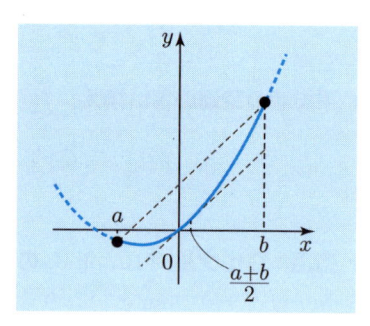

**3.12.1** $f(x) = x(x^2 - 1)$, $I = [0,1]$ について，ロルの定理を満たす $c$ を求めよ．

**3.12.2** 関数 $\log(1+x)$ を $x$ で近似したときの誤差はどれくらいか．平均値の定理を用いて見積もれ．

**3.12.3** $f(x) = \log x$, $I = [1, e]$ について，平均値の定理 $\dfrac{f(e) - f(1)}{e - 1} = f'(c)$ を満たす $c$ を求めよ．また，

$$f(e) = f(1) + (e-1)f'(1 + (e-1)\theta) \quad (0 < \theta < 1)$$

を満たす $\theta$ を求めよ．

**3.12.4** $f(x) = x^3$ のとき，$a \neq 0$ に対して $f(a+h) = f(a) + hf'(a + \theta h)$ $(0 < \theta < 1)$ を成立させる $\theta$ が満たす方程式を求め，それを用いて $h \to 0$ のとき $\theta$ がどんな値に近付くか調べよ．

## 3.3 平均値の定理とその応用

**例題 3.13** ― ロピタルの定理 ―

次の極限を求めよ.
(1) $\displaystyle\lim_{x \to 0} \frac{\sin ax}{x}$ (2) $\displaystyle\lim_{x \to 0} \frac{1 - \cos^2 2x}{3x^2}$

**解答** (1) $\displaystyle\lim_{x \to 0} \sin ax = 0,\ \lim_{x \to 0} x = 0$ なので,ロピタルの定理を用いて

$$\lim_{x \to 0} \frac{\sin ax}{x} = \lim_{x \to 0} \frac{(\sin ax)'}{x'} = \lim_{x \to 0} \frac{a \cos ax}{1} = a.$$

別法として,$\dfrac{\sin ax}{x} = a \dfrac{\sin ax}{ax}$ と変形し,$ax \to 0$ に注意して第2因子に基本的な極限の公式 2.1.2-a を用いることもできる.この極限公式自身も形式的にはロピタルの定理で導けるが,これは $(\sin x)' = \cos x$ を導くのに必要なので,公式の別証明とはならないことに注意せよ.

(2) $\displaystyle\lim_{x \to 0}(1 - \cos^2 2x) = 0,\ \lim_{x \to 0} 3x^2 = 0$ なので,ロピタルの定理を用いて

$$\lim_{x \to 0} \frac{1 - \cos^2 2x}{3x^2} = \lim_{x \to 0} \frac{(1 - \cos^2 2x)'}{(3x^2)'} = \lim_{x \to 0} \frac{-2 \cos 2x (-2 \sin 2x)}{6x}$$
$$= \lim_{x \to 0} \frac{2 \sin 4x}{6x}.$$

さらに,$\displaystyle\lim_{x \to 0}(2 \sin 4x) = 0,\ \lim_{x \to 0} 6x = 0$ なので,もう一度,ロピタルの定理を用いて

$$\lim_{x \to 0} \frac{2 \sin 4x}{6x} = \lim_{x \to 0} \frac{(2 \sin 4x)'}{(6x)'} = \lim_{x \to 0} \frac{8 \cos 4x}{6} = \frac{8}{6} = \frac{4}{3}.$$

従って,

$$\lim_{x \to 0} \frac{1 - \cos^2 2x}{3x^2} = \frac{4}{3}.$$

### 問題

**3.13.1** ロピタルの定理を用いて次の不定形の極限を求めよ.

(1) $\displaystyle\lim_{x \to 0} \frac{\sin(\sin x)}{\sin x}$ (2) $\displaystyle\lim_{x \to \pi/2} \frac{\tan(\cos x)}{\cos x}$ (3) $\displaystyle\lim_{x \to 0} \frac{\cos(\frac{\pi}{2}(1-x))}{x}$

(4) $\displaystyle\lim_{x \to 0} \frac{\log \cos^2 x}{x^2}$ (5) $\displaystyle\lim_{x \to 1} \frac{(\log x)^2}{x^2 - 2x + 1}$ (6) $\displaystyle\lim_{x \to \pi} \frac{1 + \cos x}{(\pi - x)^2}$

(7) $\displaystyle\lim_{x \to 0} \frac{e^{x(x+1)} - x - 1}{x^2}$ (8) $\displaystyle\lim_{h \to 0} \frac{\log(1 + \frac{h}{x})}{h}$ (9) $\displaystyle\lim_{x \to 0} \frac{\log(1 + x + x^2)}{x}$

(10) $\displaystyle\lim_{x \to 0} \frac{1 - e^{ax}}{x}$ $(a \neq 0)$ (11) $\displaystyle\lim_{x \to 0} \frac{e^x + e^{-x} - 2}{x^2}$

(12) $\displaystyle\lim_{x \to 0} \frac{\tan x}{x + x^2}$ (13) $\displaystyle\lim_{x \to \infty} x(e^{1/x} - 1)$

(14) $\displaystyle\lim_{x \to 0} \frac{\log(1 + x) - \sin x}{x^2}$ (15) $\displaystyle\lim_{x \to 0} \frac{e^x - e^{-x} - 2x}{x - \sin x}$

## 例題 3.14 ——————————————————————————— 極限値

次の極限を求めよ.
(1) $\lim_{x \to +0} x^\lambda (\log x)^n \quad (\lambda > 0, n \in \mathbf{N})$
(2) $\lim_{x \to 0} \left(1 + \dfrac{1}{x}\right)^x$ 　　(3) $\lim_{x \to 0} \dfrac{\log \tan 3x}{\log \tan 2x}$

**解答** (1) 分数の形にして，ロピタルの定理を用いて

$$\lim_{x \to +0} x^\lambda (\log x)^n = \lim_{x \to +0} \frac{(\log x)^n}{x^{-\lambda}} = \lim_{x \to +0} \frac{n(\log x)^{n-1}\frac{1}{x}}{-\lambda x^{-\lambda-1}} = \lim_{x \to +0} \frac{n(\log x)^{n-1}}{-\lambda x^{-\lambda}}$$

$$= \lim_{x \to +0} \frac{n(n-1)(\log x)^{n-2}\frac{1}{x}}{(-\lambda)^2 x^{-\lambda-1}} = \lim_{x \to +0} \frac{n(n-1)(\log x)^{n-2}}{(-\lambda)^2 x^{-\lambda}} = \cdots$$

$$= \lim_{x \to +0} \frac{n!\,(\log x)}{(-\lambda)^{n-1} x^{-\lambda}} = \lim_{x \to +0} \frac{n!}{(-\lambda)^n x^{-\lambda}} = \lim_{x \to +0} \frac{n!\,x^\lambda}{(-\lambda)^n} = 0.$$

(2) 対数をとって，ロピタルの定理を用いて

$$\lim_{x \to 0} x \log\left(1 + \frac{1}{x}\right) = \lim_{x \to 0} \frac{\log(1+\frac{1}{x})}{\frac{1}{x}} = \lim_{x \to 0} \frac{\frac{1}{1+\frac{1}{x}} \frac{-1}{x^2}}{\frac{-1}{x^2}} = \lim_{x \to 0} \frac{1}{1+\frac{1}{x}} = \lim_{x \to 0} \frac{x}{1+x} = 0.$$

従って $\lim_{x \to 0} \left(1 + \dfrac{1}{x}\right)^x = e^0 = 1.$

(3) $(\log \tan kx)' = \dfrac{k}{\tan kx \cos^2 kx} = \dfrac{k}{\sin kx \cos kx} = \dfrac{2k}{\sin 2kx}$

より，ロピタルの定理を用いて，

$$\lim_{x \to 0} \frac{\log \tan 3x}{\log \tan 2x} = \lim_{x \to 0} \frac{\frac{6}{\sin 6x}}{\frac{4}{\sin 4x}} = \lim_{x \to 0} \frac{\sin 4x}{4x} \frac{6x}{\sin 6x} = 1.$$

### 問題

**3.14.1** 次の極限を求めよ．

(1) $\lim_{x \to \infty} \sqrt[x]{x}$ 　　(2) $\lim_{x \to 0} \left(\dfrac{3^x + 5^x}{2}\right)^{1/x}$ 　　(3) $\lim_{x \to 0} (\cos x)^{1/x^2}$

(4) $\lim_{x \to \infty} x^n e^{-x} \quad (n = 1, 2, \ldots)$ 　　(5) $\lim_{x \to 0} (e^{2x} + 3x)^{1/x}$

(6) $\lim_{x \to \infty} (e^{2x} + 3x)^{1/x}$ 　　(7) $\lim_{h \to 0} \dfrac{\sin(\frac{h}{2}) \cos(\frac{h}{2})}{h}$ 　　(8) $\lim_{x \to 0} \dfrac{\log(1+3x)}{x}$

(9) $\lim_{x \to \infty} \dfrac{\log x}{\sqrt{x}}$ 　　(10) $\lim_{x \to 0} \left(\dfrac{1}{\sin x} - \dfrac{1}{x}\right)$ 　　(11) $\lim_{x \to 0} \dfrac{1}{x}\left(\dfrac{1}{x} - \dfrac{1}{\sin x}\right)$

(12) $\lim_{x \to \infty} x\left(\dfrac{\pi}{2} - \mathrm{Arctan}\, x\right)$ 　　(13) $\lim_{x \to 0} \dfrac{1}{x}\left(\dfrac{1}{x} - \dfrac{1}{\tan x}\right)$

## 3.4 テイラーの定理

### 3.4.1 漸近展開・マクローリン展開

★ **無限小の記号（ランダウ (Landau) の記号）** $x \to 0$ のとき，

$f(x) = O(x^k)$ とは，$\displaystyle\lim_{x \to 0} \frac{f(x)}{x^k} < \infty$. （（少なくとも）$k$ 次の無限小という）．

$f(x) = o(x^k)$ とは，$\displaystyle\lim_{x \to 0} \frac{f(x)}{x^k} = 0$. （$k$ 次より高次の無限小という）．

★ **無限小の計算規則**

$f(x) = O(x^k),\ g(x) = O(x^l) \implies f(x)g(x) = O(x^{k+l}),\ f(g(x)) = O(x^{kl})$.

$f(x) = O(x^k),\ g(x) = o(x^l)$ または $f(x) = o(x^k),\ g(x) = O(x^l)$

$\implies f(x)g(x) = o(x^{k+l}),\ f(g(x)) = o(x^{kl})$.

$f(x) = O(x^k),\ g(x) = O(x^l) \implies f(x) \pm g(x) = O(x^m)$, ここに $m = \min\{k, l\}$.

$f(x) = O(x^k) \implies \displaystyle\int_0^x f(t)dt = O(x^{k+1})$,

$f(x) = o(x^k) \implies \displaystyle\int_0^x f(t)dt = o(x^{k+1})$.

★ **漸近展開としてのテイラー (Taylor) 展開**

$f(x)$ が $x = a$ の近傍で $n$ 回微分可能なら，

$$f(x) = f(a) + \frac{f'(a)}{1!}(x-a) + \frac{f''(a)}{2!}(x-a)^2 + \cdots + \frac{f^{(n)}(a)}{n!}(x-a)^n + o((x-a)^n).$$

★ **漸近展開としてのマクローリン (Maclaurin) 展開**

$f(x)$ が $x = 0$ の近傍で $n$ 回微分可能なら，

$$f(x) = f(0) + \frac{f'(0)}{1!}x + \frac{f''(0)}{2!}x^2 + \cdots + \frac{f^{(n)}(0)}{n!}x^n + o(x^n). \tag{3.12}$$

マクローリン展開の例：式 (3.13)〜(3.16) の証明は問題 3.15.1 にある．

$$e^x = 1 + x + \frac{x^2}{2!} + \frac{x^3}{3!} + \cdots \frac{x^n}{n!} + o(x^n), \tag{3.13}$$

$$\sin x = x - \frac{x^3}{3!} + \frac{x^5}{5!} - \cdots + (-1)^n \frac{x^{2n+1}}{(2n+1)!} + o(x^{2n+1}), \tag{3.14}$$

$$\cos x = 1 - \frac{x^2}{2!} + \frac{x^4}{4!} - \cdots + (-1)^n \frac{x^{2n}}{(2n)!} + o(x^{2n}), \tag{3.15}$$

$$\log(1+x) = x - \frac{x^2}{2} + \frac{x^3}{3} - \cdots + (-1)^{n-1} \frac{x^n}{n} + o(x^n). \tag{3.16}$$

## 例題 3.15 ─────────────── マクローリン展開

マクローリン展開の定義式を用いて関数
$$f(x) = \frac{1}{\sqrt{1+x}}$$
のマクローリン展開を $x^3$ の項まで記せ．

**解答**

$$f'(x) = \frac{-1}{2\sqrt{(1+x)^3}}, \quad f''(x) = \frac{3}{4\sqrt{(1+x)^5}}, \quad f'''(x) = \frac{-3 \cdot 5}{8\sqrt{(1+x)^7}}$$

より，

$$f(0) = 1, \quad f'(0) = \frac{-1}{2}, \quad f''(0) = \frac{3}{4}, \quad f'''(0) = \frac{-15}{8}.$$

式 (3.12) にこれらを代入して，

$$\frac{1}{\sqrt{1+x}} = 1 - \frac{1}{2}x + \frac{1}{2}\frac{3}{4}x^2 - \frac{1}{3 \cdot 2}\frac{15}{8}x^3 + o(x^3)$$
$$= 1 - \frac{1}{2}x + \frac{3}{8}x^2 - \frac{5}{16}x^3 + o(x^3).$$

### 問題

**3.15.1** 式 (3.13)〜(3.16) を示せ．

**3.15.2** マクローリン展開の定義式を用いて次の関数 $f(x)$ のマクローリン展開を $x^3$ の項まで記せ．

(1) $f(x) = \cosh x$  (2) $f(x) = \arctan x$  (3) $f(x) = \log(1-x)$
(4) $f(x) = a^x \ (a > 0)$  (5) $f(x) = \sqrt{1-x}$

**3.15.3** 例題 3.11-1，問題 3.11.1〜3 の結果を用いて，次の関数のマクローリン展開を求めよ．

(1) $\dfrac{1}{x^2+1}$  (2) $\mathrm{Arcsin}\, x$  (3) $\log(x + \sqrt{x^2+1})$  (4) $\sqrt{1+mx^2}$

**3.15.4** 適当に変形したり，既知の展開を組み合わせたりすることにより，次の関数を一般項までマクローリン展開せよ．

(1) $\sin x^2$  (2) $\sin^2 x$  (3) $x \cos x$  (4) $\log(1 + x - 2x^2)$

**3.15.5** 漸近展開の手法を用いて [i.e. 直接逐次導関数を計算せず] 次の関数のマクローリン展開を $x^5$ の項まで求めよ．

(1) $xe^{x^3}$  (2) $\log(1 + \sin x)$  (3) $\log(x + \cos x)$  (4) $\tan x$

### 3.4.2 一般二項展開

★ **一般二項展開**（多くの重要な展開式を生み出す母なる展開）

$$(1+x)^\alpha = 1 + \alpha x + \frac{\alpha(\alpha-1)}{2!}x^2 + \cdots + \frac{\alpha(\alpha-1)\cdots(\alpha-n+1)}{n!}x^n + O(x^{n+1}).$$

$$(\alpha \in \mathbf{R}) \qquad (3.17)$$

★ 漸近展開は項別積分できるが項別微分はできない（例 1）．ただし，項別積分のときは，定数項に注意する必要がある（例 3）．

**例 1** $f(x) = 1 + x + x^2 + x^3 \cos\frac{1}{x}$ は $f(x) = 1 + x + x^2 + O(x^3)$ だが，項別微分すると $f'(x) = 1 + 2x + O(x^2)$ となるはずだが，実際は

$$f'(x) = 1 + 2x + 3x^2\cos\frac{1}{x} - x\sin\frac{1}{x} = 1 + O(x)$$

となる．

**例 2** $\frac{1}{1+x} = 1 - x + x^2 - + \cdots + (-1)^n x^n + O(x^{n+1})$ から，

$$\log(1+x) = x - \frac{x^2}{2} + \frac{x^3}{3} - + \cdots + \frac{(-1)^n}{n+1}x^{n+1} + O(x^{n+2}).$$

この例のように積分された関数 $f(x) = \log(1+x)$ が $f(0) = 0$ を満たす場合はそのまま項別積分できる．

**例 3**

$$\frac{1}{\sqrt{1+x}} = 1 - \frac{1}{2}x + \frac{1\cdot 3}{2\cdot 4}x^2 + \cdots + (-1)^n\frac{1\cdot 3\cdot 5\cdots(2n-1)}{2\cdot 4\cdot 6\cdots 2n}x^n + O(x^{n+1}).$$

両辺を $0$ から $x$ まで積分する．左辺は

$$\int_0^x \frac{1}{\sqrt{1+x}}dx = \left[2\sqrt{1+x}\right]_0^x = 2\sqrt{1+x} - 2$$

より項別積分して，

$$2\sqrt{1+x} - 2 = x - \frac{1}{4}x^2 + \frac{1\cdot 3}{2\cdot 4}\frac{x^3}{3} + \cdots + (-1)^n\frac{1\cdot 3\cdot 5\cdots(2n-1)}{2\cdot 4\cdot 6\cdots 2n}\frac{x^{n+1}}{n+1} + O(x^{n+2}).$$

より

$$\sqrt{1+x} = 1 + \frac{1}{2}x - \frac{1}{2\cdot 4}x^2 + \cdots + (-1)^n\frac{1\cdot 3\cdot 5\cdots(2n-1)}{2\cdot 4\cdot 6\cdots 2n\cdot(2n+2)}x^{n+1} + O(x^{n+2}).$$

このように左辺を積分したときの，$0$ における値が右辺の定数項に加わる．

## 例題 3.16 ─────────────── 一般二項展開

一般二項展開の例として前ページに挙げた次式を示せ.

$$\frac{1}{\sqrt{1+x}} = 1 - \frac{1}{2}x + \frac{1\cdot 3}{2\cdot 4}x^2 + \cdots + (-1)^n \frac{1\cdot 3\cdot 5\cdots(2n-1)}{2\cdot 4\cdot 6\cdots 2n}x^n + O(x^{n+1})$$

**解答** 式 (3.17) に $\alpha = -\frac{1}{2}$ を代入すると,

$$(1+x)^{-1/2}$$
$$= 1 - \frac{1}{2}x + \frac{\frac{-1}{2}\frac{-3}{2}}{2!}x^2 + \cdots + \frac{\frac{-1}{2}\frac{-3}{2}\cdots(\frac{-1}{2}-n+1)}{n!}x^n + O(x^{n+1}).$$

ここで,

$$\frac{\frac{-1}{2}\frac{-3}{2}}{2!}x^2 = \frac{1\cdot 3}{2\cdot 4}x^2,$$

$$\frac{\frac{-1}{2}\frac{-3}{2}\cdots(\frac{-1}{2}-n+1)}{n!}x^n = (-1)^n \frac{1\cdot 3\cdot 5\cdots(2n-1)}{2^n n!}x^n$$
$$= (-1)^n \frac{1\cdot 3\cdot 5\cdots(2n-1)}{2\cdot 4\cdot 6\cdots 2n}x^n$$

より,

$$\frac{1}{\sqrt{1+x}} = 1 - \frac{1}{2}x + \frac{1\cdot 3}{2\cdot 4}x^2 + \cdots + (-1)^n \frac{1\cdot 3\cdot 5\cdots(2n-1)}{2\cdot 4\cdot 6\cdots 2n}x^n + O(x^{n+1}).$$

### 問題

**3.16.1** 次の関数をマクローリン展開せよ.

(1) $\dfrac{1}{\sqrt{1-x}}$ (2) $\dfrac{1}{\sqrt{1-x^2}}$

**3.16.2** 項別積分を用いて次の関数をマクローリン展開せよ.

(1) $\operatorname{Arcsin} x$ (2) $\operatorname{Arccos} x$ (3) $\operatorname{Arctan} x$

**3.16.3** 次の関数のマクローリン展開を $x^4$ の項まで計算せよ.

(1) $\log\cos x$ (2) $\sqrt{\cos x}$ (3) $\sqrt{1+x+x^2}$ (4) $\dfrac{x}{1+x^2}$

(5) $\dfrac{e^x}{1+x}$ (6) $\operatorname{Arcsin} 2x$ (7) $\operatorname{Arctan}(x+x^2)$ (8) $\sqrt[3]{1+\operatorname{Arctan} x^2}$

## 3.4.3 不定形の極限値への応用

★ 不定形の極限値を求めるには，ロピタルの定理は有効だが，マクローリン展開を利用して求めることもできる．

---
**例題 3.17** ─────────── マクローリン展開を利用した極限値（その1）───

ロピタルの定理を用いて求めた例題 3.13 の不定形の極限値をマクローリン展開を利用して求めよ．

(1) $\displaystyle\lim_{x \to 0} \frac{\sin ax}{x}$  (2) $\displaystyle\lim_{x \to 0} \frac{1 - \cos^2 2x}{3x^2}$

---

**[解答]** (1) 式 (3.14) より $\sin x = x - \dfrac{x^3}{3!} + o(x^3)$ だから

$$\lim_{x \to 0} \frac{\sin ax}{x} = \lim_{x \to 0} \frac{ax - \dfrac{(ax)^3}{3!} + o(x^3)}{x} = \lim_{x \to 0} \left( a - \frac{a^3 x^2}{3!} + o(x^2) \right) = a.$$

(2) 式 (3.15) より $\cos x = 1 - \dfrac{x^2}{2!} + o(x^3)$, $\cos^2 2x = \dfrac{1 + \cos 4x}{2}$ だから

$$\lim_{x \to 0} \frac{1 - \cos^2 2x}{3x^2} = \lim_{x \to 0} \frac{1 - \dfrac{1 + 1 - \dfrac{(4x)^2}{2!} + o(x^3)}{2}}{3x^2}$$

$$= \lim_{x \to 0} \frac{4 + o(x)}{3} = \frac{4}{3}.$$

---

#### 問題

**3.17.1** ロピタルの定理を用いて求めた問題 3.13.1 の不定形の極限値をマクローリン展開を利用して求めよ．

**3.17.2** 次の極限値をマクローリン展開を利用して求めよ．

(1) $\displaystyle\lim_{x \to 0} \frac{1}{x^2} \left( \sqrt{(1+2x)^3} - 1 - 3x \right)$

(2) $\displaystyle\lim_{x \to 0} \frac{\cos x - e^{x^2}}{\tan x^2}$

(3) $\displaystyle\lim_{x \to 0} \frac{\mathrm{Arcsin}\, x - x \cos x}{x^3}$

(4) $\displaystyle\lim_{x \to 0} \frac{\log \cos 3x}{\log \cos 2x}$

(5) $\displaystyle\lim_{x \to 0} \frac{1 - \cos x}{\sqrt{1 + x^2} - 1}$

(6) $\displaystyle\lim_{x \to 0} \frac{\cos x - 1}{\log(1 + x^2)}$

(7) $\displaystyle\lim_{x \to 0} \frac{\tan x - \mathrm{Arcsin}\, x}{\sin(x^3)}$

(8) $\displaystyle\lim_{x \to 0} x^{\tan \sqrt{x}}$

(9) $\displaystyle\lim_{x \to 1} x^{1/(1-x)}$

---例題 3.18---————————————マクローリン展開を利用した極限値(その2)———

次の極限値をマクローリン展開を利用して求めよ．

(1) $\displaystyle\lim_{x\to 0}\frac{\text{Arcsin}(x\tan x^{100})-x\sin x^{100}}{x^{301}}$ 　　(2) $\displaystyle\lim_{x\to 0}\left(\frac{1}{\sin^2 x}-\frac{1}{x^2}\right)$

**解答** (1) $\tan t = t + \frac{1}{3}t^3 + O(t^5)$, $\text{Arcsin}\, t = t + \frac{1}{2\cdot 3}t^3 + O(t^5)$, $\sin t = t - \frac{1}{2\cdot 3}t^3 + O(x^5)$ より，

$$\begin{aligned}
&\text{Arcsin}(x\tan x^{100}) - x\sin x^{100}\\
&= \text{Arcsin}\left(x^{101} + \tfrac{1}{3}x^{301} + O(x^{501})\right) - \left(x^{101} - \tfrac{1}{2\cdot 3}x^{301} + O(x^{501})\right)\\
&= \left(x^{101} + \tfrac{1}{3}x^{301} + O(x^{501})\right) + \tfrac{1}{2\cdot 3}\left(x^{101} + \tfrac{1}{3}x^{301} + O(x^{501})\right)^3 + O(x^{505})\\
&\quad - \left(x^{101} - \tfrac{1}{6}x^{301} + O(x^{501})\right)\\
&= \tfrac{1}{2}x^{301} + O(x^{303})
\end{aligned}$$

なので，$\displaystyle\lim_{x\to 0}\frac{\text{Arcsin}(x^{100}\tan x)-x\sin x^{1050}}{x^{301}} = \frac{1}{2}$．

(2) $\sin^2 x = \left(x - \frac{x^3}{3!} + O(x^5)\right)^2 = x^2 - \frac{x^4}{3} + O(x^6) = x^2\left(1 - \frac{x^2}{3} + O(x^4)\right)$
より $\dfrac{1}{\sin^2 x} = \dfrac{1}{x^2}\dfrac{1}{1-\frac{x^2}{3}+O(x^4)} = \dfrac{1}{x^2}\left(1 + \frac{x^2}{3} + O(x^4)\right)$．従って

$$\begin{aligned}
\frac{1}{\sin^2 x} - \frac{1}{x^2} &= \frac{1}{x^2}\left(1 + \frac{x^2}{3} + O(x^4)\right) - \frac{1}{x^2}\\
&= \frac{1}{x^2}\left(1 + \frac{x^2}{3} + O(x^4) - 1\right) = \frac{1}{3} + O(x^2).
\end{aligned}$$

これより

$$\lim_{x\to 0}\left(\frac{1}{\sin^2 x} - \frac{1}{x^2}\right) = \frac{1}{3}.$$

～～ 問 題 ～～～～～～～～～～～～～～～～～～～～～～～～

**3.18.1** $\displaystyle\lim_{x\to 0}\frac{x^a \sin x^{100}}{\log\cos(x^{99})}$ が 0 でない有限の値となるように定数 $a$ を定めよ．またこのときの極限値を示せ．

**3.18.2** $f(x) = x^2 \sin x^{50}$ について $f^{(50)}(0)$, $f^{(51)}(0)$, $f^{(52)}(0)$ を求めよ．

### 3.4.4 剰余項付きテイラーの定理

★ **テイラー (Taylor) の定理**　$f(x)$ が $x=a$ の近傍で $n$ 回微分可能なら，

$$f(x) = f(a) + \frac{f'(a)}{1!}(x-a) + \frac{f''(a)}{2!}(x-a)^2 + \cdots + \frac{f^{(n-1)}(a)}{(n-1)!}(x-a)^{n-1} + R_n. \tag{3.18}$$

ここに

$$R_n = \frac{f^{(n)}(a+\theta(x-a))}{n!}(x-a)^n, \quad 0 < \theta < 1 \quad \text{（ラグランジュ(Lagrange) 剰余）}$$

$$R_n = \frac{(x-a)^n}{(n-1)!}\int_0^1 (1-t)^{n-1} f^{(n)}(a+t(x-a))dt \quad \text{（積分形の剰余）}$$

★ **マクローリン (Maclaurin) の定理**　（$a=0$ のとき）
$f(x)$ が $x=0$ の近傍で $n$ 回微分可能なら，

$$f(x) = f(0) + \frac{f'(0)}{1!}x + \frac{f''(0)}{2!}x^2 + \cdots + \frac{f^{(n-1)}(0)}{(n-1)!}x^{n-1} + R_n \tag{3.19}$$

ここに，$R_n = \dfrac{f^{(n)}(\theta x)}{n!}x^n, \quad 0 < \theta < 1 \quad$（ラグランジュ剰余）

$$R_n = \frac{x^n}{(n-1)!}\int_0^1 (1-t)^{n-1} f^{(n)}(tx)dt \quad \text{（積分形の剰余）}$$

マクローリンの定理の例（ラグランジュ剰余を用いた場合）：

$$e^x = 1 + x + \frac{x^2}{2!} + \frac{x^3}{3!} + \cdots + \frac{x^{n-1}}{(n-1)!} + \frac{x^n}{n!}e^{\theta x}, \tag{3.20}$$

$$\sin x = x - \frac{x^3}{3!} + \frac{x^5}{5!} - \cdots + (-1)^{n-1}\frac{x^{2n-1}}{(2n-1)!}$$
$$+ (-1)^n \frac{x^{2n+1}}{(2n+1)!}\cos(\theta x), \tag{3.21}$$

$$\cos x = 1 - \frac{x^2}{2!} + \frac{x^4}{4!} - \cdots + (-1)^{n-1}\frac{x^{2n-2}}{(2n-2)!}$$
$$+ (-1)^n \frac{x^{2n}}{(2n)!}\cos(\theta x), \tag{3.22}$$

$$\log(1+x) = x - \frac{x^2}{2} + \frac{x^3}{3} - \cdots + (-1)^{n-2}\frac{x^{n-1}}{n-1} + (-1)^{n-1}\frac{x^n}{n(1+\theta x)^n}. \tag{3.23}$$

これらの公式を用いると，いろいろな関数に対して誤差評価付きの多項式による近似式（**多項式近似**）を求めることができる．

---例題 3.19---　　　　　　　　　　　　　　　　　---剰余項付きテイラーの定理---

関数 $f(x) = \dfrac{1}{x+1}$ の $n$ 次導関数を求め，点 $x = 1$ を中心としてテイラーの定理を適用せよ（剰余項 $R_n$ も表せ）．

**[解答]** $f'(x) = -\dfrac{1}{(x+1)^2}$, $f''(x) = \dfrac{2}{(x+1)^3}$ より，$f^{(n)}(x) = (-1)^n \dfrac{n!}{(x+1)^{n+1}}$

と推測される．帰納法で調べると $n = 1$ のときは成立する．$n = k$ のとき成り立つとして，$n = k+1$ のとき

$$f^{(k+1)}(x) = (f^k(x))' = (-1)^k \frac{k!\{-(k+1)\}}{(x+1)^{k+2}} = (-1)^{k+1} \frac{(k+1)!}{(x+1)^{k+2}}$$

となり成り立つ．これより，

$$f(1) = \frac{1}{2}, \quad f'(1) = -\frac{1}{4}, \quad f''(1) = \frac{2}{8} = \frac{1}{4}, \quad \cdots, \quad f^{(n)}(1) = (-1)^n \frac{n!}{2^{n+1}}.$$

これらを式 (3.18) に代入すると

$$f(x) = \frac{1}{2} - \frac{1}{4}(x-1) + \frac{1}{4}\frac{(x-1)^2}{2!} + \cdots + (-1)^{n-1}\frac{(n-1)!}{2^n}\frac{(x-1)^n}{(n-1)!} + R_n$$
$$= \frac{1}{2} - \frac{1}{4}(x-1) + \frac{1}{8}(x-1)^2 + \cdots + (-1)^{n-1}\frac{1}{2^n}(x-1)^{n-1} + R_n.$$

ここで，ラグランジュ剰余項は

$$R_n = (-1)^n \frac{n!}{\{1+\theta(x-1)+1\}^{n+1}} \frac{(x-1)^n}{n!} = \frac{(1-x)^n}{\{2+\theta(x-1)\}^{n+1}}.$$

積分形の剰余項は

$$R_n = \frac{(x-1)^n}{(n-1)!} \int_0^1 (1-t)^{n-1}(-1)^n \frac{n!}{\{1+t(x-1)+1\}^{n+1}} dt$$
$$= (1-x)^n \int_0^1 \frac{n(1-t)^{n-1}}{\{2+t(x-1)\}^{n+1}} dt.$$

**問題**

**3.19.1** 次の関数の $n$ 次導関数を求め，示された点を中心としてテイラーの定理を適用せよ（剰余項 $R_n$ も表せ）．

(1) $f(x) = e^x$ （$x = 0$ で）　　　(2) $f(x) = \sin x$ （$x = 0$ で）
(3) $f(x) = \cos x$ （$x = 0$ で）　　(4) $f(x) = \log(1+x)$ （$x = 0$ で）
(5) $f(x) = \log x$ （$x = 1$ で）　　(6) $f(x) = \cos x$ （$x = \dfrac{\pi}{4}$ で）
(7) $f(x) = e^x$ （$x = 1$ で）　　　(8) $f(x) = x^m$ （$x = a$ で）（$m \in \boldsymbol{N}$）

## 3.4 テイラーの定理

―― 例題 3.20 ―――――――――――――――――――――――― 近似の誤差 ――

$\cos x$ を $x$ の 2 次式で近似して $\cos 0.01$ を求めよ．またこの近似の誤差は最大でもどれぐらいか調べよ．

**[解答]** $f(x) = \cos x$ とおくと，

$$f'(x) = -\sin x, \quad f''(x) = -\cos x, \quad f'''(x) = \sin x, \quad f^{(4)} = \cos x$$

より

$$f(0) = 1, \quad f'(0) = 0, \quad f''(0) = -1, \quad f'''(0) = 0.$$

$n = 4$ として，マクローリンの定理から

$$\cos x = 1 - \frac{x^2}{2!} + R_4.$$

ここで，$R_4 = \dfrac{\cos(\theta x)}{4!} x^4$．従って $x = 0.01$ を代入すると，

$$\cos 0.01 = 1 - \frac{0.01^2}{2!} + R_4 = 0.99995 + R_4,$$

$$R_4 = \frac{\cos 0.01\theta}{4!} \times 0.01^4 < \frac{0.01^4}{4!} < 10^{-8} \times \frac{1}{20} = 5 \times 10^{-10}.$$

従って，$\cos 0.01$ の近似値は $0.99995$ で，誤差は最大でも $5 \times 10^{-10}$．

#### 問題

**3.20.1** (1) 次の一般二項展開を利用して得られる $\sqrt{4.08}$ の近似値の誤差の評価（上からの見積もり）を示せ．

$$\sqrt{1+x} = 1 + \frac{1}{2}x - \frac{1}{2 \cdot 4}x^2 + \cdots + (-1)^{k-1}\frac{1 \cdot 3 \cdots (2k-3)}{2 \cdot 4 \cdots (2k)}x^k$$
$$+ \cdots + (-1)^{n-2}\frac{1 \cdot 3 \cdots (2n-5)}{2 \cdot 4 \cdots (2n-2)}x^{n-1} + R_n$$

ただし $R_n = (-1)^{n-1} \dfrac{1 \cdot 3 \cdot 5 \cdots (2n-3)}{2 \cdot 4 \cdot 6 \cdots (2n)(1+\theta x)^{n-\frac{1}{2}}} x^n \quad (0 < \theta < 1)$.

(2) 誤差が $0.00001$ より小さくなるように $n$ を定めて，$\sqrt{4.08}$ の近似値を求めよ．

**3.20.2** $\sqrt{e}$ の近似値を $e^{1/2}$ の 4 次までのテイラー展開を用いて求めた．これは小数点以下第何位まで正確か調べよ．

**3.20.3** 剰余項付きテイラーの定理を用いて，$\sin 1$ の値を小数点以下第 3 位まで求めよ．

**3.20.4** $\log \dfrac{2^3}{3^2} = \log\left(1 - \dfrac{1}{9}\right)$, $\log \dfrac{3^5}{2^8} = \log\left(1 - \dfrac{13}{256}\right)$ などに注意し，$\log 2$ と $\log 3$ の値を小数点以下 2 桁の精度で求めよ（i.e. 正しい値を四捨五入したものを答えよ）．

## 例題 3.21 　　　　　　　　　　　　　　　　　　　　　　　　　無理数

$e^x$ の剰余項付きテイラーの定理を用いて，$e$ が無理数であることを証明せよ．

**[解答]** $e = \dfrac{q}{p}$ ($p, q$ は整数) と表現できたと仮定する．このとき，$2 < e < 3$ より $e$ は整数ではないので $p \geq 2$．$e^x$ の剰余項付きテイラーの定理

$$e^x = 1 + \frac{x}{1!} + \frac{x^2}{2!} + \frac{x^3}{3!} + \cdots + \frac{x^p}{p!} + \frac{e^{\theta x} x^{p+1}}{(p+1)!}$$

に $x = 1$ を代入すると，

$$e = 1 + 1 + \frac{1}{2!} + \frac{1}{3!} + \cdots + \frac{1}{p!} + \frac{e^{\theta}}{(p+1)!}.$$

仮定より

$$\frac{q}{p} = 1 + 1 + \frac{1}{2!} + \frac{1}{3!} + \cdots + \frac{1}{p!} + \frac{e^{\theta}}{(p+1)!}.$$

両辺に $p!$ を乗ずると，

$$q(p-1)! = 2p! + p(p-1)\cdots 4 \cdot 3 + p(p-1)\cdots 5 \cdot 4 + \cdots + 1 + \frac{e^{\theta}}{p+1}.$$

従って，$\dfrac{e^{\theta}}{p+1}$ は整数になる．しかし，$0 < \theta < 1$ より，$0 < e^{\theta} < 3$ かつ $p + 1 \geq 3$ で

$$0 < \frac{e^{\theta}}{p+1} < 1$$

となり，$\dfrac{e^{\theta}}{p+1}$ は整数になりえない．この矛盾は，$e = \dfrac{q}{p}$ と表現できたと仮定したことによる．従って，$e$ は無理数である．

### 問題

**3.21.1** 次の値が無理数であることを剰余項付きテイラーの定理を用いて証明せよ．
(1) $\sin \dfrac{1}{p}$ 　　(2) $\cos \dfrac{1}{p}$ 　　(3) $\tan \dfrac{1}{p}$ 　 ($p \in \boldsymbol{N}$)

**3.21.2** $\sqrt{37} = 6\sqrt{1 + \dfrac{1}{36}}$ に注意し，この値を有効数字 3 桁求めよ．また，同様の工夫により $\sqrt[3]{5}$ を有効数字 3 桁求めよ (i.e. 正しい値を四捨五入したものを答えよ)．

**3.21.3** 剰余項付きテイラーの定理を用いて，次の関数の $[-1, 1]$ における誤差が 0.01 未満となる多項式 (による) 近似を求めよ．
(1) $\sin x$ 　　(2) $\sinh x$ 　　(3) $\cosh x$ 　　(4) $e^x \cos x$

## 3.5 不等式・凸性

★ **不等式を求める典型的な方法**
(1) 微分法による： $f(a) \geq 0$，かつ $x \geq a$ で $f'(x) \geq 0$ なら，そこで $f(x) \geq 0$.
(2) テイラーの定理による：テイラーの定理を用いて，剰余項の正負から，不等式を求める．

**例題 3.22** ────────────────────── 不等式 ─

次の不等式を示せ．
(1) $\tan x > x + \dfrac{x^3}{3}$ $\left(0 < x < \dfrac{\pi}{2}\right)$　　(2) $e^x > 1 + x + \dfrac{x^2}{2}$ $(x > 0)$

**[解答]** (1) $g(x) = \tan x - x$ とおくと，

$$g'(x) = \frac{1}{\cos^2 x} - 1 = \frac{\sin^2 x}{\cos^2 x} \geq 0$$

かつ $g(0) = 0$ より，$0 \leq x < \dfrac{\pi}{2}$ において，$g(x)$ は連続，微分可能なので $g(x) \geq 0$ となる．すなわち

$$\tan x \geq x \quad \left(0 < x < \frac{\pi}{2}\right) \tag{3.24}$$

$f(x) = \tan x - \left(x + \dfrac{x^3}{3}\right)$ とおくと，$f(0) = 0$,

$$f'(x) = \frac{1}{\cos^2 x} - 1 - x^2 = \frac{\sin^2 x}{\cos^2 x} - x^2 = \tan^2 x - x^2 \geq 0.$$

最後の不等式は式 (3.24) による．$f(0) = 0$ で $0 < x < \dfrac{\pi}{2}$ において，$f(x)$ は連続，微分可能なので $f(x) > 0$ となる．従って $\tan x > x + \dfrac{x^3}{3}$ $\left(0 < x < \dfrac{\pi}{2}\right)$ となる．

(2) 式 (3.20) において，$n = 3$ として適用すると，$e^x = 1 + x + \dfrac{x^2}{2} + \dfrac{e^{\theta x}}{3!} x^3$.
$x > 0$ のとき，$\dfrac{e^{\theta x}}{3!} x^3 > 0$ より，$e^x > 1 + x + \dfrac{x^2}{2}$ となる．

～～ **問　題** ～～～～～～～～～～～～～～～～～～～～～～～～～～

**3.22.1** $\alpha > 1$, $x > 0$ のとき，$\alpha(x-1) \leq x^\alpha - 1 \leq \alpha x^{\alpha-1}(x-1)$ を示せ．
　[ヒント：$0 < x < 1$, $x = 1$, $1 < x$ に場合分けして証明せよ．]

**3.22.2** 次の不等式を示せ．
(1) $\sin x > x - \dfrac{x^3}{6}$ $(x > 0)$　　(2) $\sin x < x - \dfrac{x^3}{6}$ $(x < 0)$

## 例題 3.23 — ギブズの不等式

(1) $\log x \leq x - 1$ が $x > 0$ のとき成り立つことを示せ.

(2) 上を用いて $p > 0, q > 0$ のとき $p \log \dfrac{q}{p} \leq q - p$ を示せ.

(3) $p_j \geq 0, q_j \geq 0, \displaystyle\sum_{j=1}^{n} p_j = 1, \sum_{j=1}^{n} q_j = 1$ のとき,次の不等式を示せ.ただし $p_j = 0$ のときは対応する項は $0$ とみなす.

$$\sum_{j=1}^{n} p_j \log \frac{1}{p_j} \leq \sum_{j=1}^{n} p_j \log \frac{1}{q_j} \quad (\text{ギブズ (Gibbs) の不等式})$$

(4) 上の不等式で等号が成り立つのは,すべての $j$ について $p_j = q_j$ のとき,かつそのときに限ることを示せ.

**解答** (1) $f(x) = \log x$ に $x = 1$ でテイラーの定理を適用すると,

$$\log x = (x-1) - \frac{1}{2} \frac{1}{\{1 + \theta(x-1)\}^2} (x-1)^2 \leq x - 1$$

となる.

(2) (1) の $x$ の代わりに $\dfrac{q}{p}$ を代入すると,$\log \dfrac{q}{p} \leq \dfrac{q}{p} - 1$.全体に $p$ を乗ずると,$p \log \dfrac{q}{p} \leq q - p$.

(3) (2) より,$p_j \log \dfrac{1}{p_j} - p_j \log \dfrac{1}{q_j} \leq q_j - p_j$ がすべての $j = 1, 2, \cdots, n$ について成り立つので,和をとると,$\displaystyle\sum_{j=1}^{n} p_j \log \frac{1}{p_j} - \sum_{j=1}^{n} p_j \log \frac{1}{q_j} \leq \sum_{j=1}^{n} q_j - \sum_{j=1}^{n} p_j = 1 - 1 = 0.$

これより,$\displaystyle\sum_{j=1}^{n} p_j \log \frac{1}{p_j} \leq \sum_{j=1}^{n} p_j \log \frac{1}{q_j}$ が成り立つ.

(4) (1) において,$x - 1 \neq 0$ のとき $\dfrac{1}{2} \dfrac{1}{\{1 + \theta(x-1)\}^2} (x-1)^2 > 0$ より,等号が成立するのは,$x - 1 = 0$ のときのみである.従って,各 $j$ において,$\dfrac{q_j}{p_j} = 1$,すなわち $p_j = q_j$ のときのみ成立するので,このときに限る.

### 問題

**3.23.1** 次の不等式を示せ.

(1) $\sin x < x - \dfrac{x^3}{6} + \dfrac{x^5}{120} \quad (x > 0)$　　(2) $\cos x > 1 - \dfrac{x^2}{2} \quad (x \neq 0)$

(3) $\cos x < 1 - \dfrac{x^2}{2} + \dfrac{x^4}{24} \quad (x \neq 0)$

(4) $x - \dfrac{x^2}{2} < \log(1+x) < x - \dfrac{x^2}{2} + \dfrac{x^3}{3} \quad (x > 0)$

## 3.6 曲線の概形

**★ 曲線の概形の描き方の基本**

(1) 曲線の存在範囲を調べる．2次方程式なら実根条件など．
(2) 曲線の対称性を調べる．
   - $y$ 軸に関して線対称 $\iff$ $x \mapsto -x$ としても曲線の方程式は不変．
   - $x$ 軸に関して線対称 $\iff$ $y \mapsto -y$ としても曲線の方程式は不変．
   - 原点に関して点対称 $\iff$ $(x,y) \mapsto (-x,-y)$ としても曲線の方程式は不変．
(3) $x$ 軸，$y$ 軸を切る点を調べる．
(4) $x = c$ との交点の個数を見積り，分枝の数を予想する．$y = c$ との交点の個数も参考にする．
(5) $x \to \pm\infty, y \to \pm\infty$ のときの曲線の分枝の挙動を調べる．
   - $y = ax+b$ が漸近線 $\iff$ $x \to \infty$ のとき，曲線のある分枝に沿って $y-(ax+b) \to 0$
   - $x = a$ が漸近線 $\iff$ $x \to a$ のとき，曲線のある分枝に沿って $y \to \infty$
(6) $\dfrac{dy}{dx}$ の符号を見て増加，減少を調べる．極値が計算できれば求める．
(7) $\dfrac{d^2y}{dx^2}$ の符号を見て凹凸を調べる．変曲点が計算できれば求める．
(8) 特異点（接線が一つに定まらない点）での挙動を調べる（これは偏微分を習ってからの課題）．

---例題 3.24-1--- ———曲線の概形と極値，変曲点———

関数 $e^{-x^2}$ のグラフの概形を描け．極値や変曲点が有れば，それも示せ．

**[解答]** $f(x) = e^{-x^2}$ とおく．$f(x) = f(-x)$ より $y$ 軸に関して線対称．

$$f'(x) = -2xe^{-x^2},$$
$$f''(x) = (-2+4x^2)e^{-x^2}$$

より，$f'(x) = 0$ を満たす $x$ は $0$ のみで，$f''(x) = 0$ を満たす $x$ は $\pm\dfrac{1}{\sqrt{2}}$．従って，極値は $x = 0$ で極大値 $f(0) = 1$．変曲点は $x = \pm\dfrac{1}{\sqrt{2}}$．グラフは右図のようになる．

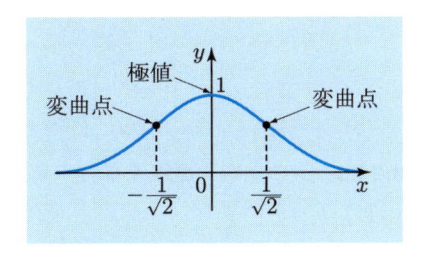

## 例題 3.24-2 ── 曲線の概形と漸近線

曲線 $y^2 = x^2 - 2x + 3$ の概形を描け．漸近線が有れば，それを示せ．

**[解答]** $x$ 軸に関して線対称である．$y^2 = (x-1)^2 + 2 \geq 2$ より，$|y| \geq \sqrt{2}$ である．$y = \pm\sqrt{x^2 - 2x + 3}$ の漸近線を $y = ax + b$ とすると，

$$a = \lim_{x \to \infty} \frac{y}{x} = \lim_{x \to \infty} \frac{\pm\sqrt{x^2 - 2x + 3}}{x}$$
$$= \lim_{x \to \infty} \pm\sqrt{1 - \frac{2}{x} + \frac{3}{x^2}} = \pm 1,$$
$$b = \lim_{x \to \infty}(y - ax) = \lim_{x \to \infty}(\pm\sqrt{x^2 - 2x + 3} \mp x)$$
$$= \lim_{x \to \infty} \pm \frac{(x^2 - 2x + 3) - x^2}{\sqrt{x^2 - 2x + 3} + x} = \lim_{x \to \infty} \pm \frac{-2 + \frac{3}{x}}{\sqrt{1 - \frac{2}{x} + \frac{3}{x^2}} + 1} = \mp 1.$$

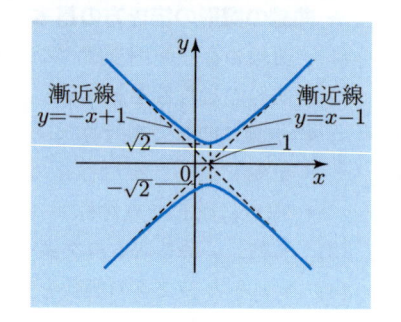

これより，漸近線は $y = x - 1$ と $y = -x + 1$ で，グラフは上図のようになる．
また，漸近線は別解として，$x \to \pm\infty$ における漸近計算

$$y = \pm\sqrt{(x-1)^2 + 2} = \pm(x-1)\sqrt{1 + \frac{2}{(x-1)^2}}$$
$$= \pm(x-1)\left\{1 + O\left(\frac{1}{(x-1)^2}\right)\right\} = \pm(x-1) + O\left(\frac{1}{x-1}\right)$$

によっても求められる．

### 問題

**3.24.1** 次の関数のグラフの概形を描け．極値や変曲点が有れば，それも示せ（それらの位置が正確に求められないときは，近似値でよい）．

(1) $\dfrac{x}{x^2+1}$ (2) $y = x^5 - x$ (3) $e^{x^3}$ (4) $\dfrac{x^2}{x^2+1}$
(5) $\dfrac{e^x}{e^x+1}$ (6) $\log(x^2+1)$ (7) $x + \dfrac{1}{x}$
(8) $\dfrac{\cos x}{1 + \sin x}$ (9) $x^x$ $(x > 0)$ (10) $x\sqrt{ax - x^2}$ $(a > 0)$

**3.24.2** 次の曲線の概形を描け．漸近線が有れば，それを示せ．

(1) $y = \dfrac{2x^2}{x-1}$ (2) $y = \dfrac{x^3}{x(x^2-1)}$ (3) $y^2 = x^2 - 2x - 3$
(4) $y^2 = x(x-1)^2$ (5) $y^2 = x(x^2-1)$ (6) $y^2 = x^3 + x$
(7) $x^3 + y^2 - 2x^2y = 1$ (8) $x^4 - y^4 = x^2y^2$ (9) $x^3 + y^3 - 3xy = 0$
(10) $x^3 + y^3 = 1$ (11) $xy^2 = x^3 + x + 2$

## 演習問題

**1** 次の関数 $f(x)$ は点 $x=0$ において左右の微分係数を持つか調べよ.

(1) $f(x) = \begin{cases} 1 & (x \neq 0) \\ 0 & (x = 0) \end{cases}$ 　　(2) $f(x) = x_+$

(3) $f(x) = \begin{cases} \sin \dfrac{1}{x} & (x \neq 0) \\ 0 & (x = 0) \end{cases}$ 　　(4) $f(x) = \begin{cases} \dfrac{x}{1+e^{1/x}} & (x \neq 0) \\ 0 & (x = 0) \end{cases}$

(5) $f(x) = \begin{cases} \dfrac{x(e^{1/x}-1)}{e^{1/x}+1} & (x \neq 0) \\ 0 & (x = 0) \end{cases}$

**2** 次の無限小量の中で $O(h^2)$ となるもの，および $o(h^2)$ となるものを拾い出せ.

(1) $h^2 + h^3$ 　　(2) $h^2 \sqrt[3]{h}$ 　　(3) $h^2 \log|h|$

(4) $\dfrac{h^2}{\log|h|}$ 　　(5) $h^2 \sin \dfrac{1}{h}$

**3** 放物線 $y = h^2 - x^2$ と $x$ 軸とで囲まれた有界な図形を $F_h$ とするとき，次のような $h$ の関数の $h \to 0$ のときの無限小の次数を定めよ.

(1) $F_h$ に内接する最大の三角形の面積 $S_1(h)$

(2) $F_h$ の面積 $S_2(h)$

(3) $F_h$ の周の長さ $L_1(h)$

(4) $F_h$ に内接する最大の円の周長 $L_2(h)$

**4** $f(x) = e^x$ のとき $f(a+h) = f(a) + hf'(a+\theta h)$ $(0 < \theta < 1)$ を満たす $\theta$ を求め, $\lim_{h \to 0} \theta$ を求めよ.

**5** ☺ 点 $a$ の近傍で $f''(x)$ が連続で, $f''(a) \neq 0$ ならば, $f(a+h) = f(a) + hf'(a+\theta h)$ $(0 < \theta < 1)$ を成立させる $\theta$ は $\lim_{h \to 0} \theta = \dfrac{1}{2}$ を満たすことを示せ.

**6** ☺ 点 $a$ の近傍で $f'''(x)$ が連続で, $f''(a) = 0$, $f'''(a) \neq 0$ ならば, $f(a+h) = f(a) + hf'(a+\theta h)$ $(0 < \theta < 1)$ を成立させる $\theta$ は $\lim_{h \to 0} \theta = \sqrt{\dfrac{1}{3}}$ を満たすことを示せ.

**7** ☺ 点 $a$ の近傍で $f'''(x)$ が連続で, $f'''(a) \neq 0$ ならば, $f(a+h) = f(a) + hf'(a) + \dfrac{h^2}{2} f''(a+\theta h)$ $(0 < \theta < 1)$ を成立させる $\theta$ は $\lim_{h \to 0} \theta = \dfrac{1}{3}$ を満たすことを示せ.

**8** ☺ 点 $a$ の近傍で $f^{(n+1)}(x)$ が連続で, $f^{(n+1)}(a) \neq 0$ ならば, $f(a+h) = f(a) + hf'(a) + \dfrac{h^2}{2}f''(a) + \cdots + \dfrac{h^n}{n!} f^{(n)}(a+\theta h)$ $(0 < \theta < 1)$ を成立させる $\theta$ は $\lim_{h \to 0} \theta = \dfrac{1}{n+1}$ を満たすことを示せ.

**9** 自然数 $n$ について次の不等式を示せ．

(1) $x - \dfrac{x^3}{3!} + \cdots - \dfrac{x^{4n-1}}{(4n-1)!} < \sin x < x - \dfrac{x^3}{3!} + \cdots - \dfrac{x^{4n-1}}{(4n-1)!} + \dfrac{x^{4n+1}}{(4n+1)!}$  $(x > 0)$

(2) $1 - \dfrac{x^2}{2!} + \cdots - \dfrac{x^{4n-2}}{(4n-2)!} \leq \cos x \leq 1 - \dfrac{x^2}{2!} + \cdots - \dfrac{x^{4n-2}}{(4n-2)!} + \dfrac{x^{4n}}{(4n)!}$

**10** $p > 1,\ \dfrac{1}{p} + \dfrac{1}{q} = 1$ のとき，次の不等式を示せ．

(1) $\dfrac{x^p}{p} + \dfrac{1}{q} \geq x \quad (x \geq 0)$

(2) $\dfrac{|x|^p}{p} + \dfrac{|y|^q}{q} \geq |xy|$

(3) $\displaystyle\sum_{k=1}^{n} |x_k y_k| \leq \left(\sum_{k=1}^{n} |x_k|^p\right)^{1/p} \left(\sum_{k=1}^{n} |x_k|^q\right)^{1/q}$

（ヘルダー (Holder) の不等式）

(4) $\displaystyle\left(\sum_{k=1}^{n} |x_k + y_k|^p\right)^{1/p} \leq \left(\sum_{k=1}^{n} |x_k|^p\right)^{1/p} + \left(\sum_{k=1}^{n} |y_k|^p\right)^{1/p}$

（ミンコフスキー (Minkowski) の不等式）

**11** ☺ (1) 常に $f''(x) \geq 0$ ならば，$f(x)$ は凸関数となること，すなわち，任意の $\lambda\ (0 \leq \lambda \leq 1)$ に対して $f(\lambda x + (1-\lambda)y) \leq \lambda f(x) + (1-\lambda)f(y)$ が常に成り立つことを示せ．

(2) $\log \dfrac{1}{x}$ は凸関数であることを示せ．またこれを用いて，2章演習問題 4(2) からギブズの不等式を導け．

**12** ☺ 関数 $f(x)$ は定数ではないとし，2回微分可能で，$x \to \pm\infty$ のとき，$f(x) \to 0$ であるとする．

(1) $f(x)$ は有界である，すなわち，すべての $x \in \boldsymbol{R}$ に対して $|f(x)| \leq M$ となる $M$ が存在することを示せ．

(2) $f''(x) = 0$ となる点が少なくとも 2 個存在することを示せ．

**13** ☺ 【テイラー展開の問題】 間隔の等しくない 3 点 $a_i\ (i = 1, 2, 3)$ における $f(a_i)\ (i = 1, 2, 3)$ の値を用いて $f'(a_2)$ の値をできるだけ正確に与える差分の式を求めよ．ただし，$f(x)$ は 3 回微分可能とする．

# 4 積 分 法

## 4.1 不定積分

★ 関数 $f(x)$ に対して，$F'(x) = f(x)$ となる関数 $F(x)$ を $f(x)$ の**原始関数**という．$F(x)$ が $f(x)$ の原始関数ならば，$\{F(x) + C \mid C \in \boldsymbol{R}\}$ が $f(x)$ の原始関数全体である．以下，積分定数 $C$ は省略する．

### 4.1.1 基本的な計算法

★ **主な原始関数のリスト**

$$\int x^a dx = \frac{x^{a+1}}{a+1}, \quad \int e^x dx = e^x, \quad \int a^x dx = \frac{a^x}{\log a},$$

$$\int \frac{1}{x+a} dx = \log|x+a|, \quad \int \sin x\, dx = -\cos x, \quad \int \cos x\, dx = \sin x,$$

$$\int \frac{1}{x^2 + a^2} dx = \frac{1}{a} \operatorname{Arctan} \frac{x}{a} \quad (a \neq 0), \tag{4.1}$$

$$\int \frac{1}{\sqrt{a^2 - x^2}} dx = \operatorname{Arcsin} \frac{x}{a} \quad (a > 0), \tag{4.2}$$

$$\int \frac{1}{\sqrt{x^2 + A}} dx = \log(x + \sqrt{x^2 + A}). \tag{4.3}$$

注　式 (4.1), (4.2) については，例題 4.1 の解答を，式 (4.3) については，無理関数の不定積分の例題 4.7 の解答を参照．

★ **置換積分法**　$y = g(x)$ のとき，

$$\int f(y) dy = \int f(g(x)) g'(x) dx.$$

例：対数積分法　$\displaystyle\int \frac{f'(x)}{f(x)} dx = \log|f(x)|.$

★ **部分積分法**　$\displaystyle\int f'(x) g(x) dx = f(x) g(x) - \int f(x) g'(x) dx \tag{4.4}$

---
**例題 4.1** ─────────────────────────── 不定積分の計算 ──

次の不定積分を求めよ．

(1) $\displaystyle\int \frac{1}{a^2+x^2}dx \quad (a \neq 0)$  (2) $\displaystyle\int \frac{1}{\sqrt{a^2-x^2}}dx \quad (a > 0)$

───────────────────────────────────────

**[解答]** (1) （その 1） 3 章の問題 3.6.2(6) より，$\left(\mathrm{Arctan}\frac{x}{a}\right)' = \dfrac{a}{a^2+x^2}$ なので，$\displaystyle\int \frac{a}{a^2+x^2}\,dx = \mathrm{Arctan}\frac{x}{a}$. 従って，

$$\int \frac{1}{a^2+x^2}dx = \frac{1}{a}\mathrm{Arctan}\frac{x}{a}.$$

（その 2） $x = a\tan t$ とおくと，$dx = \dfrac{a}{\cos^2 t}dt$，$\dfrac{1}{a^2+x^2} = \dfrac{1}{a^2(1+\tan^2 t)} = \dfrac{\cos^2 t}{a^2}$ なので，$\displaystyle\int \frac{1}{a^2+x^2}dx = \int \frac{\cos^2 t}{a^2}\frac{a}{\cos^2 t}dt = \int \frac{1}{a}dt = \frac{t}{a}$ だが，$\dfrac{x}{a} = \tan t$ より，$t = \mathrm{Arctan}\dfrac{x}{a}$ なので，$\displaystyle\int \frac{1}{a^2+x^2}dx = \frac{1}{a}\mathrm{Arctan}\frac{x}{a}$.

(2) （その 1） 3 章の問題 3.6.2(4) より，$\left(\mathrm{Arcsin}\dfrac{x}{a}\right)' = \dfrac{1}{\sqrt{a^2-x^2}}$ なので，

$$\int \frac{1}{\sqrt{a^2-x^2}}\,dx = \mathrm{Arcsin}\frac{x}{a}.$$

（その 2） $\sqrt{a^2-x^2}$ より，$|x| \leq a$ なので $x = a\sin t \left(-\dfrac{\pi}{2} \leq t \leq \dfrac{\pi}{2}\right)$ とおく．$\dfrac{1}{\sqrt{a^2-x^2}} = \dfrac{1}{\sqrt{a^2-a^2\sin^2 t}} = \dfrac{1}{|a\cos t|}$ だが，$-\dfrac{\pi}{2} \leq t \leq \dfrac{\pi}{2}$ より $\cos t \geq 0$，$a > 0$ なので，$\dfrac{1}{\sqrt{a^2-x^2}} = \dfrac{1}{a\cos t}$．また，$dx = a\cos t\, dt$，$t = \mathrm{Arcsin}\dfrac{x}{a}$ であることを考慮すると，

$$\int \frac{1}{\sqrt{a^2-x^2}}\,dx = \int \frac{1}{a\cos t} a\cos t\, dt = \int dt = t = \mathrm{Arcsin}\frac{x}{a}.$$

───── 問 題 ─────

**4.1.1** 次の不定積分を求めよ．

(1) $\displaystyle\int \frac{1}{x^2+2x+5}dx$  (2) $\displaystyle\int \frac{1}{\sqrt{9-x^2}}dx$

## 4.1 不定積分

**例題 4.2** ─────────────────── 不定積分（置換積分法）

次の不定積分を求めよ．

(1) $\displaystyle\int \frac{2}{x\log x^2}dx$   (2) $\displaystyle\int \frac{1}{x\log x\log|\log x|}dx$   (3) $\displaystyle\int x(x+1)^{1/3}dx$

**解答** (1) $f(x) = \log x$ とおくと，$f'(x) = \frac{1}{x}$ より，

$$\int \frac{2}{x\log x^2}dx = \int \frac{2}{2x\log x}dx = \int \frac{1}{x\log x}\,dx$$
$$= \int \frac{f'(x)}{f(x)}\,dx = \log|f(x)| = \log|\log x|.$$

(2) $t = \log|\log x|$ とおくと，$dt = \dfrac{dx}{x\log x}$ より，

$$\int \frac{1}{x\log x\log|\log x|}dx = \int \frac{1}{\log|\log x|}\frac{dx}{x\log x}$$
$$= \int \frac{dt}{t} = \log|t| = \log|\log|\log x||.$$

(3) $t = (x+1)^{1/3}$ とおくと，$t^3 = x+1$ より，

$$x = t^3 - 1, \quad dx = 3t^2 dt.$$

従って，

$$\int x(x+1)^{1/3}dx = \int (t^3-1)t3t^2 dt = \int 3(t^6 - t^3)dt = 3\left(\frac{t^7}{7} - \frac{t^4}{4}\right)$$
$$= 3\left\{\frac{(x+1)^{7/3}}{7} - \frac{(x+1)^{4/3}}{4}\right\} = \frac{3(x+1)^{4/3}(4x-3)}{28}.$$

### 問題

**4.2.1** 次の不定積分を求めよ．

(1) $\displaystyle\int \frac{\sinh x}{1+\cosh x}dx$   (2) $\displaystyle\int x\sin(x^2+1)dx$   (3) $\displaystyle\int \cot x\,dx$

(4) $\displaystyle\int \tanh x\,dx$   (5) $\displaystyle\int \frac{1}{2x+\sqrt{x}}dx$   (6) $\displaystyle\int \sec x\,dx$

(7) $\displaystyle\int \log(\sqrt{x}+1)dx$   (8) $\displaystyle\int \frac{dx}{2e^x+3}$   (9) $\displaystyle\int \frac{\cos\log x}{x^2}dx$

---例題 4.3---　　　　　　　　　　　　　　　　　　　　不定積分（部分積分法）---

次の不定積分を求めよ．

(1) $\displaystyle\int \sqrt{x}\log x\,dx$ 　　(2) $\displaystyle\int x\,\mathrm{Arctan}\,x\,dx$

**解答** (1) $f'(x)=\sqrt{x},\ g(x)=\log x$ とすると，

$$f(x)=\frac{2}{3}\sqrt{x^3},\quad g'(x)=\frac{1}{x}$$

なので，部分積分法を使って，

$$\int \sqrt{x}\log x\,dx = \frac{2}{3}\sqrt{x^3}\log x - \int \frac{2}{3}\sqrt{x^3}\frac{1}{x}\,dx = \frac{2}{3}\sqrt{x^3}\log x - \int \frac{2}{3}\sqrt{x}\,dx$$

$$= \frac{2}{3}\sqrt{x^3}\log x - \frac{4}{9}\sqrt{x^3} = \frac{2}{9}\sqrt{x^3}(3\log x - 2).$$

(2) $f'(x)=x,\ g(x)=\mathrm{Arctan}\,x$ とおくと，$f(x)=\dfrac{x^2}{2},\ g'(x)=\dfrac{1}{x^2+1}$ より，

$$\int x\,\mathrm{Arctan}\,x\,dx = \frac{x^2}{2}\mathrm{Arctan}\,x - \int \frac{x^2}{2}\frac{1}{x^2+1}\,dx$$

$$= \frac{x^2}{2}\mathrm{Arctan}\,x - \frac{1}{2}\int\left(1-\frac{1}{x^2+1}\right)dx$$

$$= \frac{x^2}{2}\mathrm{Arctan}\,x - \frac{1}{2}(x-\mathrm{Arctan}\,x)$$

$$= \frac{x^2+1}{2}\mathrm{Arctan}\,x - \frac{x}{2}.$$

### 問題

**4.3.1** 次の不定積分を求めよ．

(1) $\displaystyle\int \sinh 2x\,dx$ 　　(2) $\displaystyle\int x\sinh x\,dx$ 　　(3) $\displaystyle\int \sinh^3 x\,dx$

(4) $\displaystyle\int \mathrm{Arcsin}\,x\,dx$ 　　(5) $\displaystyle\int x^2\sin x\,dx$ 　　(6) $\displaystyle\int e^x\sin x\,dx$

(7) $\displaystyle\int x\cos^2 x\,dx$ 　　(8) $\displaystyle\int \log x\,dx$ 　　(9) $\displaystyle\int (\log x)^2\,dx$

(10) $\displaystyle\int (2x+1)\log x\,dx$ 　　(11) $\displaystyle\int x^2\log x\,dx$ 　　(12) $\displaystyle\int \frac{\log x}{x^3}\,dx$

(13) $\displaystyle\int (x+1)e^x\log x\,dx$ 　　(14) $\displaystyle\int \frac{1}{(x^2+a^2)^2}\,dx$

## 4.1.2 有理関数の不定積分

(1) 部分分数分解し，

$$x^n, \quad \frac{1}{(x+a)^n}, \quad \frac{1}{\{(x+b)^2+c^2\}^n}, \quad \frac{2(x+b)}{\{(x+b)^2+c^2\}^n}$$

の型の有理関数の一次結合に直す．

(2) (1) のそれぞれを次の公式で積分する：

$$\int x^n dx = \frac{x^{n+1}}{n+1},$$

$$\int \frac{1}{(x+a)^n} dx = \begin{cases} -\dfrac{1}{(n-1)(x+a)^{n-1}} & (n>1 \text{ のとき}) \\ \log(x+a) & (n=1 \text{ のとき}) \end{cases}$$

$$\int \frac{2(x+b)}{((x+b)^2+c^2)^n} dx = \begin{cases} -\dfrac{1}{(n-1)((x+b)^2+c^2)^{n-1}} & (n>1 \text{ のとき}) \\ \log((x+b)^2+c^2) & (n=1 \text{ のとき}) \end{cases}$$

$I_n := \int \dfrac{1}{((x+b)^2+c^2)^n} dx$ については，部分積分法で得られる次の漸化式を利用し，$n=1$ に帰着する．

$$I_{n+1} = \frac{1}{2nc^2}\left\{\frac{x+b}{((x+b)^2+c^2)^n} + (2n-1)I_n\right\}, \tag{4.5}$$

$$I_1 = \frac{1}{c}\operatorname{Arctan}\frac{x+b}{c}.$$

上式の証明は問題 4.4.2 にある．

---
**例題 4.4-1** ─────────────────── 有理関数の不定積分（その1）──

有理関数 $\displaystyle\int \frac{2x^3+4x}{x^2+1} dx$ の不定積分を求めよ．

---

[解答] 分子の次数を分母の次数より小さくすると

$$\frac{2x^3+4x}{x^2+1} = 2x + \frac{2x}{x^2+1}$$

となるので，

$$\int \frac{2x^3+4x}{x^2+1} dx = \int \left(2x + \frac{2x}{x^2+1}\right) dx = x^2 + \log(x^2+1).$$

### 例題 4.4-2 ─── 有理関数の不定積分（その2）

次の有理関数の不定積分を求めよ．

$$\int \frac{x^2+3x+1}{(x+1)(x^2+2x+2)} dx$$

**解答** 分子の次数が分母の次数より低いので，

$$\frac{x^2+3x+1}{(x+1)(x^2+2x+2)} = \frac{A}{x+1} + \frac{Bx+C}{x^2+2x+2}$$

とおき，両辺に $(x+1)(x^2+2x+2)$ を乗ずると，

$$x^2+3x+1 = A(x^2+2x+2) + (Bx+C)(x+1).$$

ここで $x=-1$ を代入すると，

$$1-3+1 = (1-2+2)A,$$

すなわち，$A = -1$. $x^2$ の係数を比較すると，$1 = A+B$ より，$B = 1-A = 2$.
定数項の係数を比較すると，$1 = 2A+C$ より，$C = 1-2A = 3$. 従って

$$\int \frac{x^2+3x+1}{(x+1)(x^2+2x+2)} dx = \int \left( \frac{-1}{x+1} + \frac{2x+3}{x^2+2x+2} \right) dx$$

$$= -\log|x+1| + \int \frac{2x+2}{x^2+2x+2} dx + \int \frac{1}{(x+1)^2+1} dx$$

$$= -\log|x+1| + \log(x^2+2x+2) + \operatorname{Arctan}(x+1).$$

### 問 題

**4.4.1** 次の有理関数の不定積分を求めよ．

(1) $\displaystyle\int \frac{2x^2+3x-1}{x+2} dx$ 　　(2) $\displaystyle\int \frac{x}{(x-2)^2} dx$

(3) $\displaystyle\int \frac{dx}{x(x-a)^2}$ $(a \neq 0)$ 　　(4) $\displaystyle\int \frac{2x}{x^2+2x+5} dx$

**4.4.2** 式 (4.5) を証明せよ．

**4.4.3** 次の積分を有理関数の不定積分に帰着させて求めよ．

(1) $\displaystyle\int \frac{1}{e^{2x}-2e^x} dx$ 　　(2) $\displaystyle\int \frac{1}{x(1-\log x)^2(2+\log x)} dx$

### 4.1.3 三角関数の有理式の不定積分

(1) $\sin x, \cos x$ の多項式のときは，加法定理を用いて次数を下げる．
また，$\int \sin^n x\,dx, \int \cos^n x\,dx$ に対しては，漸化式を利用する．

(2) $\sin x, \cos x$ の有理式のとき，$\sin^2 x, \sin x \cos x, \cos^2 x$ のみで表すことができれば，$\tan x = t$ で $t$ の有理関数の積分に帰着する．
このとき
$$\cos^2 x = \frac{1}{1+t^2}, \quad \sin^2 x = \frac{t^2}{1+t^2}, \quad dx = \frac{dt}{1+t^2}.$$

(3) 一般の場合は，$\tan \frac{x}{2} = t$ という置換で，$t$ の有理関数の積分に帰着する．
このとき
$$\sin x = \frac{2t}{1+t^2}, \quad \cos x = \frac{1-t^2}{1+t^2}, \quad dx = \frac{2}{1+t^2}dt.$$

---

**例題 4.5** ── 三角関数の有理式の不定積分（その 1）──

次の不定積分を求めよ．

(1) $\displaystyle\int \sin 3x \sin 4x\,dx$  (2) $\displaystyle\int \frac{\sin x + \cos x}{3 + \sin x - \cos x}dx$

---

**[解答]** (1) 加法定理を用いて

$$\int \sin 3x \sin 4x\,dx = \int \frac{1}{2}(\cos x - \cos 7x)dx = \frac{1}{2}\left(\sin x - \frac{\sin 7x}{7}\right).$$

(2) $f(x) = 3 + \sin x - \cos x$ とおくと，$f'(x) = \cos x + \sin x$.

対数積分 $\displaystyle\int \frac{f'(x)}{f(x)}dx = \log|f(x)|$ より

$$\int \frac{\sin x + \cos x}{3 + \sin x - \cos x}dx = \log|3 + \sin x - \cos x|.$$

---

**問題**

**4.5.1** 次の不定積分を求めよ．
(1) $\displaystyle\int \sin x \cos 2x\,dx$  (2) $\displaystyle\int \sin 2x \cos^2 x\,dx$

―― 例題 4.6 ―――――――――― 三角関数の有理式の不定積分（その 2）――

次の不定積分を求めよ．

$$\int \frac{\sin x \cos x}{1+\sin^2 x} dx$$

**[解答]** $f(x) = 1+\sin^2 x$ とおくと，$f'(x) = 2\sin x \cos x$ より

$$\int \frac{\sin x \cos x}{1+\sin^2 x} dx = \int \frac{1}{2} \frac{f'(x)}{f(x)} dx = \frac{1}{2} \log f(x) = \frac{1}{2} \log(1+\sin^2 x).$$

**[別解]** $\tan x = t$ とおくと，

$$\cos^2 x = \frac{1}{1+t^2}, \quad \sin^2 x = \frac{t^2}{1+t^2}, \quad dt = \frac{dt}{1+t^2}$$

より，$\sin x \cos x = \dfrac{t}{1+t^2}$．これから，

$$\int \frac{\sin x \cos x}{1+\sin^2 x} dx = \int \frac{\frac{t}{1+t^2}}{1+\frac{t^2}{1+t^2}} \frac{dt}{1+t^2} = \int \frac{t}{(1+2t^2)(1+t^2)} dt$$

$$= \int \left( \frac{2t}{1+2t^2} - \frac{t}{1+t^2} \right) dt = \frac{1}{2} \left\{ \log(1+2t^2) - \log(1+t^2) \right\}$$

$$= \frac{1}{2} \log \frac{1+2t^2}{1+t^2}.$$

一方，

$$\frac{1+2t^2}{1+t^2} = \frac{1+2\tan^2 x}{1+\tan^2 x} = \frac{\cos^2 x + 2\sin^2 x}{\cos^2 x + \sin^2 x} = 1+\sin^2 x.$$

従って $\displaystyle \int \frac{\sin x \cos x}{1+\sin^2 x} dx = \frac{1}{2} \log(1+\sin^2 x)$．

～～ 問　題 ～～～～～～～～～～～～～～～～～～～～～～～～～～～

**4.6.1** 次の不定積分を求めよ．

(1) $\displaystyle \int \frac{1}{\sin x} dx$ 　　(2) $\displaystyle \int \frac{1}{\cos x} dx$ 　　(3) $\displaystyle \int \frac{1}{1+\sin x} dx$

(4) $\displaystyle \int \frac{1}{1+3\sin x} dx$ 　　(5) $\displaystyle \int \frac{\sin x}{1-\cos x} dx$ 　　(6) $\displaystyle \int \frac{\cos x}{1-\cos x} dx$

(7) $\displaystyle \int \tan x\, dx$ 　　(8) $\displaystyle \int \tan^2 x\, dx$ 　　(9) $\displaystyle \int \tan^3 x\, dx$

## 4.1.4 無理関数の不定積分

### ★ 有理化の技法

(1) $x$ と $\sqrt{(x-a)(b-x)}$ の有理式のとき，

$$t = \sqrt{\frac{b-x}{x-a}}$$

とおけば，$t$ の有理関数の不定積分に帰着する．

(2) $x$ と $\sqrt{x^2+ax+b}$ の有理式のとき，

$$t = \sqrt{x^2+ax+b} - x$$

とおけば，$t$ の有理関数の不定積分に帰着する．

よく使われる公式：

$$\int \sqrt{a^2-x^2}\,dx = \tfrac{1}{2}\left(x\sqrt{a^2-x^2} + a^2 \operatorname{Arcsin}\frac{x}{a}\right) \quad (a>0), \tag{4.6}$$

$$\int \sqrt{x^2+A}\,dx = \tfrac{1}{2}\left\{x\sqrt{x^2+A} + A\log(x+\sqrt{x^2+A})\right\}. \tag{4.7}$$

式 (4.6), (4.7) の証明は問題 4.7.1 および問題 4.8.1〜4.8.3 にある．

---

**例題 4.7** ────────────── 無理関数の不定積分（その 1）──

$\displaystyle\int \frac{1}{\sqrt{x^2+A}}\,dx$ を $x+\sqrt{x^2+A}=t$ を用いた置換積分により求め，式 (4.3) を確かめよ．

---

**解答** $x+\sqrt{x^2+A}=t$ より，

$$x = \frac{t^2-A}{2t}, \quad dx = \frac{t^2+A}{2t^2}dt, \quad \sqrt{x^2+A} = t - \frac{t^2-A}{2t} = \frac{t^2+A}{2t}$$

なので，

$$\int \frac{1}{\sqrt{x^2+A}}\,dx = \int \frac{2t}{t^2+A}\frac{t^2+A}{2t^2}\,dt = \int \frac{1}{t}\,dt$$

$$= \log t = \log(x+\sqrt{x^2+A})$$

となり，式 (4.3) と一致する．

── 問 題 ──

**4.7.1** 公式 (4.7) を $x+\sqrt{x^2+A}=t$ を用いた置換積分により導け．

## 例題 4.8 ────────────── 無理関数の不定積分（その 2）

次の無理関数の不定積分を求めよ．
$$\int \frac{1}{\sqrt{(a+x)(b-x)}} dx$$

**[解答]** $t = \sqrt{\dfrac{a+x}{b-x}}$ とおくと，

$$t^2 = \frac{a+x}{b-x}, \quad x = \frac{bt^2 - a}{1+t^2}, \quad dx = \frac{2(a+b)t}{(1+t^2)^2} dt$$

より，

$$\sqrt{(a+x)(b-x)} = (b-x)\sqrt{\frac{a+x}{b-x}} = \left(b - \frac{bt^2 - a}{1+t^2}\right)t = \frac{(a+b)t}{1+t^2}$$

となり，

$$\int \frac{1}{\sqrt{(a+x)(b-x)}} dx = \int \frac{1+t^2}{(a+b)t} \frac{2(a+b)t}{(1+t^2)^2} dt$$

$$= \int \frac{2}{1+t^2} dt = 2\operatorname{Arctan} t = 2\operatorname{Arctan}\sqrt{\frac{a+x}{b-x}}.$$

### 問題

**4.8.1** 前頁の公式 (4.7) を部分積分で公式 (4.3) に帰着させることにより導け．

**4.8.2** 公式 (4.6) を部分積分で公式 (4.2) に帰着させることにより導け．

**4.8.3** 公式 (4.6) を $x = a\sin t$ を用いた置換積分により導け．

**4.8.4** 次の無理関数の不定積分を ( ) 内に示した置換を利用して求めよ．ただし，$a > 0$ とする．

(1) $\displaystyle\int \frac{x^{1/4}}{1+\sqrt{x}} dx \quad (t = x^{1/4})$ 

(2) $\displaystyle\int \frac{1}{x^2\sqrt{x^2+a^2}} dx \quad (x = a\tan t)$

(3) $\displaystyle\int \frac{1}{x^2\sqrt{x^2+a^2}} dx \quad (\sqrt{x^2+a^2} = t+x)$

(4) $\displaystyle\int \frac{dx}{x\sqrt{x-1}} \quad (t = \sqrt{x-1})$ 

(5) $\displaystyle\int \frac{1}{\sqrt{x^2-a^2}} dx \quad (\sqrt{x^2-a^2} = t-x)$

**4.8.5** 次の無理関数の不定積分を求めよ．

(1) $\displaystyle\int \frac{1}{\sqrt{2+6x-9x^2}} dx$ 

(2) $\displaystyle\int \sqrt{4-x^2}\, dx$ 

(3) $\displaystyle\int \sqrt{\frac{x+a}{x}}\, dx \;\; (a \neq 0)$

(4) $\displaystyle\int \frac{1}{\sqrt{2x^2+5}} dx$ 

(5) $\displaystyle\int \sqrt{2x^2+5}\, dx$ 

(6) $\displaystyle\int \frac{x}{\sqrt{1-x^4}} dx$

## 4.2 定積分の基礎概念

★ **定積分の定義** $f(x)$ が区間 $[a,b]$ で有界なとき，$a = x_0 < x_1 < \cdots < x_n = b$ と $\xi_i \in [x_{i-1}, x_i]$ に関するリーマン (Riemann) 和

$$\sum_{i=1}^n f(\xi_i) \Delta x_i \quad (\Delta x_i = x_i - x_{i-1})$$

が $\Delta x_i$ の長さの最大値を $0$ に近づけたとき一定の値に収束するならば，$f(x)$ は $[a,b]$ で（リーマン）**積分可能**といい，その値を $\int_a^b f(x)dx$ で表す.

★ 有界閉区間で連続な関数は積分可能である.

★ **定積分の区間に関する加法性**

$$\int_a^b f(x)dx = \int_a^c f(x)dx + \int_c^b f(x)dx.$$

$a > b$ のとき $\int_a^b f(x)dx = -\int_b^a f(x)dx$，また $\int_a^a f(x)dx = 0$ と規約する. 上の式はすべての項が意味を持つ限り $a, b, c$ の大小関係によらずに成立する. また定積分は被積分関数について線形である.

★ **区分求積法** $f(x)$ が区間 $[a,b]$ で積分可能のとき，$h = \dfrac{b-a}{n}$ とすれば

$$\int_a^b f(x)dx = \lim_{n \to \infty} \sum_{i=0}^{n-1} f(a+ih)h$$
$$= \lim_{n \to \infty} \sum_{i=1}^{n} f(a+ih)h.$$

★ **微分積分学の基本定理**

$f(x)$ が連続な点 $x$ において

$$\frac{d}{dx} \int_a^x f(t)dt = f(x).$$

従って，$F'(x) = f(x)$（原始関数）が分かっていれば，

$$\int_a^b f(x)dx = \Big[F(x)\Big]_a^b = F(b) - F(a).$$

★ **置換積分法** $y = g(x)$ のとき，$a = g(\alpha)$, $b = g(\beta)$ ならば，

$$\int_a^b f(y)dy = \int_\alpha^\beta f(g(x))g'(x)dx.$$

### ★ 部分積分法

$$\int_a^b f'(x)g(x)dx = \Big[f(x)g(x)\Big]_a^b - \int_a^b f(x)g'(x)dx.$$

**例**（証明については，例題 4.11-1 を参照.）

$$\int_0^{\pi/2} \sin^n x dx = \int_0^{\pi/2} \cos^n x dx = I_n$$

$$= \begin{cases} \dfrac{n-1}{n}\dfrac{n-3}{n-2}\cdots\dfrac{4}{5}\dfrac{2}{3} & (n \text{ が奇数} \geq 3 \text{ のとき}) \\ \dfrac{n-1}{n}\dfrac{n-3}{n-2}\cdots\dfrac{3}{4}\dfrac{1}{2}\dfrac{\pi}{2} & (n \text{ が偶数} \geq 2 \text{ のとき}) \end{cases} \quad (4.8)$$

---
**例題 4.9** ─────────────────── 区分求積法 ─

定積分 $\int_0^1 (1+x)dx$ の値を区分求積法を用いて求めよ．

---

**解答** $h = \dfrac{1}{n}$ とおくと

$$\int_0^1 (1+x)dx = \lim_{n\to\infty}\sum_{j=0}^{n-1}(1+jh)h = \lim_{n\to\infty}\left(nh + h^2\sum_{j=0}^{n-1}j\right)$$

$$= \lim_{n\to\infty}\left(nh + h^2\frac{n(n-1)}{2}\right) = \lim_{n\to\infty}\left(n\frac{1}{n} + \frac{1}{n^2}\frac{n(n-1)}{2}\right)$$

$$= \lim_{n\to\infty}\left(1 + \frac{1-1/n}{2}\right) = \frac{3}{2}.$$

~~~ 問 題 ~~~

**4.9.1** 次の定積分を区分求積法を用いて計算せよ．

(1) $\int_1^2 x^2 dx$　　(2) $\int_0^2 (1+x^2)dx$　　(3) $\int_1^2 x^3 dx$

**4.9.2** 次の極限を定積分を利用して求めよ．

(1) $\displaystyle\lim_{n\to\infty}\left(\dfrac{n}{n^2} + \dfrac{n}{n^2+1} + \dfrac{n}{n^2+2^2} + \cdots + \dfrac{n}{n^2+(n-1)^2}\right)$

(2) $\displaystyle\lim_{n\to\infty}\dfrac{1}{n\sqrt{n}}(\sqrt{n} + \sqrt{n+1} + \cdots + \sqrt{2n-1})$

(3) $\displaystyle\lim_{n\to\infty}\dfrac{1}{n^3}(1^2 + 2^2 + \cdots + n^2)$

(4) $\displaystyle\lim_{n\to\infty}\dfrac{1}{n}\sum_{k=1}^{n}\sin\dfrac{\pi k}{n}$

(5) $\displaystyle\lim_{n\to\infty}\dfrac{1}{n^2}(a^{1/n} + 2a^{2/n} + \cdots + na^{n/n})$ 　$(a > 0)$

4.2 定積分の基礎概念

**例題 4.10** ─────────── 置換積分・微分積分学の基本定理 ──

$f(x)$ は連続関数とする. $\dfrac{d}{dx}\displaystyle\int_0^x f(x^2-t)dt$ を以下の方針で計算せよ.
(1) 定積分の変数を $t$ から $s=x^2-t$ に置換した式を書け.
(2) 上の結果を $x$ で微分せよ.

**[解答]** (1) $s=x^2-t$ と置換すると, $t$ が $0$ から $x$ まで動く間に $s$ は $x^2$ から $x^2-x$ まで動く. よって $dt=-ds$ に注意して,

$$\int_0^x f(x^2-t)dt = -\int_{x^2}^{x^2-x} f(s)ds = \int_{x^2-x}^{x^2} f(s)ds.$$

(2) $a$ を定数として, 上の積分を

$$\int_{x^2-x}^{x^2} f(s)ds = \int_a^{x^2} f(s)ds - \int_a^{x^2-x} f(s)ds$$

と分解し, $u=x^2$ と置いて合成関数の微分公式と微分積分学の基本定理を順に用いて

$$\frac{d}{dx}\int_a^{x^2} f(s)ds = \frac{du}{dx}\frac{d}{du}\int_a^u f(s)ds = u'(x)f(u) = 2xf(x^2)$$

同様に, $v=x^2-x$ と置いて

$$\frac{d}{dx}\int_a^{x^2-x} f(s)ds = \frac{dv}{dx}\frac{d}{dv}\int_a^v f(s)ds = v'(x)f(v) = (2x-1)f(x^2-x).$$

よって答はこれらの差で

$$\frac{d}{dx}\int_{x^2-x}^{x^2} f(s)ds = 2xf(x^2)-(2x-1)f(x^2-x).$$

**問題**

**4.10.1** 次の定積分を求めよ.
(1) $\displaystyle\int_0^2 (2x-3)^2 dx$ (2) $\displaystyle\int_e^3 \dfrac{1}{6-x}dx$ (3) $\displaystyle\int_{-\sqrt{2}}^{\sqrt{3}} \dfrac{1}{\sqrt{4-x^2}}dx$

**4.10.2** $f(x)$ が連続なとき, $\dfrac{d}{dx}\displaystyle\int_{2x}^{x^2} f(x-v)dv$ を $f(x)$ を用いて表せ.

**4.10.3** 次の値を求めよ.
(1) $\dfrac{d}{dx}\displaystyle\int_x^1 (t^3-3t^2-2t+1)dt$ (2) $\dfrac{d}{du}\displaystyle\int_{u+1}^{u^2} e^{x^2}dx$

**例題 4.11-1** ──────────────── **漸化式（その1）**

漸化式を用いて定積分 $I_n = \int_0^{\pi/2} \sin^n x\, dx$ を次の手順で計算せよ．

(1) $\int_0^{\pi/2} \sin^n x\, dx = \int_0^{\pi/2} \cos^n x\, dx$ を $x = \dfrac{\pi}{2} - t$ と置換して示せ．

(2) $I_0 = \int_0^{\pi/2} \sin^0 x\, dx = \int_0^{\pi/2} \cos^0 x\, dx$ の値を求めよ．

(3) $I_1 = \int_0^{\pi/2} \sin^1 x\, dx = \int_0^{\pi/2} \cos^1 x\, dx$ の値を求めよ．

(4) $I_n = \int_0^{\pi/2} \sin^n x\, dx = \int_0^{\pi/2} \sin^{n-2} x (1 - \cos^2 x)\, dx\ (n \geq 2)$ に部分積分を用い，漸化式 $I_n = \dfrac{n-1}{n} I_{n-2}$ を示せ．

(5) $n$ が奇数のとき，$I_n = \int_0^{\pi/2} \sin^n x\, dx$ を求めよ．

(6) $n$ が偶数のとき，$I_n = \int_0^{\pi/2} \sin^n x\, dx$ を求めよ．

**解答** (1) $x = \dfrac{\pi}{2} - t$ とおくと，$x = 0$ のとき，$t = \dfrac{\pi}{2}$，$x = \dfrac{\pi}{2}$ のとき，$t = 0$ で，$\sin^n\left(\dfrac{\pi}{2} - t\right) = \cos^n t$ より，

$$\int_0^{\pi/2} \sin^n x\, dx = \int_{\pi/2}^0 \sin^n\left(\dfrac{\pi}{2} - t\right)(-dt) = \int_0^{\pi/2} \cos^n t\, dt.$$

(2) $I_0 = \int_0^{\pi/2} \sin^0 x\, dx = \int_0^{\pi/2} 1\, dx = \Big[x\Big]_0^{\pi/2} = \dfrac{\pi}{2}.$

(3) $I_1 = \int_0^{\pi/2} \sin^1 x\, dx = \Big[-\cos x\Big]_0^{\pi/2} = 1.$

(4) $n \geq 2$ に対し，

$$I_n = \int_0^{\pi/2} \sin^n x\, dx = \int_0^{\pi/2} \sin^{n-2} x (1 - \cos^2 x)\, dx$$

$$= \int_0^{\pi/2} \sin^{n-2} x\, dx - \int_0^{\pi/2} \cos x \sin^{n-2} x \cos x\, dx$$

$$= I_{n-2} - \Big[\cos x \dfrac{\sin^{n-1}}{n-1}\Big]_0^{\pi/2} - \int_0^{\pi/2} \sin x \dfrac{\sin^{n-1}}{n-1}\, dx = I_{n-2} - \dfrac{I_n}{n-1}.$$

従って，$I_n = \dfrac{n-1}{n} I_{n-2}$.

(5) $n$ が奇数のとき，

$$I_n = \frac{n-1}{n} I_{n-2} = \frac{n-1}{n} \frac{n-3}{n-2} I_{n-4} = \cdots = \frac{n-1}{n} \frac{n-3}{n-2} \cdots \frac{2}{3} I_1$$
$$= \frac{n-1}{n} \frac{n-3}{n-2} \cdots \frac{2}{3}.$$

(6) $n$ が偶数のとき，同様にして，

$$I_n = \frac{n-1}{n} \frac{n-3}{n-2} \cdots \frac{1}{2} I_0 = \frac{n-1}{n} \frac{n-3}{n-2} \cdots \frac{1}{2} \frac{\pi}{2}.$$

---

**例題 4.11-2** ────────────── 漸化式（その2）──

定積分 $\displaystyle\int_0^\pi \sin^5 x\, dx$ を漸化式を利用して求めよ．

---

**解答** $\displaystyle\int_0^\pi \sin^5 x\, dx = \int_0^{\pi/2} \sin^5 x\, dx + \int_{\pi/2}^\pi \sin^5 x\, dx = 2\int_0^{\pi/2} \sin^5 x\, dx.$

最後の式は対称性による．式 (4.8) より，$I_5 = \dfrac{4}{5} \dfrac{2}{3} = \dfrac{8}{15}$ なので，

$$\int_0^\pi \sin^5 x\, dx = 2I_5 = \frac{16}{15}.$$

～～ 問 題 ～～～～～～～～～～～～～～～～～～～～～～

**4.11.1** 次の定積分を漸化式を利用して求めよ．

(1) $\displaystyle\int_0^{\pi/2} \cos^6 x\, dx$ (2) $\displaystyle\int_0^\pi \sin^4 x\, dx$

(3) $\displaystyle\int_0^\pi \cos^3 x\, dx$ (4) $\displaystyle\int_0^\pi \cos^3\left(\frac{x}{2}\right) dx$

**4.11.2** (1) 次の漸化式を証明せよ．

$$\int (\log x)^n dx = x(\log x)^n - n\int (\log x)^{n-1} dx \quad (n = 1, 2, 3, \ldots)$$

(2) この漸化式を利用して $\left[x(\log x)^n\right]_0^1 = 0 \quad (n = 1, 2, 3, \ldots)$ を既知として定積分 $\displaystyle\int_0^1 (\log x)^n dx$ の値を求めよ．

## 4.3 広義積分

$f(x)$ が $(a,b]$ で連続だが有界でないとき,

$$\int_a^b f(x)\,dx = \lim_{\varepsilon \to +0} \int_{a+\varepsilon}^b f(x)\,dx.$$

$f(x)$ が $[a,b)$ で連続だが有界でないとき,

$$\int_a^b f(x)\,dx = \lim_{\varepsilon \to +0} \int_a^{b-\varepsilon} f(x)\,dx.$$

$f(x)$ が $[a,\infty)$ で連続のとき,

$$\int_a^\infty f(x)\,dx = \lim_{K \to \infty} \int_a^K f(x)\,dx.$$

それぞれ右辺の極限が存在するとき, **広義積分可能**という.

例:

$$\int_0^1 \frac{dx}{x^\lambda} = \begin{cases} \dfrac{1}{1-\lambda} & (\lambda < 1) \\ \infty \text{ に発散} & (\lambda \geq 1) \end{cases} \tag{4.9}$$

$$\int_1^\infty \frac{dx}{x^\lambda} = \begin{cases} \dfrac{1}{\lambda-1} & (\lambda > 1) \\ \infty \text{ に発散} & (\lambda \leq 1) \end{cases} \tag{4.10}$$

証明については, 式 (4.9) は問題 4.12.1(1)~(3) を, 式 (4.10) は問題 4.12.1(4)~(6) を参照.

---

**例題 4.12-1** ─────────────────── 広義積分の計算 ──

広義積分 $\displaystyle\int_0^1 \frac{1}{\sqrt{1-x^2}}\,dx$ の値を求めよ.

---

**[解答]** 関数 $\dfrac{1}{\sqrt{1-x^2}}$ は $[0,1)$ で連続である. 従って,

$$\int_0^1 \frac{1}{\sqrt{1-x^2}}\,dx = \lim_{\varepsilon \to +0} \int_0^{1-\varepsilon} \frac{1}{\sqrt{1-x^2}}\,dx = \lim_{\varepsilon \to +0} \Big[\operatorname{Arcsin} x\Big]_0^{1-\varepsilon}$$

$$= \lim_{\varepsilon \to +0} (\operatorname{Arcsin}(1-\varepsilon) - \operatorname{Arcsin} 0) = \frac{\pi}{2}.$$

## 4.3 広義積分

**例題 4.12-2** ─────────────────── 広義積分の収束 ──

$f(x)$, $g(x)$ は $(0,1]$ で連続で,$|f(x)| \leq g(x)$ $(x \in (0,1])$ かつ $\int_0^1 g(x)\,dx$ は収束する.このとき,$\int_0^1 f(x)\,dx$ も収束することを示せ.

**解答** $\int_0^1 f(x)\,dx = \lim_{\varepsilon \to +0} \int_\varepsilon^1 f(x)\,dx$ が収束することは,極限に関するコーシーの判定条件 (2.5) より $\lim_{\varepsilon,\varepsilon' \to +0} \int_\varepsilon^{\varepsilon'} |f(x)|\,dx = 0$ と同値である.

$\int_0^1 g(x)\,dx$ が収束することより,$\lim_{\varepsilon,\varepsilon' \to +0} \int_\varepsilon^{\varepsilon'} |g(x)|\,dx = 0$.

従って,$\lim_{\varepsilon,\varepsilon' \to +0} \int_\varepsilon^{\varepsilon'} |f(x)|\,dx \leq \lim_{\varepsilon,\varepsilon' \to +0} \int_\varepsilon^{\varepsilon'} |g(x)|\,dx = 0$ より

$\lim_{\varepsilon,\varepsilon' \to +0} \int_\varepsilon^{\varepsilon'} |f(x)|\,dx = 0$ であり,$\int_0^1 f(x)\,dx = \lim_{\varepsilon \to +0} \int_\varepsilon^1 f(x)\,dx$ は収束する.

### 問 題

**4.12.1** $\lambda$ が次の値のとき,$f(x) = \dfrac{1}{x^\lambda}$ の広義積分の収束・発散を調べ,収束するときは値を求めよ.

(1) $\lambda > 1$, $\displaystyle\int_0^1 \dfrac{dx}{x^\lambda}$    (2) $\lambda = 1$, $\displaystyle\int_0^1 \dfrac{dx}{x^\lambda}$    (3) $\lambda < 1$, $\displaystyle\int_0^1 \dfrac{dx}{x^\lambda}$

(4) $\lambda > 1$, $\displaystyle\int_1^\infty \dfrac{dx}{x^\lambda}$    (5) $\lambda = 1$, $\displaystyle\int_1^\infty \dfrac{dx}{x^\lambda}$    (6) $\lambda < 1$, $\displaystyle\int_1^\infty \dfrac{dx}{x^\lambda}$

**4.12.2** 次の広義積分の値を求めよ.

(1) $\displaystyle\int_2^4 \dfrac{1}{\sqrt{x^2-4}}\,dx$    (2) $\displaystyle\int_0^1 \log x\,dx$    (3) $\displaystyle\int_0^1 \dfrac{\log x}{\sqrt{x}}\,dx$

(4) $\displaystyle\int_1^\infty \dfrac{1}{x^{1.0001}}\,dx$    (5) $\displaystyle\int_0^\infty \dfrac{1}{4+x^2}\,dx$

**4.12.3** 次の広義積分の収束を調べよ.

(1) $\displaystyle\int_1^\infty \dfrac{x}{1+x^2}\,dx$    (2) $\displaystyle\int_1^\infty \dfrac{1}{1+x^2}\,dx$    (3) $\displaystyle\int_1^\infty \dfrac{1+x}{1+x^3}\,dx$

(4) $\displaystyle\int_{-1}^2 \dfrac{1}{x}\,dx$    (5) $\displaystyle\int_0^{1/2} \dfrac{1}{\log x}\,dx$    (6) $\displaystyle\int_0^1 \dfrac{\sin x}{\sqrt{x}}\,dx$

(7) $\displaystyle\int_1^\infty \dfrac{\sin x}{\sqrt{x}}\,dx$    (8) $\displaystyle\int_1^\infty \dfrac{|\sin x|}{x}\,dx$

## 4.4 定積分の応用

### 4.4.1 面積の計算と曲線弧の長さ

★ $y = f(x)$ が, $a \leq x \leq b$ 上で $f(x) \geq 0$ のとき, $y = f(x)$ と $x$ 軸ではさまれる部分の面積は

$$S = \int_a^b f(x)dx.$$

上記の積分が複雑な場合は, $S = \int_a^b y\,dx$ と書いておいて置換積分に移行すると簡単になることがある.

例：パラメータ表示 $x = \varphi(t), y = \psi(t)\ (a \leq x \leq b, a = \varphi(t_1), b = \varphi(t_2))$ の場合,

$$S = \int_{t_1}^{t_2} y\frac{dx}{dt}dt = \int_{t_1}^{t_2} \psi(t)\varphi'(t)dt. \tag{4.11}$$

★ 極座標 $r = f(\theta)$ で表された曲線と二つの動径 $\theta = \alpha, \theta = \beta$ で囲まれた扇形の面積は

$$S = \frac{1}{2}\int_\alpha^\beta f(\theta)^2 d\theta. \tag{4.12}$$

---

**例題 4.13-1** ──────────────── 面積の計算（その 1）

次の曲線たちによって囲まれる平面領域の面積を求めよ. ただし $a > 0$ は定数とする.

$$\sqrt{x} + \sqrt{y} = \sqrt{a},\ x = 0\quad \text{および} \quad y = 0$$

---

**解答** $0 \leq x \leq a$ 上の関数

$$y = (\sqrt{a} - \sqrt{x})^2 = a + x - 2\sqrt{ax}$$

と直線 $y = 0$ で囲まれる部分なので,

$$\begin{aligned}
S &= \int_0^a (a + x - 2\sqrt{ax})dx \\
&= \left[ax + \frac{x^2}{2} - \frac{4}{3}\sqrt{ax^3}\right]_0^a \\
&= a^2 + \frac{a^2}{2} - \frac{4}{3}a^2 = \frac{a^2}{6}.
\end{aligned}$$

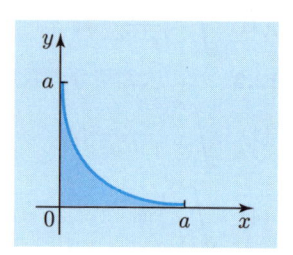

---
## 例題 4.13-2 ――――――――――――――― 面積の計算（その 2）

次の曲線たちによって囲まれる平面領域の面積を求めよ．ただし $a, b > 0$ は定数とする．
(1) **サイクロイドの弧** $x = a(\theta - \sin\theta)$, $y = a(1 - \cos\theta)$ $(0 \leq \theta \leq 2\pi)$，および $y = 0$．
(2) **楕円** $\dfrac{x^2}{a^2} + \dfrac{y^2}{b^2} = 1$，ただし $a > b$ とする．

---

[解答] (1) パラメータ表示 $x = \varphi(\theta)$, $y = \psi(\theta)$ の場合なので，$\varphi(\theta) = a(\theta - \sin\theta)$, $\psi(\theta) = a(1 - \cos\theta)$ より，$\varphi'(\theta) = a(1 - \cos\theta)$. だから $S = \displaystyle\int_{t_1}^{t_2} \psi(\theta)\varphi'(\theta) d\theta$ に代入して

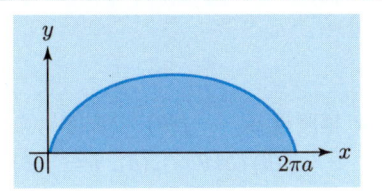

$$S = \int_0^{2\pi} a(1-\cos\theta)a(1-\cos\theta)\, d\theta = \int_0^{2\pi} a^2(1 - 2\cos\theta + \cos^2\theta)\, d\theta$$

$$= \int_0^{2\pi} a^2\left(1 - 2\cos\theta + \frac{\cos 2\theta + 1}{2}\right) d\theta = a^2\left[\theta - 2\sin\theta + \frac{\sin 2\theta + 2\theta}{4}\right]_0^{2\pi}$$

$$= 3\pi a^2.$$

(2) $x = a\cos t$, $y = b\sin t$ とパラメータ表示すると，$x = -a$, $x = a$ のとき，それぞれ $t = \pi$, $t = 0$．また，楕円の面積は $y \geq 0$ の部分の 2 倍なので，式 (4.11) を用いて，面積は

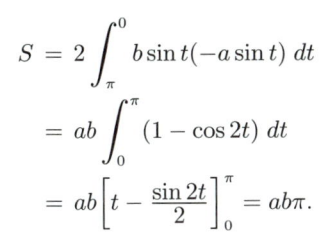

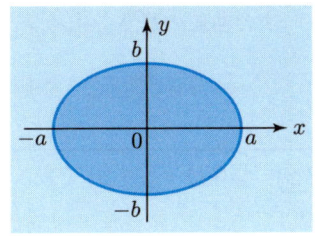

$$S = 2\int_\pi^0 b\sin t(-a\sin t)\, dt$$
$$= ab\int_0^\pi (1 - \cos 2t)\, dt$$
$$= ab\left[t - \frac{\sin 2t}{2}\right]_0^\pi = ab\pi.$$

#### 問 題

**4.13.1** 次の曲線によって囲まれる平面領域の面積を求めよ．ただし $a > 0$ は定数とする．
(1) **アステロイド** $x^{2/3} + y^{2/3} = a^{2/3}$
(2) **カーディオイド** $r = a(1 + \cos\theta)$ $(0 \leq \theta \leq 2\pi)$
(3) **三葉線** $r = a\sin 3\theta$ $(0 \leq \theta \leq \pi)$

### 4.4.2 曲線弧の長さ

★ パラメータ表示 $x = \varphi(t), y = \psi(t)$ で定義された曲線の $\alpha \leq t \leq \beta$ なる部分の弧長は

$$\int_0^L ds = \int_\alpha^\beta \sqrt{\varphi'(t)^2 + \psi'(t)^2}\, dt. \tag{4.13}$$

★ $y = f(x)$ のグラフの $a \leq x \leq b$ なる部分の弧長は，式 (4.13) において $\varphi(t) = t = x, \psi(t) = f(x)$ と考えると

$$\int_a^b \sqrt{1 + f'(x)^2}\, dx. \tag{4.14}$$

★ 極座標 $r = f(\theta)$ で表された曲線の二つの動径 $\theta = \alpha, \theta = \beta$ 間の弧長は $x = f(\theta)\cos\theta = \varphi(\theta), y = f(\theta)\sin\theta = \psi(\theta)$ と考えると，

$$\varphi'(\theta) = f'(\theta)\cos\theta - f(\theta)\sin\theta, \quad \psi'(\theta) = f'(\theta)\sin\theta + f(\theta)\cos\theta$$

より $\varphi'(\theta)^2 + \psi'(\theta)^2 = f(\theta)^2 + f'(\theta)^2$ なので

$$\int_\alpha^\beta \sqrt{f(\theta)^2 + f'(\theta)^2}\, d\theta. \tag{4.15}$$

以下，弧であることが明確なときは，"曲線の弧の長さ" を "曲線の長さ" とも略記する．

---

**例題 4.14-1** ──────────────── 曲線の長さ（その 1）

次の曲線の長さを求めよ．ただし $a > 0$ は定数とする．

$$\text{半円} \quad r = 2a\cos\theta \quad \left(0 \leq \theta \leq \frac{\pi}{2}\right).$$

---

**[解答]** 極座標 $r = f(\theta)$ で表された曲線で，$f(\theta) = 2a\cos\theta$ より，

$$f'(\theta) = -2a\sin\theta.$$

従って，曲線の長さは式 (4.15) に代入して

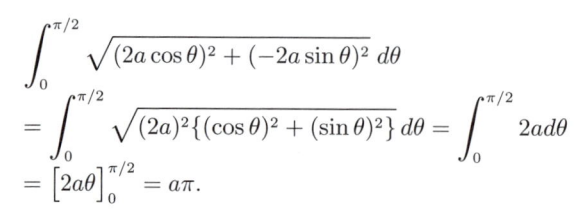

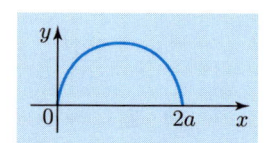

$$\int_0^{\pi/2} \sqrt{(2a\cos\theta)^2 + (-2a\sin\theta)^2}\, d\theta$$
$$= \int_0^{\pi/2} \sqrt{(2a)^2\{(\cos\theta)^2 + (\sin\theta)^2\}}\, d\theta = \int_0^{\pi/2} 2a\, d\theta$$
$$= \left[2a\theta\right]_0^{\pi/2} = a\pi.$$

## 例題 4.14-2 ────────── 曲線の長さ(その2)

次の曲線の長さを求めよ.ただし $a > 0$ は定数とする.
(1) 線分 $x = a\cos^2 t,\ y = a\sin^2 t\ \left(0 \le t \le \dfrac{\pi}{2}\right)$
(2) アルキメデスの螺旋 $r = a\theta\ (0 \le \theta \le 2\pi)$

**解答** (1) パラメータ表示 $x = f(t), y = g(t)$ で定義された曲線で $f(t) = a\cos^2 t,\ g(t) = a\sin^2 t$ より,$f'(t) = -2a\cos t \sin t = -a\sin 2t,\ g'(t) = 2a\sin t \cos t = a\sin 2t$. 従って,曲線の長さは式 (3.13) に代入すると

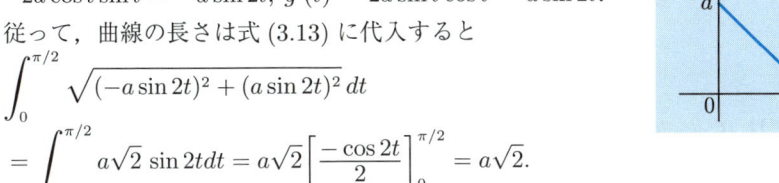

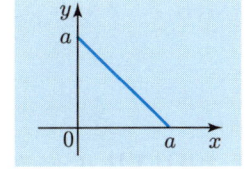

$$\int_0^{\pi/2} \sqrt{(-a\sin 2t)^2 + (a\sin 2t)^2}\, dt$$
$$= \int_0^{\pi/2} a\sqrt{2}\sin 2t\, dt = a\sqrt{2}\left[\dfrac{-\cos 2t}{2}\right]_0^{\pi/2} = a\sqrt{2}.$$

**別解** $x + y = a\cos^2 t + a\sin^2 t = a$ より,点 $(a, 0)$ と $(0, a)$ を結ぶ直線より,その長さは $a\sqrt{2}$.

(2) $f(\theta) = a\theta,\ f'(\theta) = a$ なので,式 (4.15) より,曲線の長さは

$$L = \int_0^{2\pi} \sqrt{(a\theta)^2 + a^2}\, d\theta$$
$$= \int_0^{2\pi} a\sqrt{\theta^2 + 1}\, d\theta.$$

ここで,公式 (4.7) を用いて

$$L = \left[\dfrac{a}{2}\left(\theta\sqrt{\theta^2+1} + \log(\theta + \sqrt{\theta^2+1})\right)\right]_0^{2\pi}$$
$$= \dfrac{a}{2}\left\{2\pi\sqrt{(2\pi)^2+1} + \log(2\pi + \sqrt{(2\pi)^2+1})\right\}.$$

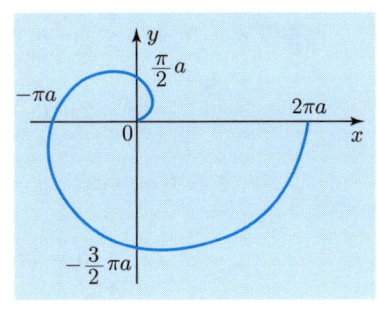

### 問題

**4.14.1** 次の曲線の長さを求めよ.ただし $a > 0$ は定数とする.
(1) 放物線の弧 $y = x^2\ (0 \le x \le a)$
(2) カーディオイド $r = a(1 + \cos\theta)\ (0 \le \theta \le 2\pi)$
(3) アストロイド $x^{2/3} + y^{2/3} = a^{2/3}$
[ヒント:$y = (a^{2/3} - x^{2/3})^{3/2}$ と直し,さらに広義積分を使う.]

### 4.4.3 回転体の体積と表面積

**★ 回転体の体積**

曲線 $y = f(x)$ と 2 直線 $x = a, x = b$ および $x$ 軸で囲まれた部分を $x$ 軸の周りに一回転して得られる立体の体積は

$$V = \pi \int_a^b f(x)^2 dx. \tag{4.16}$$

パラメータ表示 $x = \varphi(t), y = \psi(t)\ (a \leq x \leq b, a = \varphi(t_1), b = \varphi(t_2))$ では,

$$V = \pi \int_{t_1}^{t_2} \psi(t)^2 \varphi'(t)\, dt. \tag{4.17}$$

**★ カバリエリ (Cavalieri) の原理**

$z = c$ での切り口の面積が $S(c)$ で与えられる立体の $a \leq z \leq b$ なる部分の体積は

$$\int_a^b S(z)dz.$$

回転体はこの特別な場合である.

**★ 曲面の表面積**

曲線弧 $y = f(x)\ (a \leq x \leq b)$ を $x$ 軸の周りに一回転して得られる曲面の表面積は,

$$S = 2\pi \int_0^L y\,ds = 2\pi \int_a^b f(x)\sqrt{1 + f'(x)^2}\, dx. \tag{4.18}$$

パラメータ表示 $x = \varphi(t), y = \psi(t)\ (a \leq x \leq b, a = \varphi(t_1), b = \varphi(t_2))$ では,

$$S = 2\pi \int_{t_1}^{t_2} \psi(t)\sqrt{\varphi'(t)^2 + \psi'(t)^2}\, dt. \tag{4.19}$$

極座標 $r = f(\theta)\ (\alpha \leq \theta \leq \beta)$ では,

$$S = 2\pi \int_\alpha^\beta \sqrt{f(\theta)^2 + f'(\theta)^2}\, f(\theta) \sin\theta d\theta. \tag{4.20}$$

## 4.4 定積分の応用

**━━ 例題 4.15 ━━━━━━━━━━━━━━━━ 回転体の体積と表面積 ━━**
(1) 半円 $y = \sqrt{a^2 - x^2}$ と $x$ 軸で囲まれた図形を $x$ 軸の周りに一回転してできる回転体の体積を求めよ.
(2) 曲線弧 $y = mx$, $1 \leq x \leq 2$ を $x$ 軸の周りに一回転してできる回転曲面の表面積を求めよ.

**[解答]** (1) 一般に $y = f(x)$ $(a \leq x \leq b)$ を $x$ 軸の周りに一回転して得られる立体の体積は $\pi \int_a^b f(x)^2 dx$ で $f(x) = \sqrt{a^2 - x^2}$ より, 求める回転体の体積は式 (4.16) に代入して

$$V = \pi \int_{-a}^a (a^2 - x^2) dx = \pi \left[ a^2 x - \frac{x^3}{3} \right]_{-a}^a$$
$$= \frac{4\pi a^3}{3}.$$

(2) 回転曲面の表面積なので, 側面の円盤は考慮に入れないで, 求める表面積は式 (4.18) より,

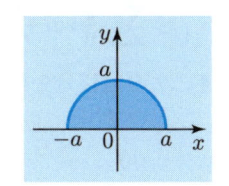

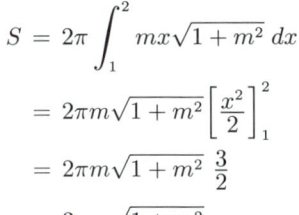

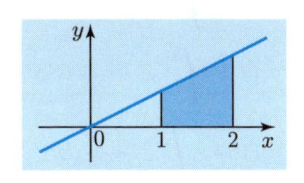

$$\begin{aligned} S &= 2\pi \int_1^2 mx \sqrt{1 + m^2}\, dx \\ &= 2\pi m \sqrt{1 + m^2} \left[ \frac{x^2}{2} \right]_1^2 \\ &= 2\pi m \sqrt{1 + m^2}\, \frac{3}{2} \\ &= 3\pi m \sqrt{1 + m^2}. \end{aligned}$$

### 問題

**4.15.1** 次の平面図形を $x$ 軸の周りに一回転してできる回転体の体積を求めよ $(a > 0)$.
(1) **サイクロイド** $x = a(\theta - \sin\theta), y = a(1 - \cos\theta)$ $(0 \leq \theta \leq 2\pi)$ と $x$ 軸で囲まれた図形.
(2) **カーディオイド** $r = a(1 + \cos\theta)$ $(0 \leq \theta \leq 2\pi)$ の内部.
(3) **アステロイド** $x^{2/3} + y^{2/3} = a^{2/3}$ の内部.

**4.15.2** 次の図形を ( ) 内に示された軸の周りに一回転してできる回転体の体積を求めよ.
(1) $y = \log x$, $y = 1$, $y = -1$, および $y$ 軸で囲まれた図形 ($y$ 軸)
(2) 楕円 $\frac{x^2}{a^2} + \frac{y^2}{b^2} = 1, a > b > 1$ の内部 ($x$ 軸)

**4.15.3** 次の曲線弧を $x$ 軸の周りに一回転してできる回転曲面の表面積を求めよ.
(1) 半円 $y = \sqrt{a^2 - x^2}$ の弧 $b \leq x \leq a$ $(0 < b < a$ とする$)$
(2) カーディオイド $r = a(1 + \cos\theta)$ $(a > 0, 0 \leq \theta \leq 2\pi$ とする$)$

## 演習問題

**1** $f(x)$ が連続なとき，次のように定義された $g(x)$ を $f(x)$ で表せ．

(1) $g(x) = \dfrac{d}{dx}\displaystyle\int_x^a f(t)dt$ 　　(2) $g(x) = \dfrac{d}{dx}\displaystyle\int_a^{x^2} f(t)dt$

(3) $g(x) = \dfrac{d}{dx}\displaystyle\int_{x^2}^{x^3} f(t)dt$

**2** 自然数 $n$ に対して次を示せ．

(1) $\dfrac{2}{3}n^{3/2} < \displaystyle\sum_{k=1}^n \sqrt{k} < \dfrac{2}{3}(n+1)^{3/2}$ 　　(2) $\displaystyle\sum_{k=2}^n \dfrac{1}{k} < \log n < \displaystyle\sum_{k=1}^n \dfrac{1}{k}$

**3** ☺ $\displaystyle\sum_{k=1}^n \dfrac{\pi}{n}\sin\dfrac{\pi k}{n}$ と 2 の大小関係を判定せよ．

**4** 次の定積分を計算せよ．

(1) $\displaystyle\int_1^e \dfrac{1+\log x}{x}dx$ 　　(2) $\displaystyle\int_1^2 \log\left(1+\dfrac{1}{x}\right)dx$ 　　(3) $\displaystyle\int_0^{\pi/4} \tan x\,dx$

(4) $\displaystyle\int_2^3 \dfrac{1}{\sqrt{x^2-2}}dx$ 　　(5) $\displaystyle\int_0^1 \dfrac{1}{\sqrt{2-x^2}}dx$ 　　(6) $\displaystyle\int_0^{\pi/2} \dfrac{1}{1+\cos x}dx$

(7) $\displaystyle\int_0^\pi \dfrac{1}{3+\cos x}dx$ 　　(8) $\displaystyle\int_0^1 \dfrac{x}{\sqrt{x^2+1}}dx$ 　　(9) $\displaystyle\int_0^\pi |\sin 2x|dx$

(10) $\displaystyle\int_1^2 \dfrac{e^x}{e^x+1}dx$ 　　(11) $\displaystyle\int_0^{\pi/4} \sin^3 x\,dx$ 　　(12) $\displaystyle\int_{-1}^\pi Y(x)dx$

(13) $\displaystyle\int_{-1}^1 x_+\,dx$ 　　(14) $\displaystyle\int_{-1}^1 \operatorname{sgn} x\,dx$ 　　(15) $\displaystyle\int_{-1}^1 (1-|x|)dx$

**5** $c$ を実定数とし $f(x) = \dfrac{1}{x+c}$ とおく．

(1) $f'(x) + f(x)^2 = 0$ が成り立つことを示せ．

(2) $g'(x) - g(x)^2 = 0$ を満たす $g(x)$ を求めよ．

(3) 次の3式を満たす $f(x)$ と $g(x)$ を求めよ． $\begin{cases} f'(x) + f(x)^2 = 0 & \cdots ① \\ g'(x) - g(x)^2 = 0 & \cdots ② \\ f(x)g(x) = g(x^2) & \cdots ③ \end{cases}$

**6** 第一象限にある曲線 $y = f(x)$ 上の点 $(x,y)$ において，この曲線に引いた接線が第一象限から切り取る三角形の面積が一定値 $a$ に等しいという．

(1) $f(x)$ が満たす微分方程式を導け．

(2) その方程式を微分して，より簡単な方程式を導くことにより $f(x)$ を決定せよ．ただし $f(x)$ は 1 次式ではないものとする．

**7** 次の漸化式を証明せよ.

$$\int x(\log x)^n dx = \frac{x^2}{2}(\log x)^n - \frac{n}{2}\int x(\log x)^{n-1} dx \quad (n=1,2,3,\dots)$$

(2) この漸化式を利用して定積分 $\displaystyle\int_0^1 x(\log x)^n dx$ の値を求めよ.

**8** $m, n$ を正の整数とするとき, 次を証明せよ.

(1) $\displaystyle\int_{-\pi}^{\pi} \sin mx \sin nx \, dx = \int_{-\pi}^{\pi} \cos mx \cos nx \, dx = \begin{cases} 0 & ((m \neq n) \text{ のとき}) \\ \pi & ((m = n) \text{ のとき}) \end{cases}$

(2) $\displaystyle\int_{-\pi}^{\pi} \sin mx \cos nx \, dx = 0$

**9** 次の漸化式を証明せよ.

(1) $\displaystyle\int x^n e^x dx = x^n e^x - n \int x^{n-1} e^x dx \quad (n=1,2,3,\dots)$

(2) $\displaystyle\int x^{2n} e^{-x^2} dx = -\frac{1}{2} x^{2n-1} e^{-x^2} + \frac{2n-1}{2} \int x^{2n-2} e^{-x^2} dx \quad (n=1,2,3,\dots)$

**10** 次の広義積分を求めよ.

(1) $\displaystyle\int_0^\infty x e^{-\lambda x} dx$ ($\lambda$ は正定数)  (2) $\displaystyle\int_1^4 \frac{1}{\sqrt{|x(x-2)|}} dx$

(3) $\displaystyle\int_{-\infty}^0 e^{3x}\sqrt{1-e^{3x}}\, dx$  (4) $\displaystyle\int_0^\infty x^n e^{-x} dx \quad (n=0,1,2,\dots)$

**11** $\displaystyle\int_{-\infty}^\infty e^{-x^2} dx = \sqrt{\pi}$ を既知として, 広義積分 $\displaystyle\int_{-\infty}^\infty x^{2n} e^{-x^2} dx$ の値を求めよ.

**12** 直角双曲線 $x^2 - y^2 = 1$ と二つの動径 $\theta = 0, \theta = t$ で囲まれた扇形の面積を $S$ とするとき, $x, y$ が $S$ の双曲線関数で表されることを確かめよ. またこれを円 $x^2 + y^2 = 1$ の場合と比較せよ.

**13** 方程式 $x^4 + y^4 = xy$ で表される平面曲線を考える.

(1) この方程式を極座標に直せ.
(2) この曲線の概形を描け.
(3) この曲線で囲まれた有界領域の面積を求めよ.

**14** ☺ 楕円 $\dfrac{x^2}{a^2} + \dfrac{y^2}{b^2} = 1$ の全長を表す積分を記せ. この積分は実行できるか?

**15** ☺ 双曲線 $\dfrac{x^2}{a^2} - \dfrac{y^2}{b^2} = 1$ $(a, b > 0)$ の $a \leq x \leq 2a$ の部分の弧長を表す積分を記せ. この積分は実行できるか?

# 5 級 数

## 5.1 級数の和と収束・発散

★ **一般原理**

(1) 級数 $\sum_{n=1}^{\infty} a_n$ の収束・発散・値は，部分和 $s_n = \sum_{k=1}^{n} a_k$ が成す数列の収束・発散・極限値のことである．

(2) 級数の収束・発散は，有限個の項を取り替えても変わらない．

(3) $\sum_{n=1}^{\infty} a_n$ が収束するためには，$\lim_{n\to\infty} a_n = 0$ が必要である（十分ではない）．

★ **正項級数の積分判定法** 正値単調減少関数 $f(x)$ について，

(1) $f(n) \geq a_n, n = 1, 2, \ldots$ かつ $\int_1^{\infty} f(x)dx < \infty$ なら，$\sum_{n=1}^{\infty} a_n$ は収束．

(2) $f(n) \leq a_n, n = 1, 2, \ldots$ かつ $\int_1^{\infty} f(x)dx = \infty$ なら，$\sum_{n=1}^{\infty} a_n$ は発散．

★ **比較判定法**

(1) 正項級数 $\sum_{n=1}^{\infty} b_n$ が収束しており，かつ $|a_n| \leq b_n, n = 1, 2, \ldots$ ならば，$\sum_{n=1}^{\infty} a_n$ は収束．

(2) 正項級数 $\sum_{n=1}^{\infty} b_n$ が発散しており，かつ $a_n \geq b_n, n = 1, 2, \ldots$ ならば，$\sum_{n=1}^{\infty} a_n$ は発散．

主な例：(1) 等比級数 $\sum_{n=1}^{\infty} r^n$ は $|r| < 1$ のとき収束，$|r| \geq 1$ のとき発散．

(2) $\sum_{n=1}^{\infty} \frac{1}{n^{\lambda}} < \infty \ (\lambda > 1), \quad \sum_{n=1}^{\infty} \frac{1}{n^{\lambda}} = \infty \ (\lambda \leq 1)$ (5.1)

（証明は章末の演習問題 2 を参照．）

## 5.1 級数の和と収束・発散

**例題 5.1** ──────────────── 級数の収束・発散

(1) 部分和を求めて，級数 $\sum_{n=1}^{\infty}(\sqrt{n}-\sqrt{n-1})$ の収束・発散を確認し値を求めよ．

(2) 積分判定法を用いて級数 $\sum_{n=1}^{\infty} ne^{-n^2}$ の収束・発散を判定せよ．

(3) 比較判定法を用いて級数 $\sum_{n=2}^{\infty} \dfrac{1}{\log n}$ の収束・発散を判定せよ．

**解答** (1) $s_n = \sum_{k=1}^{n}(\sqrt{k}-\sqrt{k-1}) = \sqrt{n}$, $\lim_{n\to\infty} s_n = \lim_{n\to\infty}\sqrt{n} = \infty$

より，この級数は発散する．

(2) $\displaystyle\int_1^\infty xe^{-x^2}\,dx = \lim_{K\to\infty}\left[-\dfrac{e^{-x^2}}{2}\right]_1^K = \lim_{K\to\infty} -\dfrac{e^{-K^2}}{2} + \dfrac{1}{2e} = \dfrac{1}{2e} < \infty.$

従って，この級数は収束する．

(3) $\displaystyle\sum_{n=2}^{\infty}\dfrac{1}{\log n} \geq \sum_{n=2}^{\infty}\dfrac{1}{n}$. また，$\displaystyle\sum_{n=1}^{\infty}\dfrac{1}{n}$ は式 (5.1) により発散する．

従って，この級数は発散する．

### 問題

**5.1.1** 部分和を求めて，次の級数の収束・発散を確認し値を求めよ．

(1) $\displaystyle\sum_{n=1}^{\infty}\dfrac{1}{n(n+2)}$  (2) $\displaystyle\sum_{n=1}^{\infty}(a+(n-1)d)\quad (ad\neq 0)$

(3) $\displaystyle\sum_{n=1}^{\infty}\dfrac{1}{n(n+1)}$  (4) $1-1+1-1+1-1+1-1+\cdots$

**5.1.2** 比較判定法を用いて次の級数の収束・発散を判定せよ．

(1) $\displaystyle\sum_{n=1}^{\infty}\dfrac{n^2-1}{n^3+1}$  (2) $\displaystyle\sum_{n=2}^{\infty}\dfrac{1}{n^2-1}$  (3) $\displaystyle\sum_{n=1}^{\infty}\dfrac{1}{n!}$  (4) $\displaystyle\sum_{n=2}^{\infty}\dfrac{n}{n^2-2}$

(5) $\displaystyle\sum_{n=1}^{\infty}\dfrac{n}{3n^3-1}$  (6) $\displaystyle\sum_{n=1}^{\infty}\dfrac{\log n}{n^3-1}$  (7) $\displaystyle\sum_{n=1}^{\infty}\dfrac{\log n}{\sqrt{n^3+2}}$

(8) $\displaystyle\sum_{n=1}^{\infty}\dfrac{3^n}{5^n-2^n}$  (9)☺ $\displaystyle\sum_{n=1}^{\infty}\dfrac{\sqrt{n^n}}{n!}$

## 5.2 ダランベール,コーシーの判定法

正項級数 $\sum_{n=1}^{\infty} a_n$ において

**★ ダランベール** (d'Alembert) **の判定法**

(1)　$\displaystyle\lim_{n\to\infty} \frac{a_{n+1}}{a_n} < 1$ なら $\sum_{n=1}^{\infty} a_n$ は収束.

(2)　$\displaystyle\lim_{n\to\infty} \frac{a_{n+1}}{a_n} > 1$ なら $\sum_{n=1}^{\infty} a_n$ は発散.

**★ コーシー** (Cauchy) **の判定法**

(1)　$\displaystyle\lim_{n\to\infty} \sqrt[n]{a_n} < 1$ なら $\sum_{n=1}^{\infty} a_n$ は収束.

(2)　$\displaystyle\lim_{n\to\infty} \sqrt[n]{a_n} > 1$ なら $\sum_{n=1}^{\infty} a_n$ は発散.

いずれも,$=1$ のときまたは極限が定まらないときは別の判定法が必要である.

---

**例題 5.2**　　　　　　　　　　　　　　　　　　　　ダランベールの判定法

級数 $\displaystyle\sum_{n=1}^{\infty} \frac{n^s}{n!}$ $(s>0)$ の収束・発散を判定せよ.

---

**解答**　ダランベールの判定法を用いる.

$$\lim_{n\to\infty} \frac{a_{n+1}}{a_n} = \lim_{n\to\infty} \frac{(n+1)^s}{(n+1)!}\frac{n!}{n^s} = \lim_{n\to\infty} \left(\frac{n+1}{n}\right)^s \frac{1}{n+1}$$
$$= \lim_{n\to\infty} \left(1+\frac{1}{n}\right)^s \frac{1}{n+1} = 0 < 1$$

より収束する.

---

**問　題**

**5.2.1**　ダランベールの判定法を用いて次の級数の収束・発散を判定せよ.

(1) $\displaystyle\sum_{n=1}^{\infty} \frac{n^2}{2^n}$　　(2) $\displaystyle\sum_{n=1}^{\infty} \frac{n!}{3^n}$　　(3) $\displaystyle\sum_{n=1}^{\infty} \frac{1\cdot 3\cdot 5\cdots(2n-1)}{n!}$

### 例題 5.3 ─────────────────────── コーシーの判定法

次の級数の収束・発散を判定せよ．
(1) $\displaystyle\sum_{n=1}^{\infty}\left(\frac{n+1}{n}\right)^{n^2}$ 　　(2) $\displaystyle\sum_{n=1}^{\infty}(\sqrt[n]{n}-1)^n$

**解答** (1) コーシーの判定法を用いる．

$$\lim_{n\to\infty}\sqrt[n]{a_n}=\lim_{n\to\infty}\sqrt[n]{\left(\frac{n+1}{n}\right)^{n^2}}=\lim_{n\to\infty}\left(\frac{n+1}{n}\right)^n$$
$$=\lim_{n\to\infty}\left(1+\frac{1}{n}\right)^n=e>1$$

より発散する．

(2) コーシーの判定法を用いて

$$\lim_{n\to\infty}\sqrt[n]{(\sqrt[n]{n}-1)^n}=\lim_{n\to\infty}(\sqrt[n]{n}-1).$$

ここで，1 章の式 (1.9) により $\displaystyle\lim_{n\to\infty}\sqrt[n]{n}=1$ なので，

$$\lim_{n\to\infty}\sqrt[n]{(\sqrt[n]{n}-1)^n}=0<1$$

となる．従って，$\displaystyle\sum_{n=1}^{\infty}(\sqrt[n]{n}-1)^n$ は収束する．

#### 問 題

**5.3.1** コーシーの判定法を用いて次の級数の収束・発散を判定せよ．
(1) $\displaystyle\sum_{n=1}^{\infty}\left(\frac{n}{2n+1}\right)^n$ 　　(2) $\displaystyle\sum_{n=1}^{\infty}\left(\frac{2n-1}{n!}\right)^n$

**5.3.2** 次の級数の収束・発散を判定せよ．また，どのような方法を使ったかも明記せよ．
(1) $\displaystyle\sum_{n=1}^{\infty}\sin^2\frac{1}{n}$ 　　(2) $\displaystyle\sum_{n=2}^{\infty}\frac{1}{(\log n)^n}$ 　　(3) $\displaystyle\sum_{n=1}^{\infty}n^3 e^{-n^2}$
(4) $\displaystyle\sum_{n=1}^{\infty}\frac{n+1}{n^3+2n}$ 　　(5) $\displaystyle\sum_{n=2}^{\infty}\frac{1}{n\log 2n}$ 　　(6) $\displaystyle\sum_{n=1}^{\infty}\frac{1}{n^{1+1/n}}$

## 5.3 絶対収束と級数の積

★ 級数 $\sum_{n=1}^{\infty} a_n$ は $\sum_{n=1}^{\infty} |a_n|$ が収束すれば収束する．これを **絶対収束** という．
収束するが絶対収束はしないとき，**条件収束** という．

★ **級数の積公式** $a = \sum_{n=1}^{\infty} a_n, b = \sum_{n=1}^{\infty} b_n$ がともに絶対収束するならば，$c_n = \sum_{k=1}^{n} a_k b_{n-k+1}$ の級数 $\sum_{n=1}^{\infty} c_n$ は積 $ab$ に絶対収束する．

★ **交代級数の収束判定法**

交代級数 $\sum_{n=1}^{\infty} (-1)^{n-1} a_n, a_n > 0$ は，$a_n$ が単調に減少して $0$ に近づくならば，収束する．

しかも，部分和 $\sum_{n=1}^{N} (-1)^{n-1} a_n$ の誤差は $a_{N+1}$ 未満である．

---
**例題 5.4** ─────────────────────────── 交代級数 ─

次の級数の収束・発散を判定せよ．
$$\sum_{n=1}^{\infty} (-1)^{n-1} \frac{n}{n^2+1}$$

---

**[解答]** これは交代級数であり，$n \geq 1$ において

$$a_n - a_{n+1} = \frac{n}{n^2+1} - \frac{n+1}{(n+1)^2+1} = \frac{n(n+1)-1}{(n^2+1)\{(n+1)^2+1\}} > 0$$

より $\{a_n\}$ は単調減少列，また $\lim_{n \to \infty} a_n = \lim_{n \to \infty} \frac{n}{n^2+1} = 0$ なので，$\sum_{n=1}^{\infty} (-1)^{n-1} \frac{n}{n^2+1}$ は収束する．

なお，$a_n$ の単調減少性は，これを関数 $\frac{x}{x^2+1}$ に埋め込み，導関数を計算すると $x > 1$ で負となることからも分かる．

――― 問 題 ―――

**5.4.1** 次の級数の収束・発散を判定せよ．

(1) $\displaystyle\sum_{n=1}^{\infty} \frac{(-1)^{n(n+1)/2}}{\sqrt{n}}$ (2) $\displaystyle\sum_{n=1}^{\infty} (-1)^n \frac{\log n}{n^2}$

## 5.3 絶対収束と級数の積

**例題 5.5** ─────── 条件収束，絶対収束

次の級数の条件収束，絶対収束を調べよ．
(1) $\displaystyle\sum_{n=1}^{\infty} \frac{(-1)^{n-1}}{n(n+1)}$   (2) $\displaystyle\sum_{n=1}^{\infty} \frac{(-1)^{n-1}\sqrt[3]{n}}{\sqrt{n}+1}$

**解答**
(1) $\displaystyle\sum_{n=1}^{m} \left|\frac{(-1)^{n-1}}{n(n+1)}\right| = \sum_{n=1}^{m} \frac{1}{n(n+1)} = \sum_{n=1}^{m} \left(\frac{1}{n}-\frac{1}{n+1}\right) = 1 - \frac{1}{m+1}$

より，
$$\sum_{n=1}^{\infty} \left|\frac{(-1)^{n-1}}{n(n+1)}\right| = \lim_{m\to\infty}\left(1-\frac{1}{m+1}\right) = 1$$

となり，絶対収束する．

(2) $\displaystyle\sum_{n=1}^{\infty} \left|\frac{(-1)^{n-1}\sqrt[3]{n}}{\sqrt{n}+1}\right| \geq \sum_{n=1}^{\infty} \frac{\sqrt[3]{n}}{\sqrt{n}+\sqrt{n}} = \sum_{n=1}^{\infty} \frac{1}{2\sqrt[6]{n}}$

なので，式 (5.1) の $\lambda = \frac{1}{6}$ の場合から，絶対値をつけた級数は発散することが分かる．しかし
$$\lim_{n\to\infty} a_n = \lim_{n\to\infty} \frac{\sqrt[3]{n}}{\sqrt{n}+1} \leq \lim_{n\to\infty} \frac{\sqrt[3]{n}}{\sqrt{n}} = \lim_{n\to\infty} \frac{1}{\sqrt[6]{n}} = 0$$

は成り立っている．そこで $a_n$ の単調性を見る．これは関数 $\frac{x^2}{x^3+1}$ に $x=\sqrt[6]{n}$ を代入したものなので，この関数の増減を調べればよい．逆数をとって $f(x) = x + \frac{1}{x^2}$ を調べる方がさらに簡単で，$f'(x) = 1 - \frac{2}{x^3}$ より，$f(x)$ は $x \geq \sqrt[3]{2}$ で単調増加，従って $a_n$ は $\sqrt[6]{n} \geq \sqrt[3]{2}$，すなわち，$n \geq 4$ で単調減少となる．5.1 節の一般原理の (2) により $n \leq 3$ の部分は収束・発散には無関係なので，交代級数の収束判定法が適用でき，この級数は収束する．以上により，この級数は条件収束する．

なお，収束を示すための $a_n$ の単調性は，十分大きな $n$ で成り立っていればよく，どの $n$ から成り立つかを具体的に示すには及ばないので，$f(x)$ の形から明らかと言ってもよい．

### 問 題

**5.5.1** 次の級数の条件収束，絶対収束を調べよ．
(1) $\displaystyle\sum_{n=1}^{\infty} (-1)^{n-1} \frac{\sqrt{n}}{n+1000}$   (2) $\displaystyle\sum_{n=1}^{\infty} \frac{(-1)^{n-1}}{\sqrt{n}+(-1)^{n-1}}$

## 5.4 べき級数の収束半径，収束域とテイラー級数
### 5.4.1 べき級数
★ **べき級数**

$$a_0 + a_1 x + a_2 x^2 + \cdots + a_n x^n + \cdots = \sum_{n=0}^{\infty} a_n x^n \tag{5.2}$$

に対し，$|x| < r$ なる $x$ に対しては収束し，$|x| > r$ なる $x$ に対しては発散するような $r$ を**収束半径**という．$|x| = r$ なる $x$ に対しては，収束する場合もあるし，発散する場合もある．式 (5.2) が収束する $x$ の集合を**収束域**という．

★ **コーシーの判定法**

べき級数 $\displaystyle\sum_{n=0}^{\infty} a_n x^n$ の収束半径 $r$ は $\dfrac{1}{r} = \overline{\lim_{n \to \infty}} \sqrt[n]{|a_n|}$ により与えられる．

★ **ダランベールの判定法**

べき級数 $\displaystyle\sum_{n=0}^{\infty} a_n x^n$ の収束半径は $r = \displaystyle\lim_{n \to \infty} \dfrac{|a_n|}{|a_{n+1}|}$ が存在すればこれで与えられる．

★ 実用的には，直接 $\displaystyle\sum_{n=0}^{\infty} \dfrac{x^n}{r^n}$ との比較判定法を用いるのが早い．

### 5.4.2 テイラー級数
★ $f(x)$ が点 $x = a$ で**テイラー展開可能**とは，次の三つが成り立つこと：
  (1) $f(x)$ は $x = a$ のある近傍で無限回微分可能．
  (2) $f(x)$ のテイラー展開

$$f(a) + f'(a)(x-a) + \frac{f''(a)}{2!}(x-a)^2 + \cdots + \frac{f^{(n)}(a)}{n!} + \cdots$$

  は正の収束半径を持つ．
  (3) その和が $f(x)$ と一致する．

★ テイラー展開可能な関数は**解析関数**と呼ばれる．
★ テイラー展開可能性の判定は，剰余項付きのテイラーの定理を書き，その剰余項 $R_n$ が $n \to \infty$ のとき $0$ に近づくかどうかで判定する．

## 5.4 べき級数の収束半径，収束域

**例題 5.6** ────────────── べき級数の収束半径，収束域 ──

べき級数 $\displaystyle\sum_{n=1}^{\infty} \frac{x^{n-1}}{n2^n}$ が収束するための収束半径と収束域を求めよ．

**[解答]** $x^n$ の係数は $a_n = \dfrac{1}{(n+1)2^{n+1}}$.

コーシーの判定法より，

$$r = \overline{\lim_{n\to\infty}} \sqrt[n]{\frac{1}{|a_n|}} = \overline{\lim_{n\to\infty}} \sqrt[n]{(n+1)2^{n+1}} = 2\,\overline{\lim_{n\to\infty}} \sqrt[n]{(n+1)2} = 2$$

なので，収束半径は 2．上式の最後は 1 章の式 (1.9) から導かれる．

$x = 2$ のとき，

$$\sum_{n=1}^{\infty} \frac{2^{n-1}}{n2^n} = \sum_{n=1}^{\infty} \frac{1}{2n} = \infty \quad \text{（式 (5.1) 参照）}$$

$x = -2$ のとき，

$$\sum_{n=1}^{\infty} \frac{(-2)^{n-1}}{n2^n} = \sum_{n=1}^{\infty} (-1)^{n-1}\frac{1}{2n}$$

交代級数で $b_n = \dfrac{1}{2n}$ とおくと，$b_n$ は単調減少で 0 に近づくので，この級数は収束する．従って，収束域は $[-2, 2)$．

─── 問 題 ───

**5.6.1** 次のべき級数が収束するための収束半径と $x$ の範囲（収束域）を求めよ．

(1) $\displaystyle\sum_{n=1}^{\infty} (-1)^{n-1}\frac{x^n}{n^2}$ 
(2) $\displaystyle\sum_{n=1}^{\infty} \frac{n(x-2)^n}{2^n(3n+1)}$ 
(3) $\displaystyle\sum_{n=1}^{\infty} (-1)^{n-1}\frac{nx^{2n}}{(n^2+2)4^n}$

(4) $\displaystyle\sum_{n=1}^{\infty} \frac{x^n}{n!}$ 
(5) $\displaystyle\sum_{n=1}^{\infty} nx^n$ 
(6) $\displaystyle\sum_{n=1}^{\infty} \frac{n}{2^n}x^n$ 
(7) $\displaystyle\sum_{n=1}^{\infty} n!\,x^n$

(8) $\displaystyle\sum_{n=1}^{\infty} x^{n!}$ 
(9) $\displaystyle\sum_{n=1}^{\infty} \frac{3^n - 2^n}{5^n}x^n$ 
(10) $\displaystyle\sum_{n=1}^{\infty} \frac{\sin n}{n}x^n$

(11) $\displaystyle\sum_{n=1}^{\infty} (\sin n)x^n$ 
(12) ☺ $\displaystyle\sum_{n=1}^{\infty} n^n x^{n!}$

**5.6.2** 関数 $f(x) = \log(1+x)$ は $x=0$ においてテイラー展開可能なことを確かめよ．またそのテイラー級数が収束してもとの関数と一致する領域を示せ．

## 演習問題

**1** 次の括弧内に，(a) 収束，または (b) 発散，または (c) どちらとも限らない，のうち適当なものを入れよ．また，選んだ理由を説明せよ．

(1) $\lim_{n\to\infty} n^s a_n = l$, かつ $0 < l < \infty, s > 1$ なるとき $\sum_{n=1}^{\infty} a_n$ は （　　　　　）．

(2) $\lim_{n\to\infty} n^s a_n = l$, かつ $0 < l \leq \infty, s \leq 1$ なるとき $\sum_{n=1}^{\infty} a_n$ は （　　　　　）．

(3) $b_n > 0, \lim_{n\to\infty} \dfrac{|a_n|}{b_n} = l < \infty$, かつ $\sum_{n=1}^{\infty} b_n$ が収束するとき， $\sum_{n=1}^{\infty} a_n$ は （　　　　　）．

(4) $\sum_{n=1}^{\infty} a_n$ が収束するとき $\sum_{n=1}^{\infty} a_{2n}$ は （　　　　　）．

(5) $\sum_{n=1}^{\infty} a_n$ が収束するとき $\sum_{n=1}^{\infty} a_{n+2}$ は （　　　　　）．

**2** 積分判定法を用いて級数 $\sum_{n=1}^{\infty} \dfrac{1}{n^\lambda}$ の収束・発散を $\lambda$ の値で場合わけせよ．

**3** 積分判定法を用いて級数 $\sum_{n=0}^{\infty} r^n$ $(0 < r < 1)$ の収束・発散を判定せよ．

**4** $\sum_{n=1}^{\infty} \dfrac{1}{n}$ の発散を比較判定法を用いて次のように証明せよ．

(1) $n \geq 0$ に対し，$\dfrac{1}{2^n+1} + \dfrac{1}{2^n+2} + \cdots + \dfrac{1}{2^{n+1}} \geq \dfrac{1}{2}$ を示せ．

(2) $\sum_{n=1}^{2^N} \dfrac{1}{n} \geq 1 + \dfrac{N}{2}$ を示せ．

**5** $\sum_{n=1}^{\infty} a_n$ が収束すれば，$\lim_{n\to\infty} \dfrac{a_1 + 2a_2 + \cdots + na_n}{n} = 0$ となることを示せ．

**6** $\lim_{n\to\infty} a_n = \alpha$ のとき $\lim_{n\to\infty} \dfrac{a_1 + 2a_2 + \cdots + na_n}{n^2} = \dfrac{\alpha}{2}$ となることを示せ．

**7** 絶対収束級数の積の公式を使って，$|x|<1$ での $\sum_{n=1}^{\infty} nx^{n-1}$ の値を $\sum_{n=1}^{\infty} a_n = \sum_{n=1}^{\infty} b_n = \sum_{n=1}^{\infty} x^{n-1}$ から求めよ．

**8** 指数法則 $e^a e^b = e^{a+b}$ を級数の積公式を用いて証明せよ．

**9** $a = \sum_{n=1}^{\infty} a_n$ と $b = \sum_{n=1}^{\infty} b_n$ がともに収束しても，$c_n = \sum_{k=1}^{n} a_k b_{n-k+1}$ の級数 $\sum_{n=1}^{\infty} c_n$ が収束するとは限らないことを，次の例で確かめよ．
$$a_n = \frac{(-1)^n}{\sqrt{n+1}}, \quad b_n = \frac{(-1)^n}{\sqrt{n+1}}$$

**10** 次のマクローリン展開の収束域が示された $x$ の範囲となることを示せ．
  (1) $\dfrac{1}{1+x^2} = 1 - x^2 + x^4 - x^6 + \cdots + (-1)^n x^{2n} + \cdots \quad (-1 < x < 1)$
  (2) $\operatorname{Arctan} x = x - \dfrac{1}{3}x^3 + \dfrac{1}{5}x^5 - \dfrac{1}{7}x^7 + \cdots + (-1)^n \dfrac{1}{2n+1} x^{2n+1} + \cdots$
  $\quad\quad\quad\quad\quad\quad\quad\quad\quad\quad\quad (-1 \leq x \leq 1)$
  (3) $e^x = 1 + x + \dfrac{x^2}{2!} + \dfrac{x^3}{3!} + \cdots + \dfrac{x^n}{n!} + \cdots \quad (-\infty < x < \infty)$
  (4) $\log(1+x) = x - \dfrac{x^2}{2} + \dfrac{x^3}{3} - \cdots + \dfrac{(-1)^{n-1}}{n} x^n + \cdots \quad (-1 < x \leq 1)$

**11** 次のような関数項の級数が収束するような $x$ の範囲を求めよ．
  (1) $\sum_{n=1}^{\infty} \dfrac{e^{nx}}{n^2+n+2}$  (2) $\sum_{n=1}^{\infty} \dfrac{1}{(x+n)(x+n-1)}$

**12** 次の関数は $x=0$ においてテイラー展開可能なことを確かめよ．またそのテイラー級数が収束してもとの関数と一致する領域を示せ．
  (1) $\sinh x$  (2) ⌣ $\sqrt{1+x}$

**13** ⌣ 4 章の演習問題 14 の楕円 $\dfrac{x^2}{a^2} + \dfrac{y^2}{b^2} = 1$ の全長を表す積分の値を無限級数で表せ．

**14** ⌣ 関数 $f(x)$ は，$x>0$ のとき $e^{-1/x}$，$x \leq 0$ のとき 0 と定義されているとする．
  (1) $f(x)$ は無限回微分可能なことを確かめよ．
  (2) $f(x)$ の $x=0$ におけるテイラー展開は収束半径が無限大となることを確かめよ．
  (3) $f(x)$ は $x=0$ において解析関数ではないことを示せ．

# 6 偏微分

## 6.1 2変数関数の極限値

★ 2変数関数 $f(x,y)$ が $(x,y) \to (a,b)$ のとき極限値を持つとは，ある有限値 $\alpha$ が存在して $(x,y) \to (a,b)$ の近づき方によらず $f(x,y) \to \alpha$ が成り立つこと．
すなわち，どんな正数 $\varepsilon > 0$ に対しても，ある正数 $\delta > 0$ が存在して，

$$\sqrt{(x-a)^2 + (y-b)^2} < \delta \quad \text{ならば} \quad |f(x,y) - f(a,b)| < \varepsilon$$

が成り立つこと．

このとき $\displaystyle\lim_{(x,y)\to(a,b)} f(x,y) = \alpha$ と表す．

★ 極限値が存在するための必要十分条件は，$x = r\cos\theta + a$, $y = r\sin\theta + b$ と極座標で表したとき，

$$r \to 0 \quad \text{のとき} \quad \sup_{0 \leq \theta \leq 2\pi} |f(a + r\cos\theta, b + r\sin\theta) - \alpha| \to 0$$

が成り立つこと．

$\theta$ を固定したとき $\displaystyle\lim_{r\to 0} f(a + r\cos\theta, b + r\sin\theta) = \alpha$ となることは，必要条件だが十分条件ではない．

---

**例題 6.1-1** ――――――――――――――― 2変数関数の極限値（その1）――

関数 $f(x,y) = \dfrac{x^2}{2y}$ の $(x,y) \to (0,0)$ での極限値は存在するか．存在すればそれを求めよ．

---

**[解答]** $(x,y) \to (0,0)$ での極限値は存在しそうにないので，異なる極限値になりそうな二つの近づき方を選ぶ．直線 $y = x$ に沿って，点 $(0,0)$ に近づけると

$$\lim_{x\to 0} f(x,x) = \lim_{x\to 0} \frac{x^2}{2x} = \lim_{x\to 0} \frac{x}{2} = 0.$$

直線 $y = mx$ としても同様である．しかし曲線 $y = x^2$ に沿って点 $(0,0)$ に近づけると

$$\lim_{x\to 0} f(x, x^2) = \lim_{x\to 0} \frac{x^2}{2x^2} = \lim_{x\to 0} \frac{1}{2} = \frac{1}{2}.$$

点 $(0,0)$ への近づき方によって，収束値が異なるので，極限値は存在しない．

## 例題 6.1-2 ━━━━━━━━━━━━━━━━ 2 変数関数の極限値（その 2）

次の関数の $(x,y) \to (0,0)$ での極限値は存在するか．存在すればそれを求めよ．

(1) $f(x,y) = \dfrac{x-y}{x+y}$   (2) $f(x,y) = \dfrac{x^2(x-y)}{x^2+3y^2}$

**解答** (1) $y = mx$ として，$x \to 0$ とすると，

$$\lim_{(x,y)\to(0,0)} \frac{x-y}{x+y} = \lim_{x\to 0} \frac{x-mx}{x+mx} = \frac{1-m}{1+m}$$

となり，$m$ によって異なるので，極限値は存在しない．

(2) 極座標で表すと，

$$\lim_{r\to 0} f(r\cos\theta, r\sin\theta) = \lim_{r\to 0} \frac{r^3(\cos\theta - \sin\theta)\cos^2\theta}{r^2(\cos^2\theta + 3\sin^2\theta)}$$
$$= \lim_{r\to 0} r\frac{(\cos\theta - \sin\theta)\cos^2\theta}{\cos^2\theta + 3\sin^2\theta}.$$

ここで，$\cos^2\theta + 3\sin^2\theta = 1 + 2\sin^2\theta \geq 1$ より $\left|\dfrac{(\cos\theta - \sin\theta)\cos^2\theta}{\cos^2\theta + 3\sin^2\theta}\right| \leq 2$ なので

$$\lim_{r\to 0} f(r\cos\theta, r\sin\theta) = 0$$

となり，極限値は存在し

$$\lim_{(x,y)\to(0,0)} f(x,y) = 0.$$

## 問題

**6.1.1** 次の関数の $(x,y) \to (0,0)$ の極限値の存在を [ ] 内に示した近づき方について調べることにより明らかにせよ．

(1) $\displaystyle\lim_{(x,y)\to(0,0)} \frac{x^2}{x^2+y}$   [$y = x^2$ および $y = x$]．

(2) $f(x,y) = \dfrac{y}{x^2+y}$   [$y = mx^2$ に沿って $(x,y) \to (0,0)$ に近づく]．

(3) $f(x,y) = \dfrac{x^2 - xy + y^2}{\sqrt{x^2+y^2}}$
 [$x = r\cos\theta, y = r\sin\theta$ とおき，$(x,y) \to (0,0)$ は $r \to 0$ （$\theta$ に無関係に）]

(4) $f(x,y) = \dfrac{x^2 y}{x^4 + 2y^2}$
 [$y = x^2$ と $y = x$ の 2 通りの曲線に沿って $(x,y) \to (0,0)$ に近づく]

## 6.2 2変数関数の連続性

★ 2変数関数 $f(x,y)$ が点 $(a,b)$ で**連続**とは，1変数関数の場合と同様
$$\lim_{(x,y)\to(a,b)} f(x,y) = f(a,b) \text{ なること．}$$
詳しく言うと，以下の (C1), (C2), (C3) を満たすこと．

(C1)　$f(a,b)$ が定義されている．
(C2)　$\lim_{(x,y)\to(a,b)} f(x,y) = A$ が存在する．
(C3)　$A = f(a,b)$.

★ $f(x,y)$ が領域 $D$ で連続とは $D$ の各点で連続なこと．

---

**例題 6.2** ────────────────── 2 変数関数の連続性（その 1）

次の関数 $f(x,y)$ の点 $(0,0)$ での連続性を調べよ．
$$f(x,y) = \begin{cases} \dfrac{y^3}{x^2+y^2} & (x,y) \neq (0,0) \\ 1 & (x,y) = (0,0) \end{cases}$$

---

**解答**
$$\lim_{(x,y)\to(0,0)} \frac{y^3}{x^2+y^2} = \lim_{r\to 0} \frac{r^3 \sin^3\theta}{r^2} = \lim_{r\to 0} r\sin^3\theta = 0$$
なので，
$$\lim_{(x,y)\to(0,0)} f(x,y) = 0.$$
従って，$f(0,0) \neq \lim_{(x,y)\to(0,0)} f(x,y)$ となり，不連続である．

---

**問 題**

**6.2.1** 次の関数 $f(x,y)$ の点 $(0,0)$ での連続性を調べよ．
$$f(x,y) = \begin{cases} \dfrac{x^2}{x^2+y^2} & (x,y) \neq (0,0) \\ 0 & (x,y) = (0,0) \end{cases}$$

## 例題 6.3 — 2変数関数の連続性（その2）

次の関数 $f(x,y)$ の連続性を調べよ．

(1) $f(x,y) = \begin{cases} \dfrac{x^2+y^2}{xy} & (xy \neq 0) \\ 0 & (xy = 0) \end{cases}$

(2) $f(x,y) = \begin{cases} \dfrac{xy}{\sqrt{x^2+y^2}} & (x,y) \neq (0,0) \\ 0 & (x,y) = (0,0) \end{cases}$

**解答** (1) $x^2+y^2, xy$ はともに連続関数なので，$f(x,y)$ は $xy \neq 0$ では連続である．よって $xy = 0$ のときの連続性を調べればよいことになる．

例えば，$y = a > 0$ で $x$ を $0$ に近づけると，

$$\lim_{x \to +0} f(x,a) = \lim_{x \to +0} \frac{x^2+a^2}{xa} = \infty$$

となり，極限値が存在しないので，連続ではない．

(2) 点 $(0,0)$ 以外の点では連続なので，点 $(0,0)$ での連続を調べる．

$$\lim_{(x,y) \to (0,0)} \frac{xy}{\sqrt{x^2+y^2}} = \lim_{r \to 0} \frac{r^2 \cos\theta \sin\theta}{r} = \lim_{r \to 0} r\cos\theta\sin\theta = 0$$

なので，

$$f(0,0) = \lim_{(x,y) \to (0,0)} f(x,y)$$

が成り立ち，点 $(0,0)$ で連続である．従って，全平面で連続関数である．

### 問題

**6.3.1** 次の関数 $f(x,y)$ の連続性を調べよ．

(1) $f(x,y) = \begin{cases} \dfrac{\sin(x-y)}{x-y} & (x \neq y) \\ 1 & (x = y) \end{cases}$

(2) $f(x,y) = \begin{cases} (x+y)\log|x+y| & (x+y \neq 0) \\ 0 & (x+y = 0) \end{cases}$

(3) $f(x,y) = \begin{cases} \dfrac{\log|x+y|}{x+y} & (x+y \neq 0) \\ 0 & (x+y = 0) \end{cases}$

## 6.3 2変数関数の微分可能性

★ $x$ に関する偏微分係数

$$f_x(x,y) = \lim_{h \to 0} \frac{f(x+h,y) - f(x,y)}{h}.$$

これが存在するとき，$f(x,y)$ は点 $(x,y)$ で $x$ に関して**偏微分可能**といい，$f_x(x,y)$ を $x$ に関する**偏微分係数**という．点 $(x,y)$ に対し，偏微分係数 $f_x(x,y)$ を対応させる関数を $x$ に関する**偏導関数**という．

★ $y$ に関する偏微分係数

$$f_y(x,y) = \lim_{k \to 0} \frac{f(x,y+k) - f(x,y)}{k}.$$

これが存在するとき，$f(x,y)$ は点 $(x,y)$ で $y$ に関して**偏微分可能**といい，$f_y(x,y)$ を $y$ に関する**偏微分係数**という．点 $(x,y)$ に対し，偏微分係数 $f_y(x,y)$ を対応させる関数を $y$ に関する**偏導関数**という．

★ 偏微分可能

$x$ に関して偏微分可能かつ $y$ に関して偏微分可能であることを単に**偏微分可能**という．

---

**例題 6.4-1** ──────────────── 2変数関数の偏微分可能性（その1）

次の関数 $f(x,y)$ の点 $(0,0)$ での連続性と偏微分可能性を調べよ．

$$f(x,y) = \begin{cases} \dfrac{xy}{x^2+y^2} & (x,y) \neq (0,0) \\ 0 & (x,y) = (0,0) \end{cases}$$

---

[解答]

$$\lim_{x \to 0} f(x, mx) = \lim_{x \to 0} \frac{mx^2}{x^2 + m^2 x^2} = \frac{m}{1+m^2}$$

より，点 $(0,0)$ への近づき方によって極限値が異なるので，点 $(0,0)$ で連続ではない．一方，

$$f_x(0,0) = \lim_{h \to 0} \frac{f(h,0) - f(0,0)}{h} = \lim_{h \to 0} \frac{\frac{0}{h^2} - 0}{h} = 0,$$

$$f_y(0,0) = \lim_{h \to 0} \frac{f(0,h) - f(0,0)}{h} = \lim_{h \to 0} \frac{\frac{0}{h^2} - 0}{h} = 0$$

より，偏微分可能である．

この問題では，最も基礎的な，直線に沿って原点に近づいたときの値の不一致で結論が出せたが，一般にはそれだけでは不十分である．例題 6.1-1 参照．

## 6.3  2変数関数の微分可能性

---
**例題 6.4-2** ────────── **2変数関数の偏微分可能性（その2）**

次の関数 $f(x,y)$ の点 $(0,0)$ での連続性と偏微分可能性を調べよ．

$$f(x,y) = (\sqrt{x^2+y^2} - 1)^2$$

---

**解答**  $(\sqrt{x^2+y^2}-1)^2$ はすべての点で連続なので，点 $(0,0)$ でも連続．

$$f_x^+(0,0) = \lim_{h \to +0} \frac{f(h,0)-f(0,0)}{h} = \lim_{h \to 0} \frac{(h-1)^2 - 1}{h} = \lim_{h \to 0}(-2+h) = -2,$$

$$f_x^-(0,0) = \lim_{h \to -0} \frac{f(h,0)-f(0,0)}{h} = \lim_{h \to 0} \frac{(-h-1)^2 - 1}{h} = \lim_{h \to 0}(2+h) = 2$$

なので，左極限値と右極限値が異なるので，$f_x(0,0)$ は存在しない．

従って，$x$ に関して偏微分不可能．同様に，$y$ に関しても偏微分不可能である．

### 問題

**6.4.1**  次の関数 $f(x,y)$ の点 $(0,0)$ での連続性と偏微分可能性を調べよ．

(1)  $f(x,y) = \begin{cases} \dfrac{x+y}{\sqrt{x^2+y^2}} & (x,y) \neq (0,0) \\ 0 & (x,y) = (0,0) \end{cases}$

(2)  $f(x,y) = \begin{cases} \dfrac{x^2 y}{x^2+y^2} & (x,y) \neq (0,0) \\ 0 & (x,y) = (0,0) \end{cases}$

(3)  $f(x,y) = |x+y|$

**6.4.2**  $f(x,y)$ が点 $(0,0)$ で偏微分可能であっても連続とは限らないことを，次の関数を例に用いて確認せよ．

$$f(x,y) = \begin{cases} \dfrac{x^2 y}{x^4+y^2} & (x,y) \neq (0,0) \\ 0 & (x,y) = (0,0) \end{cases}$$

**6.4.3**  $f(x,y)$ が点 $(0,0)$ で連続であっても偏微分可能とは限らないことを，次の関数を例に用いて確認せよ．

$$f(x,y) = e^{|x|+|y|}$$

## 例題 6.5 — 偏微分の計算

次の関数の（定義されたところでの）偏導関数 $f_x(x,y), f_y(x,y)$ を求めよ．

(1) $f(x,y) = \dfrac{x^2 y}{x^2+y^2}$ 　　(2) $f(x,y) = \operatorname{Arctan}\dfrac{y}{x}$

(3) $f(x,y) = e^{xy^2}\log(x^2+y^2)$

**解答** (1) 点 $(0,0)$ では，定義されていないので，$(x,y) \neq (0,0)$ において，

$$f_x(x,y) = \frac{2xy(x^2+y^2) - 2x x^2 y}{(x^2+y^2)^2} = \frac{2xy^3}{(x^2+y^2)^2},$$

$$f_y(x,y) = \frac{x^2(x^2+y^2) - 2yx^2 y}{(x^2+y^2)^2} = \frac{x^2(x^2-y^2)}{(x^2+y^2)^2}.$$

(2) $f_x(x,y) = \dfrac{-\frac{y}{x^2}}{1+\left(\frac{y}{x}\right)^2} = \dfrac{-y}{x^2+y^2},$

$f_y(x,y) = \dfrac{\frac{1}{x}}{1+\left(\frac{y}{x}\right)^2} = \dfrac{x}{x^2+y^2}.$

(3) $f_x(x,y) = y^2 e^{xy^2}\log(x^2+y^2) + e^{xy^2}\dfrac{2x}{x^2+y^2},$

$f_y(x,y) = 2xy e^{xy^2}\log(x^2+y^2) + e^{xy^2}\dfrac{2y}{x^2+y^2}.$

### 問題

**6.5.1** 次の関数の（定義されたところでの）偏導関数 $f_x(x,y), f_y(x,y)$ を求めよ．

(1) $f(x,y) = x^2 y e^{2y}$

(2) $f(x,y) = x\sin(x^2+y)$

(3) $f(x,y) = \dfrac{1}{\sqrt{1-x^2+y^2}}$

(4) $f(x,y) = x^2 y e^{-x^2-y^3}$

(5) $f(x,y) = \sqrt{(x-a)^2+(y-b)^2}$　$((x,y) \neq (a,b))$

(6) $f(x,y) = e^{-x^2-y^2}$

(7) $f(x,y) = x^y$　$(y>0)$

## 6.4 全微分

### 6.4.1 全微分可能性と接平面

★ $f(x,y)$ が点 $(a,b)$ で**全微分可能**（あるいは単に微分可能）とは，定数 $A, B$ と無限小 $C(x,y) = o(\sqrt{(x-a)^2 + (y-b)^2})$ が存在して，
$$f(x,y) = f(a,b) + A(x-a) + B(y-b) + C(x,y)$$
となることである．

★ $f(x,y)$ が点 $(a,b)$ で全微分可能なら，$f$ は点 $(a,b)$ で偏微分可能かつ連続で，$A = f_x(a,b), B = f_y(a,b)$ に対して上の式が成り立つ．

★ $f(x,y)$ が点 $(a,b)$ で偏微分可能のとき，全微分可能とは
$C(x,y) = f(x,y) - f(a,b) - f_x(a,b)(x-a) - f_y(a,b)(y-b)$ に対し，
$$\lim_{(x,y) \to (a,b)} \frac{C(x,y)}{\sqrt{(x-a)^2 + (y-b)^2}} = 0$$
が成り立つことである．

★ $f(x,y)$ が点 $(a,b)$ で全微分可能なら，点 $(a,b)$ における $f(x,y)$ の 1 次近似
$$z = f(a,b) + f_x(a,b)(x-a) + f_y(a,b)(y-b)$$
は $f(x,y)$ のグラフ $z = f(x,y)$ の点 $\mathrm{P}(a, b, f(a,b))$ における**接平面**を与える．

★ $f(x,y)$ が全微分可能な点において，$x, y$ の微小変化 $dx, dy$ に対する曲面 $z = f(x,y)$ 上の点 $(x, y, f(x,y))$ における接平面上での $z$ 座標の変化を $dz$ と書き，関数 $z = f(x,y)$ の**全微分**，あるいは単に**微分**という：
$$dz = f_x(x,y)dx + f_y(x,y)dy.$$

★ $n$ 変数の関数 $u = f(x_1, x_2, \ldots, x_n)$ の全微分
$$du = f_{x_1}dx_1 + f_{x_2}dx_2 + \cdots + f_{x_n}dx_n$$
も同様に定める．

★ 関数 $f(x,y)$ が点 $(a,b)$ の近傍で偏微分可能で，偏導関数 $f_x(x,y), f_y(x,y)$ が点 $(a,b)$ で連続ならば，$f(x,y)$ は点 $(a,b)$ で全微分可能である．
すなわち，$C^1$ 級 $\Longrightarrow$ 全微分可能．
しかし，逆は一般には成り立たない．

## 例題 6.6 —— 全微分可能

$$f(x,y) = \begin{cases} \dfrac{x^2 y}{x^2+y^2} & (x,y) \neq (0,0) \\ 0 & (x,y) = (0,0) \end{cases}$$

で定義された関数 $f(x,y)$ に対して，点 $(0,0)$ での連続性，偏微分可能性，全微分可能性を調べ，接平面を求めよ．

**解答** (1) [連続性]

$$\lim_{(x,y)\to(0,0)} f(x,y) = \lim_{r\to 0} \frac{r^3 \cos^2\theta \sin\theta}{r^2} = \lim_{r\to 0} r\cos^2\theta \sin\theta = 0 = f(0,0)$$

より点 $(0,0)$ で連続である．

(2) [偏微分可能性] $f(0,0) = 0$ より $f_x(0,0) = \lim_{h\to 0} \dfrac{f(h,0) - f(0,0)}{h} = 0$．
同様に $f_y(0,0) = 0$ となるので点 $(0,0)$ で偏微分可能である．

(3) [全微分可能性] $f(x,y) = f(0,0) + f_x(0,0)x + f_y(0,0)y + C(x,y)$ とおくと，$f(0,0) = f_x(0,0) = f_y(0,0) = 0$ より，$f(x,y) = C(x,y)$．このとき

$$\frac{C(x,y)}{\sqrt{x^2+y^2}} = \frac{\frac{x^2 y}{x^2+y^2}}{\sqrt{x^2+y^2}} = \frac{r^3 \cos^2\theta \sin\theta}{r^3} = \cos^2\theta \sin\theta.$$

従って，点 $(0,0)$ へ近づく方向によって $\lim_{(x,y)\to(0,0)} \dfrac{C(x,y)}{\sqrt{x^2+y^2}}$ の値が異なり極限値は存在しない．よって $C(x,y)$ は点 $(0,0)$ で無限小ではないので，$f(x,y)$ は点 $(0,0)$ で全微分可能ではない．

(4) [接平面] 全微分可能でないので，接平面は存在しない．

### 問題

**6.6.1** 2変数関数 $f(x,y) = 1 - \sqrt{1-(x^2+y^2)}$（ただし $(x,y)$ は単位円内 $x^2+y^2 \leq 1$ を動く）に関して以下の考察をせよ．

(1) 関数 $f(x,y)$ の点 $(0,0)$ での連続性を調べよ．

(2) 点 $(0,0)$ での偏微分係数 $f_x(0,0), f_y(0,0)$ を求めよ．

(3) $C(x,y) = f(x,y) - (f(0,0) + f_x(0,0)x + f_y(0,0)y)$ とおき，
$\lim_{(x,y)\to(0,0)} \dfrac{C(x,y)}{\sqrt{x^2+y^2}} = 0$ となるかどうかを調べよ．

(4) 関数 $f(x,y)$ のグラフの点 $(0,0)$ 上の点での接平面は存在するか．存在するときはそれを求めよ．

(5) 関数 $f(x,y)$ の点 $(0,0)$ における連続性，偏微分可能性，全微分可能性を調べよ．

## 6.4 全微分

**━━ 例題 6.7 ━━━━━━━━━━━━━━━━━ 全微分を利用した近似計算 ━━**
$1.98^4 \times 2.01^3$ の近似値を全微分を利用して有効数字 4 桁まで求めよ．

**解答** $z = f(x, y)$ が全微分可能なとき，全微分 $dz$ は $dz = f_x(x, y)dx + f_y(x, y)dy$ で表される．$1.98^4 \times 2.01^3$ を $z = 2^4 \times 2^3$ の微小変化 $dz$ 後の値 $z + dz$ とみなして近似する．

(1) $z = f(x, y) = x^4 y^3$ とおくと，
(2) $f_x(x, y) = 4x^3 y^3$, $f_y(x, y) = 3x^4 y^2$ より
$$dz = 4x^3 y^3 dx + 3x^4 y^2 dy.$$

(3) 1.98 を $x = 2$ の微小変化 $dx = -0.02$ 後の値 $x + dx = 2 - 0.02 = 1.98$,
2.01 を $y = 2$ の微小変化 $dy = 0.01$ 後の値 $y + dy = 2 + 0.01 = 2.01$
と見ると，
$$\begin{aligned}
dz &= 4x^3 y^3 dx + 3x^4 y^2 dy \\
&= 4 \times 2^3 \times 2^3 \times (-0.02) + 3 \times 2^4 \times 2^2 \times (0.01) \\
&= -3.20 \\
z &= f(2, 2) = 2^4 \times 2^3
\end{aligned}$$
$\therefore\ 1.98^4 \times 2.01^3 \fallingdotseq z + dz = 2^4 \times 2^3 + (-3.20) = 124.8$

従って，有効数字 4 桁まで求めると 124.8．

(なお，誤差の真の見積りについては，平均値定理あるいはテイラーの定理を学んでから行う．この例題の誤差については，問題 6.14.1 を参照.)

━━ 問 題 ━━

**6.7.1** $\dfrac{1.98^4}{2.01^3}$ の近似値を有効数字 3 桁まで求めよ．

**6.7.2** 底面が正方形の直方体がある．底面の一辺の長さが $x = 2\,\text{cm}$，高さが $y = 6\,\text{cm}$ でそれらに $0.01\,\text{cm}$ 以下の誤差がある．その体積を $z = f(x, y) = 24\,\text{cm}^3$ とすると，誤差の範囲はおおよそいくらか．　[ヒント：$x, y$ の誤差をそれぞれの微小変化と見て，全微分を利用して体積の微小変化から誤差を出す．]

## 6.5 高次偏微分と $C^k$ 級関数

★ $f(x,y)$ が $k$ 回偏微分可能で $k$ 次の偏導関数がすべて連続なとき，$f(x,y)$ を $C^k$ 級関数（あるいは単に $C^k$ 関数）という．
特に何回でも偏微分可能で導関数が連続な関数を $C^\infty$ 級関数という．
$f(x,y)$ が $C^k$ 級関数であれば，$k$ 次以下の偏導関数は $f(x,y)$ 自身も込めてすべて連続となる．

★ $f_{xy}(x,y)$ と $f_{yx}(x,y)$ がともに連続なら，$f_{xy}(x,y)=f_{yx}(x,y)$.
従って，$C^k$ 級関数については $k$ 次以下の偏導関数は，偏微分をどの順に計算してもよい．

★ $x_1,x_2,x_3,\ldots,x_n$ の関数 $z=f(x_1,x_2,x_3,\ldots,x_n)$ において，

$$\Delta = \frac{\partial^2}{\partial x_1^2} + \frac{\partial^2}{\partial x_2^2} + \cdots + \frac{\partial^2}{\partial x_n^2}$$

とおき，関数 $f$ へのその作用を

$$\Delta f = \frac{\partial^2 f}{\partial x_1^2} + \frac{\partial^2 f}{\partial x_2^2} + \cdots + \frac{\partial^2 f}{\partial x_n^2}$$

で定める．$\Delta$ をラプラス作用素（演算子）という．$\Delta f=0$ を満たす関数 $f(x_1,x_2,\ldots,x_n)$ を**調和関数**という．

---

**例題 6.8-1** ────────────────── **2次偏導関数（その1）**

$x>0$ で定義された関数 $f(x,y)=x^y$ の 2 次偏導関数 ($f_{xx},f_{xy},f_{yx},f_{yy}$) を求めよ．さらに $C^2$ 級関数かどうかも調べよ．

---

**解答** $f_x(x,y)=yx^{y-1}, f_y(x,y)=x^y \log x$ なので

$$f_{xx}(x,y) = y(y-1)x^{y-2},$$
$$f_{xy}(x,y) = x^{y-1} + yx^{y-1}\log x = x^{y-1}(1+y\log x),$$
$$f_{yx}(x,y) = yx^{y-1}\log x + x^y \frac{1}{x} = x^{y-1}(y\log x + 1),$$
$$f_{yy}(x,y) = x^y (\log x)^2.$$

$x>0$ において，これらの関数 ($f_{xx},f_{xy},f_{yx},f_{yy}$) は連続なので，$x>0$ において，$C^2$ 級関数である．

## 6.5 高次偏微分と $C^k$ 級関数

**例題 6.8-2** ─────────────────── 2 次偏導関数（その 2）

関数 $f(x,y) = \dfrac{y}{x+y}$ の 2 次偏導関数 $(f_{xx}, f_{xy}, f_{yx}, f_{yy})$ を求めよ．
さらに $C^2$ 級関数かどうかも調べよ．

**解答** $f_x(x,y) = \dfrac{-y}{(x+y)^2}, \quad f_y(x,y) = \dfrac{(x+y)-y}{(x+y)^2} = \dfrac{x}{(x+y)^2}$

なので

$$f_{xx}(x,y) = \dfrac{2y}{(x+y)^3},$$

$$f_{xy}(x,y) = \dfrac{-(x+y)^2 + 2y(x+y)}{(x+y)^4} = \dfrac{y-x}{(x+y)^3},$$

$$f_{yx}(x,y) = \dfrac{(x+y)^2 - 2x(x+y)}{(x+y)^4} = \dfrac{y-x}{(x+y)^3},$$

$$f_{yy}(x,y) = \dfrac{-2x}{(x+y)^3}.$$

$x+y \neq 0$ において，これらの関数 $(f_{xx}, f_{xy}, f_{yx}, f_{yy})$ は連続なので，$x+y \neq 0$ において $C^2$ 級関数である．

### 問　題

**6.8.1** 次の関数の 2 次偏導関数 $(f_{xx}, f_{xy}, f_{yx}, f_{yy})$ を求めよ．さらに $C^2$ 級関数かどうかも調べよ．

(1) $f(x,y) = \log\sqrt{x^2+y^2}$　　(2) $f(x,y) = e^{3x}\sin 2y$

**6.8.2** 例題 6.8-1, 例題 6.8-2 および前問 6.8.1 の関数に対して $\Delta f$ を計算せよ．また，それらの関数が調和関数かどうかも調べよ．

**6.8.3** 関数 $f(x,y) = x^y$ の 3 次偏導関数のうち，$f_{xxy}, f_{xyx}, f_{yxx}$ を定義に従って求め，$f_{xxy} = f_{xyx} = f_{yxx}$ を確認せよ．

**6.8.4** 次の関数 $f$ に対し，$\left(h\dfrac{\partial}{\partial x} + k\dfrac{\partial}{\partial y}\right)^n f$ を $n=1,2,$ および一般の $n$ に対してそれぞれ計算せよ．

(1) $f(x,y) = e^x \sin y$　　(2) $f(x,y) = e^x \cos y$

(3) $f(x,y) = \sin(x+2y)$

## 6.6 合成関数の微分，陰関数，平均値の定理

### 6.6.1 合成関数の微分

★ $z = f(x, y)$, $x = x(t)$, $y = y(t)$ のとき，合成関数 $z = f(x(t), y(t))$ の微分は，

$$\frac{dz}{dt} = \frac{\partial z}{\partial x}\frac{dx}{dt} + \frac{\partial z}{\partial y}\frac{dy}{dt}. \tag{6.1}$$

★ $z = f(x, y)$, $x = x(u, v)$, $y = y(u, v)$ のとき，合成関数 $z = f(x(u, v), y(u, v))$ の偏微分は，

$$\frac{\partial z}{\partial u} = \frac{\partial z}{\partial x}\frac{\partial x}{\partial u} + \frac{\partial z}{\partial y}\frac{\partial y}{\partial u}, \quad \frac{\partial z}{\partial v} = \frac{\partial z}{\partial x}\frac{\partial x}{\partial v} + \frac{\partial z}{\partial y}\frac{\partial y}{\partial v}. \tag{6.2}$$

以下，特に断らない限り，考える関数は $C^\infty$ 級とする．

---

**例題 6.9** ──────────────── 合成関数の微分（その1）

合成関数の微分法を用いて，次の関数の導関数 $\dfrac{dz}{dt}$ を求めよ．

$$z = x^2 + y^2, \quad x = t - \cos t, \quad y = t + \sin t.$$

---

**[解答]** 式 (6.1) より

$$\frac{dz}{dt} = \frac{\partial z}{\partial x}\frac{dx}{dt} + \frac{\partial z}{\partial y}\frac{dy}{dt} = 2x(1 + \sin t) + 2y(1 + \cos t)$$

であるが，$x, y$ に $t$ の関数を代入すると

$$\begin{aligned}\frac{dz}{dt} &= 2(t - \cos t)(1 + \sin t) + 2(t + \sin t)(1 + \cos t) \\ &= 2\{2t + (1 + t)\sin t + (t - 1)\cos t\}\end{aligned}$$

となる．

---

**問 題**

**6.9.1** 合成関数の微分法を用いて，次の関数の導関数 $\dfrac{dz}{dt}$ を求めよ．

$$z = e^x \cos y, \quad x = -\log t, \quad y = \sqrt{t}.$$

## 例題 6.10 —— 合成関数の微分（その2）

$z = f(x,y), x = u\cos\theta - v\sin\theta, y = u\sin\theta + v\cos\theta$ のとき，以下を証明せよ．

$$\frac{\partial^2 z}{\partial u^2} + \frac{\partial^2 z}{\partial v^2} = \frac{\partial^2 z}{\partial x^2} + \frac{\partial^2 z}{\partial y^2}$$

**[解答]** 式 (6.2) を用いて $\frac{\partial z}{\partial u} = \frac{\partial z}{\partial x}\frac{\partial x}{\partial u} + \frac{\partial z}{\partial y}\frac{\partial y}{\partial u} = \frac{\partial z}{\partial x}\cos\theta + \frac{\partial z}{\partial y}\sin\theta$ である．これより

$$\begin{aligned}
\frac{\partial^2 z}{\partial u^2} &= \frac{\partial}{\partial u}\left(\frac{\partial z}{\partial u}\right) = \frac{\partial}{\partial x}\left(\frac{\partial z}{\partial u}\right)\frac{\partial x}{\partial u} + \frac{\partial}{\partial y}\left(\frac{\partial z}{\partial u}\right)\frac{\partial y}{\partial u} \\
&= \frac{\partial}{\partial x}\left(\frac{\partial z}{\partial x}\cos\theta + \frac{\partial z}{\partial y}\sin\theta\right)\cos\theta + \frac{\partial}{\partial y}\left(\frac{\partial z}{\partial x}\cos\theta + \frac{\partial z}{\partial y}\sin\theta\right)\sin\theta \\
&= \frac{\partial^2 z}{\partial x^2}\cos^2\theta + \frac{\partial^2 z}{\partial x \partial y}\sin\theta\cos\theta + \frac{\partial^2 z}{\partial y \partial x}\cos\theta\sin\theta + \frac{\partial^2 z}{\partial y^2}\sin^2\theta.
\end{aligned}$$

同様に $\frac{\partial z}{\partial v} = \frac{\partial z}{\partial x}(-\sin\theta) + \frac{\partial z}{\partial y}\cos\theta$ より

$$\begin{aligned}
\frac{\partial^2 z}{\partial v^2} &= \frac{\partial}{\partial x}\left(\frac{\partial z}{\partial x}(-\sin\theta) + \frac{\partial z}{\partial y}\cos\theta\right)(-\sin\theta) \\
&\quad + \frac{\partial}{\partial y}\left(\frac{\partial z}{\partial x}(-\sin\theta) + \frac{\partial z}{\partial y}\cos\theta\right)\cos\theta \\
&= \frac{\partial^2 z}{\partial x^2}\sin^2\theta + \frac{\partial^2 z}{\partial x \partial y}\cos\theta(-\sin\theta) + \frac{\partial^2 z}{\partial y \partial x}(-\sin\theta)\cos\theta + \frac{\partial^2 z}{\partial y^2}\cos^2\theta.
\end{aligned}$$

従って，上の 2 式を加えると $\frac{\partial^2 z}{\partial y \partial x}$ と $\frac{\partial^2 z}{\partial x \partial y}$ の係数は 0 になり，$\cos^2\theta + \sin^2\theta = 1$ を考慮すると

$$\frac{\partial^2 z}{\partial u^2} + \frac{\partial^2 z}{\partial v^2} = \frac{\partial^2 z}{\partial x^2} + \frac{\partial^2 z}{\partial y^2}$$

となる．

### 問題

**6.10.1** 合成関数の微分法を用いて，次の関数の偏導関数 $\frac{\partial z}{\partial u}, \frac{\partial z}{\partial v}$ を求めよ．

(1) $z = \log xy, \quad x = u^2 + v^2, \quad y = 2uv.$

(2) $z = \sin x \cos y, \quad x = u - v, \quad y = u + v.$

**6.10.2** $z = f(x,y)$ において $x = x(u,v), y = y(u,v)$ とする．$\frac{\partial^2 z}{\partial u^2} + \frac{\partial^2 z}{\partial v^2}$ を $x, y$ の偏導関数を用いて表せ．

## 6.6.2 平均値の定理

### ★ 2 変数関数の平均値の定理

関数 $f(x,y)$ が点 $(a,b)$ と点 $(a+h,b+k)$ を結ぶ線分を含む領域で全微分可能ならば

$$f(a+h,b+k) = f(a,b) + hf_x(a+\theta h, b+\theta k) + kf_y(a+\theta h, b+\theta k)$$

を満たす $\theta\,(0<\theta<1)$ が存在する.

---

**例題 6.11** ─────────── 平均値の定理 ──

(1) 平均値の定理を利用して,$z=f(x,y)$ において $f_x(x,y)=0$ ならば $f(x,y)$ は $y$ のみの関数であることを示せ.

(2) (1) を利用して $x\dfrac{\partial f}{\partial y} - y\dfrac{\partial f}{\partial x} = 0$ ならば,$f(x,y)$ は $r=\sqrt{x^2+y^2}$ のみの関数であることを証明せよ.

---

**解答** (1) 任意の $x,y,h$ に対し,平均値の定理から

$$f(x+h,y) = f(x,y) + hf_x(x+\theta h, y)$$

であるが,仮定より $f_x(x,y)=0$ なので,

$$f(x+h,y) = f(x,y)$$

が常に成り立つ.すなわち,$f(x,y)$ は $h$ には無関係で,$y$ のみの関数である.

(2) $x=r\cos\theta, y=r\sin\theta$ より,$\dfrac{\partial x}{\partial \theta} = -r\sin\theta = -y$,$\dfrac{\partial y}{\partial \theta} = r\cos\theta = x$ なので

$$\frac{\partial f}{\partial \theta} = \frac{\partial f}{\partial x}\frac{\partial x}{\partial \theta} + \frac{\partial f}{\partial y}\frac{\partial y}{\partial \theta} = -y\frac{\partial f}{\partial x} + x\frac{\partial f}{\partial y}$$

だが,仮定の $x\dfrac{\partial f}{\partial y} - y\dfrac{\partial f}{\partial x} = 0$ より $\dfrac{\partial f}{\partial \theta} = 0$ なので,(1) より,$f(x,y)$ は $r$ のみの関数である.

---

### 問題

**6.11.1** $y\dfrac{\partial f}{\partial y} + x\dfrac{\partial f}{\partial x} = 0$ ならば $f(x,y)$ は $\theta$ のみの関数であることを証明せよ.

**6.11.2** 領域 $D$ で常に $f_x(x,y)=2xy$,$f_y(x,y)=x^2$ ならば,$D$ で $f(x,y)=x^2y+c$ ($c$ は定数)となることを平均値の定理を用いて証明せよ.

## 6.6.3 陰関数

★ **陰関数定理** $f(x,y)$ は点 $(a,b)$ を含む領域で $C^1$ 級とし，$f(a,b)=0, f_y(a,b) \neq 0$ とする．このとき，$b=y(a), f(x,y(x))=0$ を満たすような $C^1$ 級関数 $y=y(x)$ が $x=a$ の近くでただ一つ存在する．このとき，次式が成り立つ．

$$\frac{dy}{dx} = -\frac{f_x(x,y)}{f_y(x,y)} \tag{6.3}$$

さらに，$f(x,y)$ が $C^1$ 級関数ならば，

$$\frac{d^2y}{dx^2} = -\frac{f_{xx}f_y^2 - 2f_{xy}f_xf_y + f_{yy}f_x^2}{f_y^3} \tag{6.4}$$

が成り立つ．

この証明は以下の例題にある．

---

**例題 6.12-1** ─────────────────── 陰関数（その1）

$f(x,y)=0$ が定める陰関数 $y=y(x)$ に対し $f_y \neq 0$ のとき次を示せ．

(1) $y' = \dfrac{dy}{dx} = -\dfrac{f_x(x,y)}{f_y(x,y)}$

(2) $y'' = \dfrac{d^2y}{dx^2} = -\dfrac{f_{xx}f_y^2 - 2f_{xy}f_xf_y + f_{yy}f_x^2}{f_y^3}$

---

**解答** (1) 合成関数の微分の式 (6.1) において，$t=x$ として $f(x,y(x))=0$ に適用すると，

$$f'(x,y(x)) = f_x(x,y(x)) + f_y(x,y(x))y'(x) = 0$$

となるので，$y'(x) = -\dfrac{f_x(x,y)}{f_y(x,y)}$ が成り立つ．

(2) (1) の結果をもう一度 $x$ で微分すると，

$$\begin{aligned}
y''(x) &= -\frac{\left(\frac{\partial f_x}{\partial x} + \frac{\partial f_x}{\partial y}y'\right)f_y - f_x\left(\frac{\partial f_y}{\partial x} + \frac{\partial f_y}{\partial y}y'\right)}{f_y^2} \\
&= -\frac{\left(f_{xx} + f_{xy}\left(-\frac{f_x}{f_y}\right)\right)f_y - f_x\left(f_{yx} + f_{yy}\left(-\frac{f_x}{f_y}\right)\right)}{f_y^2} \\
&= -\frac{f_{xx}f_y^2 - 2f_xf_{xy}f_y + f_x^2 f_{yy}}{f_y^3}.
\end{aligned}$$

---
**例題 6.12-2** ─────────────────────── 陰関数（その **2**）───

(1) 2 変数関数 $f(x,y) = \log\sqrt{x^2+y^2} - \operatorname{Arctan}\dfrac{y}{x}$ に関して，次の量を求めよ．
   (a) $f_x, f_y$    (b) $f_{xx}, f_{xy}, f_{yx}, f_{yy}$

(2) 方程式 $f(x,y) = \log\sqrt{x^2+y^2} - \operatorname{Arctan}\dfrac{y}{x} = 0$ で定められる陰関数 $y = \varphi(x)$ について，次を求めよ．
   (a) $y' = \varphi'(x) = \dfrac{dy}{dx}$    (b) $y'' = \varphi''(x) = \dfrac{d^2y}{dx^2}$

---

**[解答]** (1) $f(x,y) = \dfrac{1}{2}\log(x^2+y^2) - \operatorname{Arctan}\dfrac{y}{x}$ より

(a) $f_x(x,y) = \dfrac{x}{x^2+y^2} - \dfrac{-\frac{y}{x^2}}{1+\left(\frac{y}{x}\right)^2} = \dfrac{x+y}{x^2+y^2}$,

$f_y(x,y) = \dfrac{y}{x^2+y^2} - \dfrac{\frac{1}{x}}{1+\left(\frac{y}{x}\right)^2} = \dfrac{y-x}{x^2+y^2}$.

(b) $f_{xx}(x,y) = \dfrac{x^2+y^2-2x(x+y)}{(x^2+y^2)^2} = \dfrac{y^2-x^2-2xy}{(x^2+y^2)^2}$,

$f_{xy}(x,y) = f_{yx}(x,y) = \dfrac{x^2+y^2-2y(x+y)}{(x^2+y^2)^2} = \dfrac{x^2-y^2-2xy}{(x^2+y^2)^2}$,

$f_{yy}(x,y) = \dfrac{x^2+y^2-2y(y-x)}{(x^2+y^2)^2} = \dfrac{x^2-y^2+2xy}{(x^2+y^2)^2}$.

(2) (a) 式 (6.3) に (1) の結果を適用すると，

$$y' = -\dfrac{f_x(x,y)}{f_y(x,y)} = -\dfrac{\frac{x+y}{x^2+y^2}}{\frac{y-x}{x^2+y^2}} = \dfrac{x+y}{x-y}.$$

(b) $y''$ については，式 (6.4) に (1) の結果を適用してもできるが，ここでは，$y$ を $x$ の関数として，上式を直接 $x$ で微分する．

$$\begin{aligned}
y'' &= \dfrac{dy'}{dx} = \dfrac{(1+y')(x-y)-(x+y)(1-y')}{(x-y)^2} \\
&= \dfrac{(1+\frac{x+y}{x-y})(x-y)-(x+y)(1-\frac{x+y}{x-y})}{(x-y)^2} = \dfrac{2x(x-y)+(x+y)2y}{(x-y)^3} \\
&= \dfrac{2(x^2+y^2)}{(x-y)^3}.
\end{aligned}$$

---

  **問 題**

**6.12.1** $x$ と $y$ の関数 $z$ について $x+xy+y+z^2 = 0$ が成り立っているとき，$\dfrac{\partial z}{\partial x}, \dfrac{\partial z}{\partial y}$ を求めよ．

## 6.7 テイラーの定理と極値

### 6.7.1 2変数関数のテイラーの定理

★ 関数 $f(x,y)$ が点 $(a,b)$ の近くで $n$ 回微分可能なら，この点の近くの $(a+h, b+k)$ で次の等式が成り立つ．

$$\begin{aligned} f(a+h, b+k) &= f(a,b) + f_x(a,b)h + f_y(a,b)k \\ &\quad + \frac{1}{2!}\{f_{xx}(a,b)h^2 + 2f_{xy}(a,b)hk + f_{yy}(a,b)k^2\} + \cdots \\ &\quad + \frac{1}{(n-1)!}\left(h\frac{\partial}{\partial x} + k\frac{\partial}{\partial y}\right)^{n-1} f(a,b) + R_n. \end{aligned} \quad (6.5)$$

ここに，

$$R_n = \frac{1}{n!}\left(h\frac{\partial}{\partial x} + k\frac{\partial}{\partial y}\right)^n f(a+\theta h, b+\theta k), \quad 0 < \theta < 1.$$

この公式は $F(t) = f(a+ht, b+kt)$ を1変数 $t$ の関数と見て $t=0$ でテイラーの定理を適用すれば得られる．

---

**例題 6.13** ──────────────── 2変数関数のテイラーの定理（その1）──

2変数関数 $f(x,y) = \sin(2x+y)$ を $X = 2x+y$ とおき，$X$ の関数 $\sin X$ の3次までのマクローリン展開を利用して，$\sin(2x+y)$ の2変数マクローリン展開を $x, y$ について3次の項まで求めよ．

---

**[解答]** $\sin X$ の3次までのマクローリン展開は

$$\sin X = x - \frac{x^3}{3!} + \cdots$$

なので，$X = 2x + y$ を代入すると，

$$\sin(2x+y) = 2x + y - \frac{(2x+y)^3}{3!} + \cdots$$

となる．

---

≈≈ **問 題** ≈≈≈≈≈≈≈≈≈≈≈≈≈≈≈≈≈≈≈≈≈≈≈≈≈

**6.13.1** $f(x,y)$ の2次偏導関数が領域 $D$ で常に0ならば，$f(x,y) = ax + by + c$ ($a, b, c$ は定数) の形であることを証明せよ．

---
**例題 6.14** ────────────────── **2 変数関数のテイラーの定理（その 2）**

2 変数関数 $f(x,y) = \sin(2x+y)$ において

(1) 偏微分係数 $f_x(0,0)$, $f_y(0,0)$, $f_{xx}(0,0)$, $f_{xy}(0,0)$, $f_{yy}(0,0)$, $f_{xxx}(0,0)$, $f_{xxy}(0,0)$, $f_{xyy}(0,0)$, $f_{yyy}(0,0)$ を求めよ．

(2) (1) の結果を利用して $\sin(2x+y)$ の 2 変数マクローリン展開を $x,y$ について 3 次の項まで求めよ．

---

**解答** (1) $f_x(x,y) = 2\cos(2x+y)$, $\quad f_y(x,y) = \cos(2x+y)$,

$$f_{xx}(x,y) = -4\sin(2x+y), \quad f_{xy}(x,y) = -2\sin(2x+y),$$

$$f_{yy}(x,y) = -\sin(2x+y),$$

$$f_{xxx}(x,y) = -8\cos(2x+y), \quad f_{xxy}(x,y) = -4\cos(2x+y),$$

$$f_{xyy}(x,y) = -2\cos(2x+y), \quad f_{yyy}(x,y) = -\cos(2x+y)$$

より，

$$f_x(0,0) = 2, \quad f_y(0,0) = 1,$$

$$f_{xx}(0,0) = 0, \quad f_{xy}(0,0) = 0, \quad f_{yy}(0,0) = 0,$$

$$f_{xxx}(0,0) = -8, \quad f_{xxy}(0,0) = -4, \quad f_{xyy}(0,0) = -2, \quad f_{yyy}(0,0) = -1.$$

(2) 式 (6.5) において，$a \to 0, b \to 0, h \to x, k \to y$ として，3 次の項まで書くと

$$f(x,y) = f(0,0) + f_x(0,0)x + f_y(0,0)y$$
$$+ \frac{1}{2!}\{f_{xx}(0,0)x^2 + 2f_{xy}(0,0)xy + f_{yy}(0,0)y^2\}$$
$$+ \frac{1}{3!}\{f_{xxx}(0,0)x^3 + 3f_{xxy}(0,0)x^2y + 3f_{xyy}(0,0)xy^2 + f_{yyy}(0,0)y^3\} + \cdots$$

において，$f(x,y) = \sin(2x+y)$ として，(1) の結果を代入して

$$\sin(2x+y) = 2x + y + \frac{1}{3!}\{-8x^3 + 3(-4)x^2y + 3(-2)xy^2 - y^3\} + \cdots$$
$$= 2x + y - \frac{8x^3 + 12x^2y + 6xy^2 + y^3}{3!} + \cdots .$$

**注** この結果は例題 6.13 で求めたものと同じである．2 変数関数のテイラーの定理は適当な置換で 1 変数関数のテイラーの定理に帰着できる場合もある．

──── **問 題** ────

**6.14.1** 例題 6.7 で行った近似計算の誤差の評価を正当化せよ．

## 6.7.2　2変数関数の極大・極小

★ 2変数関数 $f(x,y)$ の極値の候補点 $(a,b)$ は

$$f_x(a,b) = 0, \quad f_y(a,b) = 0$$

を満足する．

★ さらに，点 $(a,b)$ での $f(x,y)$ のテイラー展開の2次の項

$$\frac{1}{2}\{h^2 f_{xx}(a,b) + 2hk f_{xy}(a,b) + k^2 f_{yy}(a,b)\}$$

が正定値なら極小，負定値なら極大となる．
すなわち，$A = f_{xx}(a,b), B = f_{xy}(a,b), C = f_{yy}(a,b)$ とおくと，

(1)　正定値 $(B^2 - AC < 0, A > 0)$ なら極小．
(2)　負定値 $(B^2 - AC < 0, A < 0)$ なら極大．
(3)　不定符号 $(B^2 - AC > 0)$ なら極値をとらない．

これ以外の場合は3次以上の展開項が判定に必要である．

---

**例題 6.15-1**　　　　　　　　　　　2変数関数の極大・極小（その1）

次の関数に極値が存在すれば求めよ．

$$f(x,y) = x^4 + y^4$$

---

**解答**　極値の候補点は

$$f_x(x,y) = 4x^3, \quad f_y(x,y) = 4y^3$$

より，$f_x(x,y) = 0, f_y(x,y) = 0$ を満たす点 $(x,y)$ で $x = 0, y = 0$．
また，

$$f_{xx}(x,y) = 12x^2, \quad f_{xy}(x,y) = 0, \quad f_{yy}(x,y) = 12y^2$$

より，

$$A = f_{xx}(0,0) = 0, \quad B = f_{xy}(0,0) = 0, \quad C = f_{yy}(0,0) = 0$$

で $B^2 - AC = 0$ となり，これから極値を判定することはできない．しかし，$f(0,0) = 0$ かつ任意の $(x,y)$ に対して $f(x,y) \geq 0$ より，点 $(0,0)$ で極小で，極小値は 0 である．

─── 例題 6.15-2 ─────────────────── 2変数関数の極大・極小（その2）───

次の関数に極値が存在すれば求めよ．

$$f(x,y) = (x+y)e^{-x^2-y^2}$$

**解答** 極値の候補点は

$$f_x(x,y) = (1 - 2x(x+y))e^{-x^2-y^2} = 0,$$
$$f_y(x,y) = (1 - 2y(x+y))e^{-x^2-y^2} = 0$$

を満たす $(x,y)$ で $(x,y) = \left(\pm\dfrac{1}{2}, \pm\dfrac{1}{2}\right)$（複号同順）．

$$f_{xx}(x,y) = (4x^2(x+y) - 6x - 2y)e^{-x^2-y^2},$$
$$f_{xy}(x,y) = (4xy(x+y) - 2x - 2y)e^{-x^2-y^2},$$
$$f_{yy}(x,y) = (4y^2(x+y) - 6y - 2x)e^{-x^2-y^2}$$

なので，$\left(\pm\dfrac{1}{2}, \pm\dfrac{1}{2}\right)$（複号同順）のとき，

$$A = f_{xx}\left(\pm\dfrac{1}{2}, \pm\dfrac{1}{2}\right) = \mp 3e^{-1/2},$$
$$B = f_{xy}\left(\pm\dfrac{1}{2}, \pm\dfrac{1}{2}\right) = \mp e^{-1/2},$$
$$C = f_{yy}\left(\pm\dfrac{1}{2}, \pm\dfrac{1}{2}\right) = \mp 3e^{-1/2}.$$

これより，$B^2 - AC = (1 - (\mp 3)^2)e^{-1} = -8e^{-1} < 0$．従って，

$\left(\dfrac{1}{2}, \dfrac{1}{2}\right)$ のとき，$A < 0$ より，極大で極大値 $f\left(\dfrac{1}{2}, \dfrac{1}{2}\right) = e^{-1/2}$，

$\left(-\dfrac{1}{2}, -\dfrac{1}{2}\right)$ のとき，$A > 0$ より，極小で極小値 $f\left(-\dfrac{1}{2}, -\dfrac{1}{2}\right) = -e^{-1/2}$．

～～ **問　題** ～～～～～～～～～～～～～～～～～～～～～～～～～～

**6.15.1** 次の関数に極値が存在すれば求めよ．

(1) $f(x,y) = x^2 + 2xy + 3y^2$　　(2) $f(x,y) = \dfrac{1}{1 + x^2 + y^2}$

(3) $f(x,y) = e^{-(x^2+3y^2)}$　　(4) $f(x,y) = 4x - x^2 - 2y^2$

(5) $f(x,y) = (x-1)^3 + y^3$　　(6) $f(x,y) = x^4 + y^3 - 2x^2 - 3y + 1$

**6.15.2** 体積一定の直方体のうち，表面積が最小のものを求めよ．

## 6.7.3 条件付き極値問題

★ 2変数関数 $f(x,y), g(x,y)$ は $C^1$ 級とする．条件 $g(x,y)=0$ のもとで関数 $z=f(x,y)$ の極値の候補点 $(a,b)$ は，ある定数 $\lambda$ が存在して

$$\begin{cases} f_x(a,b) - \lambda g_x(a,b) = 0 \\ f_y(a,b) - \lambda g_y(a,b) = 0 \\ g(x,y) = 0 \end{cases}$$

を満足する（ラグランジュ(Lagrange)の（未定）乗数法）．

―― 例題 6.16 ―――――――――――――――――――― 条件付き極値問題 ――

円 $x^2+y^2=a^2$ 上における $f(x,y)=x+2y$ の最大値および最小値を求めよ．ただし，$a$ は正の定数とする．

**解答** $g(x,y)=x^2+y^2-a^2$ とおき，$f(x,y)=x+2y$ なので

$$\begin{cases} f_x(a,b) - \lambda g_x(a,b) = 1 - \lambda \cdot 2x = 0 & (6.6) \\ f_y(a,b) - \lambda g_y(a,b) = 2 - \lambda \cdot 2y = 0 & (6.7) \\ g(x,y) = x^2+y^2-a^2 = 0 & (6.8) \end{cases}$$

を満たす $x,y$ を求める．式 (6.6), (6.7) より $x=\dfrac{1}{2\lambda}, y=\dfrac{1}{\lambda}$ なので，これらを式 (6.8) に代入すると，$\lambda=\pm\dfrac{\sqrt{5}}{2a}$ なので，$x=\pm\dfrac{a}{\sqrt{5}}, y=\pm\dfrac{2a}{\sqrt{5}}$（複号同順）．これらの点で極値をとるが，円上での連続関数なので，これらの点で最大値・最小値もとる．

従って，$f\left(\dfrac{a}{\sqrt{5}}, \dfrac{2a}{\sqrt{5}}\right) = \sqrt{5}\,a$, $f\left(-\dfrac{a}{\sqrt{5}}, -\dfrac{2a}{\sqrt{5}}\right) = -\sqrt{5}\,a$ なので，

$(x,y)=\left(\dfrac{a}{\sqrt{5}}, \dfrac{2a}{\sqrt{5}}\right)$ のとき，最大値 $\sqrt{5}\,a$ をとり，

$(x,y)=\left(-\dfrac{a}{\sqrt{5}}, -\dfrac{2a}{\sqrt{5}}\right)$ のとき，最小値 $-\sqrt{5}\,a$ をとる．

―― 問 題 ――

**6.16.1** $(x-1)^2+y^2=1$ 上での $f(x,y)=xy$ の最大値および最小値を求めよ．

**6.16.2** 条件 $x^2+4y^2-1=0$ の下で，関数 $f(x,y)=x^2+2xy+y^2$ の最大値および最小値を求めよ．

**6.16.3** 条件 $x(x+y^5)=1, x>0, y>0$ の下で関数 $f(x,y)=xy$ の最大値を求めよ．

**6.16.4** 曲線 $2x^2y+y^3=1$ 上の点で，原点から最も近い点を求めよ．

## 演習問題

1. 次の関数の $(x,y) \to (0,0)$ での極限値は存在するか．存在すればそれを求めよ．
   (1) $f(x,y) = \dfrac{xy}{\sqrt{x^2+2y^2}}$   (2) $f(x,y) = \dfrac{xy^2}{x^2}$   (3) $f(x,y) = \dfrac{x^2+y^2}{x-y}$

2. 2変数関数を $x^2y^2+(x-y)^2 \neq 0$ において $f(x,y) = \dfrac{x^2y^2}{x^2y^2+(x-y)^2}$ で定義するとき，$\lim_{x\to 0}\{\lim_{y\to 0} f(x,y)\} = \lim_{y\to 0}\{\lim_{x\to 0} f(x,y)\} = 0$ だが，$\lim_{(x,y)\to(0,0)} f(x,y)$ は存在しないことを示せ．

3. $(x,y) \neq (0,0)$ において $f(x,y) = \dfrac{\tan(x^2+y^2)}{x^2+y^2}$ であるとき，$f(x,y)$ が原点 $(0,0)$ で連続であるようにするには，$f(0,0)$ の値をどう定義すればよいか．

4. 関数 $f(x,y) = (x)^{3/4}\sqrt{|y|}$ の点 $(0,0)$ での連続性，偏微分可能性，全微分可能性，$C^1$ 級について調べよ．

5. $f(x,y) = (xy)^{2/3}$ を例にとり，$f(x,y)$ が点 $(0,0)$ で全微分可能であっても $C^1$ 級関数とは限らないことを確認せよ．

6. 次の関数 $f(x,y)$ の全微分と（ ）内に示した点における接平面を求めよ．
   (1) $z = f(x,y) = \log(x^2+y^2)$,  $(1, 2, \log 5)$
   (2) $z = f(x,y) = \dfrac{x^2}{1} + \dfrac{y^2}{4}$,  $(a, b, c)$
   (3) $z = f(x,y) = e^{x^2 y}$,  $(1, 2, e^2)$

7. 関数 $u = \sin(xy+yz+zx)$ の全微分 $du$ を求めよ．

8. 微分演算子 $h\dfrac{\partial}{\partial x} + k\dfrac{\partial}{\partial y}$ を関数 $f$ に $n$ 回反復適用したものを $\left(h\dfrac{\partial}{\partial x} + k\dfrac{\partial}{\partial y}\right)^n f$ と記す．ただし $h, k$ は $x, y$ を含まないとする．
   (1) $n = 2$ のとき，すべての偏微分が $f$ に直接かかる形に展開せよ．
   (2) 帰納法により，一般の $n$ に対する展開式が，二項係数を用いて
   $$h^n \dfrac{\partial^n f}{\partial x^n} + {}_nC_1 h^{n-1} k \dfrac{\partial^n f}{\partial x^{n-1} \partial y} + \cdots + {}_nC_{n-1} h k^{n-1} \dfrac{\partial^n f}{\partial x \partial y^{n-1}} + k^n \dfrac{\partial^n f}{\partial y^n}$$
   $$= \sum_{j=0}^{n} {}_nC_j h^{n-j} k^j \dfrac{\partial^n f}{\partial x^{n-j} \partial y^j}$$
   と書けることを確かめよ．

9. $z = f(x,y)$, $x = ua - bv$, $y = bu + av$ ($a, b$ は定数) なるとき
   (1) $\left(\dfrac{\partial z}{\partial x}\right)^2 + \left(\dfrac{\partial z}{\partial y}\right)^2 = \left(\dfrac{\partial z}{\partial u}\right)^2 + \left(\dfrac{\partial z}{\partial v}\right)^2$ が成り立つならば，$a$ と $b$ の満たす関係式を求めよ．
   (2) (1)で得た $a, b$ に対し，$\dfrac{\partial^2 z}{\partial x^2} + \dfrac{\partial^2 z}{\partial y^2} = \dfrac{\partial^2 z}{\partial u^2} + \dfrac{\partial^2 z}{\partial v^2}$ が成り立つことを示せ．

**10** $z = f(x,y)$, $x = e^u \cos v$, $y = e^u \sin v$ なるとき以下の式を示せ。
$$\frac{\partial^2 z}{\partial x^2} + \frac{\partial^2 z}{\partial y^2} = e^{-2u}\left(\frac{\partial^2 z}{\partial u^2} + \frac{\partial^2 z}{\partial v^2}\right)$$

**11** 半径 $a$ の半円に内接し，一辺がこの半円の直径上にあるような長方形のうち，最大の面積を持つものを求めよ．

**12** 直線 $3x - 4y = a$ が楕円 $x^2 + 4y^2 = 4$ 上の点を通るとき，$a$ の値が最大，および最小となるものを求めよ．

**13** 2 変数関数のマクローリン展開の公式を用いて次の関数を $x, y$ について 3 次の項までマクローリン展開せよ．

(1) $f(x,y) = \log(1 + x + y)$  (2) $f(x,y) = e^x \sin y$

**14** (1) 次の 1 変数関数のマクローリン展開を記せ．

(a) $y = e^x$   (b) $y = \sin x$   (c) $y = \log(1+x)$

(2) 漸近解析の手法を用いて，次の関数の 2 変数マクローリン展開を $x, y$ について 3 次の項まで求めよ．

(a) $f(x,y) = \log(1 + x + y)$   (b) $f(x,y) = e^x \sin y$

(c) $f(x,y) = ye^x$   (d) $f(x,y) = \log(1 + 2x + 3y)$

**15** 2 変数のテイラーの定理を用いて $f(x,y) = \sin xy$ を $x - \frac{\pi}{2}$ と $y - 1$ の 2 次の項まで展開せよ（剰余項は不要）．

**16** $f(x,y) = 0$ で表された陰関数 $y = \varphi(x)$ の極値を考える．

(1) 極値の候補点 $(a,b)$ は $\dfrac{dy}{dx} = 0$ を満足することから，必要条件 $f(x,y) = 0$, $f_x(x,y) = 0$, $f_y(x,y) \neq 0$ を導け．

(2) この条件を使って，極値の候補点において $\dfrac{d^2 y}{dx^2}$ を $f(x,y)$ の偏導関数で表す式を簡単にせよ．

(3) $y = \varphi(x)$ はこの点 $(a,b)$ で $\dfrac{d^2 y}{dx^2} < 0$ なら極大，$\dfrac{d^2 y}{dx^2} > 0$ なら極小であることを用いて，陰関数 $y = \varphi(x)$ の極値の判定条件をもとの 2 変数関数 $f(x,y)$ の偏導関数で表せ．

**17** 次の方程式で定まる陰関数 $y$ に対して極値を求めよ．

(1) $x^2 + 2xy + 2y^2 - 4 = 0$   (2) $xy(x-y) - 16 = 0$

(3) $x^3 + y^3 - 3xy = 0$   （デカルトの葉形）

(4) $x^2 + 3xy + y^2 + 5 = 0$   (5) $x^4 + 2x^2 + y^3 - y = 0$

# 7 重積分

## 7.1 重積分の定義，計算

★ $D$ を長方形 $[a,b] \times [c,d]$ とするとき，
- 区分求積法

$$\iint_D f(x,y)dxdy = \lim_{M,N \to \infty} \sum_{i=0}^{M-1} \sum_{j=0}^{N-1} f(a+ih, c+jk)hk$$

$$= \lim_{M,N \to \infty} \sum_{i=1}^{M} \sum_{j=1}^{N} f(a+ih, c+jk)hk$$

$$\left(h = \frac{b-a}{M},\ k = \frac{d-c}{N}\right).$$

- 反復（累次）積分への分解

$$\iint_D f(x,y)dxdy = \int_a^b dx \int_c^d f(x,y)dy = \int_c^d dy \int_a^b f(x,y)dx.$$

★ $D$ が有界閉領域のときは，長方形 $I \supset D$ で覆い，$I$ 上で積分する．
$I \setminus D$ では $f(x,y) = 0$ とみなす．特に，
- $D = \{(x,y) \mid \varphi_1(x) \leq y \leq \varphi_2(x),\ a \leq x \leq b\}$ ならば，

$$\iint_D f(x,y)dxdy = \int_a^b dx \int_{\varphi_1(x)}^{\varphi_2(x)} f(x,y)dy.$$

- $D = \{(x,y) \mid \psi_1(y) \leq x \leq \psi_2(y),\ c \leq y \leq d\}$ ならば，

$$\iint_D f(x,y)dxdy = \int_c^d dy \int_{\psi_1(y)}^{\psi_2(y)} f(x,y)dx.$$

上記のように表せない有界閉領域は，これらの形の図形に分解して，それぞれの上で積分したものの和を全体の値とする．

### 例題 7.1 ─────────────── 重積分の計算

次の 2 重積分の積分領域を図示して，積分の値を求めよ．

(1) $\iint_D \sqrt{x+y}\, dxdy, \quad D = \{(x,y) \mid 0 \leq y \leq x,\ 0 \leq x \leq 1\}$

(2) $\iint_D (x+y)dxdy, \quad D\ は\ x=y, x=y^2\ で囲まれた領域.$

**[解答]** (1) 積分領域は右図のようになる．例えば $y$ で先に積分してみると

$$\iint_D \sqrt{x+y}\, dxdy = \int_0^1 dx \int_0^x \sqrt{x+y}\, dy$$

$$= \int_0^1 \left[ \frac{2}{3}\sqrt{(x+y)^3} \right]_0^x dx$$

$$= \frac{2}{3}\int_0^1 (\sqrt{(2x)^3} - \sqrt{x^3})dx$$

$$= \frac{2}{3}\frac{2}{5}\left[ \sqrt{8x^5} - \sqrt{x^5} \right]_0^1 = \frac{4}{15}(2\sqrt{2}-1).$$

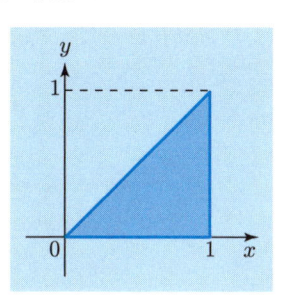

(2) 積分領域は右図のようになる．今度は $x$ で先に積分してみると

$$\iint_D (x+y)dxdy = \int_0^1 dy \int_{y^2}^y (x+y)\, dx$$

$$= \int_0^1 \left[ \frac{x^2}{2} + xy \right]_{y^2}^y dy$$

$$= \int_0^1 \left( \frac{y^2}{2} + y^2 - \frac{y^4}{2} - y^3 \right) dy$$

$$= \left[ \frac{y^3}{2} - \frac{y^5}{10} - \frac{y^4}{4} \right]_0^1 = \frac{1}{2} - \frac{1}{10} - \frac{1}{4} = \frac{3}{20}.$$

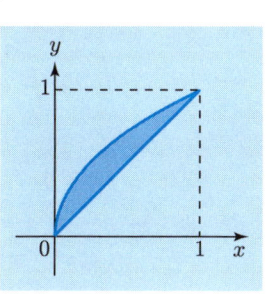

### 問題

**7.1.1** 次の 2 重積分の積分領域を図示して，積分の値を求めよ．

(1) $\iint_D \frac{y}{x^2} dxdy, \quad D = \{(x,y) \mid 1 \leq y \leq \sqrt{x},\ 1 \leq x \leq 4\}$

(2) $\iint_D x\, dxdy, \quad D = \{(x,y) \mid 0 \leq y \leq \sin x,\ 0 \leq x \leq \pi\}$

(3) $\iint_D \log(x+y)\, dxdy, \quad D = \{(x,y) \mid 0 \leq y \leq x,\ 0 \leq x \leq 1\}$

(4) $\iint_D y\cos(y-x)\, dxdy, \quad D = \left\{(x,y) \mid 0 \leq y \leq \frac{\pi}{2},\ y - \frac{\pi}{2} \leq x \leq y\right\}$

---例題 7.2----------------------------------------累次積分の順序交換---

次の累次積分の領域を図示してから，積分の順序を交換し，値を求めよ．

$$\int_0^1 dx \int_x^1 \sqrt{y^2-x^2}\, dy$$

**[解答]** 積分領域は右図のようになる．
積分順序を交換すると

$$\int_0^1 dx \int_x^1 \sqrt{y^2-x^2}\, dy = \int_0^1 dy \int_0^y \sqrt{y^2-x^2}\, dx$$

となる．$x = y\sin\theta \left(0 \leq \theta \leq \frac{\pi}{2}\right)$ とおくと，$\cos\theta \geq 0$ より

$$\sqrt{y^2-x^2} = \sqrt{y^2-y^2\sin^2\theta} = y\cos\theta,$$
$$dx = y\cos\theta\, d\theta.$$

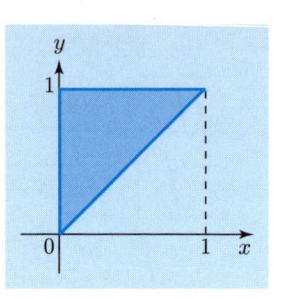

従って

$$\int_0^1 dy \int_0^y \sqrt{y^2-x^2}\, dx = \int_0^1 dy \int_0^{\pi/2} (y\cos\theta)(y\cos\theta)\, d\theta$$
$$= \int_0^1 dy \int_0^{\pi/2} y^2 \frac{\cos 2\theta + 1}{2}\, d\theta = \int_0^1 \left[ y^2 \left( \frac{\sin 2\theta}{4} + \frac{\theta}{2} \right) \right]_0^{\pi/2} dy$$
$$= \int_0^1 y^2 \frac{\pi}{4}\, dy = \frac{\pi}{4} \left[ \frac{y^3}{3} \right]_0^1 = \frac{\pi}{12}.$$

❦❦ 問　題 ❦❦❦❦❦❦❦❦❦❦❦❦❦❦❦❦❦❦❦❦❦❦❦❦❦❦

**7.2.1** 次の累次積分の領域を図示してから，積分順序を交換せよ．ただし $a > 0$ は定数とする．

(1) $\displaystyle\int_0^a dx \int_0^{\sqrt{a^2-x^2}} f(x,y)\, dy$　　(2) $\displaystyle\int_{-a}^a dy \int_{y-a}^{\sqrt{a^2-y^2}} f(x,y)\, dx$

(3) $\displaystyle\int_0^2 dx \int_x^{2x} f(x,y)\, dy$　　(4) $\displaystyle\int_0^1 dy \int_{y^2}^{\sqrt{y}} f(x,y)\, dx$

**7.2.2** 次の累次積分の領域を図示してから，積分順序を交換し，値を求めよ．

(1) $\displaystyle\int_0^1 dx \int_x^{\sqrt{x}} e^y\, dy$　　(2) $\displaystyle\int_0^1 dy \int_{\sqrt{y}}^1 e^{y/x}\, dx$

(3) $\displaystyle\int_{1/2}^2 dx \int_{1/x}^2 ye^{xy}\, dy$　　(4) $\displaystyle\int_0^1 dy \int_y^1 e^{x^2}\, dx$

## 7.2 重積分の変数変換

★ **変数変換** 平面の変数変換 $x = \varphi(u,v)$, $y = \psi(u,v)$ により，$xy$ 平面の領域 $D$ が $uv$ 平面の領域 $E$ に対応するとき

$$\iint_D f(x,y)\,dxdy = \iint_E f(\varphi(u,v),\psi(u,v)) \left|\frac{\partial(x,y)}{\partial(u,v)}\right| dudv.$$

ここで，$\left|\dfrac{\partial(x,y)}{\partial(u,v)}\right|$ は**ヤコビアン** (Jacobian)

$$\frac{\partial(x,y)}{\partial(u,v)} = \begin{vmatrix} \frac{\partial x}{\partial u} & \frac{\partial x}{\partial v} \\ \frac{\partial y}{\partial u} & \frac{\partial y}{\partial v} \end{vmatrix}$$

の絶対値である．

★ **極座標** 極座標 $x = r\cos\theta$, $y = r\sin\theta$ $(r \geq 0)$ の場合は

$$\frac{\partial(x,y)}{\partial(r,\theta)} = \begin{vmatrix} \cos\theta & -r\sin\theta \\ \sin\theta & r\cos\theta \end{vmatrix} = r$$

なので，

$$\iint_D f(x,y)\,dxdy = \iint_E f(r\cos\theta, r\sin\theta) r\,drd\theta \tag{7.1}$$

となる．

---

**例題 7.3-1** ───────────── 重積分の変数変換（その 1）

次の 2 重積分の値を求めよ．

$$\iint_D xdxdy, \quad D = \{(x,y)\,|\,x^2+y^2 \leq 1,\ 0 \leq x\}$$

---

**解答** $x = r\cos\theta, y = r\sin\theta$ とおくと，

$$E = \left\{(r,\theta)\,|\,0 \leq r \leq 1, -\frac{\pi}{2} \leq \theta \leq \frac{\pi}{2}\right\}$$

が $D$ に対応する領域なので，

$$\iint_D xdxdy = \int_{-\pi/2}^{\pi/2}\int_0^1 r\cos\theta\,rdrd\theta = \left[\frac{r^3}{3}\right]_0^1 \left[\sin\theta\right]_{-\pi/2}^{\pi/2} = \frac{1}{3}2 = \frac{2}{3}.$$

---
**例題 7.3-2** ───────────────── **重積分の変数変換（その 2）**

次の 2 重積分の値を求めよ．
$$\iint_D \cos x \cos y \, dxdy, \quad D = \left\{(x,y) \,\middle|\, |x| + |y| \leq \frac{\pi}{2}\right\}$$

---

**解答** $x + y = u, x - y = v$ とおくと，$D$ に対応する $uv$ 平面は $E = \left\{(u,v) \,\middle|\, -\frac{\pi}{2} \leq u \leq \frac{\pi}{2}, -\frac{\pi}{2} \leq v \leq \frac{\pi}{2}\right\}$．また，

$$\cos x \cos y = \frac{1}{2}\{\cos(x+y) + \cos(x-y)\} = \frac{1}{2}(\cos u + \cos v)$$

$$x = \frac{u+v}{2}, \quad y = \frac{u-v}{2}$$

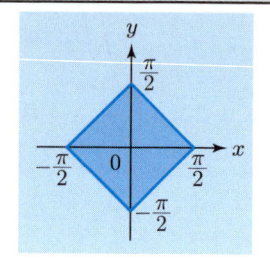

となり，

$$\begin{vmatrix} \frac{\partial x}{\partial u} & \frac{\partial x}{\partial v} \\ \frac{\partial y}{\partial u} & \frac{\partial y}{\partial v} \end{vmatrix} = \begin{vmatrix} \frac{1}{2} & \frac{1}{2} \\ \frac{1}{2} & \frac{-1}{2} \end{vmatrix} = -\frac{1}{2} \text{ で } \left|\frac{\partial(x,y)}{\partial(u,v)}\right| = \frac{1}{2}.\text{ 従って，}$$

$$\begin{aligned}
\iint_D \cos x \cos y \, dxdy &= \int_{-\pi/2}^{\pi/2} \int_{-\pi/2}^{\pi/2} \frac{1}{2}(\cos u + \cos v)\frac{1}{2} dudv \\
&= \frac{1}{4}\int_{-\pi/2}^{\pi/2} \left[\sin u + u \cos v\right]_{-\pi/2}^{\pi/2} dv \\
&= \frac{1}{4}\int_{-\pi/2}^{\pi/2} (2 + \pi \cos v) dv = \frac{1}{4}\left[2v + \pi \sin v\right]_{-\pi/2}^{\pi/2} \\
&= \frac{2}{4}(\pi + \pi) = \pi
\end{aligned}$$

と計算できる．

### 問題

**7.3.1** 次の 2 重積分の値を求めよ．

(1) $\displaystyle\iint_D x^2 dxdy, \quad D = \left\{(x,y) \,\middle|\, \frac{x^2}{a^2} + \frac{y^2}{b^2} \leq 1, \, 0 \leq x, y\right\} \; (a > 0, b > 0)$

(2) $\displaystyle\iint_D x^2 dxdy, \quad D = \{(x,y) \,|\, 0 \leq x - y \leq 1, \, 0 \leq x + y \leq 1\}$

(3) $\displaystyle\iint_D \frac{dxdy}{x^2 + y^2}, \quad D = \{(x,y) \,|\, 1 \leq x^2 + y^2 \leq 4, \, y \geq 0\}$

## 7.3 広義重積分

★ 積分領域 $D$ が有界でない場合，あるいは，閉領域でない場合，有界閉領域の増加列 $\{D_n\}$ で

$$D_1 \subset D_2 \subset \cdots \subset D_n \subset \cdots \quad \text{かつ} \quad D = \bigcup_{n=1}^{\infty} D_n$$

を満たすとき，$\{D_n\}$ を $D$ の近似列あるいは**近似増加列**であるという．

$D$ 上の連続な関数 $f(x,y)$ について，どのような $D$ への近似増加列 $\{D_n\}$ に対しても，一定の有限な極限値

$$\lim_{n \to \infty} \iint_{D_n} f(x,y) \, dxdy$$

が存在するとき，$f(x,y)$ は $D$ 上**広義積分可能**であるといい，この値を $\iint_D f(x,y) \, dxdy$ で表す．

★ $D$ 上 $f(x,y) \geq 0$ とする．ある近似増加列 $\{D_n\}$ に対して，

$$\iint_{D_n} f(x,y) \, dxdy$$

が $n \to \infty$ のとき収束するならば，$f(x,y)$ は $D$ 上広義積分可能で

$$\iint_D f(x,y) \, dxdy = \lim_{n \to \infty} \iint_{D_n} f(x,y) \, dxdy. \tag{7.2}$$

---

**例題 7.4-1** ────────────────── 広義重積分（その 1）──

次の広義積分を求めよ．

$$\iint_D \frac{1}{x^3 y^2} \, dxdy, \quad D = \{(x,y) \,|\, x \geq 1, y \geq 2\}$$

---

**[解答]** $D_n = \{(x,y) \,|\, 1 \leq x \leq n, \, 2 \leq y \leq n\}$ とおくと，$\{D_n\}$ は $D$ の近似列である．

$$\iint_D \frac{1}{x^3 y^2} \, dxdy = \lim_{n \to \infty} \iint_{D_n} \frac{1}{x^3 y^2} \, dxdy = \lim_{n \to \infty} \int_1^n \frac{1}{x^3} \, dx \int_2^n \frac{1}{y^2} \, dy$$

$$= \lim_{n \to \infty} \left[\frac{-1}{2x^2}\right]_1^n \left[\frac{-1}{y}\right]_2^n = \lim_{n \to \infty} \frac{1}{2}\left(1 - \frac{1}{n^2}\right)\left(\frac{1}{2} - \frac{1}{n}\right)$$

$$= \frac{1}{4}.$$

## 例題 7.4-2 ────────────────── 広義重積分（その2）

次の広義積分を求めよ．
$$\iint_D x^2 e^{-xy}\,dxdy, \quad D = \{(x,y) \mid x \geq 1, y \geq 1\}$$

**解答**　$D_n = \{(x,y) \mid 1 \leq x \leq n,\ 1 \leq y \leq n\}$ とおくと，$\{D_n\}$ は $D$ の近似列である．

$$\iint_{D_n} x^2 e^{-xy}\,dxdy = \int_1^n dx \int_1^n x^2 e^{-xy}\,dy = \int_1^n \left[-xe^{-xy}\right]_1^n dx$$

$$= \int_1^n (xe^{-x} - xe^{-xn})\,dx$$

$$= \left[-xe^{-x} + \frac{xe^{-xn}}{n}\right]_1^n + \int_1^n \left(e^{-x} - \frac{e^{-xn}}{n}\right)dx$$

$$= e^{-1} - \frac{e^{-n}}{n} - ne^{-n} + \frac{ne^{-n^2}}{n} + \left[-e^{-x} + \frac{e^{-xn}}{n^2}\right]_1^n$$

$$= 2e^{-1} - \left(1 + n + \frac{1}{n} + \frac{1}{n^2}\right)e^{-n} + \left(1 + \frac{1}{n^2}\right)e^{-n^2}.$$

従って，
$$\iint_D x^2 e^{-xy}\,dxdy = \lim_{n \to \infty} \iint_{D_n} x^2 e^{-xy}\,dxdy = 2e^{-1}.$$

## 問題

**7.4.1** 次の広義積分を求めよ．

(1) $\displaystyle\iint_D \frac{1}{\sqrt{(x^2+y^2)^3}}\,dxdy, \quad D = \{(x,y) \mid x^2 + y^2 \geq 1\}$

(2) $\displaystyle\iint_D \frac{1}{x^4 + y^4}\,dxdy, \quad D = \{(x,y) \mid x^2 + y^2 \geq 1\}$

(3) $\displaystyle\iint_D \frac{1}{\sqrt{(x+y)^3}}\,dxdy, \quad D = \{(x,y) \mid 0 \leq x \leq 1,\ 0 \leq y \leq 1\}$

(4) $\displaystyle\iint_D \frac{x^2}{(x^2+y^2+1)^3}\,dxdy, \quad D = \{(x,y) \mid x \geq 0, y \geq 0\}$

## 7.4 重積分の応用

★ $D$ 上の関数 $z = f(x,y)$ のグラフ下にある部分の（符号付き）**体積** $V$ は

$$V = \iint_D f(x,y)dxdy$$

で与えられる．

★ $D$ 上の 2 つの関数 $f(x,y)$ と $g(x,y)$ に対して，$f(x,y) \geq g(x,y)$ のとき，2 つの曲面 $z = f(x,y)$ と $z = g(x,y)$ の間の体積 $V$ は

$$V = \iint_D (f(x,y) - g(x,y))\, dxdy$$

で与えられる．

★ $D$ 上の曲面 $z = f(x,y)$ が $C^1$ 級ならば，その表面積（**曲面積**）$S$ は

$$S = \iint_D \sqrt{1 + f_x^2(x,y) + f_y^2(x,y)}$$

で与えられる．

★ $x = r\cos\theta$, $y = r\sin\theta$ のとき，$D$ に対応する $r\theta$ 平面を $\Omega$ とすると曲面積 $S$ は

$$S = \iint_\Omega \sqrt{1 + f_r^2 + \frac{1}{r^2}f_\theta^2}\, r\, drd\theta \tag{7.3}$$

で与えられる．

---

**例題 7.5-1** ─────────────── 体積（その 1）

曲面 $z = x^2 y$ と $xy$ 平面の間で領域 $D = \{(x,y)\,|\, 0 \leq x \leq a,\, 0 \leq y \leq b\}$ $(a > 0, b > 0)$ 上にある部分の体積を求めよ．

**解答** 求める体積は

$$V = \int_0^a dx \int_0^b x^2 y\, dy = \int_0^a \left[\frac{x^2 y^2}{2}\right]_0^b dx = \int_0^a \frac{x^2 b^2}{2} dx$$
$$= \left[\frac{x^3 b^2}{6}\right]_0^a = \frac{a^3 b^2}{6}.$$

> **例題 7.5-2** ────────────────── 体積（その 2）
>
> 次のような空間図形の体積を求めよ．
> (1) 2つの円柱面 $x^2+y^2=a^2, x^2+z^2=a^2\ (a>0)$ で囲まれた部分．
> (2) 柱面 $x^2+y^2=1$ が曲面 $z^2=x^2+y^2+1$ により切り取られる部分．

**解答** (1) 求める体積は，領域 $D=\{(x,y)\,|\,x^2+y^2\leq a^2\}$ 上の関数 $z=\sqrt{a^2-x^2}$ と $z=-\sqrt{a^2-x^2}$ の間の体積である．ここで，

$$D=\{(x,y)\,|\,-a\leq x\leq a,\ -\sqrt{a^2-x^2}\leq y\leq \sqrt{a^2-x^2}\}$$

なので

$$\begin{aligned}
V &= \iint_D (\sqrt{a^2-x^2}-(-\sqrt{a^2-x^2}))dxdy \\
&= \int_{-a}^{a} dx \int_{-\sqrt{a^2-x^2}}^{\sqrt{a^2-x^2}} 2\sqrt{a^2-x^2}\,dy \\
&= \int_{-a}^{a} \left[2\sqrt{a^2-x^2}\,y\right]_{-\sqrt{a^2-x^2}}^{\sqrt{a^2-x^2}} dx = \int_{-a}^{a} 4\sqrt{a^2-x^2}\sqrt{a^2-x^2}\,dx \\
&= \int_{-a}^{a} 4(a^2-x^2)\,dx = 4\left[a^2x-\frac{x^3}{3}\right]_{-a}^{a} = \frac{16}{3}a^3.
\end{aligned}$$

(2) $D=\{(x,y)\,|\,x^2+y^2\leq 1\}$ 上の $z=\pm\sqrt{x^2+y^2+1}$ の関数によりはさまれる部分の体積なので，

$$V=\iint_D 2\sqrt{x^2+y^2+1}\,dxdy$$

で極座標に変換すると，

$$\begin{aligned}
V &= \int_0^{2\pi}\int_0^1 2\sqrt{r^2+1}\,r\,drd\theta = 4\pi\left[\frac{\sqrt{(r^2+1)^3}}{3}\right]_0^1 \\
&= \frac{4\pi(2\sqrt{2}-1)}{3}.
\end{aligned}$$

## 問題

**7.5.1** 球 $x^2+y^2+z^2\leq 4$ と円柱 $(x-1)^2+y^2\leq 1$ の共通部分の体積を求めよ．

## 7.4 重積分の応用

---**例題 7.6**------------------------------曲面積---

次の曲面積を求めよ.
(1) 円柱面 $x^2 + y^2 = a^2$ の内部にある柱面 $x^2 + z^2 = a^2$ $(a > 0)$ の曲面積.
(2) 領域 $D = \{(x,y) \mid x^2 + y^2 \leq 1\}$ 上にある曲面 $z = 1 - x^2 - y^2$ の曲面積.

**解答** (1) $D = \{(x,y) \mid x^2 + y^2 \leq a^2\}$ 上の曲面 $z = \sqrt{a^2 - x^2}$ と曲面 $z = -\sqrt{a^2 - x^2}$ の曲面積なので曲面 $z = \sqrt{a^2 - x^2}$ の 2 倍である.

$$\sqrt{1 + z_x^2 + z_y^2} = \sqrt{1 + \left(\frac{-x}{\sqrt{a^2 - x^2}}\right)^2} = \frac{a}{\sqrt{a^2 - x^2}}$$

なので, 曲面積は

$$\begin{aligned}
S &= 2\iint_D \sqrt{1 + z_x^2 + z_y^2}\, dxdy = 2\int_{-a}^{a} dx \int_{-\sqrt{a^2-x^2}}^{\sqrt{a^2-x^2}} \frac{a}{\sqrt{a^2-x^2}} dy \\
&= 2\int_{-a}^{a} \left[\frac{a}{\sqrt{a^2-x^2}} y\right]_{-\sqrt{a^2-x^2}}^{\sqrt{a^2-x^2}} dx \\
&= 2\int_{-a}^{a} 2\sqrt{a^2-x^2} \frac{a}{\sqrt{a^2-x^2}} dx = 4a\int_{-a}^{a} dx = 8a^2.
\end{aligned}$$

(2) $D = \{(x,y) \mid x^2 + y^2 \leq 1\}$ を極座標で表すと $\Omega = \{(r,\theta) \mid 0 \leq r \leq 1,\ 0 \leq \theta \leq 2\pi\}$. また, $z = 1 - x^2 - y^2 = 1 - r^2$ より,

$$\sqrt{1 + z_r^2 + \frac{1}{r^2}z_\theta^2} = \sqrt{1 + (-2r)^2}$$

なので, 曲面積は

$$S = \int_0^{2\pi}\!\!\int_0^1 \sqrt{1 + 4r^2}\, r\, drd\theta = 2\pi \left[\frac{\sqrt{(1+4r^2)^3}}{12}\right]_0^1 = \frac{(5\sqrt{5}-1)\pi}{6}.$$

### 問題

**7.6.1** 半径 $a$ の球の表面積を求めよ.

**7.6.2** 円柱面 $x^2 + y^2 = ax$ の内部にある球面 $x^2 + y^2 + z^2 = a^2$ の部分の表面積を求めよ.

**7.6.3** 領域 $D = \left\{(x,y) \mid \dfrac{x^2}{a^2} + \dfrac{y^2}{b^2} \leq 1\right\}$ 上にある曲面 $z = \dfrac{x^2}{2a} + \dfrac{y^2}{2b}$ の曲面積を求めよ. $(a > 0,\ b > 0)$

## 演習問題

1 次の2重積分の値を求めよ．ただし，$a>0$ とする．

(1) $\displaystyle\iint_D x^2 y \, dxdy, \quad D=\{(x,y)\,|\,x^2+y^2\leq a^2,\ y\geq 0\}$

(2) $\displaystyle\iint_D x^2 y \, dxdy, \quad D=\{(x,y)\,|\,(x-a)^2+y^2\leq a^2,\ y\geq 0\}$

(3) $\displaystyle\iint_D \sqrt{2ay-x^2}\, dxdy, \quad D=\{(x,y)\,|\,x^2\leq ay,\ 0\leq y\leq 2a\}$

(4) $\displaystyle\iint_D \sqrt{xy-x^2}\, dxdy, \quad D=\{(x,y)\,|\,x\leq y\leq 3x,\ 0\leq x\leq 2\}$

(5) $\displaystyle\iint_D \sqrt{\dfrac{1-x^2-y^2}{1+x^2+y^2}}\, dxdy, \quad D=\{(x,y)\,|\,x^2+y^2\leq 1,\ x\geq 0,\ y\geq 0\}$

(6) $\displaystyle\iint_D \mathrm{Arctan}\,\dfrac{y}{x}\, dxdy, \quad D=\{(x,y)\,|\,x^2+y^2\leq a^2,\ x\geq 0,\ y\geq 0\}$

(7) $\displaystyle\iint_D x^y \, dxdy, \quad D=\{(x,y)\,|\,0\leq x\leq 1,\ a\leq y\leq 2a\}$

(8) $\displaystyle\iint_D \sqrt{x^2+y}\, dxdy, \quad D$ は二つの放物線 $y=x^2,\ y=8-x^2$ で囲まれた領域．

(9) $\displaystyle\iint_D \sqrt{1-x^2y}\, dxdy, \quad D$ は $x\geq 1,\ y\geq 0,\ x^2y\leq 1$ で定まる領域．

(10) $\displaystyle\iint_D \dfrac{x+y}{x^2+y^2}\, dxdy, \quad D$ は $y=0,\ x=y,\ x=1$ で囲まれた領域．

2 次のような空間図形の体積を重積分を用いて求めよ．ただし，$a,b,c,h,k>0$ とする．

(1) 回転放物面 $z=x^2+y^2$ と平面 $z=x+2$ で囲まれた図形．

(2) 楕円体 $\dfrac{x^2}{a^2}+\dfrac{y^2}{b^2}+\dfrac{z^2}{c^2}\leq 1$．

(3) 曲面 $\sqrt{\dfrac{x}{a}}+\sqrt{\dfrac{y}{b}}+\sqrt{\dfrac{z}{c}}=1$ と座標面 $x=0,\ y=0,\ z=0$ で囲まれた図形．

(4) 円柱面 $x^2+y^2=2ax$ と平面 $z=bx,\ z=cx\ (b<c)$ で囲まれた図形．

(5) 領域 $\dfrac{x^2}{a^2}+\dfrac{y^2}{b^2}\leq \dfrac{x}{h}$ 上にある曲面 $z=c\sqrt{\dfrac{x^2}{a^2}+\dfrac{y^2}{b^2}}$ と平面 $z=0$ で囲まれた図形．

(6) 領域 $\{(x,y)\,|\,\sqrt{x}+\sqrt{y}\leq 1,\ x>0,\ y>0\}$ 上において，曲面 $z^2=xy$ により切り取られる部分．

(7) 楕円柱面 $\dfrac{x^2}{a^2} + \dfrac{y^2}{b^2} = 1$ と曲面 $z = \dfrac{x^2}{h} + \dfrac{y^2}{k}$, 平面 $z = 0$ で囲まれた図形.

(8) 柱面 $(x^2 + y^2)^2 = 2a^2 xy$ と曲面 $z = x^2 + y^2$, 平面 $z = 0$ で囲まれた図形.

(9) 柱面 $(x^2 + y^2)^2 = 2a^2 xy$ と曲面 $z = \sqrt{2xy}$, 平面 $z = 0$ で囲まれた図形.

(10) 柱面 $(x^2 + y^2)^2 = a^2(x^2 - y^2)$ が球 $x^2 + y^2 + z^2 = a^2$ により切り取られる図形.

3 次の曲面積を求めよ. ただし, $a, b, p, q > 0$ とする.

(1) 領域 $D = \{(x, y) \,|\, x^2 + y^2 \leq a^2\}$ 上にある曲面 $z = xy$ の部分.

(2) 領域 $D = \{(x, y) \,|\, x^2 + y^2 \leq a^2\}$ 上にある曲面 $z = \operatorname{Arctan} \dfrac{y}{x}$ の部分.

(3) 領域 $D = \{(x, y) \,|\, x^2 + y^2 \leq a^2\}$ 上にある曲面 $x^2 + y^2 + z^2 = b^2$ の部分. ($b \geq a > 0$)

(4) 領域 $D = \{(x, y) \,|\, 0 \leq x \leq a,\ 0 \leq y \leq b\}$ 上にある曲面 $z = \sqrt{2xy}$ の部分.

(5) 領域 $D = \{(x, y) \,|\, 0 \leq x \leq a,\ ax \leq y \leq bx\}$ 上にある曲面 $z = px^2$ の部分. ($b \geq a > 0$)

(6) 領域 $D = \{(x, y) \,|\, x + y \leq a,\ x \geq 0, y \geq 0\}$ 上にある円錐面 $z^2 = x^2 + y^2$ の部分.

(7) 円柱面 $x^2 + z^2 = ax$ が円柱面 $x^2 + y^2 = a^2$ により切り取られる部分.

(8) 曲面 $z = \dfrac{x^2 + y^2}{2a}$ の柱面 $(x^2 + y^2)^2 = a^2(x^2 - y^2)$ により切り取られる部分.

(9) 曲面 $az = xy$ の柱面 $(x^2 + y^2)^2 = 2a^2 xy$ 内にある部分.

(10) 球面 $x^2 + y^2 + z^2 = a^2$ の柱面 $(x^2 + y^2)^2 = a^2(x^2 - y^2)$ 内にある部分.

# 問題解答

## 1 章の問題解答

**1.1.1** (1) $\frac{1}{11} = 0.09 + \frac{1}{10^2 \times 11} = 0.\dot{0}\dot{9}$. (2) $\frac{1}{27} = 0.037 + \frac{1}{10^3 \times 27} = 0.\dot{0}3\dot{7}$.
(3) $\frac{2}{37} = 0.054 + \frac{2}{10^3 \times 37} = 0.\dot{0}5\dot{4}$. (4) $\frac{3}{41} = 0.07317 + \frac{3}{10^5 \times 41} = 0.\dot{0}731\dot{7}$.

**1.1.2** (1) $0.\dot{6}00\dot{3} = \frac{0.6003}{1 - 10^{-4}} = \frac{6003}{9999} = \frac{667}{1111}$.
(2) $0.\dot{2}85\dot{6} = \frac{0.2856}{1 - 10^{-4}} = \frac{2856}{9999} = \frac{952}{3333}$.

**1.2.1** (1) $7 = 2^2 + 2^1 + 2^0$ より, $111_{(2)}$. (2) $9 = 2^3 + 2^0$ より, $1001_{(2)}$.
(3) $13 = 2^3 + 2^2 + 2^0$ より, $1101_{(2)}$. (4) $21 = 2^4 + 2^2 + 2^0$ より, $10101_{(2)}$.
(5) $29 = 2^4 + 2^3 + 2^2 + 2^0$ より, $11101_{(2)}$.

**1.2.2** ● 三進法 (1) $7 = 2 \times 3^1 + 2^0$ より, $21_{(3)}$. (2) $9 = 3^2$ より, $100_{(3)}$.
(3) $13 = 3^2 + 3^1 + 3^0$ より, $111_{(3)}$. (4) $21 = 2 \times 3^2 + 3^1$ より, $210_{(3)}$.
(5) $29 = 3^3 + 2 \times 3^0$ より, $1002_{(3)}$.
● 八進法 (1) $7 = 7 \times 3^0$ より, $7_{(8)}$. (2) $9 = 8^1 + 8^0$ より, $11_{(8)}$.
(3) $13 = 8 + 5 \times 8^0$ より, $15_{(8)}$. (4) $21 = 2 \times 8^1 + 5 \times 3^0$ より, $25_{(8)}$.
(5) $29 = 3 \times 8 + 5 \times 8^0$ より, $35_{(8)}$.

**1.2.3** $62_{(8)} = 6 \times 8 + 2 = 50$, $62_{(8)} = 6 \times 8 + 2 = (2^2 + 2) \times 2^3 + 2 = 2^5 + 2^4 + 2^1$ より, 十進法で 50, 二進法で $110010_{(2)}$.

**1.2.4** (1) $6_{(8)} = 6 \times 8^0 = 2^2 + 2^1$, $3_{(8)} = 2^1 + 2^0$ より, $6_{(8)} = 110_{(2)}$, $3_{(8)} = 11_{(2)}$.
(2) $110011110_{(2)} = 110_{(2)} \times 2^6 + 011_{(2)} \times 2^3 + 110_{(2)} = 6_{(8)} \times 8^2 + 3_{(8)} \times 8^1 + 6_{(8)} = 636_{(8)}$.

**1.2.5** $FF_{(16)} = 15 \times 16 + 15 = 255$.

**1.2.6** (1) $1110_{(2)} + 101_{(2)} = 10011_{(2)}$. (2) $1100_{(2)} - 111_{(2)} = 101_{(2)}$.
(3) $111_{(2)} \times 11_{(2)} = 10101_{(2)}$. (4) $111_{(2)} \div 10_{(2)} = 11.1_{(2)}$.
(5) $111_{(2)} + 1101_{(2)} = 10100_{(2)}$. (6) $1000_{(2)} - 11_{(2)} = 101_{(2)}$.

**1.2.7** (1) $1111_{(2)} \times 11_{(2)} = 101101_{(2)}$.
(2) $1011_{(2)} \div 11_{(2)} = 11_{(2)}$ 余り $10_{(2)}$.
(3) $11111_{(2)} \div 111_{(2)} = 100_{(2)}$ 余り $11_{(2)}$.

**1.3.1** (1) $\frac{4}{7} = \frac{100_{(2)}}{111_{(2)}}$.
(2) $\frac{4}{7} = \frac{100_{(2)}}{111_{(2)}}$ なので, 右の囲みより,
$\frac{4}{7} = \frac{100_{(2)}}{111_{(2)}} = 0.100_{(2)} + 0.100_{(2)} \div 111_{(2)} = 0.\dot{1}0\dot{0}_{(2)}$.
別解として $\frac{4}{7} = \frac{1}{2} + \frac{1}{14} = \frac{1}{2} + \frac{1}{2 \times 7} = \frac{1}{2} + \frac{1}{8} \times \frac{4}{7} = \frac{1}{2} + \frac{0}{2^2} + \frac{1}{2^3} \times \frac{4}{7} = 0.\dot{1}0\dot{0}_{(2)}$.

$$111\overline{)\begin{array}{r} 0.100 \\ 100.00 \\ \underline{111} \\ 100 \end{array}}$$

**1.3.2** 初項 $0.11_{(2)} = \frac{1}{2} + \frac{1}{4} = \frac{3}{4}$ で公比 $0.001_{(2)} = \frac{1}{8}$ の級数なので, $\frac{3/4}{1 - 1/8} = \frac{6}{7}$.

# 1章の問題解答

**1.4.1** (1) $\frac{1}{3} = \frac{1}{2^1 + 2^0}$ より，二進法の分数は $\frac{1}{11_{(2)}}$．また，小数展開は $1_{(2)} \div 11_{(2)} = 0.01_{(2)} + 0.01_{(2)} \div 11_{(2)} = 0.\dot{0}\dot{1}$．
(2) 3 は三進法で $10_{(3)}$ なので，三進法の分数は $\frac{1}{10_{(3)}}$．また，小数展開は $1_{(3)} \div 10_{(3)} = 0.1_{(3)}$．
(3) 3 は十二進法でも $3_{(12)}$ なので，十二進法の分数は $\frac{1}{3_{(12)}}$．また $\frac{1}{3} = \frac{4}{12}$ より，$\frac{4}{10_{(12)}}$ とも表される．こちらを使って，小数展開すると $0.4_{(12)}$．

**1.4.2** $0.123123123\cdots_{(7)}$ は初項 $\frac{1}{7} + \frac{2}{7^2} + \frac{3}{7^3} = \frac{66}{343}$ で公比 $\frac{1}{7^3} = \frac{1}{343}$ の級数なので，
$$\frac{66/343}{1 - 1/343} = \frac{66}{342} = \frac{11}{57}.$$
別解として，例題 1.1(2) の考え方で，この小数は七進法の分数 $\frac{123_{(7)}}{666_{(7)}}$ で表されることが分かるので，これを十進分数に直せば，同じ答を得る．

**1.4.3** 例題 1.4 と同様に考えて 3.1415 を二進表示してみる．

$$10^4 = 2^{13} + 2^{10} + 2^9 + 2^8 + 2^4 \quad \text{より}, \quad 10000_{(10)} = 10011100010000_{(2)},$$
$$1415 = 2^{10} + 2^8 + 2^7 + 2^2 + 2 + 1 \quad \text{より}, \quad 1415_{(10)} = 10110000111_{(2)}$$

なので，$0.1415_{(10)} = \frac{1415_{(10)}}{10000_{(10)}} = \frac{10110000111_{(2)}}{10011100010000_{(2)}}$ である．最後の割り算を二進法で実行すると，囲みのようになる．

```
                              0.00100100001
10011100010000 ) 10110000111
                 10011100010000
                 10100101000
                 10011100010000
                 1000110000
                 10011100010000
                 1111111110000
```

$3_{(10)} = 11_{(2)}$ より，$\pi = 11.0010010000\cdots_{(2)}$ を得る．

実はこの問題は意地悪で，答だけならもっと簡単に分数 $\frac{141}{1000}$ を二進小数展開するだけでも得られるが，実際の値が $0.00100100001111110\cdots$ と続くので，10 桁目が 0 であることを確定させるには，17 桁計算しなければならず，上の計算をもう少し続ける必要がある．従ってこの問題については，例題 1.4 の別解として述べた次の方法の方がはるかに簡単である：$\frac{1}{2^n}$ の小数表示 $\frac{1}{2} = 0.5, \frac{1}{2^2} = 0.25, \ldots, \frac{1}{2^{10}} = 0.0009765625$ を順に計算しつつ，$0.14159\cdots$ から引けるものだけ引いていき，引けたところの桁に 1 を立てる．$0.14159 = 0.125 + 0.01659 = 0.125 + 0.015625 + 0.000965$ より，小数部分の上 10 桁は $0.0010010000$ と確定する．

**1.4.4** 2 は二進法で $10_{(2)}$ なので，$10_{(2)}$ に対して二進法で開平法の計算をすると，以下のようになり，$\sqrt{10_{(2)}} = 1.0110101000\cdots_{(2)}$ となる．

```
                                    1.0 1 1 0 1 0 1 0 0 0 0 0 1
         1                        ) 10
         1                          1
      1001                          10000
         1                           1001
     10101                          11100
         1                          10101
   1011001                         1110000
         1                         1011001
 101101001                       101110000
         1                       101101001
101101010000001                111000000000000
         1                     101101010000001
```

**1.5.1** ● $\sqrt{2} = \dfrac{q}{p}$ と既約分数で表されたと仮定すると, $\sqrt{2}p = q$. 両辺を 2 乗すると $2p^2 = q^2 \cdots ①$ となるので, $q^2$ は偶数である. 奇数を 2 乗したら奇数なので, $q^2$ が偶数なら, $q$ は偶数である. そこで, $q = 2m$ を式①に代入すると, $2p^2 = 4m^2$, すなわち $p^2 = 2m^2$ となり, $p^2$ は偶数である. $p^2$ が偶数より, $p$ も偶数である. すると, $\dfrac{q}{p}$ が既約分数であることに矛盾する. 従って, $\sqrt{2}$ は分数で表すことができず, 無理数となる.

● 同様に $\sqrt{11} = \dfrac{q}{p}$ と既約分数で表されたとすると, $\sqrt{11}p = q$. 両辺を 2 乗すると $11p^2 = q^2$ となるので, 11 は素数なので, $q^2$ が 2 乗して 11 の倍数なら, $q$ は 11 の倍数である. そこで, $q = 11m$ とすると, $11p^2 = 11^2m^2$, すなわち $p^2 = 11m^2$ となり, $p^2$ は 11 の倍数であり, $p$ も 11 の倍数である. すると, $\dfrac{q}{p}$ が既約分数であることに矛盾する. 従って, $\sqrt{11}$ は分数で表すことができず, 無理数となる.

**1.5.2** $\sqrt[3]{2} = \dfrac{q}{p}$ と既約分数で表されたとすると, $\sqrt[3]{2}p = q$. 両辺を 3 乗すると $2p^3 = q^3$ となるので, $q^3$ は偶数である. 奇数を 3 乗したら奇数なので, $q^3$ が偶数なら $q$ は偶数である. そこで, $q = 2m$ とすると, $2p^3 = 8m^3$, すなわち $p^3 = 4m^3$ となり, $p^3$ は偶数であり, $p$ も偶数である. すると, $\dfrac{q}{p}$ が既約分数であることに矛盾する. 従って, $\sqrt[3]{2}$ は分数で表すことができず, 無理数である.

**1.5.3** $\sqrt[3]{2} + \sqrt{2} = \dfrac{q}{p}$ と既約分数に表されたと仮定する. $\sqrt[3]{2} = \dfrac{q}{p} - \sqrt{2}$ の両辺を 3 乗すると, $2 = \dfrac{q^3}{p^3} - 3\dfrac{q^2}{p^2}\sqrt{2} + 3\dfrac{q}{p}2 - 2\sqrt{2}$ となり, この式を整理すると $\sqrt{2} = \dfrac{q^3 + 6p^2q - 2p^3}{2p^3 + 3pq^2}$ となる. 右辺は有理数だが, 問題 1.5.1 より $\sqrt{2}$ が無理数なので矛盾する. 従って, $\sqrt[3]{2} + \sqrt{2}$ は無理数である.

**1.5.4** $1 < 2 < 4$ より, すべての項の平方根をとって, $1 < \sqrt{2} < 2$ となる. これより, $0 < \sqrt{2} - 1 < 1$ となり, 任意の有理数 $a < b$ に対し, $0 < (b-a)(\sqrt{2}-1) < b-a$, すなわち, $a < a + (b-a)(\sqrt{2}-1) < b$ となり $c = a + (b-a)(\sqrt{2}-1)$ は無理数で, $a, b$ の間にある.

**1.5.5** $\sqrt{n+1} - \sqrt{n} > 0$ より, ある自然数 $m$ が存在して, $\sqrt{n+1} - \sqrt{n} > \dfrac{1}{m}$ となる. $k_0 = \max\left\{k \in \boldsymbol{N} \mid \sqrt{n} \geq \dfrac{k}{m}\right\}$ とすると, $\sqrt{n} < \dfrac{k_0 + 1}{m} < \sqrt{n+1}$ となり, $\dfrac{k_0 + 1}{m}$ は $\sqrt{n}$ と $\sqrt{n+1}$ の間にある有理数である.

**1.5.6** $\sqrt[3]{2}$ が方程式 $ax^2 + bx + c = 0$ の根ならば, $\sqrt[3]{2^2}a + \sqrt[3]{2}b + c = 0 \cdots ①$ となる. $a = 0$ とすると, $\sqrt[3]{2} = \dfrac{-c}{b}$ となり, $\sqrt[3]{2}$ が有理数となり問題 1.5.2 に矛盾するので, $a \neq 0$. 式①に $\sqrt[3]{2}$

を乗ずると $2a+\sqrt[3]{2^2}b+\sqrt[3]{2}c=0$, すなわち $\sqrt[3]{2^2}b+\sqrt[3]{2}c+2a=0\cdots$② となる. $b=0$ とすると, 同じ論法で矛盾するので, $b\neq 0$. ここで, ①$\times b-$②$\times a$ は $(b^2-ac)\sqrt[3]{2}+(bc-2a^2)=0$ となる. $b^2-ac=0$ とすると, $bc-2a^2=0$ となり, $c=\dfrac{b^2}{a}=\dfrac{2a^2}{b}$ から $\dfrac{b}{a}=\sqrt[3]{2}$ となる. $b^2-ac\neq 0$ とすると, $\sqrt[3]{2}=\dfrac{2a^2-bc}{b^2-ac}$ となり, いずれの場合も $\sqrt[3]{2}$ が有理数となり問題 1.5.2 に矛盾する. 従って $a,b,c\in \boldsymbol{Z}$ で $\sqrt[3]{2}$ が $ax^2+bx+c=0$ の根となるようなものは存在しない.

**1.5.7** $x\leq |x|, y\leq |y|$ より, $x+y\leq |x|+|y|$, 同様に $-x\leq |x|, -y\leq |y|$ より, $-(x+y)\leq |x|+|y|$. 従って, $|x+y|\leq |x|+|y|\cdots$①.
$x=-y+(x+y)$ より, この式から, $|x|=|-y+(x+y)|\leq |-y|+|x+y|=|y|+|x+y|$. よって, $|x|-|y|\leq |x+y|$. 同様に $y=-x+(x+y)$ より, $-(|x|-|y|)\leq |x+y|$. 従って, $||x|-|y||\leq |x+y|\cdots$② となる. 従って, 式①と②をあわせて,
$||x|-|y||\leq |x+y|\leq |x|+|y|$ となる.

**1.5.8** 問題 1.5.7 より, $|x|+|y|\geq |x+y|$. ここで, $x=a-b, y=b-c$ とおくと, $x+y=(a-b)+(b-c)=a-c$. 従って, $|a-b|+|b-c|\geq |a-c|$ となる.

**1.5.9** $N$ に関する帰納法で示す. $N=1$ のとき, 明らかに成り立つ. $N=n$ のとき成り立つと仮定する. すなわち, $\left|\sum_{k=1}^{n}a_k\right|\leq \sum_{k=1}^{n}|a_k|\cdots$① とする. このとき, 問題 1.5.7 の $|x+y|\leq |x|+|y|$ において, $x=\sum_{k=1}^{n}a_k, y=a_{n+1}$ とすると, $\left|\sum_{k=1}^{n}a_k+a_{n+1}\right|\leq \left|\sum_{k=1}^{n}a_k\right|+|a_{n+1}|$. すなわち, $\left|\sum_{k=1}^{n+1}a_k\right|\leq \left|\sum_{k=1}^{n}a_k\right|+|a_{n+1}|$. この式と仮定①とあわせると,
$\left|\sum_{k=1}^{n+1}a_k\right|\leq \left|\sum_{k=1}^{n}a_k\right|+|a_{n+1}|\leq \sum_{k=1}^{n}|a_k|+|a_{n+1}|=\sum_{k=1}^{n+1}|a_k|$ となり, $n+1$ のときも成り立つ. 従って, 任意の $N$ に対して成立する.

**1.6.1** (1) 任意の元は $0$ と $5$ の間にあるので, 上にも下にも有界なので, 有界である. 上限は $5$ で, 下限は $0$. また, 最大値は $5$ だが, $0$ は集合に含まれていないので, 最小値は存在しない.
(2) 任意の $n\in \boldsymbol{N}$ に対し, $-2\leq (-1)^n-\dfrac{1}{n}\leq 1$ より, 上限は $1$, 下限は $-2$ で, 有界である. $1-\dfrac{1}{n}=1$ となる $n$ は存在しないので, 最大値は存在せず, $n=1$ のとき $-1-\dfrac{1}{1}=-2$ なので, 最小値は $-2$. (3) $x^2+x-6=(x-2)(x+3)<0$ より, $-3<x<2$. 従って, 有界であり, 最大値, 最小値は存在せず, 上限 $2$, 下限 $-3$. (4) $-1\leq \sin n\leq 1$ より, 有界である. 以下に示すように上限は $1$, 下限は $-1$ である. $\sin n=1$ となる $n$ は $n=\left(2k+\dfrac{1}{2}\right)\pi$ を満たす必要があるが, $\left(2k+\dfrac{1}{2}\right)\pi$ は無理数で整数にはならないので, $\sin n=1$ とはならない. 従って最大値は存在せず, 同様の理由で, 最小値も存在しない.

$\inf\{\sin x\mid x\in \boldsymbol{R}\}=-1$ は明らかだが, $\inf\{\sin n\mid n\in \boldsymbol{Z}\}=-1$ は明らかではないので, 以下の順で示す.
(i) $a_n=2\pi n-[2\pi n]$ とおくと任意の $N\in \boldsymbol{N}$ に対して $a_{n_z}<\dfrac{1}{N}$ なる $n_N\in \boldsymbol{Z}$ が存在する.

(ii) 任意の $N \in \mathbf{N}$ と (i) で求めた $n_N$ に対し $m_N \in \mathbf{N}$ が存在して,
$0 < 2n_N m_N \pi - \frac{\pi}{2} - [2n_N m_N \pi - \frac{\pi}{2}] < \frac{2}{N}$ となる.
(iii) $\lim_{N \to \infty} \sin M_N = -1$ なる自然数の数列 $\{M_N\}$ が存在する.

(i) について: $0 < a_n < 1$ で, $n, m \in \mathbf{Z}$, $n \neq m$ に対し $a_n \neq a_m$ なので, 集合 $\{a_n\}_{n \in \mathbf{Z}}$ の元は区間 $(0, 1)$ に無限個存在し, 従って $\inf\{|a_n - a_m| \mid n, m \in \mathbf{Z}\} = 0$ となる. $a_n > a_m$ ならば $a_n - a_m = a_{n-m}$ なので, $0$ に収束するような $\{a_n\}_{n \in \mathbf{Z}}$ に属する数列が存在する. 従って, 任意の $N \in \mathbf{N}$ に対して, $a_{n_N} < \frac{1}{N}$ なる $n_N \in \mathbf{Z}$ が存在する.

(ii) について: $\alpha = \frac{\pi}{2} - \left[\frac{\pi}{2}\right] \cdots ①$ とおくと, $0 < \alpha < 0.6$ より, 任意の $N \in \mathbf{N}$ ($N > 3$) に対して, $k \leq N - 1$ ($k \in \mathbf{N}$) が存在して $\alpha \in \left[\frac{k-1}{N}, \frac{k}{N}\right)$. また, $a_{n_N}$ を何倍かすると区間 $\left[\frac{k}{N}, \frac{k+1}{N}\right)$ に含まれる. すなわち, $m_N$ が存在して, $\frac{k}{N} \leq m_N a_{n_N} < \frac{k+1}{N}$ となる. ただし $m_N a_{n_N} = m_N (2\pi n_N - [2\pi n_N]) \cdots ②$ である. ここで $\frac{k-1}{N} < \alpha < \frac{k}{N} \leq m_N a_{n_N} < \frac{k+1}{N}$ なので $0 < m_N a_{n_N} - \alpha < \frac{2}{N}$. この式に①と②を代入すると $0 < 2\pi n_N m_N - \frac{\pi}{2} - [2\pi n_N] m_N + \left[\frac{\pi}{2}\right] < \frac{2}{N}$. すなわち, 整数 $M_N = [2\pi n_N] m_N - \left[\frac{\pi}{2}\right]$ は $2\pi n_N m_N - \frac{\pi}{2}$ の整数部分 $\left[2n_N m_N \pi - \frac{\pi}{2}\right]$ で $0 < 2n_N m_N \pi - \frac{\pi}{2} - \left[2n_N m_N \pi - \frac{\pi}{2}\right] < \frac{2}{N}$ となる.

(iii) について: $M_N = [2\pi n_N] m_N - \left[\frac{\pi}{2}\right]$ とおくと, (ii) より $\lim_{N \to \infty}\left(M_N - \left(2n_N m_N \pi - \frac{\pi}{2}\right)\right) = 0$. 従って, $\lim_{N \to \infty} \sin M_N = \lim_{N \to \infty} \sin\left(2n_N m_N \pi - \frac{\pi}{2}\right) = -1$ となり, $\inf\{\sin n \mid n \in \mathbf{Z}\} = -1$ となる. 同様にして, $\sup\{\sin n \mid n \in \mathbf{Z}\} = 1$ も示すことができる.

**1.7.1** (1) $\sin x$ は区間 $\left[0, \frac{\pi}{2}\right]$ で単調増加で, $\frac{\pi}{2} \geq \frac{\pi}{2n} > \frac{\pi}{2(n+1)} > 0$ より $\{a_n\}$ は単調減少であり, $0 \leq \sin \frac{\pi}{2n} \leq 1$ より, 有界である.

(2) $a_n = n - \frac{20}{n} \leq (n+1) - \frac{20}{n+1} = a_{n+1}$ より, 単調増加である. また, $a_n > -20$ より下に有界であるが, $\lim_{n \to \infty} a_n = \lim_{n \to \infty}\left(n - \frac{20}{n}\right) = \infty$ より, 上に有界でない.

(3) (2) と同様 $a_n \geq 0$ かつ $\lim_{n \to \infty} a_n = \infty$ より, 下に有界であるが, 上に有界でない.
$$a_{n+1} - a_n = n + 1 + \frac{20}{n+1} - n - \frac{20}{n} = 1 - \frac{20}{n(n+1)} = \frac{(n-4)(n+5)}{n(n+1)}$$
より $n \geq 5$ では $a_{n+1} > a_n$ であるが, $n \leq 3$ では $a_{n+1} < a_n$ なので, 単調ではない.

**1.8.1** 例題 1.8 より,
$$\begin{aligned}
a_n &= 1 + 1 + \frac{1}{2!}\left(1 - \frac{1}{n}\right) + \frac{1}{3!}\left(1 - \frac{1}{n}\right)\left(1 - \frac{2}{n}\right) + \cdots \\
&\quad + \frac{1}{k!}\left(1 - \frac{1}{n}\right)\left(1 - \frac{2}{n}\right) \cdots \left(1 - \frac{k-1}{n}\right) + \cdots + \frac{1}{n!}\left(1 - \frac{1}{n}\right)\left(1 - \frac{2}{n}\right) \cdots \left(1 - \frac{n-1}{n}\right) \\
&< 1 + 1 + \frac{1}{2!} + \frac{1}{3!} + \cdots + \frac{1}{k!} + \cdots + \frac{1}{n!} \\
&< 1 + 1 + \frac{1}{2} + \frac{1}{2^2} + \cdots + \frac{1}{2^{k-1}} + \cdots + \frac{1}{2^{n-1}} + \cdots = 1 + \frac{1}{1 - 1/2} = 3.
\end{aligned}$$

**1.9.1** $m \geq 1$ に対し, $|a_{n_0+m}| \leq c|a_{n_0+m-1}| \leq \cdots \leq c^m|a_{n_0}|$ より, $0 < c < 1$ だから, $m \to \infty$ のとき, 右辺は $0$ に近づき, 左辺も $0$ に近づく. 従って, $\lim_{n\to\infty} a_n = \lim_{m\to\infty} a_{n_0+m} = 0$.

**1.9.2** (1.7): $1 < c < a$ を満たす $c$ をとる. $\lim_{n\to\infty}\left(\frac{n+1}{n}\right)^k = \lim_{n\to\infty}\left(1+\frac{1}{n}\right)^k = 1$ より, ある $n_0$ が存在して, $n \geq n_0$ のとき, $\left(\frac{n+1}{n}\right)^k < c$ となる. これより, $\frac{(n+1)^k}{a^{n+1}} = \frac{n^k}{a^n}\left(\frac{n+1}{n}\right)^k\frac{1}{a} < \frac{n^k}{a^n}\frac{c}{a}$ が $n \geq n_0$ に対して成り立つ. $b_n = \frac{n^k}{a^n}$ とおくと, $b_{n+1} \leq \frac{c}{a}b_n$ となり, $\frac{c}{a} < 1$ なので, 問題 1.9.1 より, $\lim_{n\to\infty} b_n = 0$, すなわち, $\lim_{n\to\infty}\frac{n^k}{a^n} = 0$.

(1.8): $|a| < n_0$ なる $n_0 \in \mathbf{N}$ をとり, $\frac{a^{n_0}}{n_0!} = K$ とおく. $n > n_0$ に対し, $\left|\frac{a^n}{n!}\right| = \frac{a \cdot a \cdots a}{1 \cdot 2 \cdots n_0}\frac{a \cdots a}{(n_0+1) \cdots n} = K\frac{a \cdots a}{(n_0+1) \cdots n} = K\frac{a}{n_0+1}\frac{a}{n_0+2} \cdots \frac{a}{n}$. ここで, $\frac{a}{n_0+1} < 1, \cdots, \frac{a}{n-1} < 1$ なので, $\left|\frac{a^n}{n!}\right| \leq K\frac{a}{n}$. $K, a$ は定数より $n \to \infty$ で右辺は $0$ に近づくので, $\lim_{n\to\infty}\frac{a^n}{n!} = 0$.

(1.9): $a_n = \sqrt[n]{n}$ とおき, 以下の手順で証明する.
(i) すべての $n \in \mathbf{N}$ に対し, $a_n \geq 1$.
(ii) $n \geq 3$ に対し, $\{a_n\}$ は単調減少列 $a_3 > a_4 > \cdots > a_n > a_{n+1} > \cdots > 1$.
(iii) $a > 1$ ならば, 十分大きな $n$ について $a_n < a$.

(i), (ii), (iii) を示す. (i) $n \geq 1$ より, $\sqrt[n]{n} \geq \sqrt[n]{1} = 1$. (ii) 問題 1.8.1 と $n \geq 3$ より $\left(1+\frac{1}{n}\right)^n \leq 3 < n$. これより $(n+1)^n \leq n^{n+1}$. すなわち, $a_{n+1} = \sqrt[n+1]{n+1} \leq \sqrt[n]{n} = a_n$ なので, 単調減少である. (iii) $a > 1$ に対し, 式 (1.7) より, $\lim_{n\to\infty}\frac{n}{a^n} = 0$ なので, 十分大きな $n$ に対し, $\frac{n}{a^n} < 1$. これより, $n < a^n$, $\sqrt[n]{n} < a$, すなわち $a > a_n$ となる.

以上より, (i), (ii) から数列 $\{a_n\}$ は下に有界な単調減少列 $a_3 > a_4 > \cdots > a_n > a_{n+1} > \cdots > 1$ なので, $\alpha = \inf\{a_n\}$ に収束し, $\alpha \geq 1$. $\alpha > 1$ とすると, (iii) より, $a_n < \alpha$ となり, $\alpha = \inf\{a_n\}$ に矛盾する. 従って, $\alpha = 1$, すなわち, $\lim_{n\to\infty}\sqrt[n]{n} = 1$.

（別解として, 3 章の問題 3.14.1(1) も参照.）

**1.9.3** (1) $\lim_{n\to\infty}\frac{2n^2-1}{n^2+1} = \lim_{n\to\infty}\frac{2-1/n^2}{1+1/n^2} = 2$.

(2) $\lim_{n\to\infty}\frac{\sqrt{n^2+1}-\sqrt{n^2-1}}{\sqrt{n^2+2}-\sqrt{n^2+1}}$
$= \lim_{n\to\infty}\frac{(\sqrt{n^2+1}-\sqrt{n^2-1})(\sqrt{n^2+1}+\sqrt{n^2-1})(\sqrt{n^2+2}+\sqrt{n^2+1})}{(\sqrt{n^2+2}-\sqrt{n^2+1})(\sqrt{n^2+2}+\sqrt{n^2+1})(\sqrt{n^2+1}+\sqrt{n^2-1})}$
$= \lim_{n\to\infty}\frac{2(\sqrt{n^2+2}+\sqrt{n^2+1})}{(\sqrt{n^2+1}+\sqrt{n^2-1})} = \lim_{n\to\infty}\frac{2(\sqrt{1+2/n^2}+\sqrt{1+1/n^2})}{(\sqrt{1+1/n^2}+\sqrt{1-1/n^2})} = 2$.

(3) $\lim_{n\to\infty}n(\sqrt{n^2+2}-\sqrt{n^2-1}) = \lim_{n\to\infty}\frac{n(\sqrt{n^2+2}-\sqrt{n^2-1})(\sqrt{n^2+2}+\sqrt{n^2-1})}{\sqrt{n^2+2}+\sqrt{n^2-1}}$
$= \lim_{n\to\infty}\frac{3n}{\sqrt{n^2+2}+\sqrt{n^2-1}} = \lim_{n\to\infty}\frac{3}{\sqrt{1+2/n^2}+\sqrt{1-1/n^2}} = \frac{3}{2}$.

(4) $\dfrac{\{2(n+1)\}!}{(n+1)^{n+1}} = \dfrac{(2n)!}{n^n}\left(\dfrac{n}{n+1}\right)^n \dfrac{(2n+2)(2n+1)}{n+1} = \dfrac{(2n)!}{n^n}\left(\dfrac{n}{n+1}\right)^n 2(2n+1)$. ここで, $\displaystyle\lim_{n\to\infty}\left(\dfrac{n}{n+1}\right)^n = \lim_{n\to\infty}\dfrac{1}{(1+1/n)^n} = \dfrac{1}{e}$ よりある $n_0 \in \boldsymbol{N}$ が存在して, $n \geq \max\{n_0, 2\}$ に対し, $\left(\dfrac{n}{n+1}\right)^n > \dfrac{1}{3}$. このとき, $\dfrac{\{2(n+1)\}!}{(n+1)^{n+1}} \geq 2\dfrac{(2n)!}{n^n}$. $m \geq 1$ に対して, $\dfrac{\{2(n_0+m)\}!}{(n_0+m)^{n_0+m}} \geq 2^m \dfrac{(2n_0)!}{n_0^{n_0}}$. $m \to \infty$ のとき, 右辺は $\infty$ に発散するので, 左辺も $\infty$ に発散する. 従って, $\displaystyle\lim_{n\to\infty}\dfrac{(2n)!}{n^n} = \infty$ となり, 発散する.

**1.10.1** $|a| < 1$ のとき, $\displaystyle\lim_{n\to\infty}\dfrac{a^n}{1+a^n} = 0$, $|a| > 1$ のとき, $\displaystyle\lim_{n\to\infty}\dfrac{a^n}{1+a^n} = \lim_{n\to\infty}\dfrac{1}{1+1/a^n} = 1$, $a = 1$ のとき, $\displaystyle\lim_{n\to\infty}\dfrac{a^n}{1+a^n} = \dfrac{1}{2}$.

**1.11.1** (1) $a_1 > 0$ と漸化式より, $a_n > 0$. 仮定より, $2a_{n-1}a_n = a_{n-1}^2 + r \cdots ①$. また, $a_n^2 = (a_n - a_{n-1})^2 - a_{n-1}^2 + 2a_{n-1}a_n = (a_n - a_{n-1})^2 + r \geq r$ より, $a_n \geq \sqrt{r}$.
(2) 式 ① を変形して, $a_{n-1}(a_{n-1} - a_n) = a_{n-1}a_n - r \geq 0$. $a_n \geq \sqrt{r} > 0$ より, $a_{n-1} \geq a_n$ となり, 単調減少列である.
(3) $\{a_n\}$ は, 下に有界な単調減少列なので, 極限値 $\alpha$ が存在する. これを式 ① に代入すると, $2\alpha^2 = \alpha^2 + r$. すなわち, $\alpha = \sqrt{r}$ で, $\displaystyle\lim_{n\to\infty} a_n = \sqrt{r}$ である.

**1.11.2** (1) $n = 1$ のときは, 明らかである. $a_1 > 0$ より帰納法で $a_n > 0$ は明らかである. $a_n < \sqrt{3}$ については $a_1^2 < 3$ が明らかなので, $n = k$ のとき成り立つ, すなわち $a_k^2 < 3$ として, $n = k+1$ のときを調べる. $3 - a_{k+1}^2 = 3 - \left(\dfrac{2a_k + 3}{a_k + 2}\right)^2 = \dfrac{3 - a_k^2}{(a_k + 2)^2} > 0$ より, $a_{k+1} < \sqrt{3}$ が成り立ち, すべての $n$ について $0 < a_n < \sqrt{3}$ が成り立つ.
(2) $a_{n+1} - a_n = \dfrac{2a_n + 3}{a_n + 2} - a_n = \dfrac{2a_n + 3 - a_n^2 - 2a_n}{a_n + 2} = \dfrac{3 - a_n^2}{a_n + 2} > 0$ より, 単調増加である.
(3) $\{a_n\}$ は上に有界な単調増加列なので, 収束する. 極限値を $\alpha$ とおくと, $\alpha = \dfrac{2\alpha + 3}{\alpha + 2}$, すなわち, $\alpha^2 + 2\alpha = 2\alpha + 3$ かつ $\alpha > 0$ より, $\alpha = \sqrt{3}$ となり, $\displaystyle\lim_{n\to\infty} a_n = \sqrt{3}$.

**1.11.3** $a_n + ra_{n+1} = 1$ より, $a_{n+1} = -\dfrac{1}{r}(a_n - 1)$. 両辺から $\dfrac{1}{r+1}$ を引くと, $a_{n+1} - \dfrac{1}{r+1} = -\dfrac{1}{r}\left(a_n - \dfrac{1}{r+1}\right)$ となる. これより, $a_{n+1} - \dfrac{1}{r+1} = \left(-\dfrac{1}{r}\right)^n\left(a_1 - \dfrac{1}{r+1}\right)$ となり, $n \to \infty$ で右辺は 0 に収束するので, 数列 $\{a_n\}$ は $\dfrac{1}{r+1}$ に収束する. これより数列 $\{a_n\}$ は収束し, 極限値は $\dfrac{1}{r+1}$ である.

**1.12.1** (1) $\displaystyle\sum_{k=2}^n \dfrac{1}{k^2 - 1} = \sum_{k=2}^n \dfrac{1}{2}\left(\dfrac{1}{k-1} - \dfrac{1}{k+1}\right) = \dfrac{1}{2}\left\{\left(1 - \dfrac{1}{3}\right) + \left(\dfrac{1}{2} - \dfrac{1}{4}\right) + \cdots + \left(\dfrac{1}{n-1} - \dfrac{1}{n+1}\right)\right\} = \dfrac{1}{2}\left(1 + \dfrac{1}{2} - \dfrac{1}{n} - \dfrac{1}{n+1}\right)$ より, $\displaystyle\sum_{n=2}^\infty \dfrac{1}{n^2 - 1} = \lim_{n\to\infty}\sum_{k=2}^n \dfrac{1}{k^2 - 1} = \lim_{n\to\infty}\dfrac{1}{2}\left(1 + \dfrac{1}{2} - \dfrac{1}{n} - \dfrac{1}{n+1}\right) = \dfrac{1}{2}\left(1 + \dfrac{1}{2}\right) = \dfrac{3}{4}$.

(2) $\displaystyle\sum_{k=1}^n \dfrac{1}{k^2 + 3k} = \sum_{k=1}^n \dfrac{1}{3}\left(\dfrac{1}{k} - \dfrac{1}{k+3}\right) = \dfrac{1}{3}\left\{\left(1 - \dfrac{1}{4}\right) + \left(\dfrac{1}{2} - \dfrac{1}{5}\right) + \cdots + \left(\dfrac{1}{n} - \dfrac{1}{n+3}\right)\right\} =$

1章の問題解答　　　　　　　　　　　　　　　147

$\frac{1}{3}\left(1+\frac{1}{2}+\frac{1}{3}-\frac{1}{n+1}-\frac{1}{n+2}-\frac{1}{n+3}\right)$ より，$\sum_{n=1}^{\infty}\frac{1}{n^2+3n}=\frac{1}{3}\left(1+\frac{1}{2}+\frac{1}{3}\right)=\frac{11}{18}$.

(3) $\sum_{n=1}^{\infty}\frac{2^n+3^n}{5^n}=\sum_{n=1}^{\infty}\left(\frac{2}{5}\right)^n+\sum_{n=1}^{\infty}\left(\frac{3}{5}\right)^n=\frac{2/5}{1-2/5}+\frac{3/5}{1-3/5}=\frac{2}{3}+\frac{3}{2}=\frac{13}{6}$.

(4) $S=\sum_{n=1}^{\infty}nr^n=r+2r^2+3r^3+\cdots+nr^n+\cdots$ ……① とおくと，

$rS=\sum_{n=1}^{\infty}nr^{n+1}=r^2+2r^3+\cdots+(n-1)r^n+\cdots$ ……② となり，①－② は

$(1-r)S=r+r^2+\cdots+r^n+\cdots=\sum_{n=1}^{\infty}r^n=\frac{r}{1-r}$ より，$\sum_{n=1}^{\infty}nr^n=S=\frac{r}{(1-r)^2}$.

(5) $\sum_{k=1}^{n}\frac{r^k}{k}=\sum_{k=1}^{n}\int_0^r t^{k-1}\,dt=\int_0^r\sum_{k=1}^{n}t^{k-1}\,dt=\int_0^r\frac{1-t^n}{1-t}\,dt=\int_0^r\frac{1}{1-t}\,dt-\int_0^r\frac{t^n}{1-t}\,dt=I_1-I_{2,n}$ とおくと，$I_1=\int_0^r\frac{1}{1-t}\,dt=\left[-\log(1-t)\right]_0^r=-\log(1-r)$,

$I_{2,n}=\int_0^r\frac{t^n}{1-t}\,dt\le\frac{1}{1-r}\int_0^r t^n\,dt=\frac{1}{1-r}\left[\frac{t^{n+1}}{n+1}\right]_0^r=\frac{1}{1-r}\frac{r^{n+1}}{n+1}$.

$|r|<1$ より $\lim_{n\to\infty}I_{2,n}=0$ なので $\sum_{n=1}^{\infty}\frac{r^n}{n}=\lim_{n\to\infty}(I_1+I_{2,n})=-\log(1-r)$.

（注：無限級数を収束円内で項別積分できることを使うと，等比級数 $\sum_{n=0}^{\infty}r^n=\frac{1}{1-r}$ を項別積分すれば，$\sum_{n=0}^{\infty}\frac{r^{n+1}}{n+1}=-\log|1-r|$ となる.）

**1.13.1** (1) $\sqrt{11}=3+(\sqrt{11}-3)=3+\cfrac{2}{3+\sqrt{11}}=3+\cfrac{1}{3+\cfrac{\sqrt{11}-3}{2}}$

$=3+\cfrac{1}{3+\cfrac{1}{3+\sqrt{11}}}=3+\cfrac{1}{3+\cfrac{1}{3+3+\cfrac{1}{3+\sqrt{11}}}}$

$=3+\cfrac{1}{3+\cfrac{1}{3+3+\cfrac{1}{3+\cfrac{1}{3+3+\cfrac{1}{3+\sqrt{11}}}}}}=3+\cfrac{1}{3+\cfrac{1}{6+\cfrac{1}{3+\cfrac{1}{6+\cfrac{1}{3+\cfrac{1}{6+\cdots}}}}}}$.

(2) $\sqrt{17}=4+(\sqrt{17}-4)=4+\cfrac{1}{4+\sqrt{17}}=4+\cfrac{1}{4+4+\cfrac{1}{4+\sqrt{17}}}$

$=4+\cfrac{1}{8+\cfrac{1}{4+\sqrt{17}}}=4+\cfrac{1}{8+\cfrac{1}{8+\cfrac{1}{8+\cdots}}}$.

(3) $\sqrt{26}=5+(\sqrt{26}-5)=5+\cfrac{1}{5+\sqrt{26}}=5+\cfrac{1}{5+5+\cfrac{1}{5+\sqrt{26}}}$

$$= 5 + \cfrac{1}{5+5+\cfrac{1}{5+5+\cfrac{1}{5+5+\cfrac{1}{5+\sqrt{26}}}}} = 5 + \cfrac{1}{10+\cfrac{1}{10+\cfrac{1}{10+\cfrac{1}{10+\cdots}}}}.$$

(4) $\sqrt{27} = 5 + (\sqrt{27}-5) = 5 + \cfrac{2}{5+\sqrt{27}} = 5 + \cfrac{1}{5+\frac{\sqrt{27}-5}{2}} = 5 + \cfrac{1}{5+\cfrac{1}{5+\sqrt{27}}}$

$$= 5 + \cfrac{1}{5+\cfrac{1}{5+5+\cfrac{1}{5+\cfrac{1}{5+\sqrt{27}}}}} = 5 + \cfrac{1}{5+\cfrac{1}{10+\cfrac{1}{5+\cfrac{1}{10+\cdots}}}}.$$

**1.13.2** この数列は $a_1 = 2, a_{n+1} = 2 + \frac{1}{a_n}$ を満たしている. $a_{n+1} - a_n = \frac{1}{a_n} - \frac{1}{a_{n-1}} = \frac{a_{n-1}-a_n}{a_n a_{n-1}}$. また $a_n \geq 2$ は明らかなので $|a_{n+1}-a_n| \leq \frac{1}{4}|a_n - a_{n-1}| \leq \left(\frac{1}{4}\right)^{n-1}|a_2-a_1|$. 従って, 数列 $\{a_n\}$ は収束する. 極限値 $\alpha$ は $\alpha = 2 + \frac{1}{\alpha}$ より, $\alpha^2 - 2\alpha - 1 = 0$ なので, $\alpha = 1 \pm \sqrt{2}$. ここで, $a_n \geq 2$ より $\alpha \geq 2$ だから, $\alpha = 1 + \sqrt{2}$ で極限値は $1 + \sqrt{2}$.

**1.14.1** (1) $a_1 = \sqrt{1+\sqrt{7}}$, $a_2 = \sqrt{1+\sqrt{7+\sqrt{1+\sqrt{7}}}}$, ..., $a_{n+1} = \sqrt{1+\sqrt{7+a_n}}$ という数列を考えれば, 単調増加列で, かつすべての $n$ について $a_n < 2$ となる. 実際, $a_1 < a_2$ と $a_1 < 2$ は明らかで, $a_k < a_{k+1}$, $a_k < 2$ を仮定すると $a_{k+1} = \sqrt{1+\sqrt{7+a_k}} < \sqrt{1+\sqrt{7+a_{k+1}}} = a_{k+2}$, $a_{k+1} = \sqrt{1+\sqrt{7+a_k}} < \sqrt{1+\sqrt{7+2}} = 2$ となり, 帰納法で単調増加列と $a_n < 2$ が確かめられる. よって $a_n$ は収束する. 漸化式で $n \to \infty$ とすれば, 極限 $a$ は $a = \sqrt{1+\sqrt{7+a}}$ を満たす. 両辺を2乗すると $a^2 = 1 + \sqrt{7+a}$ より $a^2 - 1 = \sqrt{7+a}$. これをさらに2乗して整理すると $a^4 - 2a^2 - a - 6 = (a-2)(a^3 + 2a^2 + 2a + 3) = 0$ となり, $a > 0$ なので $a^3 + 2a^2 + 2a + 3 > 0$ より $a = 2$ である.

(2) 連分数と同様, 奇数番目で切って得られる数列

$$a_1 = 2, \; a_3 = \cfrac{2}{1+\sqrt{\cfrac{2}{1+\sqrt{2}}}}, \; \ldots$$

と, 偶数番目で切って得られる数列

$$a_2 = \cfrac{2}{1+\sqrt{2}}, \; a_4 = \cfrac{2}{1+\sqrt{\cfrac{2}{1+\sqrt{\cfrac{2}{1+\sqrt{2}}}}}}, \; \ldots$$

を考えると, 前者は単調減少列, 後者は単調増加列で,

$$a_2 < a_4 < \cdots < a_{2n} < a_{2n-1} < \cdots < a_3 < a_1$$

何故なら, $a_n = \cfrac{2}{1+\sqrt{a_{n-1}}} = \cfrac{2}{1+\sqrt{\cfrac{2}{1+\sqrt{a_{n-2}}}}}$ より $a_{n-2} < a_n \iff a_n < a_{n+2}$ による. よって $\{a_{2n}\}$, $\{a_{2n-1}\}$ はそれぞれ収束する. 後は $a_{2n-1} - a_{2n} \to 0$ を言えばよい. すべての $a_k \geq a_2 = \cfrac{2}{1+\sqrt{2}}$ であり, $a_{2k-1} > 1$ であることが, $a_{2k-1} = \cfrac{2}{1+\sqrt{\cfrac{2}{1+\sqrt{a_{2k-3}}}}}$ から

帰納法により示せる．よって

$$a_{2n-1} - a_{2n} = \frac{2}{1+\sqrt{a_{2n-2}}} - \frac{2}{1+\sqrt{a_{2n-1}}}$$

$$= \frac{2(a_{2n-1} - a_{2n-2})}{(1+\sqrt{a_{2n-2}})(1+\sqrt{a_{2n-1}})(\sqrt{a_{2n-2}} + \sqrt{a_{2n-1}})}$$

$$< \frac{2}{2\left(1+\sqrt{\frac{2}{1+\sqrt{2}}}\right)\left(1+\sqrt{\frac{2}{1+\sqrt{2}}}\right)}(a_{2n-1} - a_{2n-2}) = \lambda(a_{2n-1} - a_{2n-2}).$$

ここに $\lambda = \dfrac{1}{\left(1+\sqrt{\frac{2}{1+\sqrt{2}}}\right)^2} < 1$ となる．これから $a_{2n-1} - a_{2n} \to 0$ が分かる．

また，$a_{2k-1} > 1$ より $a_{2k} = \dfrac{2}{1+\sqrt{a_{2k-1}}} < 1$ となるので，極限値は 1 となる．

**1.14.2** (1) $a_n^2 - b_n^2 = \left(\dfrac{a_{n-1}+b_{n-1}}{2}\right)^2 - a_{n-1}b_{n-1} = \dfrac{(a_{n-1}-b_{n-1})^2}{4} \geq 0$ で，$a_n, b_n \geq 0$ より，$a_n \geq b_n$．

(2) (1) より，$a_{n+1} = \dfrac{a_n+b_n}{2} \leq \dfrac{a_n+a_n}{2} = a_n$．従って，単調減少列である．

(3) (2) と同様に (1) を用いて $b_{n+1} = \sqrt{a_n b_n} \geq \sqrt{b_n b_n} = b_n$．従って，単調増加列である．

(4) (1), (2), (3) より，$b_1 \leq b_n \leq a_n \leq a_1$ となり，$\{a_n\}$ と $\{b_n\}$ は有界である．

(5) $\{a_n\}$ は下に有界な単調減少列なので，$\alpha$ に収束する．$\{b_n\}$ は上に有界な単調増加列なので，$\beta$ に収束する．$\displaystyle\lim_{n\to\infty} a_n = \lim_{n\to\infty} \dfrac{a_{n-1}+b_{n-1}}{2}$ より $\alpha = \dfrac{\alpha+\beta}{2}$．従って，$\alpha = \beta$ となり，$a_n$ と $b_n$ が同一の極限値を持つ．

**1.15.1** (1) 上極限は 1，下極限は $-1$．(2) $a_{2n+1} = 0, a_{2n} = 2n$ より，上極限は $\infty$，下極限は 0．(3) $a_{3n} = 0, a_{6n+1} = \dfrac{\sqrt{3}}{2}, a_{6n+2} = \dfrac{\sqrt{3}}{2}, a_{6n+4} = -\dfrac{\sqrt{3}}{2}, a_{6n+5} = -\dfrac{\sqrt{3}}{2}$ より，上極限は $\dfrac{\sqrt{3}}{2}$，下極限は $-\dfrac{\sqrt{3}}{2}$．(4) 上極限は $\infty$，下極限は $-\infty$．(5) $a_{2n} = 1 + \dfrac{1}{2n}, a_{2n+1} = -1 + \dfrac{1}{2n+1}$ より上極限は 1，下極限は $-1$．(6) $n \geq 2$ に対して $\dfrac{n^2}{2} \leq n^2 + (-1)^n n \leq 2n^2$．また，式 (1.9) より $\displaystyle\lim_{n\to\infty}\sqrt[n]{n} = 1$ なので，$\displaystyle\lim_{n\to\infty}\sqrt[n]{2n^2} = \lim_{n\to\infty}(\sqrt[n]{n^2})^n\sqrt[n]{2} = 1$，$\displaystyle\lim_{n\to\infty}\sqrt[n]{\dfrac{n^2}{2}} = \lim_{n\to\infty}(\sqrt[n]{n^2})^n\sqrt[n]{\dfrac{1}{2}} = 1$ より，$\displaystyle\lim_{n\to\infty}\sqrt[n]{n^2+(-1)^n n} = 1$ となり，上極限も 1，下極限も 1．

(7) $a_{2n} = \dfrac{1}{1+\frac{1}{2n}} + \dfrac{1}{2-\frac{1}{2n}} = \dfrac{3}{2} - \dfrac{3(2n-1)}{2(2n+1)(4n-1)}$，$a_{2n+1} = \dfrac{-1}{1+\frac{1}{2n+1}} + \dfrac{-1}{2-\frac{1}{2n+1}} = -\dfrac{3}{2} + \dfrac{3n}{2(n+1)(4n+1)}$ なので，$\displaystyle\lim_{n\to\infty} a_{2n} = \dfrac{3}{2}, \lim_{n\to\infty} a_{2n+1} = -\dfrac{3}{2}$ より上極限は $\dfrac{3}{2}$，下極限は $-\dfrac{3}{2}$．(8) $a_{4n} = 1 + \dfrac{1}{4n}, a_{4n+1} = 1 - \dfrac{1}{4n+1}, a_{4n+2} = -1 + \dfrac{1}{4n+2}, a_{4n+3} = -1 - \dfrac{1}{4n+3}$ より上極限は 1，下極限は $-1$．

**1.15.2** 上極限は 1，下極限は 0．何故なら，数列のすべての数は 0 と 1 の間の数で 1 は無限回出てくるし，$\dfrac{1}{n}$ は 0 に近づくからである．(詳しくは，一般形は $a_{\frac{m(m+1)}{2}-1+k} = \dfrac{1}{k}$ $(m=1,2,\ldots,$ $1 \leq k \leq m+1)$ で，$\displaystyle\lim_{m\to\infty} a_{\frac{m(m+1)}{2}-1+k} = \dfrac{1}{k}$ より $\displaystyle\overline{\lim_{m\to\infty}} a_{\frac{m(m+1)}{2}-1+k} = \sup \dfrac{1}{k} = 1$，$\displaystyle\underline{\lim_{m\to\infty}} a_{\frac{m(m+1)}{2}-1+k} = \inf \dfrac{1}{k} = 0$.)

**1.15.3** 必ずしも成り立たない．反例：$a_{2n} = 1 + \frac{1}{n}$, $a_{2n+1} = -1 + \frac{1}{n}$, $b_{2n} = \frac{1}{2} + \frac{1}{n}$, $b_{2n+1} = -2 + \frac{1}{n}$ とすると，$a = \varlimsup_{n \to \infty} a_n = 1$, $b = \varlimsup_{n \to \infty} b_n = \frac{1}{2}$ で，$ab = \frac{1}{2}$. このとき，$a_{2n}b_{2n} = \frac{1}{2} + \frac{3}{2n} + \frac{1}{n^2}$, $a_{2n+1}b_{2n+1} = 2 - \frac{3}{n} + \frac{1}{n^2}$ なので $\varlimsup_{n \to \infty} a_n b_n = 2 \neq ab$ となる．

## ■ 1章の演習問題解答 ■

**1** (1) 余りが 0 の場合は割り切れるので，それ以外のときの余りは $1, 2, \ldots, p-1$ の $p-1$ 個である．　(2) 余り $x$ に対し，$\frac{x}{p} = \frac{a}{10} + \frac{b}{10p}$ とおくと，小数展開の余りは $b$ で $b = 10x - ap = 10x \bmod p$ となる．
(3) $\frac{x}{p} = \frac{a_1}{10} + \frac{x_1}{10p}$, $a_1, x_1 \in \mathbf{N} \cup \{0\}$, $x_1 < p$ とおくと $10x$ は $p$ で割り切れないので，$x_1 \neq 0$ であり，$x_1 \in \{1, 2, \ldots, p-1\}$ となる．以下同様に順に $\frac{x_{k-1}}{p} = \frac{a_k}{10} + \frac{x_k}{10p}$, $a_k \in \mathbf{N} \cup \{0\}$, $1 \leq x_k \leq p-1$ とすると各 $x_k$ は $\{1, 2, \ldots, p-1\}$ のいずれかの値なので，$x_i = x_{i+m}$ となる $m$ ($1 \leq m \leq p-1$) が存在する．$p$ は 10 の約数ではないので，$1 \leq x \neq y \leq p-1$ のとき，$10x \neq 10y \bmod p$. 従って，
$$x_i = x_{i+m} \text{ すなわち } 10x_{i-1} = 10x_{i+m-1} \bmod p \longrightarrow x_{i-1} = x_{i+m-1}. \cdots \text{①}$$
この操作を繰り返すと，$x_1 = x_{m+1}$ となる．従って，$x_1$ から出発して，$x_m$ でもとの $x$ に戻る．
　$C(x) = \{x_1, x_2, \ldots, x_m\}$, $C(y) = \{y_1, y_2, \ldots, y_n\}$ とおき，$C(x), C(y)$ が共通の数を持つ，すなわち，$x_i = y_j$ とする．$i \leq j$ ならば，式① より，$x_1 = y_{j-i+1}$ となり，さらに $x_l = y_{j-i+l}$ ($1 \leq l \leq m$) となる．(ここで，$k \geq n$ に対しては，$y_k = y_{k-n}$ としている．) すると，$y_j = x_i = x_{i+m} = y_{j+m}$ となり，$C(x)$ と $C(y)$ は一致する．$i > j$ のときも，同様に示すことができる．
(4) 任意の $x, y$ ($1 \leq x, y \leq p-1$) に対し，$|C(x)| = |C(y)|$ を示す．そのために $z = xy \bmod p$ ($1 \leq z \leq p-1$) とおき，$C(x) = \{x_1, x_2, \ldots, x_m\}$, $C(z) = \{z_1, z_2, \ldots, z_n\}$ とすると $x_1 = 10x \bmod p$ なので $x_1 y = 10xy \bmod p$ より $z_1 = x_1 y \bmod p$ である．また，$x_{k+1} = 10 x_k \bmod p$ ($1 \leq k \leq m-1$) なので $x_{k+1} y = 10 x_k y \bmod p$ ($1 \leq k \leq m-1$) となり，以下順次 $z_k = x_k y \bmod p$ ($1 \leq k \leq m$) となる．また，$x_m = x$ なので $z_m = xy \bmod p = z$ となるので，$|C(z)|$ は $|C(x)|$ の約数である．$p$ が素数なので，$zw = x \bmod p$ となる $w \in \mathbf{N}$ が存在するので，上述と同様にして $|C(x)| = |C(zw)|$ が $|C(z)|$ の約数になる．従って，$|C(x)| = |C(z)|$ となる．同様にして，$|C(y)| = |C(z)|$ も示せるので，$|C(x)| = |C(y)|$.
　以上より，$\{1, 2, \ldots, p-1\}$ を共通部分のない $C(x)$ に分類できるが，各 $C(x)$ の長さは同じなので，$p-1$ の約数になる．循環小数の長さは，$C(x)$ の長さなので $p-1$ の約数になる．

**2** (1) $\displaystyle\lim_{n \to \infty} (\sqrt{n^2 + 2n} - n) = \lim_{n \to \infty} \frac{(\sqrt{n^2 + 2n} - n)(\sqrt{n^2 + 2n} + n)}{\sqrt{n^2 + 2n} + n}$
$= \displaystyle\lim_{n \to \infty} \frac{(n^2 + 2n) - n^2}{\sqrt{n^2 + 2n} + n} = \lim_{n \to \infty} \frac{2n}{\sqrt{n^2 + n} + n} = \lim_{n \to \infty} \frac{2}{\sqrt{1 + \frac{1}{n}} + 1} = 1.$
(2) $|a| < 1$ より，$|a| < c < 1$ なる $c$ がある．このとき，$\frac{1}{c} > 1$ で，$\displaystyle\lim_{n \to \infty} \sqrt{\frac{n+1}{n}} = 1$

なので、ある $n_0 \in \mathbf{N}$ が存在して、$n \geq n_0$ のとき、$\sqrt{\frac{n+1}{n}} < \frac{1}{c}$ となる。これより、$\sqrt{n+1}\,|a|^{n+1} = \sqrt{n}\,|a|^n \sqrt{\frac{n+1}{n}}\,|a| < \sqrt{n}\,|a|^n \frac{|a|}{c}$ で、$\frac{|a|}{c} < 1$. 従って、問題 1.9.1 より、$\lim_{n \to \infty} \sqrt{n}\,a^n = 0$. (3) $\frac{(n+1)!}{(n+1)^{n+1}} = \frac{n!}{n^n}\left(\frac{n}{n+1}\right)^n \frac{n+1}{n+1} = \frac{n!}{n^n}\frac{1}{(1+\frac{1}{n})^n}$. ここで、式 (1.6) より、$e > c > 1$ なる $c$ に対して、ある $n_0 \in \mathbf{N}$ が存在して、$n \geq n_0$ に対して、$\left(1+\frac{1}{n}\right)^n > c$ となり、$\frac{(n+1)!}{(n+1)^{n+1}} \leq \frac{n!}{n^n}\frac{1}{c}$ となる。従って、問題 1.9.1 より、$\lim_{n \to \infty} \frac{n!}{n^n} = 0$.

(4) $\lim_{n \to \infty}\left|\frac{1}{n}\sin na\right| \leq \lim_{n \to \infty}\frac{1}{n} = 0$ より、$\lim_{n \to \infty}\frac{1}{n}\sin na = 0$.

(5) $\frac{{}_nC_r}{n^r} = \frac{n(n-1)\cdots(n-r+1)}{r!\,n^r} = \frac{1}{r!}\left(1-\frac{1}{n}\right)\left(1-\frac{2}{n}\right)\cdots\left(1-\frac{r-1}{n}\right)$ より、$\lim_{n \to \infty}\frac{{}_nC_r}{n^r} = \frac{1}{r!}$.

(6) 式 (1.9) より、$\lim_{n \to \infty} n^{1/n} = 1$ なので、$\lim_{n \to \infty} n^{2/n} = 1^2 = 1$.

(7) $n \geq 2$ に対して、$\sqrt[3n]{n^2} \leq \sqrt[2n+1]{n^2+2n+1} \leq \sqrt[2n]{3n^2}$. また、$\lim_{n \to \infty}\sqrt[n]{n} = 1$ より、$c > 0$ に対し $\lim_{n \to \infty}\sqrt[n]{n^c} = 1$ なので、$\lim_{n \to \infty}\sqrt[3n]{n^2} = 1$, $\lim_{n \to \infty}\sqrt[2n]{3n^2} = 1$ となり、$\lim_{n \to \infty}\sqrt[2n+1]{n^2+2n+1} = 1$.

(8) 問題 1.8.1 により、$1 < \left(1+\frac{1}{n^2}\right)^{n^2} < 3$ である。これより
$1^{1/n} < \left\{\left(1+\frac{1}{n^2}\right)^{n^2}\right\}^{1/n} < 3^{1/n}$ かつ $\lim_{n \to \infty} 1^{1/n} = \lim_{n \to \infty} 3^{1/n} = 1$ より
$$\lim_{n \to \infty}\left(1+\frac{1}{n^2}\right)^n = \lim_{n \to \infty}\left\{\left(1+\frac{1}{n^2}\right)^{n^2}\right\}^{1/n} = 1.$$

(9) 二項展開により $\left(1+\frac{\sqrt{n}}{n+1}\right)^n \geq 1+n\frac{\sqrt{n}}{n+1} = 1+\frac{\sqrt{n}}{1+\frac{1}{n}}$. 従って、$\lim_{n \to \infty}\left(1+\frac{\sqrt{n}}{n+1}\right)^n \geq \lim_{n \to \infty} 1+\frac{\sqrt{n}}{1+\frac{1}{n}} = \infty$ より、$\lim_{n \to \infty}\left(1+\frac{\sqrt{n}}{n+1}\right)^n = \infty$.

(10) $\lim_{n \to \infty}\left(1+\frac{a}{2n}\right)^n = \lim_{n \to \infty}\left(1+\frac{a}{2n}\right)^{\frac{2n}{a}\frac{a}{2}} = e^{\frac{a}{2}} = \sqrt{e^a}$.

(11) 例題 1.9(3) より $\lim_{k \to \infty}\left(1-\frac{1}{k}\right)^k = \frac{1}{e}$ なので、$k = n(n+1)$ とすると、$\lim_{n \to \infty}\left(1-\frac{1}{n(n+1)}\right)^{n(n+1)} = \frac{1}{e}$ なので、$\lim_{n \to \infty}\left(1-\frac{1}{n(n+1)}\right)^{n^2}$
$= \lim_{n \to \infty}\left(1-\frac{1}{n(n+1)}\right)^{n(n+1)\left(1-\frac{1}{n+1}\right)} = \frac{1}{e}$.

**3** (1) $a_n = \frac{n(n+1)}{2}$ より $\lim_{n \to \infty}\frac{a_n}{b_n} = \lim_{n \to \infty}\frac{n(n+1)/2}{n} = \lim_{n \to \infty}\frac{n+1}{2} = \infty$.

(2) $\lim_{n \to \infty}\frac{a_n}{b_n} = \lim_{n \to \infty}\frac{n(n+1)/2}{n^2} = \lim_{n \to \infty}\frac{1+1/n}{2} = \frac{1}{2}$.

(3) $\lim_{n \to \infty}\frac{a_n}{b_n} = \lim_{n \to \infty}\frac{n(n+1)/2}{n^3} = \lim_{n \to \infty}\frac{1+1/n}{2n} = 0$.

(4) $\lim_{n \to \infty}\frac{a_n}{b_n} = \lim_{n \to \infty}\frac{n^2+(-1)^n n}{n^2+\{1+(-1)^n\}n} = \lim_{n \to \infty}\frac{1+(-1)^n/n}{1+\{1+(-1)^n\}/n} = 1$.

**4** (1) $a_n > 0$ より, $n \geq 2$ に対し, $a_n = 3 + \dfrac{4}{a_{n-1}} > 3$.

(2) $a_{n+1} = 3 + \dfrac{4}{a_n}$ より, $|a_{n+1} - 4| = \left|-1 + \dfrac{4}{a_n}\right| = \left|\dfrac{4 - a_n}{a_n}\right| < \dfrac{1}{3}|4 - a_n|$. 最後の不等式は (1) を用いた. 従って, $|a_{n+1} - 4| < \dfrac{1}{3}|a_n - 4| < \dfrac{1}{3^n}|a_1 - 4|$. これより, $\lim_{n \to \infty} a_n = 4$.

**5** 漸化式 $a_{n+1} = -a_n^2 + 4a_n - 2$ より, $a_{n+1} - 2 = -a_n^2 + 4a_n - 4 = -(a_n - 2)^2 = (-1)^n (a_1 - 2)^{2n}$. 仮定より, $|a_1 - 2| < 1$ なので, $\lim_{n \to \infty}(a_{n+1} - 2) = 0$. 従って, $\lim_{n \to \infty} a_n = 2$.

**6** (1) $a = 1.0000001, k = 1000000$ として, 式 (1.7) を用いると,
$\lim_{n \to \infty} \dfrac{1.0000001^n}{n^{1000000}} = \lim_{n \to \infty} \dfrac{a^n}{n^k} = \infty$. 実際に計算機でこれを確かめようとすると, 普通の関数電卓や double 型の変数を用いて計算したのでは, 分母の方が $n = 2$ で既にオーバーフローしてしまい, 表現できなくなる. 多倍長演算のできる数式処理ソフトなどを用いてこの問題を解決したとしても, この比の値は急激に 0 に近づき, $n = 10^{13}$ あたりで $10^{-12565705}$ くらいになった後, やっと増加に転ずる. なので, 通常の計算機では近似計算に移らないとそこにゆく前に記憶領域の制約などで計算できなくなり, 実験の結果, この数列が 0 に収束するという間違った結論を得る恐れがある. ただし, 対数を用いた近似計算など, ちょっとした数学を使えば, 普通の計算機でも正しい結論を得ることができる. ここに示した諸数値もそうやって計算したものである.

(2) $a = 1000000$ として, 式 (1.8) を用いると, $\lim_{n \to \infty} \dfrac{1000000^n}{n!} = \lim_{n \to \infty} \dfrac{a^n}{n!} = 0$.
極限が 0 になることを普通の計算機で直接確かめようとすると, 0 に収束する以前に $n = 2$ でもう分子がオーバーフローを起こして計算できなくなる. 多倍長演算を用いたとしても, この比の値は $n = 1000000$ 辺りまで急激に増え続け, この時点での値はおおよそ $10^{434290}$ となるので, 近似計算を用いないとその手前で計算できなくなり, 実験の結果, この数列が無限大に発散するという誤った結論を出してしまう恐れがある. 以上二つの問題は, 理論的には簡単でも, 計算機で確かめるのが困難なものの例である. なお, 階乗の計算は定義に従ってやると大変な手間がかかるが, 大きさの見積りはスターリングの公式という有名な漸近公式で得ることができる. 上で示した数値もこうして得たものである.

**7** $a_{n+1} = \sqrt{a_n} = a_n^{1/2} = a_1^{1/2^n}$. $a_1 > 1$ なら $\{a_n\}$ は単調減少列で, $0 < a_1 < 1$ なら $\{a_n\}$ は単調増加列で, いずれの場合も $\lim_{n \to \infty} a_n = 1$. $a_1 = 1$ でも, $\lim_{n \to \infty} a_n = 1$. $a_1 = 0$ ならば $\lim_{n \to \infty} a_n = 0$. 従って, $a_1 > 0$ ならば $\lim_{n \to \infty} a_n = 1$, $a_1 = 0$ ならば $\lim_{n \to \infty} a_n = 0$.

**8** $a_1 > 1$ なら, 1 ずつ減少して, いつかは, $0 < a_{n_0} \leq 1$ となる. $a_{n_0} = \dfrac{1}{2}$ となったときは, この数列は, $\dfrac{1}{2}$ に収束する. $a_{n_0} \neq \dfrac{1}{2}$ のときは, $a_{n_0}$ と $1 - a_{n_0}$ の間を往復し, 振動しながら発散する. $a_1 < 0$ なら $a_2 > 1$ となり, その後は $a_1 > 1$ の場合と同様である. 従って, $a_1 = n + \dfrac{1}{2}$ $(n \in \mathbf{Z})$ のとき, $\dfrac{1}{2}$ に収束する. それ以外の $a_1$ のときは, 振動しながら発散する.

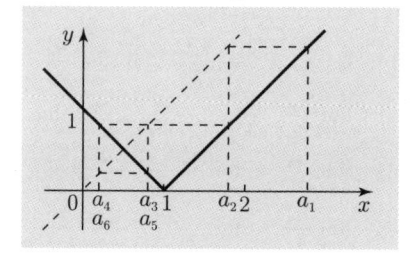

**9** 漸化式より $a_1 \geq 0$ である. $a_1 > 1$ なら減少して, いつかは $0 < a_{n_0} \leq 1$ となる. その後,
$$a_{n_0+k+1} = 1 - \sqrt{a_{n_0+k}} \quad (k \geq 0) \cdots ①$$
を満たし, $0 \leq a_{n_0+k} \leq 1$. このとき,
$a_{n_0+k+3} - a_{n_0+k+1} = -\left(\sqrt{a_{n_0+k+2}} - \sqrt{a_{n_0+k}}\right)$
$a_{n_0+k+4} - a_{n_0+k+2} = -\left(\sqrt{a_{n_0+k+3}} - \sqrt{a_{n_0+k+1}}\right)$
より,
$$(a_{n_0+k+4} - a_{n_0+k+2})(a_{n_0+k+2} - a_{n_0+k}) > 0$$
となる. 従って, $a_{n_0+2} - a_{n_0} > 0$ ならば,
$$a_{n_0} < a_{n_0+2} < \cdots < a_{n_0+2j} < \cdots \leq 1 \quad \cdots ②$$
$$a_{n_0+1} > a_{n_0+3} > \cdots > a_{n_0+2j+1} > \cdots \geq 0 \quad \cdots ③$$
なので, 数列 $\{a_{n_0+2j}\}_{j=1}^{\infty}$, $\{a_{n_0+2j+1}\}_{j=1}^{\infty}$ は収束する. それぞれの極限値を $\alpha, \beta$ とすると, 式①より, $\alpha = 1 - \sqrt{\beta}$, $\beta = 1 - \sqrt{\alpha}$ となる. $0 < \alpha, \beta < 1$ より, $\alpha = \beta$ となり, $\alpha = \dfrac{3 - \sqrt{5}}{2}$ となる. $a_{n_0+2} - a_{n_0} < 0$ のときは, 数列②, ③の符号の向きが逆になり, 同様の議論で, $\dfrac{3 - \sqrt{5}}{2}$ に収束する. $a_{n_0+2} - a_{n_0} = 0$ のときも $a_{n_0} = \dfrac{3 - \sqrt{5}}{2}$ となり, やはり, $\dfrac{3 - \sqrt{5}}{2}$ に収束する. 従って, いずれの場合も数列 $\{a_n\}$ は $\dfrac{3 - \sqrt{5}}{2}$ に収束する.

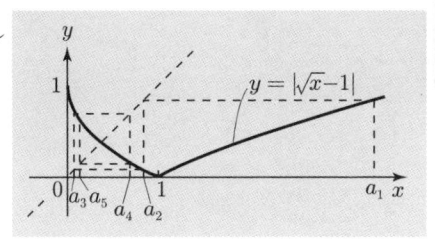

**10** (1) $\dfrac{1}{\lambda - 1} > 0$ より, 正整数 $p$ を $p > \dfrac{1}{\lambda - 1}$ とする. すると, $\lambda > 1 + \dfrac{1}{p}$ より, $\dfrac{1}{n^\lambda} < \dfrac{1}{n^{1+\frac{1}{p}}}$. 従って $\sum_{n=1}^{\infty} \dfrac{1}{n^\lambda} < \sum_{n=1}^{\infty} \dfrac{1}{n^{1+1/p}}$ より $\sum_{n=1}^{\infty} \dfrac{1}{n^{1+1/p}}$ が収束すれば $\sum_{n=1}^{\infty} \dfrac{1}{n^\lambda}$ も収束する.

(2) $b_n = \sum_{k=1}^{n} \left(\dfrac{1}{k^{1/p}} - \dfrac{1}{(k+1)^{1/p}}\right) = \left(1 - \dfrac{1}{2^{1/p}}\right) + \left(\dfrac{1}{2^{1/p}} - \dfrac{1}{3^{1/p}}\right) + \cdots + \left(\dfrac{1}{n^{1/p}} - \dfrac{1}{(n+1)^{1/p}}\right) = 1 - \dfrac{1}{(n+1)^{1/p}}$ より, $\sum_{n=1}^{\infty} \left(\dfrac{1}{n^{1/p}} - \dfrac{1}{(n+1)^{1/p}}\right) = \lim_{n \to \infty} b_n = 1$ となり, 収束する.

(3) $a_n = \left(1 + \dfrac{1}{n}\right)^n$ は例題 1.8 より単調増加列で問題 1.8.1 より $a_n \leq 3$ で, $a_1 = 2$. これより,
$$\left(1 + \dfrac{1}{2pn}\right)^{pn} = \left\{\left(1 + \dfrac{1}{2pn}\right)^{2pn}\right\}^{1/2} = (a_{2pn})^{1/2} \leq 3^{1/2} < 2 = a_1 \leq a_n = \left(1 + \dfrac{1}{n}\right)^n.$$

(4) (3) の結果を $\dfrac{1}{pn}$ 乗すると, $1 + \dfrac{1}{2pn} < \left(1 + \dfrac{1}{n}\right)^{1/p} = \dfrac{(n+1)^{1/p}}{n^{1/p}}$ となる. 両辺に $\dfrac{1}{(n+1)^{1/p}}$ を乗ずると $\dfrac{1}{(n+1)^{1/p}} + \dfrac{1}{2pn(n+1)^{1/p}} < \dfrac{1}{n^{1/p}}$ となり, 左辺の第一項を移行すると, $\dfrac{1}{2pn(n+1)^{1/p}} < \dfrac{1}{n^{1/p}} - \dfrac{1}{(n+1)^{1/p}}$ となる.

(5) (2) と (4) より, $\sum_{k=1}^{\infty} \dfrac{1}{2pn(n+1)^{1/p}}$ は収束する. また,

$\sum_{k=2}^{\infty} \frac{1}{n^{1+1/p}} = \sum_{k=1}^{\infty} \frac{1}{(n+1)^{1+1/p}} \le 2p \sum_{k=1}^{\infty} \frac{1}{2pn(n+1)^{1/p}}$ であり，右辺が収束するので，左辺も収束する．

**11** (1) $b_{2^2} = \sum_{k=1}^{4} \frac{1}{2k} = \frac{1}{2} + \frac{1}{4} + \frac{1}{6} + \frac{1}{8} > \frac{1}{2} + \frac{1}{4} + \frac{1}{8} + \frac{1}{8} = \frac{1}{2} + \frac{1}{4} + \frac{1}{8} \times 2 = \frac{1}{2} + \frac{1}{4} \times 2$,

$b_{2^3} = \sum_{k=1}^{8} \frac{1}{2k} = \frac{1}{2} + \frac{1}{4} + \frac{1}{6} + \frac{1}{8} + \frac{1}{10} + \frac{1}{12} + \frac{1}{14} + \frac{1}{16} > \frac{1}{2} + \frac{1}{4} + \frac{1}{8} + \frac{1}{8} + \frac{1}{16} + \frac{1}{16} + \frac{1}{16} + \frac{1}{16} = \frac{1}{2} + \frac{1}{4} + \frac{1}{8} \times 2 + \frac{1}{16} \times 4 = \frac{1}{2} + \frac{1}{4} + \frac{1}{4} + \frac{1}{4} = \frac{1}{2} + \frac{1}{4} \times 3$. 同様にして，

$b_{2^n} = \sum_{k=1}^{2^n} \frac{1}{2k} > \frac{1}{2} + \frac{1}{4} \times n$. これより $\sum_{n=1}^{\infty} \frac{1}{2n} > \lim_{n \to \infty} \left(\frac{1}{2} + \frac{1}{4} \times n\right) = \infty$ となり，発散する．

(2) $\sum_{n=1}^{\infty} \frac{1}{n^2 + 2} < \frac{1}{3} + \sum_{n=2}^{\infty} \frac{1}{n^2 - 1}$. 問題 1.12.1(1) より，右辺は収束するので，左辺も収束する．

(3) $\frac{\sqrt{n}}{n^2 + 1} < \frac{\sqrt{n}}{n^2} = \frac{1}{n^{3/2}}$. 右辺の級数和は前問 10 において $\lambda = \frac{3}{2} > 1$ より収束するので，$\sum_{n=1}^{\infty} \frac{\sqrt{n}}{n^2 + 1}$ も収束する．

(4) $\sum_{n=1}^{\infty} \frac{n}{n^2 + 2} > \sum_{n=1}^{\infty} \frac{1}{3n}$. (1) より，右辺は発散するので，左辺も発散する．

(5) $\sum_{n=2}^{\infty} \frac{1}{\log n} > \sum_{n=2}^{\infty} \frac{1}{n}$. (1) より，右辺は発散するので，左辺も発散する．

(6) $\sqrt{n} \ge \log \sqrt{n}$ なので，$\frac{1}{\sqrt{n} \log n} = \frac{1}{\sqrt{n} 2 \log \sqrt{n}} > \frac{1}{\sqrt{n} 2 \sqrt{n}} = \frac{1}{2n}$. (1) より，$\sum_{n=1}^{\infty} \frac{1}{2n}$ は発散するので $\sum_{n=2}^{\infty} \frac{1}{\sqrt{n} \log n}$ も発散する．

(7) $x \ge \log x$ なので，$\frac{\log n}{n^2} = \frac{2 \log \sqrt{n}}{n^2} \le \frac{2\sqrt{n}}{n^2} = \frac{2}{n^{3/2}}$. 前問 10 において $\lambda = \frac{3}{2} > 1$ より $\sum_{n=1}^{\infty} \frac{2}{n^{3/2}}$ は収束する．従って，$\sum_{n=1}^{\infty} \frac{\log n}{n^2}$ は収束する．

(8) $\sum_{k=1}^{n} (\sqrt{k} - \sqrt{k-1}) = (1 - 0) + (2 - 1) + \cdots (\sqrt{n} - \sqrt{n-1}) = \sqrt{n}$ は $n \to \infty$ で無限大になるので，もとの級数は発散する．

(9) $\sum_{k=1}^{n} \left(\frac{1}{\sqrt{k}} - \frac{1}{\sqrt{k+1}}\right) = \left(1 - \frac{1}{\sqrt{2}}\right) + \left(\frac{1}{\sqrt{2}} - \frac{1}{\sqrt{3}}\right) + \cdots + \left(\frac{1}{\sqrt{n}} - \frac{1}{\sqrt{n+1}}\right) = 1 - \frac{1}{\sqrt{n+1}}$. 右辺は $n \to \infty$ で 1 には収束するので，左辺も収束する．

**12** (1) （正しい）$\{a_n\}, \{b_n\}$ がそれぞれ $\alpha, \beta$ に収束するとする．このとき，任意の $\varepsilon \, (0 < \varepsilon < 1)$ に対し，ある番号 $n_0$ が存在して，$n \ge n_0$ に対して，$|a_n - \alpha| < \varepsilon, |b_n - \beta| < \varepsilon$. このとき，$|a_n^2 - \alpha^2| = |a_n - \alpha||a_n + \alpha| < (2|\alpha| + 1)\varepsilon, |b_n^2 - \beta^2| = |b_n - \beta||b_n + \beta| < (2|\beta| + 1)\varepsilon$. 従って，$|(a_n^2 + b_n^2) - (\alpha^2 + \beta^2)| < (2|\alpha| + 2|\beta| + 2)\varepsilon$ となり，収束する．

(2) （誤り）反例：$a_n = \sum_{k=1}^{n} \frac{1}{k}$ とおくと，$a_n - a_{n-1} = \frac{1}{n} \to 0 (n \to \infty)$．しかし，$\lim_{n \to \infty} a_n = \sum_{k=1}^{\infty} \frac{1}{k} = \infty$ より，$\{a_n\}$ は収束しない．

(3) （誤り）反例：$a_n = 1$（$n$ が素数のとき），$a_n = 0$（$n$ が素数でない，すなわち合成数のとき）．すると，任意の $k$ に対し $\{a_{kn}\}$ はすべて 0 に収束するが，部分列 $\{a_{p_j}\}_{j=1}^{\infty}$ の極限は 1 となり，もとの数列 $\{a_n\}$ は収束しない．

(4) （正しい） $a_n + a_{n+1} \to \alpha$, $a_n + a_{n+2} \to \beta$ とすれば，$a_{n+1} + a_{n+2} \to \alpha$ でもあるので，$a_n = \frac{1}{2}\{a_n + a_{n+1} + a_n + a_{n+2} - (a_{n+1} + a_{n+2})\} \to \frac{1}{2}(\alpha + \beta - \alpha) = \frac{1}{2}\beta$. 結局 $\alpha = \beta$ となることに注意せよ．

## 2 章の問題解答

**2.1.1** (1) $f(x) = x \sin x$ とおくと，$f'(x) = \sin x + x \cos x > 0$ $\left(0 < x < \frac{\pi}{2}\right)$ なので単調増加で，$0 < x \sin x < \frac{\pi}{2}$ より，有界である． (2) $0 < \left|x \sin \frac{1}{x}\right| < \frac{\pi}{2}$ となり有界だが，振動するので単調ではない． (3) $\frac{1}{x} \sin \frac{1}{x}$ は $x \to 0$ のとき，振幅をだんだん大きくしながら，プラス，マイナスに振動するので，有界ではないし，単調でもない．
(4) $\left|x^2 \left(1 + x \sin \frac{1}{x}\right)\right| \leq \left(\frac{\pi}{2}\right)^2 \left(1 + \frac{\pi}{2}\right)$ なので，有界である．しかし，$x \sin \frac{1}{x}$ は 0 の近くで振動するので，単調ではない．

**2.2.1**
(1) 破線で，$y = |x-1|$ と $y = |x-2|$ を描き，その和を実線で描いている．

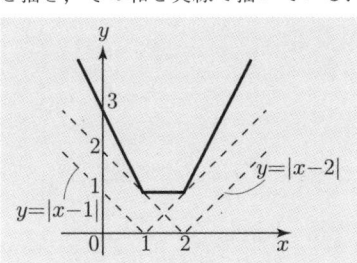

(2) $|x|$ だけの関数なので $y$ 軸に関して対称である．

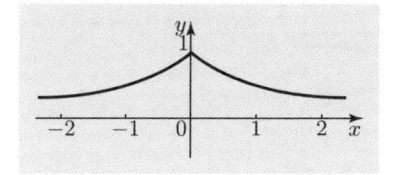

(3) $\frac{|x|}{|x|+1} = 1 - \frac{1}{|x|+1}$ より $y = 1$ から (2) のグラフを差し引いたもの．

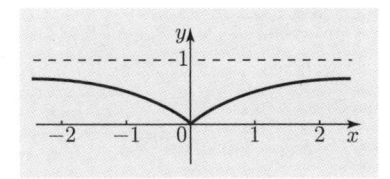

(4) $|x| > 1$ では，$y = 0$ で $|x| \leq 1$ では，$y = 1 - x^2$．

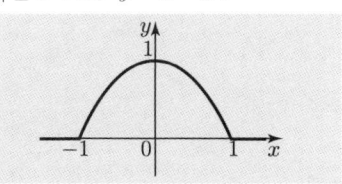

(5) $x \geq 0$ で $y = x^2$ で $x < 0$ で $y = -x^2$.

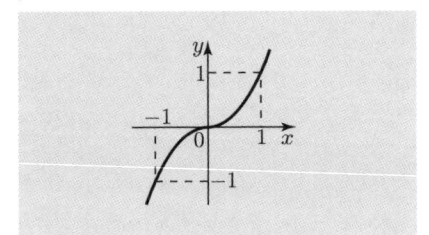

(6) $x \geq 0$ で $y = 1 - (x-1)^2$.
$x < 0$ で $y = 1 - (x+1)^2$.

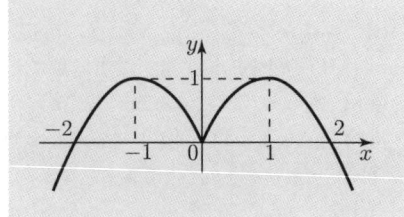

(7) $y$ 軸に関して対称である.

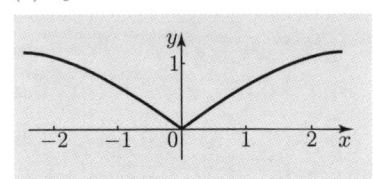

(8) $y$ 軸に関して対称である.

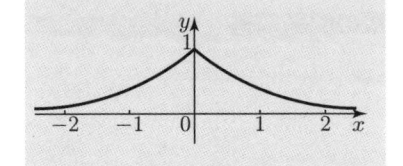

(9)

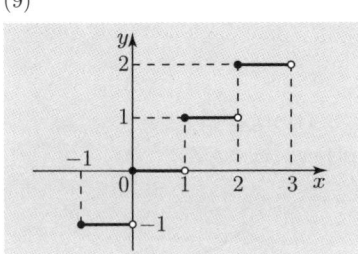

(10) $y = x$ のグラフから (9) のグラフを差し引いたもの.

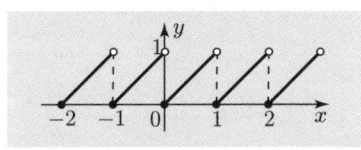

(11) 太い破線が $y = 1 - x$ で実線が $\lfloor 1 - x \rfloor$.

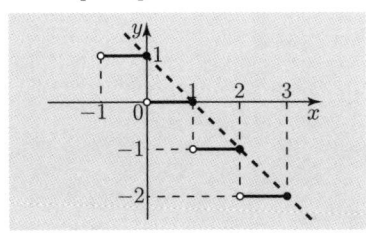

(12) 太い破線が $y = x^2$ で実線が $\lfloor x^2 \rfloor$.

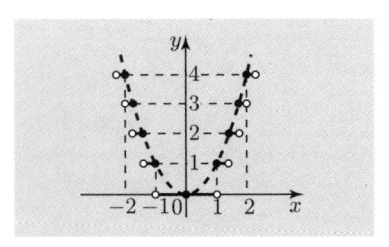

(13) 太い破線が $y = x^3$ で実線が $\lfloor x^3 \rfloor$.

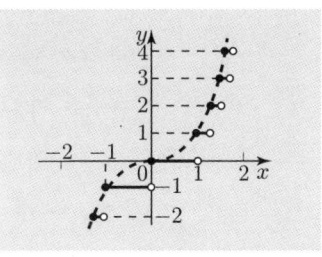

(14) (13) のグラフにおける太い破線の $y = x^3$ から実線の関数を差し引いたもの.

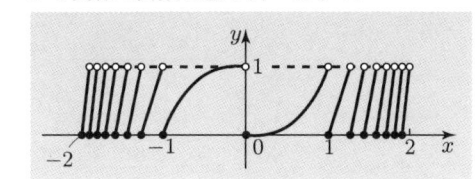

**2.3.1** (1) $\text{Arcsin}\, x = y$ とおくと, $-\frac{\pi}{2} \leq y \leq \frac{\pi}{2}$ で $\sin y = x$. さらに, $\text{Arccos}\, x = z$ とおくと, $0 \leq z \leq \pi$ で $x = \cos z = \sin\left(\frac{\pi}{2} - z\right)$. 従って, $\sin y = x = \sin\left(\frac{\pi}{2} - z\right)$. また, $-\frac{\pi}{2} \leq y \leq \frac{\pi}{2}$, $-\frac{\pi}{2} \leq \frac{\pi}{2} - z \leq \frac{\pi}{2}$ より, $\frac{\pi}{2} - z = y$ となり $y + z = \frac{\pi}{2}$. 従って, $\text{Arcsin}\, x + \text{Arccos}\, x = \frac{\pi}{2}$.

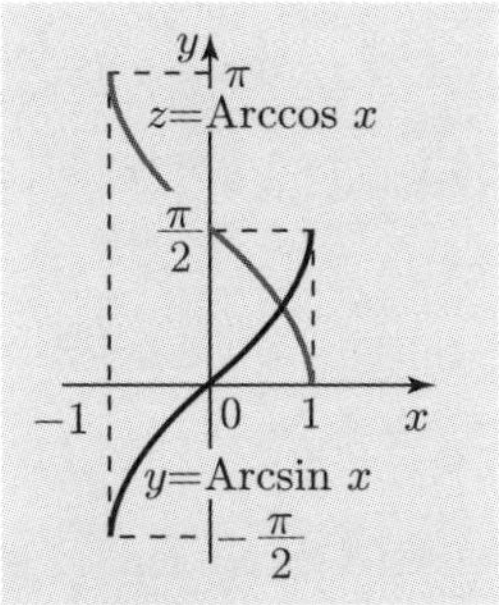

(2) $\text{Arctan}\, \frac{1}{x} = y$ とおくと, $x = \frac{1}{\tan y} = \cot y$. $x > 0$ のとき, $0 < y < \frac{\pi}{2}$ で $\cot y = \tan\left(\frac{\pi}{2} - y\right)$ より, $x = \tan\left(\frac{\pi}{2} - y\right)$. 従って, $\text{Arctan}\, x = \frac{\pi}{2} - y$ より,
$\text{Arctan}\, x + \text{Arctan}\, \frac{1}{x} = \left(\frac{\pi}{2} - y\right) + y = \frac{\pi}{2}$.
$x < 0$ のとき, $0 > y > -\frac{\pi}{2}$ で $\cot y = \tan\left(-\frac{\pi}{2} - y\right)$ より, $x = \tan\left(-\frac{\pi}{2} - y\right)$. 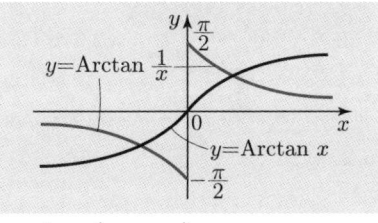
従って, $\text{Arctan}\, x = -\frac{\pi}{2} - y$ より, $\text{Arctan}\, x + \text{Arctan}\, \frac{1}{x} = \left(-\frac{\pi}{2} - y\right) + y = -\frac{\pi}{2}$.

**2.4.1** $x = \text{Arctan}\, \frac{1}{2}$, $y = \text{Arctan}\, \frac{1}{3}$ とおくと $\tan x = \frac{1}{2}$, $\tan y = \frac{1}{3}$ なので, $\tan(x+y) = \frac{\tan x + \tan y}{1 - \tan x \tan y} = \frac{\frac{1}{2} + \frac{1}{3}}{1 - \frac{1}{2}\cdot\frac{1}{3}} = 1$. 従って, $\text{Arctan}\, \frac{1}{2} + \text{Arctan}\, \frac{1}{3} = x + y = \text{Arctan}\, 1 = \frac{\pi}{4}$.

**2.5.1** (1) $\sinh\alpha\cosh\beta + \cosh\alpha\sinh\beta = \dfrac{e^\alpha - e^{-\alpha}}{2}\dfrac{e^\beta + e^{-\beta}}{2} + \dfrac{e^\alpha + e^{-\alpha}}{2}\dfrac{e^\beta - e^{-\beta}}{2} = \dfrac{e^{\alpha+\beta} + e^{\alpha-\beta} - e^{-\alpha+\beta} - e^{-\alpha-\beta}}{4} + \dfrac{e^{\alpha+\beta} - e^{\alpha-\beta} + e^{-\alpha+\beta} - e^{-\alpha-\beta}}{4} = \dfrac{2(e^{\alpha+\beta} - e^{-\alpha-\beta})}{4} = \sinh(\alpha + \beta)$.

同様にして, $\sinh\alpha\cosh\beta - \cosh\alpha\sinh\beta = \dfrac{2(e^{\alpha-\beta} - e^{-\alpha+\beta})}{4} = \sinh(\alpha - \beta)$.

(2) $\cosh\alpha\cosh\beta + \sinh\alpha\sinh\beta = \dfrac{e^\alpha + e^{-\alpha}}{2}\dfrac{e^\beta + e^{-\beta}}{2} + \dfrac{e^\alpha - e^{-\alpha}}{2}\dfrac{e^\beta - e^{-\beta}}{2} = \dfrac{e^{\alpha+\beta} + e^{\alpha-\beta} + e^{-\alpha+\beta} + e^{-\alpha-\beta}}{4} + \dfrac{e^{\alpha+\beta} - e^{\alpha-\beta} - e^{-\alpha+\beta} + e^{-\alpha-\beta}}{4} = \dfrac{2(e^{\alpha+\beta} + e^{-\alpha-\beta})}{4}$

$= \cosh(\alpha + \beta)$.

同様にして，$\cosh\alpha\cosh\beta - \sinh\alpha\sinh\beta = \dfrac{2(e^{\alpha-\beta} + e^{-\alpha+\beta})}{4} = \cosh(\alpha - \beta)$.

(3)　$\sinh 2x = \dfrac{e^{2x} - e^{-2x}}{2} = \dfrac{(e^x + e^{-x})(e^x - e^{-x})}{2} = 2\dfrac{e^x - e^{-x}}{2}\dfrac{e^x + e^{-x}}{2} = 2\sinh x\cosh x$.

(4)　$\cosh 2x = \dfrac{e^{2x} + e^{-2x}}{2} = \dfrac{(e^x + e^{-x})^2 + (e^x - e^{-x})^2}{4} = \left(\dfrac{e^x + e^{-x}}{2}\right)^2 + \left(\dfrac{e^x - e^{-x}}{2}\right)^2 =$
$\cosh^2 x + \sinh^2 x$. また，$\cosh 2x = \dfrac{e^{2x} + e^{-2x}}{2} = \dfrac{(e^x - e^{-x})^2 + 2}{2} = 1 + 2\left(\dfrac{e^x - e^{-x}}{2}\right)^2 = 1 +$
$2\sinh^2 x$. 同様にして $\cosh 2x = \dfrac{e^{2x} + e^{-2x}}{2} = \dfrac{(e^x + e^{-x})^2 - 2}{2} = 2\left(\dfrac{e^x + e^{-x}}{2}\right)^2 - 1 = 2\cosh^2 x - 1$.

(5)　(3), (4) を使って，
$$\tanh 2x = \dfrac{\sinh 2x}{\cosh 2x} = \dfrac{2\sinh x\cosh x}{\cosh^2 x + \sinh^2 x} = \dfrac{2\frac{\sinh x}{\cosh x}}{1 + \frac{\sinh^2 x}{\cosh^2 x}} = \dfrac{2\tanh x}{1 + \tanh^2 x}.$$

**2.6.1**　(2.6-b): $f(x) = \left(1 + \dfrac{1}{x}\right)^x$ は連続なので，式 (1.6) から得られる．

(2.6-c): $\dfrac{1}{x} = t$ とおくと，$x \to 0$ のとき $t \to \pm\infty$ なので (2.6-b) に対応する極限を $x \to -\infty$ に対しても求める必要がある．$\left(1 - \dfrac{1}{t}\right)^{-t} = \left(\dfrac{t}{t-1}\right)^t = \left(1 + \dfrac{1}{t-1}\right)^{t-1}\left(1 + \dfrac{1}{t-1}\right)$ より，
(2.6-b) を用いて $\displaystyle\lim_{t\to-\infty}\left(1 + \dfrac{1}{t}\right)^t = \lim_{t\to\infty}\left(1 - \dfrac{1}{t}\right)^{-t} = e$. 従って，$\displaystyle\lim_{t\to\pm\infty}\left(1 + \dfrac{1}{t}\right)^t = e$ なので，
$\displaystyle\lim_{x\to 0}(1 + x)^{1/x} = \lim_{t\to\pm\infty}\left(1 + \dfrac{1}{t}\right)^t = e$.

(2.6-d): (2.6-c) の両辺の対数をとれば得られる．　(2.6-e): $\log(1+x) = y$ とおくと，$e^y = 1+x$. $x \to 0$ のとき，$y \to 0$ より，(2.6-d) にこれらを代入すると，$\displaystyle\lim_{x\to 0}\dfrac{y}{e^y - 1} = 1$ となり，逆数を考えて求める式が得られる．　(2.6-f): $e > 1$ より，式 (1.7) から得られる．

(2.6-g): (2.6-f) の逆数より，成り立つ．

**2.6.2**　(1) $\displaystyle\lim_{x\to\infty}\sqrt{x+1}(\sqrt{x} - \sqrt{x-1}) = \lim_{x\to\infty}\dfrac{\sqrt{x+1}(\sqrt{x} - \sqrt{x-1})(\sqrt{x} + \sqrt{x-1})}{(\sqrt{x} + \sqrt{x-1})}$
$= \displaystyle\lim_{x\to\infty}\dfrac{\sqrt{x+1}\{x - (x-1)\}}{(\sqrt{x} + \sqrt{x-1})} = \lim_{x\to\infty}\dfrac{\sqrt{1 + 1/x}}{(1 + \sqrt{1 - 1/x})} = \dfrac{1}{2}$.

(2) $\displaystyle\lim_{x\to 0}\dfrac{2x - \sin x}{3x} = \lim_{x\to 0}\left(\dfrac{2x}{3x} - \dfrac{\sin x}{3x}\right) = \dfrac{2}{3} - \dfrac{1}{3} = \dfrac{1}{3}$.

**2.6.3**　(1) $\displaystyle\lim_{x\to 0}\left|x\sin\dfrac{1}{x}\right| \leq \lim_{x\to 0}|x| = 0$. 極限が存在するので $\displaystyle\lim_{x\to +0}x\sin\dfrac{1}{x} = \lim_{x\to -0}x\sin\dfrac{1}{x} = 0$.

(2) $\displaystyle\lim_{x\to +0}Y(x) = \lim_{x\to +0}1 = 1$, $\displaystyle\lim_{x\to -0}Y(x) = \lim_{x\to -0}0 = 0$. 従って，極限は存在しない．

**2.7.1**　(1) (C1):$f(0)$ が定義されていないので，$x = 0$ において連続ではない．

(2) (C1):$f(0) = 0$ は定義されている．　(C2):$\displaystyle\lim_{x\to 0}\left|x\sin\dfrac{1}{x}\right| \leq \lim_{x\to 0}|x| = 0$ より $\displaystyle\lim_{x\to 0}f(x) = 0$ が存在する．　(C3):$f(0) = 0 = \displaystyle\lim_{x\to 0}f(x)$.

(C1) 〜 (C3) が成り立つので，$x = 0$ において連続である．

**2.8.1**　$x^n + a_1 x^{n-1} + \cdots + a_{n-1}x + a_n = x^n\left(1 + \dfrac{a_1}{x} + \cdots + \dfrac{a_{n-1}}{x^{n-1}} + \dfrac{a_n}{x^n}\right)$ より，$M$ を十分大きな正数とすると，$|x| \geq M$ なる $x$ に対し，$1 + \dfrac{a_1}{x} + \cdots + \dfrac{a_{n-1}}{x^{n-1}} + \dfrac{a_n}{x^n} > 0$. このとき，$f(x) = x^n + a_1 x^{n-1} + \cdots + a_{n-1}x + a_n$ とおくと，$f(M) > 0$, $n$ が奇数より $f(-M) < 0$ となり，$f(x)$ は，区間 $[-M, M]$ で連続より，中間値の定理から $f(x) = 0$ となる $x$ が存在する．

**2.8.2** $y=0$ で $x=x_1, x_2$ $(x_1 < x_2)$ で交わるとする．
$f(x)$ は区間 $[x_1, x_2]$ で連続より，最大値の定理により $a \in [x_1, x_2]$ で最大値をとる．
(1) $a \in (x_1, x_2)$ ならば，$f(a) > 0$ である．$y=0$ で他に交点を持たないので，$x < x_1$ および $x > x_2$ で $f(x) < 0$ であり，$f(a) > 0$ は実数全体の正の最大値である．
(1-i) 最小値を持たないならば，正の最大値だけとる．(例：$f(x) = 2e^{-x^2} - 1$)
(1-ii) $b$ で最小値をとるならば，$b > x_2$ または $b < x_1$ であり，$f(b) < 0$ であるので正の最大値 $f(a) > 0$ と負の最小値 $f(b) < 0$ をとる．
$b > x_2$ のとき，$\lim_{x \to \infty} f(x) = m \ (> f(b))$ とすると，$x < x_1$ に対し，$m < f(x) < 0$ である．
(例：$f(x) = e^{-(x-1)^2} - e^{-(x+1)^2} - 0.5$) $\quad b < x_1$ のときも同様に考えられる．
(2) $a = x_1$ または $a = x_2$ のときは，区間 $[x_1, x_2]$ での最小値を $(x_1, x_2)$ でとり，$-f(x)$ に対し上の議論が適用できるので，負の最小値を持つ場合と（例：$f(x) = x^2 - 1$），正の最大値と負の最小値をとる場合がある．

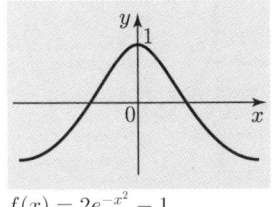

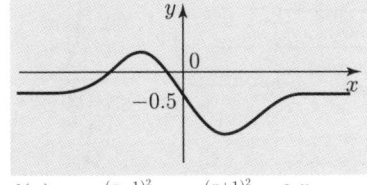

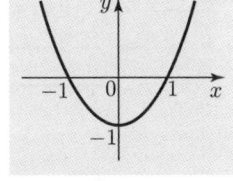

$f(x) = 2e^{-x^2} - 1$ $\qquad$ $f(x) = e^{-(x-1)^2} - e^{-(x+1)^2} - 0.5$ $\qquad$ $f(x) = x^2 - 1$

## 2章の演習問題解答

**1** (1) 値域は $(-\infty, 0]$ で，$x=1$ で最大値 $0$ をとる．最小値は存在しない．上限は $0$ で，下限は $-\infty$．下に有界でないので，有界ではない．単調増加関数である．
(2) 値域は $[-1, 1]$ で，上限は $1$ で，下限は $-1$．$x = 2n\pi + \frac{\pi}{2}$ $(n = 0, 1, 2, \ldots)$ で最大値 $1$ をとる．$x = 2n\pi + \frac{3\pi}{2}$ $(n = 0, 1, 2, \ldots)$ で最小値 $-1$ をとる．値域が $[-1, 1]$ なので，有界である．また，関数は増加と減少を繰り返しているので，単調関数ではない．
(3) 最大値も最小値もなし，上限は $\infty$，下限は $0$，有界ではなく，単調増加関数．
(4) 最大値はなし，最小値は $0$，上限は $1$，下限は $0$，有界で，単調増加関数．
(5) 最大値は $1$，最小値は $0$，上限は $1$，下限は $0$，有界で，単調関数ではない．
(6) 最大値は $1$，最小値は $-1$，上限は $1$，下限は $-1$，有界で，単調増加関数．
(7) 最大値はなし，最小値は $0$，上限は $1$，下限は $0$，有界で，単調関数ではない．
(8) 最大値はなし，最小値は $-1$，上限は $\infty$，下限は $-1$，有界ではなく，単調増加関数．
(9) 最大値は $1$，最小値は $0$，上限は $1$，下限は $0$，有界で，単調関数ではない．
(10) 最大値は $1$，最小値はなし，上限は $1$，下限は $0$，有界で，単調関数ではない．
(11) 最大値も最小値もなし，上限は $\frac{\pi}{2}$，下限は $-\frac{\pi}{2}$，有界で，単調増加関数．
(12) 最大値は $\frac{\pi}{2}$，最小値は $-\frac{\pi}{2}$，上限は $\frac{\pi}{2}$，下限は $-\frac{\pi}{2}$，有界で，単調増加関数．

**2** (1) 破線で，$y = e^x$ と $y = -e^{-x}$ を描き，その平均の $y = \sinh x$ を実線で描いている．

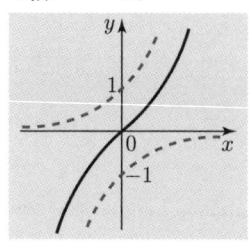

(2) $y$ 軸に関して対称である．

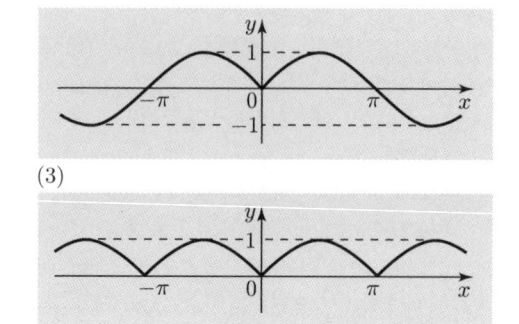

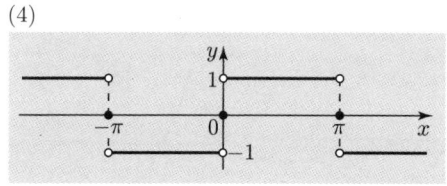

(3)

(4)

(5)

**3** (1) $\mathrm{Arcsin}\,(\cos 2x) = y$ とおくと，$-\frac{\pi}{2} \leq y \leq \frac{\pi}{2}$ かつ $\sin y = \cos 2x = \sin\left(\frac{\pi}{2} \pm 2x\right)$．$-\frac{\pi}{2} \leq x \leq 0$ より，$y = \frac{\pi}{2} + 2x$ なので，$\mathrm{Arcsin}\,(\cos 2x) = \frac{\pi}{2} + 2x$．

(2) $\mathrm{Arccos}\,\dfrac{1}{\sqrt{x^2+1}} = y$ とおくと，$\cos y = \dfrac{1}{\sqrt{x^2+1}}$ で $0 \leq y \leq \pi$ より，$\sin y \geq 0$．従って，$\sin y = \sqrt{1 - \cos^2 y} = \dfrac{|x|}{\sqrt{x^2+1}}$．これより，$\tan y = \dfrac{\sin y}{\cos y} = |x|$．よって，$\tan \mathrm{Arccos}\,\dfrac{1}{\sqrt{x^2+1}} = \tan y = |x|$．

(3) $\mathrm{Arccos}\,\dfrac{\sqrt{2x}}{x+1} = y$ とおく．このとき，$\cos y = \dfrac{\sqrt{2x}}{x+1}$ で $0 \leq y \leq \pi$ なので，$\sin y \geq 0$．従って，$\sin y = \sqrt{1 - \cos^2 y} = \dfrac{\sqrt{x^2+1}}{x+1}$ となる．$\dfrac{\sqrt{2x}}{\sqrt{x^2+1}} = \dfrac{\cos y}{\sin y} = \cot y = \tan\left(\dfrac{\pi}{2} - y\right)$ なので，$\mathrm{Arctan}\,\dfrac{\sqrt{2x}}{\sqrt{x^2+1}} = \dfrac{\pi}{2} - y$．従って，

$$\mathrm{Arccos}\,\frac{\sqrt{2x}}{x+1} + \mathrm{Arctan}\,\frac{\sqrt{2x}}{\sqrt{x^2+1}} = y + \left(\frac{\pi}{2} - y\right) = \frac{\pi}{2}.$$

**4** (1) 任意の 2 点を結んだ弦が，対応するグラフの弧より常に上方にある関数を凸関数という．(2) $n$ に関する帰納法で示す．$n = 2$ のとき，$\lambda_1 + \lambda_2 = 1$ より $\lambda_2 = 1 - \lambda_1$．$f\left(\sum_{j=1}^{2} \lambda_j x_j\right) = f(\lambda_1 x_1 + (1-\lambda_1)x_2) \leq \lambda_1 f(x_1) + (1-\lambda_1)f(x_2) = \sum_{j=1}^{2} \lambda_j f(x_j)$ で成り立つ．

$n = k$ のとき成り立つとして,$n = k+1$ のとき,$\sum_{j=1}^{k+1} \lambda_j = 1$ より,$\sum_{j=1}^{k} \lambda_j = 1 - \lambda_{k+1}$. すなわち,$\sum_{j=1}^{k} \dfrac{\lambda_j}{1-\lambda_{k+1}} = 1$. $n = k$ のとき成り立つので,
$$f\left(\sum_{j=1}^{k} \dfrac{\lambda_j}{1-\lambda_{k+1}} x_j\right) \leq \sum_{j=1}^{k} \dfrac{\lambda_j}{1-\lambda_{k+1}} f(x_j). \quad \cdots \text{①}$$
また,
$$f\left(\lambda_{k+1} x_{k+1} + (1-\lambda_{k+1})\sum_{j=1}^{k} \dfrac{\lambda_j}{1-\lambda_{k+1}} x_j\right) \leq \lambda_{k+1} f(x_{k+1}) + (1-\lambda_{k+1}) f\left(\sum_{j=1}^{k} \dfrac{\lambda_j}{1-\lambda_{k+1}} x_j\right).$$
この式と式① とあわせると,
$$f\left(\sum_{j=1}^{k+1} \lambda_j x_j\right) = f\left(\lambda_{k+1} x_{k+1} + (1-\lambda_{k+1}) \sum_{j=1}^{k} \dfrac{\lambda_j}{1-\lambda_{k+1}} x_j\right)$$
$$\leq \lambda_{k+1} f(x_{k+1}) + (1-\lambda_{k+1}) f\left(\sum_{j=1}^{k} \dfrac{\lambda_j}{1-\lambda_{k+1}} x_j\right)$$
$$\leq \lambda_{k+1} f(x_{k+1}) + (1-\lambda_{k+1}) \sum_{j=1}^{k} \dfrac{\lambda_j}{1-\lambda_{k+1}} f(x_j) = \sum_{j=1}^{k+1} \lambda_j f(x_j).$$
よって示された.

**5** (1) $\lim_{x \to -0} \dfrac{|x|}{x} = \lim_{x \to -0} \dfrac{-x}{x} = -1$.  (2) $\lim_{x \to +0} \dfrac{|x|}{x} = \lim_{x \to +0} \dfrac{x}{x} = 1$.
(3) $\lim_{x \to 1-0} \dfrac{x}{1-x} = +\infty$. 何故なら,$x \to 1-0$ のとき $1-x$ は正で $0$ に近づくからである.
(4) $\lim_{x \to 1+0} \dfrac{x}{1-x} = -\infty$. 何故なら,$x \to 1+0$ のとき $1-x$ は負で $0$ に近づくからである.

**6** (1) $\lim_{x \to 0} x \cot x = \lim_{x \to 0} \dfrac{x}{\sin x} \cos x = 1$.  (2) $\lim_{x \to 0} \dfrac{\sin 5x}{\sin 3x} = \lim_{x \to 0} \dfrac{\sin 5x}{5x} \dfrac{3x}{\sin 3x} \dfrac{5}{3} = \dfrac{5}{3}$.
(3) $\lim_{x \to \infty} \dfrac{x^2 + x - 1}{x^2 + x + 1} = \lim_{x \to \infty} \dfrac{1 + 1/x - 1/x^2}{1 + 1/x + 1/x^2} = 1$.  (4) $\lim_{x \to 0} \dfrac{x^2 + x - 1}{x^2 + x + 1} = -1$.
(5) $\lim_{x \to 1} \dfrac{\sqrt{x} - 1}{x - 1} = \lim_{x \to 1} \dfrac{\sqrt{x} - 1}{(\sqrt{x} - 1)(\sqrt{x} + 1)} = \lim_{x \to 1} \dfrac{1}{\sqrt{x} + 1} = \dfrac{1}{2}$.
(6) $a > 1$ のとき,$\lim_{x \to -\infty} a^x = 0$. $a = 1$ のとき,$\lim_{x \to -\infty} a^x = 1$. $0 < a < 1$ のとき,$\lim_{x \to -\infty} a^x = \infty$.  (7) $a > 1$ のとき,$\lim_{x \to +\infty} a^x = \infty$. $a = 1$ のとき,$\lim_{x \to +\infty} a^x = 1$. $0 < a < 1$ のとき,$\lim_{x \to +\infty} a^x = 0$.

**7** (1) $m > n, a_0 > 0$ のとき,
$$\lim_{x \to +\infty} \dfrac{a_0 x^m + a_1 x^{m-1} + \cdots + a_m}{x^n + b_1 x^{n-1} + \cdots + b_n} = \lim_{x \to +\infty} \dfrac{a_0 x^{m-n} + a_1 x^{m-1-n} + \cdots + a_m x^{-n}}{1 + b_1 x^{-1} + \cdots + b_n x^{-n}} = +\infty.$$
$m > n, a_0 < 0$ のとき,$\lim_{x \to +\infty} \dfrac{a_0 x^m + a_1 x^{m-1} + \cdots + a_m}{x^n + b_1 x^{n-1} + \cdots + b_n} = -\infty$.
$m = n$ のとき,$\lim_{x \to +\infty} \dfrac{a_0 x^m + a_1 x^{m-1} + \cdots + a_m}{x^n + b_1 x^{n-1} + \cdots + b_n} = \lim_{x \to +\infty} \dfrac{a_0 + a_1 x^{-1} + \cdots + a_m x^{-n}}{1 + b_1 x^{-1} + \cdots + b_n x^{-n}} = a_0$.
$m < n$ のとき,

$$\lim_{x\to+\infty}\frac{a_0x^m+a_1x^{m-1}+\cdots+a_m}{x^n+b_1x^{n-1}+\cdots+b_n}=\lim_{x\to+\infty}\frac{a_0+a_1x^{-1}+\cdots+a_mx^{-m}}{x^{n-m}+b_1x^{n-1-m}+\cdots+b_nx^{-m}}=0.$$

(2) $\dfrac{a_0}{b_0}$ を (1) の場合の $a_0$ に対応して考えればよい．$m>n, \dfrac{a_0}{b_0}>0$ のとき，$+\infty$．$m>n, \dfrac{a_0}{b_0}<0$ のとき，$-\infty$．$m=n$ のとき，$\dfrac{a_0}{b_0}$．$m<n$ のとき，$0$ である．

(3) (1) の場合と同様で，$m>n, b_0>0$ のとき $\infty$．$m>n, b_0<0$ のとき $-\infty$．$m=n$ のとき，$\dfrac{|a_0|}{b_0}$，$m<n$ のとき，$0$．

**8** $x\neq 0$ のとき，$f(x)=\displaystyle\sum_{n=0}^{\infty}\frac{x^2}{(1+x^2)^n}$ は初項 $x^2$，公比 $\dfrac{1}{1+x^2}$ の級数より $f(x)=\dfrac{x^2}{1-\frac{1}{1+x^2}}=\dfrac{x^2(1+x^2)}{x^2}=1+x^2$ となり，$x\neq 0$ では連続である．
$x=0$ のとき，すべての項が $0$ より，その和も $0$．従って，$f(0)=0$，また，$\displaystyle\lim_{x\to 0}f(x)=\lim_{x\to 0}(1+x^2)=1\neq f(0)$ より，$x=0$ では連続ではない．

**9** (1) 分母が $0$ になることはないので，すべての点で定義され，連続である．

(2) $x=\pm 2$ で定義されていないので，この点で連続ではない．他の点では連続である．

(3) $x+x^2=x(1+x)$ より，$x<-1, 0<x$ で $f(x)=1$，$x=-1, 0$ で $f(x)=0$，$-1<x<0$ で $f(x)=-1$ より $x=-1, 0$ で連続ではない．他の点では連続である．

(4) $\mathrm{sgn}\,x$ は点 $0$ 以外で連続は明らかである．$\displaystyle\lim_{x\to 0}x^2\mathrm{sgn}\,x=0=f(0)$ より，点 $0$ でも連続なので，連続関数である． (5) $\displaystyle\lim_{x\to 2}\frac{x^2-4}{x-2}=\lim_{x\to 2}(x+2)=4=f(2)$ より，連続である．

(6) $\displaystyle\lim_{x\to+0}e^{-1/x}=0=f(0)$ より，連続である．

**10** (1) $a=\displaystyle\lim_{n\to\infty}a_n$ のとき，漸化式 $a_{n+1}=f(a_n)$ の極限をとると，$\displaystyle\lim_{n\to\infty}a_{n+1}=\lim_{n\to\infty}f(a_n)$．ここで，$f(x)$ は連続関数より $\displaystyle\lim_{n\to\infty}f(a_n)=f(a)$ なので $a=f(a)$ となる．従って，$a$ は $x=f(x)$ の解となる．

(2) 誤りである．反例：$f(x)=3.2x(1-x)$ を考える．$a_0=0.5$ として，数列 $\{a_n\}$ を考えると，部分列 $\{a_{2n}\}$ は $\dfrac{2.1-\sqrt{0.21}}{3.2}\fallingdotseq 0.5130$ に収束し，部分列 $\{a_{2n+1}\}$ は $\dfrac{2.1+\sqrt{0.21}}{3.2}\fallingdotseq 0.7995$ に収束するが，$f(x)=x$ となる解は $\dfrac{11}{16}=0.6875$ で，部分列の極限値とは異なる．この関数 $f(x)$ の係数の $3.2$ を $3<\alpha<1+\sqrt{6}$ を満たす $\alpha$ に変えても同様のことが起こる．

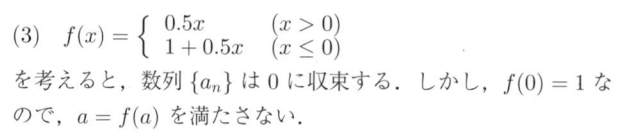

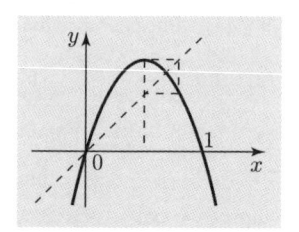

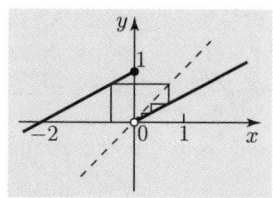

(3) $f(x)=\begin{cases}0.5x & (x>0)\\ 1+0.5x & (x\leq 0)\end{cases}$
を考えると，数列 $\{a_n\}$ は $0$ に収束する．しかし，$f(0)=1$ なので，$a=f(a)$ を満たさない．

**11** (1) $g(x)=x-f(x)$ とおくと，$g'(x)=1-f'(x)>\dfrac{1}{2}$ である．$g(0)=a$ とする．

$a = 0$ のときは $g(0) = 0$ となり，$f(0) = 0$ である．$a \neq 0$ のとき，平均値の定理より $\dfrac{g(-2a) - g(0)}{(-2a) - 0} = g'(\alpha) > \dfrac{1}{2}$. $a > 0$ のとき，$g(-2a) < g(0) - a = 0$ かつ $g(0) = a > 0$ より中間値の定理から，区間 $(-2a, 0)$ に $g(c) = 0$ となる点 $c$ が存在する．$a < 0$ のときは，同様にして，$g(-2a) > 0, g(0) = a < 0$ なので区間 $(0, -2a)$ に $g(c) = 0$ となる点 $c$ が存在する．また，$g'(x) > \dfrac{1}{2}$ より，単調増加関数なので $g(c) = 0$ となる点は一つだけである．すなわち，$f(c) = c$ となる点 $c$ がただ一つ存在する．

(2) $|x_{n+1} - x_n| = |f(x_n) - f(x_{n-1})| = f'(\alpha)|x_n - x_{n-1}| \leq \dfrac{1}{2}|x_n - x_{n-1}|$ より，$|x_{n+1} - x_n| \leq \left(\dfrac{1}{2}\right)^{n-1} |x_2 - x_1|$ となり，数列 $\{x_n\}$ は収束する．収束値 $b$ は $f(b) = b$ を満たすので，(1) より，$b = c$ となり，数列 $\{x_n\}$ は $c$ に収束する．

**1 2** $f(x) = \dfrac{1}{x-a} + \dfrac{1}{x-b} + \dfrac{1}{x-c}$ とおく．このとき，$f'(x) = -\left(\dfrac{1}{x-a}\right)^2 - \left(\dfrac{1}{x-b}\right)^2 - \left(\dfrac{1}{x-c}\right)^2 < 0$ より，$f(x)$ は $(-\infty, a), (a, b), (b, c), (c, \infty)$ で連続で単調減少関数である．$\lim_{x \to -\infty} f(x) = 0, \lim_{x \to a-0} f(x) = -\infty$ より，$(-\infty, a)$ には，$f(x) = 0$ となる点はない．$\lim_{x \to a+0} f(x) = +\infty, \lim_{x \to b-0} f(x) = -\infty$ より，中間値の定理から $f(x) = 0$ となる点が $(a, b)$ に存在し，単調減少関数より，ただ一つである．同様に $\lim_{x \to b+0} f(x) = +\infty, \lim_{x \to c-0} f(x) = -\infty$ より，$f(x) = 0$ となる点が $(b, c)$ にただ一つである．$\lim_{x \to c+0} f(x) = +\infty, \lim_{x \to +\infty} f(x) = 0$ より，$(c, \infty)$ には，$f(x) = 0$ となる点はない．以上より，解は二つで，それを $\alpha, \beta$ とすると，$a < \alpha < b < \beta < c$ の関係にある．

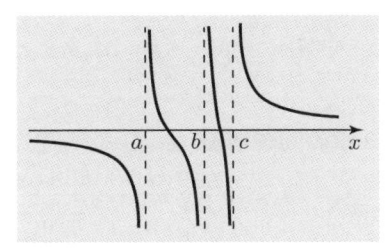

**1 3** (1) $i$ を虚数単位とすると，$e^{xi} = \cos x + i \sin x$ であり，二項展開より $(1 + e^{\frac{\pi}{2}i})^n = \sum_{k=0}^{n} {}_nC_k e^{\frac{k\pi}{2}i}$ なので

$$(1 + e^{\frac{\pi}{2}i})^n = \sum_{k=0}^{n} {}_nC_k e^{\frac{k\pi}{2}i} = \sum_{k=0}^{n} {}_nC_k \left(\cos \frac{k\pi}{2} + i \sin \frac{k\pi}{2}\right)$$

$$= \sum_{k=0}^{n} {}_nC_k \cos \frac{k\pi}{2} + i \sum_{k=0}^{n} {}_nC_k \sin \frac{k\pi}{2}. \cdots \text{①}$$

また，$1 + e^{\frac{\pi}{2}i} = 1 + i = \sqrt{2}\left(\cos \dfrac{\pi}{4} + i \sin \dfrac{\pi}{4}\right) = \sqrt{2} e^{\frac{\pi}{4}i}$ なので，

$$(1 + e^{\frac{\pi}{2}i})^n = (\sqrt{2}\, e^{\frac{\pi}{4}i})^n = (\sqrt{2})^n \left(\cos \frac{n\pi}{4} + i \sin \frac{n\pi}{4}\right)$$

$$= (\sqrt{2})^n \cos \frac{n\pi}{4} + i(\sqrt{2})^n \sin \frac{n\pi}{4}. \cdots \text{②}$$

式 ①，② の実数部分と虚数部分がそれぞれ等しいので

$$\sum_{k=0}^{n} {}_nC_k \cos \frac{k\pi}{2} = (\sqrt{2})^n \cos \frac{n\pi}{4}, \quad \sum_{k=0}^{n} {}_nC_k \sin \frac{k\pi}{2} = (\sqrt{2})^n \sin \frac{n\pi}{4}.$$

(2) $\sum_{k=0}^{n} {}_n C_k \sin\left(x + \frac{k\pi}{2}\right) = \sum_{k=0}^{n} {}_n C_k \frac{1}{2}\left\{\sin\left(x + \frac{k\pi}{2}\right) + \sin\left(x + \frac{(n-k)\pi}{2}\right)\right\}$

$= \sum_{k=0}^{n} {}_n C_k \left\{\sin\left(x + \frac{n\pi}{4}\right)\cos\frac{(n-2k)\pi}{4}\right\} = \sin\left(x + \frac{n\pi}{4}\right) \sum_{k=0}^{n} {}_n C_k \cos\frac{(n-2k)\pi}{4}$.

ここで $\cos\frac{(n-2k)\pi}{4} = \cos\frac{n\pi}{4}\cos\frac{k\pi}{2} + \sin\frac{n\pi}{4}\sin\frac{k\pi}{2}$ と (1) の結果より

$\sum_{k=0}^{n} {}_n C_k \cos\frac{(n-2k)\pi}{4} = \cos\frac{n\pi}{4}\sum_{k=0}^{n} {}_n C_k \cos\frac{k\pi}{2} + \sin\frac{n\pi}{4}\sum_{k=0}^{n} {}_n C_k \sin\frac{k\pi}{2}$

$= \cos\frac{n\pi}{4}(\sqrt{2})^n \cos\frac{n\pi}{4} + \sin\frac{n\pi}{4}(\sqrt{2})^n \sin\frac{n\pi}{4} = (\sqrt{2})^n \left(\cos^2\frac{n\pi}{4} + \sin^2\frac{n\pi}{4}\right) = (\sqrt{2})^n$.

従って $\sum_{k=0}^{n} {}_n C_k \sin\left(x + \frac{k\pi}{2}\right) = (\sqrt{2})^n \sin\left(x + \frac{n\pi}{4}\right)$.

## ■ 3 章の問題解答

**3.1.1** (1) $f'(x) = \lim_{h \to 0}\frac{\cos(x+h) - \cos x}{h} = \lim_{h \to 0}\frac{-2\sin\frac{2x+h}{2}\sin\frac{h}{2}}{h}$

$= -\lim_{h \to 0}\sin\left(x + \frac{h}{2}\right)\frac{\sin\frac{h}{2}}{\frac{h}{2}} = -\sin x$.

(2) $\tan(x+h) - \tan x = \frac{\tan x + \tan h}{1 - \tan x \tan h} - \tan x = \frac{\tan h(1 + \tan^2 x)}{1 - \tan x \tan h}$ より

$f'(x) = \lim_{h \to 0}\frac{\tan(x+h) - \tan x}{h} = \lim_{h \to 0}\frac{\sin h}{h}\frac{1}{\cos h}\frac{1 + \tan^2 x}{1 - \tan x \tan h} = 1 + \tan^2 x = \frac{1}{\cos^2 x}$.

(3) $f'(x) = \lim_{h \to 0}\frac{\log(x+h) - \log x}{h} = \lim_{h \to 0}\frac{1}{h}\log\frac{x+h}{x} = \lim_{h \to 0}\frac{1}{h}\log\left(1 + \frac{h}{x}\right)$.

ここで, $t = \frac{h}{x}$ とおくと, $h \to 0$ のとき, $t \to 0$ なので,

$\lim_{h \to 0}\frac{1}{h}\log\left(1 + \frac{h}{x}\right) = \lim_{t \to 0}\frac{1}{xt}\log(1+t) = \lim_{t \to 0}\frac{1}{x}\log(1+t)^{1/t} = \frac{1}{x}$.

最後の等式は 2 章の (2.6-c) を用いた. この結果, $f'(x) = \frac{1}{x}$ となる.

(4) $f'(x) = \lim_{h \to 0}\frac{\log(1-(x+h)) - \log(1-x)}{h} = \lim_{h \to 0}\frac{1}{h}\log\frac{(1-x)-h}{1-x} =$

$\lim_{h \to 0}\frac{1}{x-1}\frac{x-1}{h}\log\left(1 + \frac{h}{x-1}\right) = \frac{1}{x-1}\lim_{h \to 0}\log\left(1 + \frac{h}{x-1}\right)^{\frac{x-1}{h}}$.

2 章の (2.6-c) より, $\lim_{h \to 0}\left(1 + \frac{h}{x-1}\right)^{\frac{x-1}{h}} = e$ なので, $f'(x) = \frac{1}{x-1}\log(e) = \frac{1}{x-1}$.

(5) $f'(x) = \lim_{h \to 0}\frac{e^{x+h} - e^x}{h} = \lim_{h \to 0}e^x\frac{e^h - 1}{h}$. 2 章の (2.6-e) より $\lim_{h \to 0}\frac{e^h - 1}{h} = 1$ なので, $f'(x) = e^x$. (6) $f'(x) = \lim_{h \to 0}\frac{e^{-x-h} - e^{-x}}{h} = \lim_{h \to 0}e^{-x}\frac{e^{-h} - 1}{h}$. 2 章の (2.6-e) より $\lim_{h \to 0}\frac{e^{-h} - 1}{-h} = 1$ なので, $f'(x) = -e^{-x}$.

(7) $f'(x) = \lim_{h \to 0}\frac{a^{x+h} - a^x}{h} = \lim_{h \to 0}a^x\frac{a^h - 1}{h}$. また $a^h = e^{\log a^h}$ で $h \to 0$ のとき,

$\log a^h = h \log a \to 0$ なので 2 章の (2.6-e) より $\lim_{h \to 0} \dfrac{e^{\log a^h} - 1}{h \log a} = 1$. 従って, $f'(x) = \lim_{h \to 0} a^x \dfrac{e^{\log a^h} - 1}{h \log a} \log a = a^x \log a$.

**3.1.2** (1) $\lim_{x \to 0} f(x) = \lim_{x \to 0} |x| = 0 = f(0)$ より, $x = 0$ で連続である. $f'_+(0) = \lim_{h \to +0} \dfrac{h - 0}{h} = 1$, $f'_-(0) = \lim_{h \to -0} \dfrac{-h - 0}{h} = -1$. 従って, $f'_+(0) \neq f'_-(0)$ より, 微分不可能である.
(2) $\lim_{x \to 0} f(x) = \lim_{x \to 0} |x^3| = 0 = f(0)$ より, $x = 0$ で連続である. $f'_+(0) = \lim_{h \to +0} \dfrac{f(0+h) - f(0)}{h} = \lim_{h \to +0} \dfrac{|h^3| - 0}{h} = \lim_{h \to +0} \dfrac{h^3 - 0}{h} = 0$, $f'_-(0) = \lim_{h \to -0} \dfrac{f(0+h) - f(0)}{h} = \lim_{h \to -0} \dfrac{|h^3| - 0}{h} = \lim_{h \to -0} \dfrac{-h^3 - 0}{h} = 0$. 従って, $f'_+(0) = f'_-(0) = 0$ より, 微分可能で $f'(0) = 0$.
(3) $\lim_{x \to 0} f(x) = \lim_{x \to 0} \sqrt{|x|} = 0 = f(0)$ より, $x = 0$ で連続. $f'_+(0) = \lim_{h \to +0} \dfrac{\sqrt{h} - 0}{h} = \infty$ より, 微分不可能. (4) $x < 1$ では連続で微分可能なので, $x = 0$ でも連続であり, $f'(x) = \dfrac{1}{2\sqrt{(1-x)^3}}$ より, $f'(0) = \dfrac{1}{2}$. (5) $\lim_{x \to 0} f(x) = \lim_{x \to 0} \sin |x| = 0 = f(0)$ より, $x = 0$ で連続. $f'_+(0) = \lim_{h \to +0} \dfrac{\sin h - 0}{h} = 1$, $f'_-(0) = \lim_{h \to -0} \dfrac{\sin(-h) - 0}{h} = -1$. 従って, $f'_+(0) \neq f'_-(0)$ より, 微分不可能である. (6) $\lim_{x \to 0} f(x) = \lim_{x \to 0} \max\{x, 0\} = 0 = f(0)$ より, $x = 0$ で連続である. $f'_+(0) = \lim_{h \to +0} \dfrac{h - 0}{h} = 1$, $f'_-(0) = \lim_{h \to -0} \dfrac{0 - 0}{h} = 0$. 従って, $f'_+(0) \neq f'_-(0)$ より, 微分不可能. (7) $\lim_{x \to -0} f(x) = 0 \neq 1 = f(0)$ より, $x = 0$ で不連続. 従って, 微分不可能.
(8) $\lim_{x \to 0} f(x) = \lim_{x \to 0} \sqrt{|x|^3} = 0 = f(0)$ より, $x = 0$ で連続. $f'_+(0) = \lim_{h \to +0} \dfrac{\sqrt{|h|^3} - 0}{h} = \lim_{h \to +0} \sqrt{|h|} = 0$, $f'_-(0) = \lim_{h \to -0} \dfrac{\sqrt{|h|^3} - 0}{h} = \lim_{h \to -0} \sqrt{|h|} = 0$ となり, 微分可能で, $f'(0) = 0$.
(9) $\lim_{h \to 0} f(x) = \lim_{x \to 0} \cos \sqrt{|x|} = 1 = f(0)$ なので, 連続. $f'_+(0) = \lim_{h \to +0} \dfrac{\cos \sqrt{|h|} - \cos 0}{h} = \lim_{h \to +0} \dfrac{-2 \sin^2 \frac{\sqrt{|h|}}{2}}{(\sqrt{h})^2} = -\dfrac{1}{2}$, $f'_-(0) = \lim_{h \to -0} \dfrac{\cos \sqrt{|h|} - \cos 0}{h} = \lim_{h \to -0} \dfrac{-2 \sin^2 \frac{\sqrt{|h|}}{2}}{-(\sqrt{-h})^2} = \dfrac{1}{2}$. 従って, $f'_+(0) \neq f'_-(0)$ より, 微分不可能. (10) $\lim_{x \to +0} f(x) = +\infty$ となり, $x = 0$ で不連続. 従って, 微分不可能. (11) $\lim_{x \to +0} |f(x)| = \lim_{x \to +0} \left| x \operatorname{Arctan} \dfrac{1}{x} \right| \leq \lim_{x \to +0} |x| \dfrac{\pi}{2} = 0 = f(0)$ より, $x = 0$ で連続. $f'_+(0) = \lim_{x \to +0} \dfrac{f(x) - f(0)}{x} = \lim_{x \to +0} \dfrac{x \operatorname{Arctan} \frac{1}{x} - 0}{x} = \lim_{x \to +0} \operatorname{Arctan} \dfrac{1}{x} = \dfrac{\pi}{2}$, $f'_-(0) = \lim_{x \to -0} \dfrac{f(x) - f(0)}{x} = \lim_{x \to -0} \dfrac{x \operatorname{Arctan} \frac{1}{x} - 0}{x} = \lim_{x \to -0} \operatorname{Arctan} \dfrac{1}{x} = -\dfrac{\pi}{2}$. 従って, $f'_+(0) \neq f'_-(0)$ より, 微分不可能.

**3.2.1** (1) $t = (x+3)(x-1)$ とおくと, $\dfrac{dt}{dx} = 2x + 2$, $\dfrac{d(\sqrt{t})}{dt} = \dfrac{1}{2\sqrt{t}}$ より, $\dfrac{d}{dx}(\sqrt{(x+3)(x-1)}) = \dfrac{d(\sqrt{t})}{dt} \dfrac{dt}{dx} = \dfrac{2x+2}{2\sqrt{(x+3)(x-1)}} = \dfrac{x+1}{\sqrt{(x+3)(x-1)}}$.

(2) $t = \dfrac{x+3}{x-2}$ とおくと, $\dfrac{dt}{dx} = \dfrac{(x-2)-(x+3)}{(x-2)^2} = \dfrac{-5}{(x-2)^2}$ より, $\left(\sqrt{\dfrac{x+3}{x-2}}\right)' = (\sqrt{t})'\dfrac{dt}{dx} = \dfrac{1}{2\sqrt{\dfrac{x+3}{x-2}}}\dfrac{-5}{(x-2)^2} = \dfrac{-5\sqrt{x-2}}{2(x-2)^2\sqrt{x+3}} = \dfrac{-5}{2\sqrt{(x-2)^3(x+3)}}$.

(3) $t = x^2 + x - 1$ とおくと, $\dfrac{dt}{dx} = 2x+1$ より, $((x^2+x-1)^3)' = \dfrac{dt^3}{dt}\dfrac{dt}{dx} = 3(x^2+x-1)^2(2x+1)$.

**3.3.1** (1) $\left(\dfrac{2x}{3x^2+1}\right)' = \dfrac{2(3x^2+1)-2x(6x)}{(3x^2+1)^2} = \dfrac{2(1-3x^2)}{(3x^2+1)^2}$. (2) $\left(\dfrac{x^2}{\log x}\right)' = \dfrac{2x\log x - x^2\frac{1}{x}}{(\log x)^2} = \dfrac{x(2\log x - 1)}{(\log x)^2}$. (3) $\left(\dfrac{\sin x}{x}\right)' = \dfrac{x\cos x - \sin x}{x^2}$. (4) $\left(\dfrac{1}{\sin x}\right)' = -\dfrac{\cos x}{\sin^2 x} = -\dfrac{1}{\sin x \tan x}$. (5) $t = x^2 + a^2$ とおくと, $\dfrac{dt}{dx} = 2x$, $\dfrac{dt^{-1/3}}{dt} = \dfrac{-1}{3}t^{-4/3}$ より, $\left(\dfrac{1}{\sqrt[3]{x^2+a^2}}\right)' = \dfrac{dt^{-1/3}}{dt}\dfrac{dt}{dx} = \dfrac{-1}{3}(x^2+a^2)^{-4/3}2x = \dfrac{-2x}{3\sqrt[3]{(x^2+a^2)^4}}$. (6) $t = x^2 + 1$ とおくと, $\dfrac{dt}{dx} = 2x$ より, $(\sqrt{(x^2+1)^3})' = \dfrac{dt^{3/2}}{dt}\dfrac{dt}{dx} = \dfrac{3}{2}t^{1/2}2x = 3x\sqrt{x^2+1}$. (7) $t = \log x$ とおくと, $\dfrac{dt}{dx} = \dfrac{1}{x}$ より, $(\log\log x^3)' = (\log 3 + \log\log x)' = (\log\log x)' = \dfrac{d\log t}{dt}\dfrac{dt}{dx} = \dfrac{1}{t}\dfrac{1}{x} = \dfrac{1}{x\log x}$. (8) $t = \tan x$ とおくと, $\dfrac{dt}{dx} = \dfrac{1}{\cos^2 x}$ より, $(\log\tan x)' = \dfrac{d\log t}{dt}\dfrac{dt}{dx} = \dfrac{1}{t}\dfrac{1}{\cos^2 x} = \dfrac{1}{\tan x\cos^2 x} = \dfrac{2}{\sin 2x}$. (9) $t = \sqrt{x}$ とおくと, $\dfrac{dt}{dx} = \dfrac{1}{2\sqrt{x}}$ より, $(\sqrt{x+\sqrt{x}})' = \dfrac{d\sqrt{t^2+t}}{dt}\dfrac{dt}{dx} = \dfrac{2t+1}{2\sqrt{t^2+t}}\dfrac{1}{2\sqrt{x}} = \dfrac{2\sqrt{x}+1}{4\sqrt{x^2+x\sqrt{x}}}$. (10) $t = \sqrt{x}$ とおくと, $\dfrac{dt}{dx} = \dfrac{1}{2\sqrt{x}}$, $\dfrac{d\sin t}{dt} = \cos t$ より, $(\sin\sqrt{x})' = \dfrac{\cos\sqrt{x}}{2\sqrt{x}}$. (11) $t = \cos x$ とおくと, $\dfrac{dt}{dx} = -\sin x$ より, $\left(\dfrac{1}{\cos^2 x}\right)' = \dfrac{d(1/t^2)}{dt}\dfrac{dt}{dx} = \dfrac{-2}{t^3}(-\sin x) = \dfrac{2\sin x}{\cos^3 x}$.

**3.4.1** 解法 1 (陰関数の微分公式を使う)
$f(x)^2 = x+2$. 両辺を $x$ で微分して, $2f(x)f'(x) = 1$ より $f'(x) = \dfrac{1}{2f(x)} = -\dfrac{1}{2\sqrt{x+2}}$.
解法 2 (逆関数の微分公式を使う) $f(x)^2 = x+2$ より, $x = f(x)^2 - 2$. 従って, $\dfrac{dx}{df(x)} = 2f(x)$. 逆関数の微分公式より, $f'(x) = \dfrac{1}{\frac{dx}{df(x)}} = \dfrac{1}{2f(x)} = -\dfrac{1}{2\sqrt{x+2}}$.

**3.4.2** (1) $x = -1 + \dfrac{2}{1+t^2}$ より, $\dfrac{dx}{dt} = \dfrac{-4t}{(1+t^2)^2}$, $\dfrac{dy}{dt} = \dfrac{2(1+t^2) - 2t(2t)}{(1+t^2)^2} = \dfrac{2(1-t^2)}{(1+t^2)^2}$ なので, $\dfrac{dy}{dx} = \dfrac{dy}{dt}\Big/\dfrac{dx}{dt} = \dfrac{2(1-t^2)}{(1+t^2)^2}\Big/\dfrac{-4t}{(1+t^2)^2} = \dfrac{t^2-1}{2t} = -\dfrac{x}{y}$. また, $x^2 + y^2 = \left(\dfrac{1-t^2}{1+t^2}\right)^2 + \left(\dfrac{2t}{1+t^2}\right)^2 = \dfrac{(1+t^2)^2}{(1+t^2)^2} = 1$ より原点を中心とした半径 1 の円になり, グラフは右図のようになる.

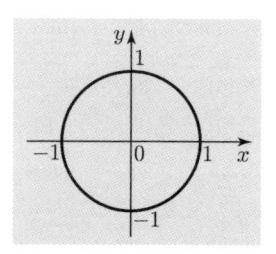

(2) $\dfrac{dx}{dt} = \cos t$, $\dfrac{dy}{dt} = -\sin t$ より, $\dfrac{dy}{dx} = \dfrac{dy}{dt}\bigg/\dfrac{dx}{dt} = \dfrac{-\sin t}{\cos t} = -\dfrac{x}{y}$. $x^2 + y^2 = \sin^2 t + \cos^2 t = 1$ より, 図は (1) と同じである.

(3) $\dfrac{dx}{dt} = \dfrac{-1}{t^2}$, $\dfrac{dy}{dt} = -2t$ より, $\dfrac{dy}{dx} = \dfrac{dy}{dt}\bigg/\dfrac{dx}{dt} = \dfrac{-2t}{-1/t^2} = 2t^3 = \dfrac{2}{x^3}$. これより $x > 0$ では増加関数で, $y = 1 - \dfrac{1}{x^2}$ より, $x \to +0$ で $y \to -\infty$, $x = 1$ のとき $y = 0$, $x \to \infty$ で $y \to 1$ であり, $y$ 軸に関して対称なので右図のようになる.

(4) $x^2 - y^2 = 1$ よりこれはよく知られた直角双曲線の右半分となるが, 以下, この知識を仮定しない解答を示す. $\dfrac{dx}{dt} = \sinh t, \dfrac{dy}{dt} = \cosh t$ より, $\dfrac{dy}{dx} = \dfrac{dy}{dt}\bigg/\dfrac{dx}{dt} = \dfrac{\cosh t}{\sinh t} = \dfrac{x}{y}$. また, $x = \dfrac{e^t + e^{-t}}{2} \geq 1$ が定義域である. $x^2 - y^2 = 1$ より, $y = \pm\sqrt{x^2 - 1}$ である. $y = \sqrt{x^2 - 1}$ は, 二つの単調増加関数の合成なので増加関数. また, $y = x\sqrt{1 - \dfrac{1}{x^2}} = x\left(1 + O\left(\dfrac{1}{x^2}\right)\right) = x + O\left(\dfrac{1}{x}\right)$ より, $x \to \infty$ で $y = x$ に近づき, 漸近線は $y = x$. $x$ 軸に関して対称なので右図のようになる.

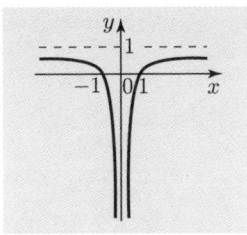

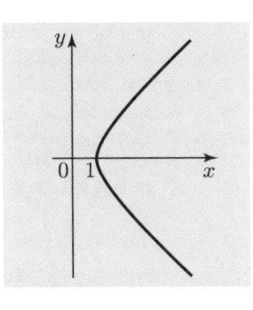

(5) $\dfrac{dx}{dt} = \dfrac{1}{\cos^2 t}$, $\dfrac{dy}{dt} = 3\cos t$ より,
$$\dfrac{dy}{dx} = \dfrac{dy}{dt}\bigg/\dfrac{dx}{dt} = \dfrac{3\cos t}{1/\cos^2 t} = 3\cos^3 t.$$
ここで, $x = \tan t$ より, $\sin t = x\cos t$ となり, これを $y = 2 + 3\sin t$ に代入すると, $\cos t = \dfrac{y-2}{3x}$. これより, $\dfrac{dy}{dx} = 3\left(\dfrac{y-2}{3x}\right)^3$.

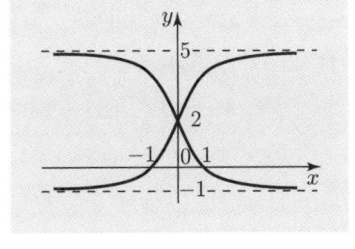

これより, $x > 0, y > 2$ では, $\dfrac{dy}{dx} > 0$ なので単調増加である. また, $x = \tan t$ より, $\sin t = \pm\dfrac{x}{\sqrt{1+x^2}}$ なので, $y = 2 \pm \dfrac{3x}{\sqrt{1+x^2}}$ で, $x = 0$ で $y = 2$ であり, $x \to \infty$ で $y \to 5$. グラフは直線 $y = 2$ と $y$ 軸に関して対称なので, 右図のようになる.

**3.5.1** (1) 与式の両辺の対数をとって, $\log y = \cos x \log x$. この両辺を $x$ で微分して, $\dfrac{y'}{y} = -\sin x \log x + \dfrac{\cos x}{x}$ より, $y' = x^{\cos x}\left(-\sin x \log x + \dfrac{\cos x}{x}\right)$.

(2) 与式の両辺の対数をとって, $\log y = \dfrac{1}{2}\left\{\log(x+1) + \log(x+2) + \log(x^2+1)\right\}$. この両辺を $x$ で微分して, $\dfrac{y'}{y} = \dfrac{1}{2}\left(\dfrac{1}{x+1} + \dfrac{1}{x+2} + \dfrac{2x}{x^2+1}\right)$
$= \dfrac{(x+2)(x^2+1) + (x^2+1)(x+1) + 2x(x+1)(x+2)}{2(x+1)(x+2)(x^2+1)} = \dfrac{4x^3 + 9x^2 + 6x + 3}{2(x+1)(x+2)(x^2+1)}$ より

$y' = \sqrt{(x+1)(x+2)(x^2+1)}\dfrac{4x^3+9x^2+6x+3}{2(x+1)(x+2)(x^2+1)} = \dfrac{4x^3+9x^2+6x+3}{2\sqrt{(x+1)(x+2)(x^2+1)}}.$

(3) 与式の両辺の対数をとって，$\log y = \dfrac{1}{2}\{\log(x+1)+\log(x+4)-\log(x+2)-\log(x+3)\}.$
この両辺を $x$ で微分して，$\dfrac{y'}{y} = \dfrac{1}{2}\left(\dfrac{1}{x+1}+\dfrac{1}{x+4}-\dfrac{1}{x+2}-\dfrac{1}{x+3}\right)$
$= \dfrac{1}{2}\left\{\dfrac{1}{(x+1)(x+2)}-\dfrac{1}{(x+3)(x+4)}\right\} = \dfrac{2x+5}{(x+1)(x+2)(x+3)(x+4)}$ より,

$y' = \sqrt{\dfrac{(x+1)(x+4)}{(x+2)(x+3)}}\dfrac{2x+5}{(x+1)(x+2)(x+3)(x+4)} = \dfrac{2x+5}{\sqrt{(x+1)(x+2)^3(x+3)^3(x+4)}}.$

(4) $y = \sqrt{\dfrac{x^2+1}{1-x^2}}$ の両辺の対数をとって，$\log y = \dfrac{1}{2}\{\log(x^2+1)-\log(1-x^2)\}.$
この両辺を $x$ で微分して，$\dfrac{y'}{y} = \dfrac{1}{2}\left(\dfrac{2x}{x^2+1}+\dfrac{2x}{1-x^2}\right) = \dfrac{2x}{(x^2+1)(1-x^2)}$ より,
$y' = \sqrt{\dfrac{x^2+1}{1-x^2}}\dfrac{2x}{(x^2+1)(1-x^2)} = \dfrac{2x}{\sqrt{(x^2+1)(1-x^2)^3}}.$

(5) 与式の両辺の対数をとって，$\log y = \dfrac{1}{x}\log x.$ この両辺を $x$ で微分して，
$\dfrac{y'}{y} = -\dfrac{1}{x^2}\log x + \dfrac{1}{x}\dfrac{1}{x} = \dfrac{1}{x^2}(1-\log x)$ より，$y' = \dfrac{x^{1/x}}{x^2}(1-\log x) = x^{1/x-2}(1-\log x).$

(6) 与式の両辺の対数をとって，$\log y = x^x \log x.$ 両辺を $x$ で微分すると，
$\dfrac{y'}{y} = x^x(\log x + 1)\log x + x^x \dfrac{1}{x} = x^x\left\{(\log x + 1)\log x + \dfrac{1}{x}\right\}.$
ここで $(x^x)' = x^x(\log x + 1)$ は，例題 3.5(1) の結果を用いた．
これより，$y' = x^{x^x} x^x\left\{(\log x + 1)\log x + \dfrac{1}{x}\right\} = x^{x^x+x}\left\{(\log x + 1)\log x + \dfrac{1}{x}\right\}.$

(7) 与式の両辺の対数をとって，$\log y = \log 3 + \log x - 2x.$ この両辺を $x$ で微分して，$\dfrac{y'}{y} = \dfrac{1}{x}-2$
より，$y' = 3xe^{-2x}\left(\dfrac{1}{x}-2\right) = 3e^{-2x}(1-2x).$

(8) 与式の両辺の対数をとって，$\log y = (x^2+x)\log 3.$ この両辺を $x$ で微分して，$\dfrac{y'}{y} = (2x+1)\log 3$ より，$y' = 3^{x^2+x}(2x+1)\log 3.$

**3.6.1** 式 (3.2)：$(\mathrm{Arccos}\,x)' = -\dfrac{1}{\sqrt{1-x^2}}$ を示す．$\mathrm{Arccos}\,x = y$ とおいて，例題 3.6(1) と同様に導くことができる．また，別解法として 2 章の問題 2.3.1 (1) より，$\mathrm{Arcsin}\,x + \mathrm{Arccos}\,x = \dfrac{\pi}{2}$ なので，両辺を $x$ で微分して，$(\mathrm{Arcsin}\,x)' + (\mathrm{Arccos}\,x)' = 0.$ これから，$(\mathrm{Arccos}\,x)' = -(\mathrm{Arcsin}\,x)' = -\dfrac{1}{\sqrt{1-x^2}}.$ 式 (3.3)：$(\mathrm{Arctan}\,x)' = \dfrac{1}{x^2+1}$ を示す．$\mathrm{Arctan}\,x = y$ とおくと，$\tan y = x$ より，$\dfrac{dx}{dy} = \dfrac{1}{\cos^2 y} = \dfrac{\cos^2 y + \sin^2 y}{\cos^2 y} = 1+\left(\dfrac{\sin y}{\cos y}\right)^2 = 1+\tan^2 y = 1+x^2.$ 逆関数の微分公式より $y' = \dfrac{1}{\frac{dx}{dy}} = \dfrac{1}{1+x^2}.$ 式 (3.5)：$(\cosh x)' = \sinh x$ を示す．$\cosh x = \dfrac{e^x+e^{-x}}{2}$ より，$(\cosh x)' = \dfrac{e^x-e^{-x}}{2} = \sinh x.$ 式 (3.6)：$(\tanh x)' = \dfrac{1}{\cosh^2 x}$ を示す．$\tanh x = \dfrac{e^x-e^{-x}}{e^x+e^{-x}}$ より，$(\tanh x)' = \dfrac{(e^x+e^{-x})^2-(e^x-e^{-x})^2}{(e^x+e^{-x})^2} = \dfrac{4}{(e^x+e^{-x})^2} = \dfrac{1}{\cosh^2 x}.$

**3.6.2** (1) $t = ax$ とおくと, $(\text{Arcsin}\, ax)' = \dfrac{d\text{Arcsin}\, t}{dt}\dfrac{dt}{dx} = \dfrac{1}{\sqrt{1-t^2}}a = \dfrac{a}{\sqrt{1-(ax)^2}}$.

(2) $t = ax$ とおくと, $(\text{Arccos}\, ax)' = \dfrac{d\text{Arccos}\, t}{dt}\dfrac{dt}{dx} = \dfrac{-1}{\sqrt{1-t^2}}a = \dfrac{-a}{\sqrt{1-(ax)^2}}$.

(3) $t = ax$ とおくと, $(\text{Arctan}\, ax)' = \dfrac{d\text{Arctan}\, t}{dt}\dfrac{dt}{dx} = \dfrac{1}{1+t^2}a = \dfrac{a}{1+(ax)^2}$.

(4) $t = \dfrac{x}{a}$ とおくと, $\left(\text{Arcsin}\,\dfrac{x}{a}\right)' = \dfrac{d\text{Arcsin}\, t}{dt}\dfrac{dt}{dx} = \dfrac{1}{\sqrt{1-t^2}}\dfrac{1}{a} = \dfrac{1}{a\sqrt{1-(\frac{x}{a})^2}} = \dfrac{1}{\sqrt{a^2-x^2}}$

($a > 0$ なので, $a = \sqrt{a^2}$). (5) $t = \dfrac{x}{a}$ とおくと, $\left(\text{Arccos}\,\dfrac{x}{a}\right)' = \dfrac{d\text{Arccos}\, t}{dt}\dfrac{dt}{dx} = \dfrac{-1}{\sqrt{1-t^2}}\dfrac{1}{a} = \dfrac{-1}{a\sqrt{1-(\frac{x}{a})^2}} = \dfrac{-1}{\sqrt{a^2-x^2}}$ ($a>0$ なので, $a=\sqrt{a^2}$).

(6) $t = \dfrac{x}{a}$ とおくと, $\left(\text{Arctan}\,\dfrac{x}{a}\right)' = \dfrac{d\text{Arctan}\, t}{dt}\dfrac{dt}{dx} = \dfrac{1}{1+t^2}\dfrac{1}{a} = \dfrac{1}{a\{1+(\frac{x}{a})^2\}} = \dfrac{a}{a^2+x^2}$.

**3.6.3** (1) $\left|\dfrac{x-1}{x+1}\right| \leq 1$ より, $x \geq 0$. $t = \dfrac{x-1}{x+1} = 1 - \dfrac{2}{x+1}$ とおくと, $\dfrac{dt}{dx} = \dfrac{2}{(x+1)^2}$ より, $\left(\text{Arcsin}\,\dfrac{x-1}{x+1}\right)' = \dfrac{d\text{Arcsin}\, t}{dt}\dfrac{dt}{dx} = \dfrac{1}{\sqrt{1-t^2}}\dfrac{2}{(x+1)^2} = \dfrac{2}{(x+1)^2\sqrt{1-\left(\dfrac{x-1}{x+1}\right)^2}} = \dfrac{1}{(x+1)\sqrt{x}}$.

(2) $t = x^2$ とおくと, $(\text{Arctan}\, x^2)' = \dfrac{d\text{Arctan}\, t}{dt}\dfrac{dt}{dx} = \dfrac{1}{1+t^2}2x = \dfrac{2x}{1+x^4}$.

(3) $(x^2\text{Arcsin}\, 2x)' = 2x\,\text{Arcsin}\, 2x + \dfrac{2x^2}{\sqrt{1-(2x)^2}}$. (4) $\left(\dfrac{1}{\text{Arctan}\, x}\right)' = \dfrac{-(\text{Arctan}\, x)'}{\text{Arctan}^2 x} = \dfrac{-1}{(1+x^2)\text{Arctan}^2 x}$.

(5) $(\text{Arcsin}\cos x)' = \dfrac{1}{\sqrt{1-\cos^2 x}}(-\sin x) = \dfrac{-\sin x}{|\sin x|}$ より,

$$(\text{Arcsin}\cos x)' = \begin{cases} -1 & (2n\pi < x < (2n+1)\pi, n \in \mathbf{Z}) \\ 1 & ((2n+1)\pi < x < (2n+2)\pi) \end{cases}$$

(6) $t = \dfrac{x}{\sqrt{1+x^2}}$ とおくと, $\dfrac{dt}{dx} = \dfrac{\sqrt{1+x^2} - \dfrac{x^2}{\sqrt{1+x^2}}}{1+x^2} = \dfrac{1}{\sqrt{(1+x^2)^3}}$ より, $\left(\text{Arcsin}\,\dfrac{x}{\sqrt{1+x^2}}\right)' = \dfrac{1}{\sqrt{1-\left(\dfrac{x}{\sqrt{1+x^2}}\right)^2}}\dfrac{1}{\sqrt{(1+x^2)^3}} = \dfrac{1}{1+x^2}$.

(7) $(x\,\text{Arcsin}\, x + \sqrt{1-x^2})' = \text{Arcsin}\, x + \dfrac{x}{\sqrt{1-x^2}} + \dfrac{-x}{\sqrt{1-x^2}} = \text{Arcsin}\, x$.

(8) $(x\,\text{Arctan}\, x - \log\sqrt{1+x^2})' = \text{Arctan}\, x + \dfrac{x}{1+x^2} - \dfrac{1}{2}\dfrac{2x}{1+x^2} = \text{Arctan}\, x$.

(9) $(\cosh(x^2))' = \dfrac{e^{x^2} - e^{-x^2}}{2}2x = 2x\sinh(x^2)$.

(10) $\dfrac{x-1}{x+1} = t$ とおくと, $\dfrac{dt}{dx} = \dfrac{2}{(x+1)^2}$ より $\left(\sinh\left(\dfrac{x-1}{x+1}\right)\right)' = \dfrac{2}{(x+1)^2}\cosh\left(\dfrac{x-1}{x+1}\right)$.

**3.6.4** • $y = \sinh x = \dfrac{e^x - e^{-x}}{2}$, $e^x = t$ とおくと, $y = \dfrac{t^2 - 1}{2t}$ より, $t = y \pm \sqrt{y^2 + 1}$. ここで, $t > 0$ より, $t = y + \sqrt{y^2+1}$ で $x = \log(y + \sqrt{y^2+1})$. 従って, $\sinh x$ の逆関数は $y = \log(x + \sqrt{x^2+1})$ (定義域は実数全体). このとき, 導関数は $(\log(x + \sqrt{x^2+1}))' = \dfrac{1 + \dfrac{x}{\sqrt{x^2+1}}}{x + \sqrt{x^2+1}} = \dfrac{1}{\sqrt{x^2+1}}$.

- $y = \cosh x = \dfrac{e^x + e^{-x}}{2}$, $e^x = t$ とおくと, $y = \dfrac{t^2+1}{2t}$ より, $t = y \pm \sqrt{y^2-1}$ で $x = \log(y \pm \sqrt{y^2-1})$ であり, $y \geq 1$ より $\log(y+\sqrt{y^2-1}) > 0, \log(y-\sqrt{y^2-1}) < 0$ である. $\cosh x$ は単調関数ではないが, 区間 $[0, \infty)$ または $(-\infty, 0]$ でそれぞれ単調増加, 単調減少なので, それぞれで逆関数を考える. $x \geq 0$ のとき, $y = \cosh x$ の逆関数は $y = \log(x + \sqrt{x^2-1})$ (定義域 $x \geq 1$) で, 導関数は $(\log(x + \sqrt{x^2-1}))' = \dfrac{1 + \frac{x}{\sqrt{x^2-1}}}{x + \sqrt{x^2-1}} = \dfrac{1}{\sqrt{x^2-1}}$ であり, $x \leq 0$ のとき, $\cosh x$ の逆関数は $y = \log(x - \sqrt{x^2-1})$ (定義域 $x \geq 1$) で, 導関数は $(\log(x - \sqrt{x^2-1}))' = -\dfrac{1}{\sqrt{x^2-1}}$.

- $y = \tanh x = \dfrac{e^x - e^{-x}}{e^x + e^{-x}}$, $e^x = t$ とおくと, $-1 < y < 1$, $y = \dfrac{t^2-1}{t^2+1}$. ここで, $t > 0$ より, $t = \sqrt{\dfrac{1+y}{1-y}}$ で $x = \log\sqrt{\dfrac{1+y}{1-y}}$. 従って, $\tanh x$ の逆関数は $y = \log\sqrt{\dfrac{1+x}{1-x}} = \dfrac{1}{2}\{\log(1+x) - \log(1-x)\}$ (定義域は $-1 < x < 1$). このとき, 導関数は $\left(\log\sqrt{\dfrac{1+x}{1-x}}\right)' = \dfrac{1}{2}\left(\dfrac{1}{1+x} + \dfrac{1}{1-x}\right) = \dfrac{1}{1-x^2}$.

**3.7.1** (1) $f^{(n)}(x) = a^n m(m-1)\cdots(m-n+1)(ax+b)^{m-n} = \dfrac{a^n m!}{(m-n)!}(ax+b)^{m-n}$.

(2) $f^{(n)}(x) = a^n r(r-1)\cdots(r-n+1)(ax+b)^{r-n}$.  (3) $f^{(n)}(x) = (-1)^n \dfrac{n!}{x^{n+1}}$.

(4) $f^{(n)}(x) = (-1)^n m(m+1)\cdots(m+n-1)\dfrac{1}{x^{m+n}} = \dfrac{(-1)^n(m+n-1)!}{(m-1)!\,x^{m+n}}$.

(5) $f^{(n)}(x) = (-a)^n m(m+1)\cdots(m+n-1)\dfrac{1}{(ax+b)^{m+n}} = \dfrac{(-a)^n(m+n-1)!}{(m-1)!\,(ax+b)^{m+n}}$.

**3.8.1** (1) $f^{(n)}(x) = \left(\dfrac{-a}{2}\right)^n \dfrac{1\cdot 3 \cdots (2n-1)}{\sqrt{(ax+b)^{2n+1}}} = \left(\dfrac{-a}{2}\right)^n \dfrac{(2n-1)!!}{\sqrt{(ax+b)^{2n+1}}}$.

(2) $f'(x) = \dfrac{1}{x}$ より, 問題 3.7.1 (3) の関数を $n-1$ 回微分したものなので, $f^{(n)}(x) = (-1)^{n-1} \dfrac{(n-1)!}{x^n}$.  (3) $f'(x) = \dfrac{a}{ax+b}$ より, 問題 3.7.1 (5) の関数で $m=1$ のときに $n-1$ 回微分して $a$ 倍したものなので, $f^{(n)}(x) = (-1)^{n-1} a^n \dfrac{(n-1)!}{(ax+b)^n}$.

(4) (3) において $a=5, b=1$ としたものなので, $(\log(5x+1))^{(n)} = (-1)^{n-1} \dfrac{5^n(n-1)!}{(5x+1)^n}$.

(5) $f'(x) = \cos x = \sin\left(x + \dfrac{\pi}{2}\right)$ より, $f^{(n)}(x) = \sin\left(x + \dfrac{n\pi}{2}\right)$.

(6) $f'(x) = a\cos(ax+b) = a\sin\left(ax+b+\dfrac{\pi}{2}\right)$ より, $f^{(n)}(x) = a^n \sin\left(ax+b+\dfrac{n\pi}{2}\right)$.

(7) $f'(x) = -\sin x = \cos\left(x + \dfrac{\pi}{2}\right)$ より, $f^{(n)}(x) = \cos\left(x + \dfrac{n\pi}{2}\right)$.

(8) $f'(x) = -a\sin(ax+b) = a\cos\left(ax+b+\dfrac{\pi}{2}\right)$ より, $f^{(n)}(x) = a^n \cos\left(ax+b+\dfrac{n\pi}{2}\right)$.

(9) $f'(x) = e^x(\sin x + \cos x) = \sqrt{2}\,e^x \sin\left(x + \dfrac{\pi}{4}\right)$, $f''(x) = \sqrt{2}\,e^x \left\{\sin\left(x+\dfrac{\pi}{4}\right) + \cos\left(x+\dfrac{\pi}{4}\right)\right\} = (\sqrt{2})^2 e^x \sin\left(x + 2\dfrac{\pi}{4}\right)$

より,以下同様にして $f^{(n)}(x) = (\sqrt{2})^n e^x \sin\left(x + \frac{n\pi}{4}\right)$.

(10) 問題 3.7.1 (5) において, $a = 2, m = 1$ なので $\left(\frac{1}{1+2x}\right)^{(n)} = \frac{(-2)^n n!}{(2x+1)^{n+1}}$.

(11) 問題 3.7.1 (5) において, $a = -2, m = 1$ なので $\left(\frac{1}{1-2x}\right)^{(n)} = \frac{2^n n!}{(1-2x)^{n+1}}$.

(12) $(\sqrt{x})' = \frac{1}{2\sqrt{x}}$ より $(\sqrt{x})^{(n)} = (-1)^{n-1}\frac{1 \cdot 3 \cdot \cdots \cdot (2n-3)}{2^n \sqrt{x^{2n-1}}} = (-1)^{n-1}\frac{(2n-3)!!}{2^n \sqrt{x^{2n-1}}}$.

(13) $y = 5^{2x+1}$ の両辺の対数をとると, $\log y = (2x+1)\log 5$ で, 両辺を $x$ で微分すると, $\frac{y'}{y} = 2\log 5$ より, $y' = 2y\log 5$. これから, $y^{(n)} = y^{(n-1)}2\log 5 = \cdots = y(2\log 5)^n = 5^{2x+1}(2\log 5)^n$. よって, $(5^{2x+1})^{(n)} = 5^{2x+1}(2\log 5)^n$.

(14) 問題 3.1.1 (4) より, $f'(x) = e^x = f(x)$ なので, $f^{(n)}(x) = e^x$.

(15) $f'(x) = ae^x$ より, $f^{(n)}(x) = a^n e^{ax}$. (16) $f^{(n)}(x) = (-a)^n e^{-ax}$.

(17) $\log f(x) = x\log a$ の両辺を $x$ で微分すると, $\frac{f'(x)}{f(x)} = \log a$ より, $f'(x) = f(x)\log a = a^x \log a$ なので, $f^{(n)}(x) = (\log a)^n a^x$.

**3.9.1** $\left(\frac{x}{3} - \frac{y}{2}\right)^6 = \sum_{k=0}^{6} {}_6C_k \left(\frac{x}{3}\right)^k \left(-\frac{y}{2}\right)^{6-k}$ より, $x^3 y^3$ の係数は
${}_6C_3 \left(\frac{1}{3}\right)^3 \left(-\frac{1}{2}\right)^3 = -\frac{6 \cdot 5 \cdot 4}{3 \cdot 2 \cdot 1 \cdot 3^3 \cdot 2^3} = -\frac{5}{54}$.

**3.10.1** (1) $f(x) = e^x, g(x) = \sin x$ とおくと, $f^{(k)}(x) = e^x, g^{(k)}(x) = \sin\left(x + \frac{k\pi}{2}\right)$ より, $(e^x \sin x)^{(n)} = e^x \sum_{k=0}^{n} {}_nC_k \sin\left(x + \frac{k\pi}{2}\right)$. 注:この結果は問題 3.8.1 (9) の解 $(\sqrt{2})^n e^x \sin\left(x + \frac{n\pi}{4}\right)$ と同じである. 同じであることは 2 章の演習問題 13 にある.

(2) $f(x) = e^x, g(x) = \log(2x+1)$ とおくと, $f^{(k)}(x) = e^x$, 問題 3.8.1 (3) において $a = 2, b = 1$ より $g^{(k)} = (-1)^{k-1}\frac{2^k(k-1)!}{(2x+1)^k}$ $(k \geq 1)$ なので,
$$\left(e^x \log(2x+1)\right)^{(n)} = e^x \left(\log(2x+1) + \sum_{k=1}^{n} {}_nC_k (-1)^{k-1}\frac{2^k(k-1)!}{(2x+1)^k}\right).$$

(3) $f(x) = \sin(2x+1), g(x) = x$ とおくと, $f^{(k)}(x) = 2^k \sin\left(2x + 1 + \frac{k\pi}{2}\right)$, $g'(x) = 1$, $g^{(k)} = 0$ $(k \geq 2)$ より, $\left(x\sin(2x+1)\right)^{(n)} = x2^n \sin\left(2x+1+\frac{n\pi}{2}\right) + n2^{n-1}\sin\left(2x+1+\frac{(n-1)\pi}{2}\right)$.

(4) $(x^2 \log(x+1))' = \frac{x^2}{x+1} + 2x\log(x+1)$, $(x^2\log(x+1))'' = -\frac{x^2}{(x+1)^2} + \frac{4x}{x+1} + 2\log(x+1)$. $n \geq 3$ のとき, $f(x) = x^2, g(x) = \log(x+1)$ とおくと, $f'(x) = 2x$, $f''(x) = 2$, $f^{(k)}(x) = 0$ $(k \geq 3)$, $g^{(k)}(x) = (-1)^{k-1}\frac{(k-1)!}{(x+1)^k}$ より $(x^2 \log(x+1))^{(n)}$
$= x^2(-1)^{n-1}\frac{(n-1)!}{(x+1)^n} + 2xn(-1)^{n-2}\frac{(n-2)!}{(x+1)^{n-1}} + 2\frac{n(n-1)}{2}(-1)^{n-3}\frac{(n-3)!}{(x+1)^{n-2}}$
$= (-1)^{n-1}\frac{(n-3)!}{(x+1)^n}\left\{x^2(n-1)(n-2) - 2xn(n-2)(x+1) + n(n-1)(x+1)^2\right\}$
$= (-1)^{n-1}\frac{(n-3)!}{(x+1)^n}\left\{2x^2 + 2nx + n(n-1)\right\}$.

(5) $f(x) = x^3$, $g(x) = a^x$ とおくと, $f'(x) = 3x^2$, $f''(x) = 6x$, $f'''(x) = 6$, $f^{(k)}(x) = 0$ $(k \geq 4)$, $g^{(k)}(x) = (\log a)^k a^x$ より, $(x^3 a^x)^{(n)} = x^3 (\log a)^n a^x + 3x^2 n (\log a)^{n-1} a^x + 6x \dfrac{n(n-1)}{2} (\log a)^{n-2} a^x + 6 \dfrac{n(n-1)(n-2)}{3 \cdot 2} (\log a)^{n-3} a^x$
$= (\log a)^{n-3} a^x \{ x^3 (\log a)^3 + 3nx^2 (\log a)^2 + 3xn(n-1) \log a + n(n-1)(n-2) \}$.

(6) $f(x) = \sqrt{x}$, $g(x) = (1-x)^2$ とおくと, 問題 3.8.1(12) より $f'(x) = \dfrac{1}{2\sqrt{x}}$, $f^{(k)}(x) = (-1)^{k-1} \dfrac{(2k-3)!!}{2^k \sqrt{x^{2k-1}}}$ $(k \geq 2)$, $g'(x) = -2(1-x)$, $g''(x) = 2$, $g^{(k)} = 0$ $(k \geq 3)$.

$n \geq 4$ に対して,

$$\left( \sqrt{x}(1-x)^2 \right)^{(n)} = (1-x)^2 (-1)^{n-1} \dfrac{(2n-3)!!}{2^n \sqrt{x^{2n-1}}} - 2n(1-x)(-1)^n \dfrac{(2n-5)!!}{2^{n-1} \sqrt{x^{2n-3}}}$$

$$+ \dfrac{n(n-1)}{2} 2 (-1)^{n-1} \dfrac{(2n-7)!!}{2^{n-2} \sqrt{x^{2n-5}}}$$

$$= (-1)^{n-1} \dfrac{(2n-7)!!}{2^n \sqrt{x^{2n-1}}} \big\{ (1-x)^2 (2n-5)(2n-3)$$

$$+ n(1-x)(2n-5) 4x + n(n-1)(2x)^2 \big\}$$

$$= (-1)^{n-1} \dfrac{(2n-7)!!}{2^n \sqrt{x^{2n-1}}} \big\{ 15x^2 + 2(6n-15)x + 4n^2 - 16n + 15 \big\}.$$

$n = 1, 2, 3$ に対しては

$$f' = (\sqrt{x}(1-x)^2)' = \dfrac{1}{2\sqrt{x}}(1-x)^2 - 2\sqrt{x}(1-x) = \dfrac{5x^2 - 6x + 1}{2\sqrt{x}},$$

$$f'' = (\sqrt{x}(1-x)^2)'' = \dfrac{(-6+10x) 2\sqrt{x} - (1-6x+5x^2)\frac{1}{\sqrt{x}}}{4x} = \dfrac{15x^2 - 6x - 1}{4x\sqrt{x}},$$

$$f''' = \dfrac{(30x-6)x\sqrt{x} - (15x^2 - 6x - 1)\frac{3}{2}\sqrt{x}}{4x^3} = \dfrac{15x^2 + 6x + 3}{8x^{5/2}}.$$

**3.11.1** (1) $f'(x) = \dfrac{1}{\sqrt{1-x^2}}$, $f''(x) = \dfrac{x}{\sqrt{(1-x^2)^3}}$ より, $(1-x^2)f''(x) - xf'(x) = (1-x^2)\dfrac{x}{\sqrt{(1-x^2)^3}} - x\dfrac{1}{\sqrt{1-x^2}} = 0$. (2) (1) の関係式を $n$ 回微分すると $\Big\{ (1-x^2)f^{(n+2)}(x) - 2xnf^{(n+1)}(x) - 2\dfrac{n(n-1)}{2}f^{(n)}(x) \Big\} - \Big\{ xf^{(n+1)}(x) + nf^{(n)}(x) \Big\} = 0$. すなわち $(1-x^2)f^{(n+2)}(x) - (2n+1)xf^{(n+1)}(x) - n^2 f^{(n)}(x) = 0$ $(n \geq 0)$. ここで $x=0$ を代入すると, $f^{(n+2)}(0) = n^2 f^{(n)}(0)$. また $f(0) = 0$, $f'(0) = 1$ より, $f^{(2n)}(0) = 0$, $f^{(2n+1)}(0) = \{(2n-1)!!\}^2$.

**3.11.2** (1) $f'(x) = \dfrac{1 + \frac{x}{\sqrt{x^2+1}}}{x + \sqrt{x^2+1}} = \dfrac{1}{\sqrt{x^2+1}}$, $f''(x) = \dfrac{-x}{\sqrt{(x^2+1)^3}}$ より, $(1+x^2)f''(x) + xf'(x) = (1+x^2)\dfrac{-x}{\sqrt{(x^2+1)^3}} + x\dfrac{1}{\sqrt{x^2+1}} = 0$.

(2) (1) の関係式を $n$ 回微分すると $\Big\{ (1+x^2)f^{(n+2)}(x) + 2xnf^{(n+1)}(x) + 2\dfrac{n(n-1)}{2}f^{(n)}(x) \Big\} + \big( xf^{(n+1)}(x) + nf^{(n)}(x) \big) = 0$. すなわち, $(1+x^2)f^{(n+2)}(x) + (2n+1)xf^{(n+1)}(x) + n^2 f^{(n)}(x) = 0$ $(n \geq 1)$. ここで, $x=0$ を代入すると, $f^{(n+2)}(0) = -n^2 f^{(n)}(0)$. また $f(0) = 0$, $f'(0) = $

$1, f''(0) = 0$ より, $f^{(2n)}(0) = 0, f^{(2n+1)}(0) = (-1)^n\{(2n-1)!!\}^2$.

**3.11.3** (1) $f'(x) = \dfrac{mx}{\sqrt{1+mx^2}}$ より, $(1+mx^2)f'(x) - mxf(x) = (1+mx^2)\dfrac{mx}{\sqrt{1+mx^2}} - mx\sqrt{1+mx^2} = 0$.   (2) (1) の関係式を $n-1$ 回微分すると $(1+mx^2)f^{(n)}(x) + 2mx(n-1)f^{(n-1)}(x) + m(n-1)(n-2)f^{(n-2)}(x) - mxf^{(n-1)}(x) - m(n-1)f^{(n-2)}(x) = 0$. この式に $x=0$ を代入すると $f^{(n)}(0) + m(n-1)(n-2)f^{(n-2)}(0) - m(n-1)f^{(n-2)}(0) = 0$ で整理すると, $f^{(n)}(0) = -m(n-1)(n-3)f^{(n-2)}(0)$ $(n \geq 2)$ となり, $f(0) = 1, f'(0) = 0$ より $f^{(2n+1)}(0) = 0$, $f^{(2n)}(0) = -m(2n-1)(2n-3)f^{(2n-2)}(0) = m^2(2n-1)(2n-3)^2(2n-5)f^{(2n-4)}(0) = \cdots = (-1)^{n-1}m^n(2n-1)\{(2n-3)!!\}^2$ $(n \geq 1)$.

**3.11.4** $\left(\dfrac{1}{x+i}\right)^{(n)} = (-1)^n \dfrac{n!}{(x+i)^{n+1}}$, $\left(\dfrac{1}{x-i}\right)^{(n)} = (-1)^n \dfrac{n!}{(x-i)^{n+1}}$ より, $f^{(n)}(x) = \dfrac{i}{2}\left\{(-1)^n \dfrac{n!}{(x+i)^{n+1}} - (-1)^n \dfrac{n!}{(x-i)^{n+1}}\right\}$.
従って, $f^{(n)}(0) = \dfrac{i}{2}\left\{(-1)^n \dfrac{n!}{i^{n+1}} - (-1)^n \dfrac{n!}{(-i)^{n+1}}\right\}$.
$n = 2m$ を代入すると, $f^{(2m)}(0) = \dfrac{i}{2}\left\{\dfrac{(2m)!}{i(-1)^m} - \dfrac{(2m)!}{-i(-1)^m}\right\} = (-1)^m(2m)!$.
$n = 2m+1$ を代入すると, $f^{(2m+1)}(0) = \dfrac{i}{2}\left\{-\dfrac{(2m+1)!}{(-1)^{m+1}} + \dfrac{(2m+1)!}{(-1)^{m+1}}\right\} = 0$.
これより, 例題 3.11-1 (2) と同じ値になった.

**3.12.1** $f(0) = 0, f(1) = 0$ なので, ロルの定理の仮定を満たす. $f(x) = x^3 - x$ なので, $f'(x) = 3x^2 - 1$. 従って, $f'(x) = 0$ を満たす $x$ は $\pm\dfrac{1}{\sqrt{3}}$. ロルの定理を満たす $c$ は区間 $(0,1)$ の点なので, $c = \dfrac{1}{\sqrt{3}}$.

**3.12.2** 定義域は $x > -1$. 誤差は $f(x) = \log(1+x) - x$ なので, $f'(x) = \dfrac{1}{1+x} - 1 = \dfrac{-x}{1+x}$ より, 平均値の定理から, $\log(1+x) - x = f(x) - f(0) = f'(\theta x)x = \dfrac{-\theta x^2}{1+\theta x}$.

$x \geq 0$ のとき, $\left|\dfrac{-\theta x^2}{1+\theta x}\right| \leq x^2$ より, 誤差は $x^2$.

$0 > x > -1$ のとき, $\left|\dfrac{-\theta x^2}{1+\theta x}\right| \leq \dfrac{x^2}{1-|x|}$ より, 誤差は $\dfrac{x^2}{1-|x|}$.

**3.12.3** $f'(x) = \dfrac{1}{x}$, $\dfrac{f(e) - f(1)}{e - 1} = \dfrac{1-0}{e-1} = \dfrac{1}{e-1}$ より, $c = e-1$ が $f'(c) = \dfrac{f(e)-f(1)}{e-1}$ を満たす. また $f(e) = f(1) + (e-1)f'(1+(e-1)\theta)$ より $1 = 0 + (e-1)\dfrac{1}{1+(e-1)\theta}$ を変形すると $e-1 = 1 + (e-1)\theta$. 従って, $\theta = \dfrac{e-2}{e-1}$.

**3.12.4** $f(x) = x^3$, $f'(x) = 3x^2$ を $f(a+h) = f(a) + hf'(a+\theta h)$ に代入すると, $(a+h)^3 = a^3 + h3(a+\theta h)^2$, すなわち, $h^2\{3(2\theta-1)a + (3\theta^2-1)h\} = 0$. 従って, $\theta$ が満たす方程式は $3(2\theta-1)a + (3\theta^2-1)h = 0$. これより, $h \to 0$ のとき, $\theta$ は $\dfrac{1}{2}$ に近づく.

**3.13.1** 分子と分母が $0$ に近づくときはロピタルの定理を使ってそれぞれを微分する.

(1) $\displaystyle\lim_{x \to 0}\dfrac{\sin(\sin x)}{\sin x} = \lim_{x \to 0}\dfrac{\cos(\sin x)(\cos x)}{\cos x} = 1$.

(2) $\displaystyle\lim_{x \to \pi/2}\dfrac{\tan(\cos x)}{\cos x} = \lim_{x \to \pi/2}\dfrac{\frac{-\sin x}{\cos^2(\cos x)}}{-\sin x} = \lim_{x \to \pi/2}\dfrac{1}{\cos^2(\cos x)} = 1$.

(3) $\displaystyle\lim_{x\to 0}\frac{\cos(\frac{\pi}{2}(1-x))}{x}=\lim_{x\to 0}\frac{-\sin(\frac{\pi}{2}(1-x))\frac{-\pi}{2}}{1}=\frac{\pi}{2}.$

(4) $\displaystyle\lim_{x\to 0}\frac{\log\cos^2 x}{x^2}=\lim_{x\to 0}\frac{2\log\cos x}{x^2}=\lim_{x\to 0}\frac{\frac{-2\sin x}{\cos x}}{2x}=\lim_{x\to 0}\frac{-2\sin x}{2x}\frac{1}{\cos x}=-1.$

(5) $\displaystyle\lim_{x\to 1}\frac{(\log x)^2}{x^2-2x+1}=\lim_{x\to 1}\frac{\frac{2\log x}{x}}{2x-2}=\lim_{x\to 1}\frac{\log x}{x(x-1)}=\lim_{x\to 1}\frac{\frac{1}{x}}{2x-1}=1.$

(6) $\displaystyle\lim_{x\to\pi}\frac{1+\cos x}{(\pi-x)^2}=\lim_{x\to\pi}\frac{-\sin x}{-2(\pi-x)}=\lim_{x\to\pi}\frac{-\cos x}{2}=\frac{1}{2}.$

(7) $\displaystyle\lim_{x\to 0}\frac{e^{x(x+1)}-x-1}{x^2}=\lim_{x\to 0}\frac{e^{x(x+1)}(2x+1)-1}{2x}=\lim_{x\to 0}\frac{e^{x(x+1)}\{(2x+1)^2+2\}}{2}=\frac{3}{2}.$

(8) $\displaystyle\lim_{h\to 0}\frac{\log(1+\frac{h}{x})}{h}=\lim_{h\to 0}\frac{\frac{1}{1+h/x}\frac{1}{x}}{1}=\frac{1}{x}.$ (9) $\displaystyle\lim_{x\to 0}\frac{\log(1+x+x^2)}{x}=\lim_{x\to 0}\frac{\frac{1+2x}{1+x+x^2}}{1}=1.$

(10) $\displaystyle\lim_{x\to 0}\frac{1-e^{ax}}{x}=\lim_{x\to 0}\frac{-ae^{ax}}{1}=-a.$ (11) $\displaystyle\lim_{x\to 0}\frac{e^x+e^{-x}-2}{x^2}=\lim_{x\to 0}\frac{e^x-e^{-x}}{2x}=\lim_{x\to 0}\frac{e^x+e^{-x}}{2}=1.$

(12) $\displaystyle\lim_{x\to 0}\frac{\tan x}{x+x^2}=\lim_{x\to 0}\frac{\frac{1}{\cos^2}}{1+2x}=1.$

(13) $\displaystyle\lim_{x\to\infty}x(e^{1/x}-1)=\lim_{x\to\infty}\frac{e^{1/x}-1}{\frac{1}{x}}=\lim_{x\to\infty}\frac{\frac{-1}{x^2}e^{1/x}}{\frac{-1}{x^2}}=\lim_{x\to\infty}e^{1/x}=1.$

(14) $\displaystyle\lim_{x\to 0}\frac{\log(1+x)-\sin x}{x^2}=\lim_{x\to 0}\frac{\frac{1}{1+x}-\cos x}{2x}=\lim_{x\to 0}\frac{1-(1+x)\cos x}{2x(1+x)}$
$=\displaystyle\lim_{x\to 0}\frac{(1+x)\sin x-\cos x}{2+4x}=-\frac{1}{2}.$

(15) $\displaystyle\lim_{x\to 0}\frac{e^x-e^{-x}-2x}{x-\sin x}=\lim_{x\to 0}\frac{e^x+e^{-x}-2}{1-\cos x}=\lim_{x\to 0}\frac{e^x-e^{-x}}{\sin x}=\lim_{x\to 0}\frac{e^x+e^{-x}}{\cos x}=2.$

**3.14.1** (1) $y=\sqrt[x]{x}$ とおき，対数をとると，$\log y=\frac{1}{x}\log x.$ $\displaystyle\lim_{x\to\infty}\frac{\log x}{x}=\lim_{x\to\infty}\frac{\frac{1}{x}}{1}=0$ なので，$\displaystyle\lim_{x\to\infty}\sqrt[x]{x}=e^0=1.$

(2) 対数をとって，ロピタルの定理を用いて $\displaystyle\lim_{x\to 0}\frac{\log\frac{3^x+5^x}{2}}{x}=\lim_{x\to 0}\frac{\frac{3^x\log 3+5^x\log 5}{3^x+5^x}}{1}=\lim_{x\to 0}\frac{3^x\log 3+5^x\log 5}{3^x+5^x}=\frac{\log 3+\log 5}{2}=\frac{\log 15}{2}.$ 従って，$\displaystyle\lim_{x\to 0}\left(\frac{3^x+5^x}{2}\right)^{1/x}=e^{\frac{\log 15}{2}}=\sqrt{15}.$

(3) 対数をとると，$\displaystyle\lim_{x\to 0}\frac{\log\cos x}{x^2}$ となる．前問 3.13.1(4) より，$\displaystyle\lim_{x\to 0}\frac{\log\cos x}{x^2}=-\frac{1}{2}.$ 従って，$\displaystyle\lim_{x\to 0}(\cos x)^{1/x^2}=e^{-1/2}=\frac{1}{\sqrt{e}}.$

(4) $\displaystyle\lim_{x\to\infty}x^n e^{-x}=\lim_{x\to\infty}\frac{x^n}{e^x}=\lim_{x\to\infty}\frac{nx^{n-1}}{e^x}=\cdots=\lim_{x\to\infty}\frac{n!}{e^x}=0.$

(5) 対数をとって，ロピタルの定理を用いて $\displaystyle\lim_{x\to 0}\frac{\log(e^{2x}+3x)}{x}=\lim_{x\to 0}\frac{\frac{2e^{2x}+3}{e^{2x}+3x}}{1}=\lim_{x\to 0}\frac{2e^{2x}+3}{e^{2x}+3x}=5.$ 従って，$\displaystyle\lim_{x\to 0}(e^{2x}+3x)^{1/x}=\lim_{x\to 0}e^{(\log(e^{2x}+3x))/x}=e^5.$

(6) 対数をとって，ロピタルの定理を用いて $\displaystyle\lim_{x\to\infty}\frac{\log(e^{2x}+3x)}{x}=\lim_{x\to\infty}\frac{\frac{2e^{2x}+3}{e^{2x}+3x}}{1}=\lim_{x\to\infty}\frac{2e^{2x}+3}{e^{2x}+3x}=\lim_{x\to\infty}\frac{2+3e^{-2x}}{1+3xe^{-2x}}=2.$ 従って，$\displaystyle\lim_{x\to\infty}(e^{2x}+3x)^{1/x}=e^2.$

(7) $\displaystyle\lim_{h\to 0}\frac{\sin(\frac{h}{2})\cos(\frac{h}{2})}{h}=\lim_{h\to 0}\frac{\frac{\sin h}{2}}{h}=\lim_{h\to 0}\frac{\frac{\cos h}{2}}{1}=\frac{1}{2}.$ (8) $\displaystyle\lim_{x\to 0}\frac{\log(1+3x)}{x}=\lim_{x\to 0}\frac{\frac{3}{1+3x}}{1}=$

3. (9) $\lim_{x\to\infty} \dfrac{\log x}{\sqrt{x}} = \lim_{x\to\infty} \dfrac{\frac{1}{x}}{\frac{1}{2\sqrt{x}}} = \lim_{x\to\infty} \dfrac{2}{\sqrt{x}} = 0.$

(10) $\lim_{x\to 0}\left(\dfrac{1}{\sin x} - \dfrac{1}{x}\right) = \lim_{x\to 0}\dfrac{x-\sin x}{x\sin x} = \lim_{x\to 0}\dfrac{1-\cos x}{x\cos x + \sin x} = \lim_{x\to 0}\dfrac{\sin x}{2\cos x - x\sin x} = 0.$

(11) $\lim_{x\to 0}\dfrac{1}{x}\left(\dfrac{1}{x} - \dfrac{1}{\sin x}\right) = \lim_{x\to 0}\dfrac{\sin x - x}{x^2 \sin x} = \lim_{x\to 0}\dfrac{\cos x - 1}{2x\sin x + x^2\cos x}$
$= \lim_{x\to 0}\dfrac{-\sin x}{2\sin x + 4x\cos x - x^2\sin x} = \lim_{x\to 0}\dfrac{-\cos x}{6\cos x - 6x\sin x - x^2\cos x} = -\dfrac{1}{6}.$

(12) $\lim_{x\to\infty} x\left(\dfrac{\pi}{2} - \mathrm{Arctan}\, x\right) = \lim_{x\to\infty}\dfrac{\frac{\pi}{2} - \mathrm{Arctan}\, x}{\frac{1}{x}} = \lim_{x\to\infty}\dfrac{-\frac{1}{1+x^2}}{\frac{-1}{x^2}} = \lim_{x\to\infty}\dfrac{x^2}{1+x^2} = 1.$

(13) $\lim_{x\to 0}\dfrac{1}{x}\left(\dfrac{1}{x} - \dfrac{1}{\tan x}\right) = \lim_{x\to 0}\dfrac{\tan x - x}{x^2\tan x} = \lim_{x\to 0}\dfrac{\frac{1}{\cos^2 x} - 1}{2x\tan x + x^2\frac{1}{\cos^2 x}} = \lim_{x\to 0}\dfrac{\sin^2 x}{x\sin 2x + x^2}$
$\lim_{x\to 0}\dfrac{2\sin x\cos x}{\sin 2x + 2x\cos 2x + 2x} = \lim_{x\to 0}\dfrac{2\cos 2x}{4\cos 2x - 4x\sin 2x + 2} = \dfrac{1}{3}.$

**3.15.1** 式 (3.13)：$f(x) = e^x$ とおくと，$f^{(k)}(x) = e^x$ より，$f^{(k)}(0) = 1$. これを式 (3.12) に代入すると，$e^x = 1 + x + \dfrac{x^2}{2!} + \dfrac{x^3}{3!} + \cdots \dfrac{x^n}{n!} + o(x^n).$

式 (3.14)：$f(x) = \sin x$ とおくと $f^{(k)}(x) = \sin\left(x + \dfrac{k\pi}{2}\right)$ より $f^{(2k)}(0) = 0, f^{(2k+1)}(0) = (-1)^k.$ これを式 (3.12) に代入すると，$\sin x = x - \dfrac{x^3}{3!} + \dfrac{x^5}{5!} - \cdots + (-1)^n\dfrac{x^{2n+1}}{(2n+1)!} + o(x^{2n+1}).$

式 (3.15)：$f(x) = \cos x$ とおくと $f^{(k)}(x) = \sin\left(x + \dfrac{(k+1)\pi}{2}\right)$ より $f^{(2k+1)}(0) = 0, f^{(2k)}(0) = (-1)^k.$ これを，式 (3.12) に代入すると，$\cos x = 1 - \dfrac{x^2}{2!} + \dfrac{x^4}{4!} - \cdots + (-1)^n\dfrac{x^{2n}}{(2n)!} + o(x^{2n}).$

式 (3.16)：$f(x) = \log(1+x)$ とおくと，$k \geq 1$ に対し，$f^{(k)}(x) = (-1)^{k-1}\dfrac{(k-1)!}{(1+x)^k}$ より，$f(0) = 0, f^{(k)}(0) = (-1)^{k-1}(k-1)!\ (k \geq 1).$ これを式 (3.12) に代入すると，$\log(1+x) = x - \dfrac{x^2}{2} + \dfrac{x^3}{3} - \cdots + (-1)^{n-1}\dfrac{x^n}{n} + o(x^n).$

**3.15.2** (1) $f(x) = \cosh x, f'(x) = \sinh x, f''(x) = \cosh x, f'''(x) = \sinh x$ より $f(0) = 1, f'(0) = 0, f''(0) = 1, f'''(0) = 0.$ 式 (3.12) にこれらを代入して，$\cosh x = 1 + \dfrac{1}{2}x^2 + o(x^3).$

(2) $f(x) = \mathrm{Arctan}\, x, f'(x) = \dfrac{1}{1+x^2}, f''(x) = \dfrac{-2x}{(1+x^2)^2}, f'''(x) = \dfrac{-2}{(1+x^2)^2} + \dfrac{8x^2}{(1+x^2)^3}$ より，$f(0) = 0, f'(0) = 1, f''(0) = 0, f'''(0) = -2.$ 式 (3.12) にこれらを代入して，$\mathrm{Arctan}\, x = x + \dfrac{-2}{3!}x^3 + o(x^3) = x - \dfrac{x^3}{3} + o(x^3).$ (3) $f(x) = \log(1-x), f'(x) = \dfrac{-1}{1-x}, f''(x) = \dfrac{-1}{(1-x)^2}, f'''(x) = \dfrac{-2}{(1-x)^3}$ より，$f(0) = 0, f'(0) = -1, f''(0) = -1, f'''(0) = -2.$ 式 (3.12) にこれらを代入して，$\log(1-x) = -x - \dfrac{x^2}{2} - \dfrac{x^3}{3} + o(x^3).$ (4) $f(x) = a^x, f'(x) = a^x\log a, f''(x) = a^x(\log a)^2, f'''(x) = a^x(\log a)^3$ より，$f(0) = 1, f'(0) = \log a, f''(0) = (\log a)^2, f'''(0) = (\log a)^3.$ 式 (3.12) にこれらを代入して，$a^x = 1 + (\log a)x + \dfrac{(\log a)^2}{2!}x^2 + \dfrac{(\log a)^3}{3!}x^3 + o(x^3).$ (5) $f(x) = \sqrt{1-x}, f'(x) = \dfrac{-1}{2\sqrt{1-x}}, f''(x) = \dfrac{-1}{4\sqrt{(1-x)^3}}, f'''(x) = \dfrac{-3}{8\sqrt{(1-x)^5}}$ より，$f(0) = 1, f'(0) = \dfrac{-1}{2}, f''(0) = \dfrac{-1}{4}, f'''(0) = \dfrac{-3}{8}.$ 式 (3.12) にこれらを

代入して，$\sqrt{1-x} = 1 - \frac{1}{2}x - \frac{1}{4}\frac{x^2}{2!} - \frac{3}{8}\frac{x^3}{3!} + o(x^3) = 1 - \frac{1}{2}x - \frac{x^2}{8} - \frac{x^3}{16} + o(x^3)$.

**3.15.3** (1) 例題 3.11-1 より，$f^{(2n)}(0) = (-1)^n(2n)!$, $f^{(2n)}(0) = 0$. マクローリン展開は式 (3.12) を用いて $\frac{1}{x^2+1} = \sum_{n=0}^{\infty} \frac{(-1)^n(2n)!}{(2n)!}x^{2n} = \sum_{n=0}^{\infty}(-1)^n x^{2n} = 1 - x^2 + x^4 - x^6 + \cdots + (-1)^n x^{2n} + \cdots$.

(2) 問 3.11.1(2) より，$f^{(2n)}(0) = 0$, $f^{(2n+1)}(0) = \{(2n-1)!!\}^2$.
マクローリン展開は $\operatorname{Arcsin} x = \sum_{n=0}^{\infty} \frac{\{(2n-1)!!\}^2}{(2n+1)!}x^{2n+1} = x + \frac{1^2}{3}x^3 + \frac{3^2 1^2}{5!}x^5 + \frac{5^2 3^2 1^2}{7!}x^7 + \cdots + \frac{(2n-1)^2(2n-3)^2 \cdots 5^2 3^2 1^2}{(2n+1)!}x^{2n+1} + \cdots$.

(3) 問 3.11.2(2) より，$f^{(2n)}(0) = 0$, $f^{(2n+1)}(0) = (-1)^n\{(2n-1)!!\}^2$. マクローリン展開は
$\log(x + \sqrt{x^2+1}) = \sum_{n=0}^{\infty} \frac{f^{(n)}(0)}{n!}x^n = \sum_{n=0}^{\infty}(-1)^n \frac{\{(2n-1)!!\}^2}{(2n+1)!}x^{2n+1} = x - \frac{1^2}{3}x^3 + \frac{3^2 1^2}{5!}x^5 - \frac{5^2 3^2 1^2}{7!}x^7 + \cdots + (-1)^n \frac{(2n-1)^2(2n-3)^2 \cdots 5^2 3^2 1^2}{(2n+1)!}x^{2n+1} + \cdots$.

(4) 問 3.11.3(2) より，$f^{(2n+1)}(0) = 0$, $f(0) = 1$, $f^{(2n)}(0) = (-1)^{n-1}m^n(2n-1)\{(2n-3)!!\}^2$ $(n \geq 1)$. ただし，$(-1)!! = 1$ とする．マクローリン展開は $\sum_{n=0}^{\infty} \frac{f^{(n)}(0)}{n!}x^n = 1 + \sum_{n=1}^{\infty}(-1)^{n-1}m^n(2n-1)\{(2n-3)!!\}^2 \frac{x^{2n}}{(2n)!} = 1 + \sum_{n=1}^{\infty}(-1)^{n-1}\frac{(2n-3)!! \, m^n}{(2n)!!}x^{2n} = 1 + \frac{m}{2}x^2 - \frac{m^2}{4 \cdot 2}x^4 + \frac{3m^3}{6 \cdot 4 \cdot 2}x^6 - \frac{5 \cdot 3 m^4}{8 \cdot 6 \cdot 4 \cdot 2}x^8 + \cdots + (-1)^{n-1}\frac{(2n-3)!! \, m^n}{(2n)!!}x^{2n} + \cdots$.

**3.15.4** (1) 式 (3.14) において，$x$ を $x^2$ に置き換えると
$$\sin x^2 = x^2 - \frac{x^6}{3!} + \frac{x^{10}}{5!} - \cdots + (-1)^n \frac{x^{2(2n+1)}}{(2n+1)!} + o(x^{2(2n+1)}).$$

(2) $\sin^2 x = \frac{1-\cos 2x}{2} = \frac{1}{2}\left\{1 - \left(1 - \frac{(2x)^2}{2!} + \frac{(2x)^4}{4!} - \cdots + (-1)^n \frac{(2x)^{2n}}{(2n)!} + o((2x)^{2n})\right)\right\} = \frac{(2x)^2}{2 \cdot 2!} - \frac{(2x)^4}{2 \cdot 4!} + \cdots + (-1)^{n+1} \frac{(2x)^{2n}}{2(2n)!} + o(x^{2n})$.

(3) 式 (3.15) を用いて，$x \cos x = x\left\{1 - \frac{x^2}{2!} + \frac{x^4}{4!} - \cdots + (-1)^n \frac{x^{2n}}{(2n)!} + o(x^{2n})\right\}$
$= x - \frac{x^3}{2!} + \frac{x^5}{4!} - \cdots + (-1)^n \frac{x^{2n+1}}{(2n)!} + o(x^{2n+1})$.

(4) 式 (3.16) を用いて，$\log(1 + x - 2x^2) = \log(1-x)(1+2x) = \log(1-x) + \log(1+2x) = \left(-x - \frac{(-x)^2}{2} + \frac{(-x)^3}{3} - \cdots + (-1)^{n-1}\frac{(-x)^n}{n} + o(x^n)\right) + \left(2x - \frac{(2x)^2}{2} + \frac{(2x)^3}{3} - \cdots + (-1)^{n-1}\frac{(2x)^n}{n} + o(x^n)\right) = x - \frac{5}{2}x^2 + \frac{7}{3}x^3 - \cdots + \frac{(-1)^{n-1}2^n - 1}{n}x^n + o(x^n)$.

**3.15.5** (1) 式 (3.13) で $n = 2$ として，$e^{x^3} = 1 + x^3 + \frac{x^6}{2!} + o(x^6)$ より，
$xe^{x^3} = x + x^4 + \frac{x^7}{2!} + o(x^7)$. 従って，$x^5$ の項までなので，$xe^{x^3} = x + x^4 + O(x^7)$.

(2) 式 (3.14) で $n = 2$ として, $\sin x = x - \frac{x^3}{3!} + \frac{x^5}{5!} + O(x^6)$. また式 (3.16) で $n = 5$ として, $x$ のところへ $x - \frac{x^3}{3!} + \frac{x^5}{5!} + O(x^6)$ を代入して $\log(1 + \sin x) = \left(x - \frac{x^3}{3!} + \frac{x^5}{5!} + O(x^6)\right) - \frac{(x - \frac{x^3}{3!} + \frac{x^5}{5!} + O(x^6))^2}{2} + \frac{(x - \frac{x^3}{3!} + \frac{x^5}{5!} + O(x^6))^3}{3} - \frac{(x - \frac{x^3}{3!} + \frac{x^5}{5!} + O(x^6))^4}{4} + \frac{(x - \frac{x^3}{3!} + \frac{x^5}{5!} + O(x^6))^5}{5} + O(x^6)$. $x^5$ 以下だけ取り出すと,

$$\log(1 + \sin x) = x - \frac{x^3}{3!} + \frac{x^5}{5!} - \frac{x^2 - \frac{2}{3!}x^4}{2} + \frac{x^3 - \frac{3}{3!}x^5}{3} - \frac{x^4}{4} + \frac{x^5}{5} + O(x^6)$$
$$= x - \frac{x^2}{2} + \frac{x^3}{6} - \frac{x^4}{12} + \frac{x^5}{24} + O(x^6).$$

(3) $x + \cos x = 1 + x - \frac{x^2}{2} + \frac{x^4}{4!} + O(x^6)$ なので, これを式 (3.16) に適用し, $x^5$ の項まで考えると $\log(x + \cos x) = \log\left(1 + x - \frac{x^2}{2!} + \frac{x^4}{4!} + O(x^6)\right) = \left(x - \frac{x^2}{2!} + \frac{x^4}{4!}\right) - \frac{1}{2}\left(x - \frac{x^2}{2!} + \frac{x^4}{4!}\right)^2 + \frac{1}{3}\left(x - \frac{x^2}{2}\right)^3 - \frac{1}{4}\left(x - \frac{x^2}{2}\right)^4 + \frac{1}{5}(x)^5 + O(x^6) = \left(x - \frac{x^2}{2} + \frac{x^4}{24}\right) - \frac{1}{2}\left(x^2 - x^3 + \frac{1}{4}x^4 + \frac{1}{12}x^5\right) + \frac{1}{3}\left(x^3 - \frac{3}{2}x^4 + \frac{3}{4}x^5\right) - \frac{1}{4}\left(x^4 - 2x^5\right) + \frac{1}{5}x^5 + O(x^6) = x - x^2 + \frac{5}{6}x^3 - \frac{5}{6}x^4 + \frac{109}{120}x^5 + O(x^6).$

(4) $\tan x = \frac{\sin x}{\cos x} = \frac{x - \frac{x^3}{3!} + \frac{x^5}{5!} + O(x^7)}{1 - \frac{x^2}{2!} + \frac{x^4}{4!} + O(x^6)} = \left(x - \frac{x^3}{3!} + \frac{x^5}{5!} + O(x^7)\right)\left\{1 + \left(\frac{x^2}{2!} - \frac{x^4}{4!}\right) + \left(\frac{x^2}{2!} - \frac{x^4}{4!}\right)^2 + O(x^6)\right\} = \left(x - \frac{x^3}{3!} + \frac{x^5}{5!} + O(x^7)\right)\left(1 + \frac{x^2}{2} + \frac{5x^4}{24} + O(x^6)\right) = x + \frac{1}{3}x^3 + \frac{2}{15}x^5 + O(x^6).$

**3.16.1** (1) 例題 3.16 の結果で $x$ の代わりに $-x$ とすると, $(-1)^n(-x)^n = x^n$ より

$$\frac{1}{\sqrt{1-x}} = 1 + \frac{1}{2}x + \frac{1\cdot 3}{2\cdot 4}x^2 + \cdots + \frac{1\cdot 3\cdot 5\cdots(2n-1)}{2\cdot 4\cdot 6\cdots 2n}x^n + O(x^{n+1}).$$

(2) 上述の (1) の結果で $x$ の代わりに $x^2$ としたものなので,

$$\frac{1}{\sqrt{1-x^2}} = 1 + \frac{1}{2}x^2 + \frac{1\cdot 3}{2\cdot 4}x^4 + \cdots + \frac{1\cdot 3\cdot 5\cdots(2n-1)}{2\cdot 4\cdot 6\cdots 2n}x^{2n} + O(x^{2n+2}).$$

**3.16.2** (1) $\text{Arcsin}\, 0 = 0$ より $\text{Arcsin}\, x = \int_0^x \frac{1}{\sqrt{1-x^2}}dx$
$$= \int_0^x \left(1 + \frac{1}{2}x^2 + \frac{1\cdot 3}{2\cdot 4}x^4 + \cdots + \frac{1\cdot 3\cdot 5\cdots(2n-1)}{2\cdot 4\cdot 6\cdots 2n}x^{2n} + O(x^{2n+2})\right)dx$$
$$= x + \frac{1}{2\cdot 3}x^3 + \frac{1\cdot 3}{2\cdot 4\cdot 5}x^5 + \cdots + \frac{1\cdot 3\cdot 5\cdots(2n-1)}{2\cdot 4\cdot 6\cdots 2n\cdot(2n+1)}x^{2n+1} + O(x^{2n+3}).$$

(2) $\text{Arccos}\, 0 = \frac{\pi}{2}$ より $\text{Arccos}\, x = \frac{\pi}{2} + \int_0^x \frac{-1}{\sqrt{1-x^2}}dx$
$$= \frac{\pi}{2} - \int_0^x \left(1 + \frac{1}{2}x^2 + \frac{1\cdot 3}{2\cdot 4}x^4 + \cdots + \frac{1\cdot 3\cdot 5\cdots(2n-1)}{2\cdot 4\cdot 6\cdots 2n}x^{2n} + O(x^{2n+2})\right)dx$$
$$= \frac{\pi}{2} - x - \frac{1}{2\cdot 3}x^3 - \frac{1\cdot 3}{2\cdot 4\cdot 5}x^5 - \cdots - \frac{1\cdot 3\cdot 5\cdots(2n-1)}{2\cdot 4\cdot 6\cdots 2n\cdot(2n+1)}x^{2n+1} + O(x^{2n+3}).$$

(3) $\text{Arctan}\, 0 = 0$ より
$$\text{Arctan}\, x = \int_0^x \frac{1}{1+x^2}dx = \int_0^x \left(1 - x^2 + x^4 - + \cdots (-1)^n x^{2n} + O(x^{2n+1})\right)dx$$
$$= x - \frac{x^3}{3} + \frac{x^5}{5} - + \cdots + (-1)^n \frac{x^{2n+1}}{2n+1} + O(x^{2n+2}).$$

**3.16.3** (1) $\cos x = 1 - \frac{x^2}{2!} + \frac{x^4}{4!} + O(x^6)$, $\log(1+t) = t - \frac{t^2}{2} + \frac{t^3}{3} - \frac{t^4}{4} + \frac{t^5}{5} + O(t^6)$ より $t = -\frac{x^2}{2!} + \frac{x^4}{4!} + O(x^6)$ とすると, $t^3$ は $x^6$ より高次になるので,

$$\log\cos x = -\frac{x^2}{2!} + \frac{x^4}{4!} + O(x^6) - \frac{\left(-\frac{x^2}{2!} + \frac{x^4}{4!} + O(x^6)\right)^2}{2} + O(x^6)$$
$$= -\frac{x^2}{2!} + \frac{x^4}{4!} - \frac{\frac{x^4}{4}}{2} + O(x^6) = -\frac{x^2}{2} - \frac{x^4}{12} + O(x^6).$$

(2) $\cos x = 1 - \frac{x^2}{2!} + \frac{x^4}{4!} + O(x^6)$, $t = -\frac{x^2}{2!} + \frac{x^4}{4!} + O(x^6)$ とすると, $t^3$ は $x^6$ より高次になるので, $\sqrt{1+t} = 1 + \frac{t}{2} - \frac{t^2}{8} + O(t^3)$ まで考えればよい.

$$\sqrt{\cos x} = 1 + \frac{-\frac{x^2}{2!} + \frac{x^4}{4!} + O(x^6)}{2} - \frac{\left(-\frac{x^2}{2!} + \frac{x^4}{4!} + O(x^6)\right)^2}{8} + O(x^6)$$
$$= 1 + \frac{-\frac{x^2}{2!} + \frac{x^4}{4!}}{2} - \frac{\frac{x^4}{4}}{8} + O(x^6) = 1 - \frac{x^2}{4} - \frac{x^4}{96} + O(x^6).$$

(3) $\sqrt{1+t} = 1 + \frac{1}{2}t - \frac{1}{8}t^2 + \frac{1}{16}t^3 - \frac{5}{128}t^4 + O(t^5)$ より, $\sqrt{1+x+x^2}$
$$= 1 + \frac{1}{2}(x+x^2) - \frac{1}{8}(x+x^2)^2 + \frac{1}{16}(x+x^2)^3 - \frac{5}{128}(x+x^2)^4 + O(t^5)$$
$$= 1 + \frac{1}{2}(x+x^2) - \frac{1}{8}(x^2 + 2x^3 + x^4) + \frac{1}{16}(x^3 + 3x^4) - \frac{5}{128}x^4 + O(x^5)$$
$$= 1 + \frac{1}{2}x + \frac{3}{8}x^2 - \frac{3}{16}x^3 + \frac{3}{128}x^4 + O(x^5).$$

(4) $\frac{x}{1+x^2} = x(1 - x^2 + x^4 + O(x^6)) = x - x^3 + O(x^5).$

(5) $\frac{e^x}{1+x} = \left(1 + x + \frac{x^2}{2!} + \frac{x^3}{3!} + \frac{x^4}{4!} + O(x^5)\right)(1 - x + x^2 - x^3 + x^4 + O(x^5))$
$= 1 + \frac{x^2}{2} - \frac{x^3}{3} + \frac{3x^4}{8} + O(x^5).$

(6) 問題 3.16.2(1) より, $\mathrm{Arcsin}\, 2x = 2x + \frac{1}{2\cdot 3}(2x)^3 + O(x^5) = 2x + \frac{4}{3}x^3 + O(x^5).$

(7) 問題 3.16.2(3) より,
$\mathrm{Arctan}\,(x+x^2) = (x+x^2) - \frac{(x+x^2)^3}{3} + O(x^5) = x + x^2 - \frac{x^3}{3} - x^4 + O(x^5).$

(8) $\mathrm{Arctan}\, x^2 = x^2 + O(x^6)$ より, $(1+t)^{1/3}$ の $t^2$ まで求めると,
$(1+t)^{1/3} = 1 + \frac{1}{3}t + \frac{\frac{1}{3}\left(\frac{1}{3}-1\right)}{2!}t^2 + O(t^3) = 1 + \frac{1}{3}t - \frac{1}{9}t^2 + O(t^3).$ 従って,
$\sqrt[3]{1 + \mathrm{Arctan}\, x^2} = 1 + \frac{1}{3}x^2 - \frac{1}{9}x^4 + O(x^5).$

**3.17.1** 問題 3.13.1 の (1) より $\sin x = x + O(x^3)$ なので, $\sin(\sin x) = x + O(x^3)$ となり, $\lim_{x\to 0}\frac{\sin(\sin x)}{\sin x} = \lim_{x\to 0}\frac{x + O(x^3)}{x + O(x^3)} = 1.$

(2) $\cos x = \sin\left(\frac{\pi}{2} - x\right) = \left(\frac{\pi}{2} - x\right) + O\left(\left(\frac{\pi}{2} - x\right)^3\right)$, $\tan x = x + O(x^3)$ より $\tan(\cos x) = \left(\frac{\pi}{2} - x\right) + O\left(\left(\frac{\pi}{2} - x\right)^3\right)$ なので, $\lim_{x\to \pi/2}\frac{\tan(\cos x)}{\cos x} = \lim_{x\to \pi/2}\frac{\left(\frac{\pi}{2} - x\right) + O\left(\left(\frac{\pi}{2} - x\right)^3\right)}{\left(\frac{\pi}{2} - x\right) + O\left(\left(\frac{\pi}{2} - x\right)^3\right)} = 1.$

(3) $\cos\left(\frac{\pi}{2}(1-x)\right) = \sin\frac{\pi}{2}x = \frac{\pi}{2}x + O(x^3)$ より, $\lim_{x\to 0}\frac{\cos\left(\frac{\pi}{2}(1-x)\right)}{x} = \lim_{x\to 0}\frac{\frac{\pi}{2}x + O(x^3)}{x} =$

$\frac{\pi}{2}$.　(4) 問題 3.16.3(1) より, $\log \cos x = -\frac{x^2}{2!} + O(x^4)$. 従って,
$$\lim_{x \to 0} \frac{\log \cos^2 x}{x^2} = \lim_{x \to 0} \frac{2 \log \cos x}{x^2} = \lim_{x \to 0} \frac{-x^2 + O(x^4)}{x^2} = -1.$$
(5)　$\log x = \log(1 + (x-1)) = x - 1 + O((x-1)^2)$ より $(\log x)^2 = (x-1)^2 + O((x-1)^3)$ なので, $\lim_{x \to 1} \frac{(\log x)^2}{x^2 - 2x + 1} = \lim_{x \to 1} \frac{(x-1)^2 + O((x-1)^3)}{(x-1)^2} = 1.$
(6)　$\cos x = -\cos(\pi - x) = -\left(1 - \frac{(\pi-x)^2}{2} + O((\pi-x)^4)\right)$ より,
$$\lim_{x \to \pi} \frac{1 + \cos x}{(\pi - x)^2} = \lim_{x \to \pi} \frac{1 - \left(1 - \frac{(\pi-x)^2}{2} + O((\pi-x)^4)\right)}{(\pi - x)^2} = \frac{1}{2}.$$
(7)　$e^{x(x+1)} = 1 + x(x+1) + \frac{x^2(x+1)^2}{2} + O(x^3) = 1 + x + \frac{3}{2}x^2 + O(x^3)$ より,
$$\lim_{x \to 0} \frac{e^{x(x+1)} - x - 1}{x^2} = \lim_{x \to 0} \frac{1 + x + \frac{3}{2}x^2 + O(x^3) - x - 1}{x^2} = \frac{3}{2}.$$
(8)　$\log\left(1 + \frac{h}{x}\right) = \frac{h}{x} - O(h^2)$ より, $\lim_{h \to 0} \frac{\log(1 + \frac{h}{x})}{h} = \lim_{h \to 0} \frac{\frac{h}{x} - O(h^2)}{h} = \frac{1}{x}.$
(9)　$\log(1 + x + x^2) = x + x^2 + O(x^2)$ より, $\lim_{x \to 0} \frac{\log(1 + x + x^2)}{x} = \lim_{x \to 0} \frac{x + x^2 + O(x^2)}{x} = 1.$
(10)　$e^{ax} = 1 + ax + O(x^2)$ より, $\lim_{x \to 0} \frac{1 - e^{ax}}{x} = \lim_{x \to 0} \frac{1 - (1 + ax + O(x^2))}{x} = -a.$
(11)　$e^x + e^{-x} = \left(1 + x + \frac{x^2}{2} + O(x^3)\right) + \left(1 - x + \frac{x^2}{2} + O(x^3)\right) = 2 + x^2 + O(x^3)$ より,
$$\lim_{x \to 0} \frac{e^x + e^{-x} - 2}{x^2} = \lim_{x \to 0} \frac{2 + x^2 + O(x^3) - 2}{x^2} = 1.$$
(12)　問題 3.15.5(4) より $\tan x = x + \frac{x^3}{3} + O(x^5)$ なので
$$\lim_{x \to 0} \frac{\tan x}{x + x^2} = \lim_{x \to 0} \frac{x + \frac{x^3}{3} + O(x^5)}{x + x^2} = \lim_{x \to 0} \frac{1 + \frac{x^2}{3} + O(x^4)}{1 + x} = 1.$$
(13)　$e^{1/x} = 1 + \frac{1}{x} + O\left(\frac{1}{x^2}\right)$ より $\lim_{x \to \infty} x(e^{1/x} - 1) = \lim_{x \to \infty} x(e^{1/x} - 1) = \lim_{x \to \infty} 1 + O\left(\frac{1}{x}\right) = 1.$
(14)　$\log(1 + x) = x - \frac{x^2}{2} + O(x^3)$, $\sin x = x + O(x^3)$ より,
$$\lim_{x \to 0} \frac{\log(1 + x) - \sin x}{x^2} = \lim_{x \to 0} \frac{-\frac{x^2}{2} + O(x^3)}{x^2} = -\frac{1}{2}.$$
(15)　$e^x - e^{-x} - 2x = \left(1 + x + \frac{x^2}{2} + \frac{x^3}{3!} + O(x^5)\right) - \left(1 - x + \frac{x^2}{2} - \frac{x^3}{3!} + O(x^4)\right) - 2x = \frac{x^3}{3} + O(x^4)$, $x - \sin x = x - \left(x - \frac{x^3}{3!} + O(x^5)\right) = \frac{x^3}{6} + O(x^5)$ より,
$$\lim_{x \to 0} \frac{e^x - e^{-x} - 2x}{x - \sin x} = \lim_{x \to 0} \frac{\frac{x^3}{3} + O(x^4)}{\frac{x^3}{6} + O(x^5)} = \lim_{x \to 0} \frac{\frac{1}{3} + O(x)}{\frac{1}{6} + O(x^2)} = 2.$$

**3.17.2**　(1)　$(1 + 2x)^{3/2} = 1 + \frac{3}{2} 2x + \frac{\frac{3}{2}(\frac{3}{2} - 1)}{2!}(2x)^2 + O(x^3) = 1 + 3x + \frac{3}{2}x^2 + O(x^3)$ より,
$$\lim_{x \to 0} \frac{1}{x^2}\left(\sqrt{(1 + 2x)^3} - 1 - 3x\right) = \lim_{x \to 0} \frac{1}{x^2}\left(1 + 3x + \frac{3}{2}x^2 + O(x^3) - 1 - 3x\right) = \frac{3}{2}.$$
(2)　$\lim_{x \to 0} \frac{\cos x - e^{x^2}}{\tan x^2} = \lim_{x \to 0} \frac{(1 - \frac{x^2}{2} + O(x^4)) - (1 + x^2 + O(x^4))}{x^2 + O(x^6)} = -\frac{3}{2}.$

(3) $\mathrm{Arcsin}\, x - x\cos x = x + \dfrac{1}{2\cdot 3}x^3 + O(x^5) - x\left(1 - \dfrac{x^2}{2!} + O(x^4)\right) = \dfrac{2}{3}x^3 + O(x^5)$ より,
$\displaystyle\lim_{x\to 0}\dfrac{\mathrm{Arcsin}\, x - x\cos x}{x^3} = \dfrac{2}{3}$. (4) 問題 3.16.3(1) より, $\log\cos x = -\dfrac{x^2}{2!} + O(x^4)$ なので,
$\displaystyle\lim_{x\to 0}\dfrac{\log\cos 3x}{\log\cos 2x} = \lim_{x\to 0}\dfrac{-\dfrac{(3x)^2}{2!} + O(x^4)}{-\dfrac{(2x)^2}{2!} + O(x^4)} = \dfrac{9}{4}$. (5) $\sqrt{1+x^2} = 1 + \dfrac{1}{2}x^2 + O(x^4)$ より,
$\displaystyle\lim_{x\to 0}\dfrac{1-\cos x}{\sqrt{1+x^2}-1} = \lim_{x\to 0}\dfrac{1-(1-\dfrac{x^2}{2}+O(x^4))}{(1+\dfrac{1}{2}x^2+O(x^4))-1} = 1$.

(6) $\displaystyle\lim_{x\to 0}\dfrac{\cos x - 1}{\log(1+x^2)} = \lim_{x\to 0}\dfrac{(1-\dfrac{x^2}{2}+O(x^4))-1}{x^2+O(x^4)} = -\dfrac{1}{2}$. (7) 問題 3.15.5(4) より $\tan x = x + \dfrac{x^3}{3} + O(x^5)$. 問題 3.16.2(1) より $\mathrm{Arcsin}\, x = x + \dfrac{x^3}{2\cdot 3} + O(x^5)$. また $\sin x = x + O(x^3)$ なので
$\displaystyle\lim_{x\to 0}\dfrac{\tan x - \mathrm{Arcsin}\, x}{\sin(x^3)} = \lim_{x\to 0}\dfrac{(x+\dfrac{x^3}{3}+O(x^5)) - (x+\dfrac{x^3}{2\cdot 3}+O(x^5))}{x^3+O(x^9)} = \lim_{x\to 0}\dfrac{\dfrac{x^3}{2\cdot 3}}{x^3+O(x^9)} = \dfrac{1}{6}$.

(8) $\tan\sqrt{x} = \sqrt{x} + O(\sqrt{x^3}) = \sqrt{x}(1+O(x))$ より $\tan\sqrt{x}\log x = \sqrt{x}\log x (1+O(x))$. ここで $\displaystyle\lim_{x\to 0}\sqrt{x}\log x = \lim_{x\to 0}\dfrac{\log x}{1/\sqrt{x}} = \lim_{x\to 0}\dfrac{1/x}{-1/2\sqrt{x^3}} = \lim_{x\to 0}-2\sqrt{x} = 0$ より, $\displaystyle\lim_{x\to 0}\tan\sqrt{x}\log x = 0$.

従って, $\displaystyle\lim_{x\to 0}x^{\tan\sqrt{x}} = \lim_{x\to 0}e^{\tan\sqrt{x}\log x} = e^0 = 1$. (9) $\dfrac{\log x}{1-x} = \dfrac{\log(1+(x-1))}{1-x} = \dfrac{(x-1)+O((x-1)^2)}{1-x}$ より, $\displaystyle\lim_{x\to 1}\dfrac{\log x}{1-x} = -1$ なので, $\displaystyle\lim_{x\to 1}x^{1/(1-x)} = e^{-1} = \dfrac{1}{e}$.

**3.18.1** $\sin x$ のマクローリン展開において $x$ のところに $x^{100}$ を代入すると $\sin x^{100} = x^{100} + O(x^{300})$. 同様に, $\cos(x^{99}) = 1 - \dfrac{1}{2}x^{198} + O(x^{396})$, 従って, $\log\cos(x^{99}) = \log\left(1 - \dfrac{1}{2}x^{198} + O(x^{396})\right) = -\dfrac{1}{2}x^{198} + O(x^{396})$ であるから, $\displaystyle\lim_{x\to 0}\dfrac{x^a\sin x^{100}}{\log\cos(x^{99})} = \lim_{x\to 0}\dfrac{x^a\{x^{100}+O(x^{300})\}}{-\dfrac{1}{2}x^{198}+O(x^{396})}$. よって 0 でない有限値となるのは $a = 198 - 100 = 98$ のときであり, またこのときの極限値は $-2$.

**3.18.2** $\sin x = x - \dfrac{x^3}{6} + O(x^5)$ より $f(x) = x^2\sin x^{50} = x^2\left(x^{50} - \dfrac{x^{150}}{6} + O(x^{250})\right)$
$= x^{52} - \dfrac{x^{152}}{6} + O(x^{252})$ となる. よって $f^{(50)}(x) = \dfrac{52!}{2}x^2 + O(x^{102})$, $f^{(51)}(x) = 52!\,x + O(x^{101})$, $f^{(52)}(x) = 52! + O(x^{100})$ より $f^{(50)}(0) = 0$, $f^{(51)}(0) = 0$, $f^{(52)}(0) = 52!$.

**3.19.1** (1) $f^{(n)}(x) = e^x$ より, $f^{(n)}(0) = 1$. これらを式 (3.19) に代入すると, $e^x = 1 + x + \dfrac{1}{2!}x^2 + \cdots + \dfrac{1}{(n-1)!}x^{n-1} + R_n$. ここに, $R_n = \dfrac{e^{\theta x}}{n!}x^n$ (ラグランジュ剰余), $R_n = \dfrac{x^n}{(n-1)!}\displaystyle\int_0^1 (1-t)^{n-1}e^{tx}dt$ (積分形の剰余).

(2) $f^{(n)}(x) = \sin\left(x + \dfrac{n\pi}{2}\right)$ より, $f^{(2k)}(0) = 0, f^{(2k+1)}(0) = (-1)^k$. これらを式 (3.19) に代入すると, $\sin x = x - \dfrac{x^3}{3!} + \cdots + (-1)^{n-1}\dfrac{x^{2n-1}}{(2n-1)!} + R_{2n+1}$. ここに,

$R_{2n+1} = \dfrac{\sin\left(\theta x + \dfrac{(2n+1)\pi}{2}\right)}{(2n+1)!}x^{2n+1} = (-1)^n\dfrac{\cos(\theta x)}{(2n+1)!}x^{2n+1}$ (ラグランジュ剰余),

$R_{2n+1} = (-1)^n\dfrac{x^{2n+1}}{(2n)!}\displaystyle\int_0^1 (1-t)^{2n}\cos(tx)dt$ (積分形の剰余).

(3) $f^{(n)}(x) = \cos\left(x + \frac{n\pi}{2}\right)$ より，$f^{(2k+1)}(0) = 0, f^{(2k)}(0) = (-1)^k$．これらを式 (3.19) に代入すると，$\cos x = 1 - \frac{x^2}{2!} + \cdots + (-1)^{n-1}\frac{x^{2n-2}}{(2n-2)!} + R_{2n}$.
ここに，$R_{2n} = \frac{\cos(\theta x + n\pi)}{(2n)!}x^{2n} = (-1)^n\frac{\cos(\theta x)}{(2n)!}x^{2n}$ (ラグランジュ剰余)，
$R_{2n} = (-1)^n\frac{x^{2n}}{(2n-1)!}\int_0^1 (1-t)^{2n-1}\cos(tx)dt$ (積分形の剰余).

(4) $f'(x) = \frac{1}{1+x}$．例題 3.19 より，$(f')^{(n)}(x) = (-1)^n\frac{n!}{(1+x)^{n+1}}$．従って，$f^{(n)}(x) = (-1)^{n-1}\frac{(n-1)!}{(1+x)^n}$ より，$f^{(n)}(0) = (-1)^{n-1}(n-1)!$．これらを式 (3.19) に代入すると，
$$\log(1+x) = x - \frac{1}{2!}x^2 + \cdots + (-1)^{n-2}\frac{(n-2)!}{(n-1)!}x^{n-1} + R_n$$
$$= x - \frac{1}{2}x^2 + \cdots + (-1)^{n-2}\frac{1}{n-1}x^{n-1} + R_n.$$
ここに，$R_n = (-1)^{n-1}\frac{1}{n(1+\theta x)^n}x^n$ (ラグランジュ剰余)，
$R_n = \frac{x^n}{(n-1)!}\int_0^1 (1-t)^{n-1}(-1)^{n-1}\frac{(n-1)!}{(1+tx)^n}dt = x^n\int_0^1\frac{(t-1)^{n-1}}{(1+tx)^n}dt$ (積分形の剰余).

(5) (4) と同様にして，$f^{(n)}(x) = (-1)^{n-1}\frac{(n-1)!}{x^n}$ より，$f^{(n)}(1) = (-1)^{n-1}(n-1)!$．これらを式 (3.18) に代入すると，$\log x = (x-1) - \frac{1}{2!}(x-1)^2 + \cdots + (-1)^{n-2}\frac{(n-2)!}{(n-1)!}(x-1)^{n-1} + R_n = (x-1) - \frac{(x-1)^2}{2} + \cdots + (-1)^{n-2}\frac{(x-1)^{n-1}}{n-1} + R_n$.
ここに，$R_n = (-1)^{n-1}\frac{1}{n\{1+\theta(x-1)\}^n}(x-1)^n$ (ラグランジュ剰余)，
$R_n = \frac{(x-1)^n}{(n-1)!}\int_0^1 (1-t)^{n-1}(-1)^{n-1}\frac{(n-1)!}{\{1+t(x-1)\}^n}dt = (x-1)^n\int_0^1\frac{(t-1)^{n-1}}{\{1+t(x-1)\}^n}dt$
(積分形の剰余).

(6) $f^{(n)}(x) = \cos\left(x + \frac{n\pi}{2}\right)$ より，$f^{(n)}\left(\frac{\pi}{4}\right) = (-1)^{[\frac{n+1}{2}]}\frac{\sqrt{2}}{2}$．ここで，$\left[\frac{n+1}{2}\right]$ はガウス記号．これらを式 (3.18) に代入すると，
$\cos x = \frac{\sqrt{2}}{2}\left\{1 - \left(x - \frac{\pi}{4}\right) - \frac{1}{2!}\left(x - \frac{\pi}{4}\right)^2 + \cdots + (-1)^{[\frac{n}{2}]}\frac{1}{(n-1)!}\left(x - \frac{\pi}{4}\right)^{n-1}\right\} + R_n$.
ここに，$R_n = \frac{\cos\left(\frac{\pi}{4} + \theta(x - \frac{\pi}{4}) + \frac{n\pi}{2}\right)}{n!}\left(x - \frac{\pi}{4}\right)^n$ (ラグランジュ剰余)，
$R_n = \frac{(x-\frac{\pi}{4})^n}{(n-1)!}\int_0^1 (1-t)^{n-1}\cos\left(\frac{\pi}{4} + t(x-\frac{\pi}{4}) + \frac{n\pi}{2}\right)dt$ (積分形の剰余).

(7) $f^{(n)}(x) = e^x$ より，$f^{(n)}(1) = e$．これらを式 (3.18) に代入すると，
$e^x = e\left\{1 + (x-1) + \frac{1}{2!}(x-1)^2 + \cdots + \frac{1}{(n-1)!}(x-1)^{n-1}\right\} + R_n$.
ここに，$R_n = \frac{e^{1+\theta(x-1)}}{n!}(x-1)^n$ (ラグランジュ剰余)，
$R_n = \frac{(x-1)^n}{(n-1)!}\int_0^1 (1-t)^{n-1}e^{1+t(x-1)}dt$ (積分形の剰余).

(8) $f^{(n)}(x) = \dfrac{m!}{(m-n)!} x^{m-n}$ $(n \leq m)$, $f^{(n)}(x) = 0$ $(n > m)$ より,
$f^{(n)}(a) = \dfrac{m!}{(m-n)!} a^{m-n}$ $(n \leq m)$, $f^{(n)}(a) = 0$ $(n > m)$. これらを式 (3.18) に代入すると,
$n \leq m$ のとき, $x^m = a^m + ma^{m-1}(x-a) + \cdots + \dfrac{\frac{m!}{(m-n+1)!} a^{m-n+1}}{(n-1)!}(x-a)^{n-1} + R_n = a^m + {}_mC_1 a^{m-1}(x-a) + \cdots + {}_mC_{n-1} a^{m-n+1}(x-a)^{n-1} + R_n.$
ここに, $R_n = {}_mC_n (a+\theta(x-a))^{m-n}(x-a)^n$ (ラグランジュ剰余),
$R_n = n(x-a)^n {}_mC_n \displaystyle\int_0^1 (1-t)^{n-1}(a+t(x-a))^{m-n} dt$ (積分形の剰余).
$n > m$ のとき, $x^m = a^m + {}_mC_1 a^{m-1}(x-a) + \cdots + {}_mC_k a^{m-k}(x-a)^k + \cdots + (x-a)^m$ となり, $R_n = 0$.

**3.20.1** (1) $\sqrt{4.08} = 2\sqrt{1.02}$ より, $x = 0.02$ として $n-1$ 次式で近似すると, $|R_n| \leq \dfrac{1\cdot 3\cdot 5\cdots(2n-3)}{2\cdot 4\cdot 6\cdots(2n)(1+0.02\theta)^{n-\frac{1}{2}}} 0.02^n \leq \dfrac{1\cdot 3\cdot 5\cdots(2n-3)}{2\cdot 4\cdot 6\cdots(2n)} 0.02^n$. $\sqrt{4.08} = 2\Big(1 + \dfrac{1}{2}0.02 - \dfrac{1}{2\cdot 4}0.02^2 + \cdots + (-1)^{k-1}\dfrac{1\cdot 3\cdots(2k-3)}{2\cdot 4\cdots(2k)} 0.02^k + \cdots + (-1)^{n-2}\dfrac{1\cdot 3\cdots(2n-5)}{2\cdot 4\cdots(2n-2)} 0.02^{n-1} + R_n\Big)$
より, 誤差の評価は $2|R_n| \leq 2\dfrac{1\cdot 3\cdot 5\cdots(2n-3)}{2\cdot 4\cdot 6\cdots(2n)} 0.02^n$.
(2) $2|R_3| \leq 2\dfrac{1\cdot 3}{2\cdot 4\cdot 6} 0.02^3 = 0.000001$ より, $n = 3$ で, 誤差が $0.000001$ より小さくなる. このとき近似値は $\sqrt{4.08} \fallingdotseq 2\Big(1 + \dfrac{1}{2}0.02 - \dfrac{1}{2\cdot 4}0.02^2\Big) = 2(1 + 0.01 - 0.00005) = 2.01990$.

**3.20.2** $e^x = 1 + x + \dfrac{x^2}{2!} + \dfrac{x^3}{3!} + \dfrac{x^4}{4!} + R_5$ に $x = \dfrac{1}{2}$ を入れると, $e^{1/2} \fallingdotseq 1 + \dfrac{1}{2} + \dfrac{(\frac{1}{2})^2}{2!} + \dfrac{(\frac{1}{2})^3}{3!} + \dfrac{(\frac{1}{2})^4}{4!} \fallingdotseq 1 + 0.5 + 0.125 + 0.020833 + 0.002604 \fallingdotseq 1.648437$. ここで $0 < R_5 = \dfrac{e^{\theta x}}{5!} x^5$ において, $x = \dfrac{1}{2}$ を入れると, $e < 2.8$ より $e^{1/2} \leq 1.7$ なので, $0 < R_5 \leq \dfrac{1.7}{5!}\Big(\dfrac{1}{2}\Big)^5 < 0.000443$. これより, $1.648437 < e^{1/2} < 1.648437 + 0.000443 = 1.64880$ となり, 小数点以下第 3 位まで正確で, $e^{1/2} \fallingdotseq 1.648$ である.

**3.20.3** テイラーの定理より $\sin x = x - \dfrac{x^3}{3!} + \dfrac{x^5}{5!} + R_7$, $R_7 = \dfrac{\sin(\theta x + \frac{7\pi}{2})}{7!} x^5$. $x = 1$ のとき, $\sin 1 = 1 - \dfrac{1}{3!} + \dfrac{1}{5!} + R_7 = 0.8416 + R_7$. ここで $|R_7| \leq \dfrac{1}{7!} < 0.000199$ なので, $0.8416 - 0.000199 = 0.8414 < \sin 1 < 0.8416 + 0.000199 = 0.8418$ となり, 小数点以下 3 桁までの値は, $0.841$.

**3.20.4** 与式より $3\log 2 - 2\log 3 = \log\Big(1 - \dfrac{1}{9}\Big) = -\dfrac{1}{9} - \dfrac{(\frac{1}{9})^2}{2} - \dfrac{(\frac{1}{9})^3}{3} + R_4 = -\dfrac{515}{6\times 9^3} + R_4$,
$|R_4| = \dfrac{1}{4(1-\theta\frac{1}{9})^4}\Big(\dfrac{1}{9}\Big)^4 \leq \dfrac{1}{4(1-\frac{1}{9})^4}\Big(\dfrac{1}{9}\Big)^4 = \dfrac{1}{4\times 8^4} < 0.000062$.
$5\log 3 - 8\log 2 = \log\Big(1 - \dfrac{13}{256}\Big) = -\dfrac{13}{256} - \dfrac{(\frac{13}{256})^2}{2} + R_3' = -\dfrac{6825}{2\times 256^2} + R_3'$,
$|R_3'| \leq \dfrac{1}{3(1-\frac{13}{256})^3}\Big(\dfrac{13}{256}\Big)^3 = \dfrac{13^3}{3\times 243^3} < 0.000052$. 従って,

$$\log 2 = -5\Big(-\frac{515}{6\times 9^3} + R_4\Big) - 2\Big(-\frac{6825}{2\times 256^2} + R'_3\Big) \fallingdotseq 0.6928 - 5R_4 - 2R'_3,$$
$$\log 3 = -8\Big(-\frac{515}{6\times 9^3} + R_4\Big) - 3\Big(-\frac{6825}{2\times 256^2} + R'_3\Big) \fallingdotseq 1.0981 - 8R_4 - 3R'_3.$$
$5|R_4| + 2|R'_3| < 0.00041,\ 8|R_4| + 3|R'_3| < 0.00065$ なので，$\log 2 \fallingdotseq 0.69,\ \log 3 \fallingdotseq 1.10$．

**3.21.1** (1) $\sin\frac{1}{p} = \frac{k}{m}$ ($k, m$ は整数) と表現できたと仮定する．$2n \geq m$ なる $n$ に対し $\sin\frac{1}{p}$ の剰余項付きテイラーの定理を用いると

$$\frac{k}{m} = \sin\frac{1}{p} = \frac{1}{p} - \frac{1}{3!\,p^3} + \frac{1}{5!\,p^5} + \cdots + \frac{(-1)^{n-1}}{(2n-1)!\,p^{2n-1}} + (-1)^n \frac{\cos\frac{\theta}{p}}{(2n+1)!\,p^{2n+1}}$$

となる．上式の全体に $(2n)!\,p^{2n-1}$ を乗ずると $k\frac{(2n)!}{m}p^{2n-1} = (2n)!\,p^{2n-2} - \frac{(2n)!}{3!}p^{2n-4} + \frac{(2n)!}{5!}p^{2n-6} + \cdots + (-1)^{n-1}2n + \frac{(-1)^n \cos\frac{\theta}{p}}{(2n+1)p^2}$ となり，最後の項 $\frac{(-1)^n \cos\frac{\theta}{p}}{(2n+1)p^2}$ 以外は整数なので $\frac{(-1)^n \cos\frac{\theta}{p}}{(2n+1)p^2}$ も整数でなくてはならない．しかし，$0 < \left|\frac{(-1)^n \cos\frac{\theta}{p}}{(2n+1)p^2}\right| < 1$ より整数にはなり得ないので，矛盾になる．これは $\sin\frac{1}{p} = \frac{k}{m}$ と仮定したことによるもので，$\sin\frac{1}{p}$ は無理数である． (2) $\cos\frac{1}{p} = \frac{k}{m}$ ($k, m$ は整数) と表現できたと仮定する．$2n \geq m$ なる $n$ に対し $\cos\frac{1}{p}$ の剰余項付きテイラーの定理を用いると

$$\frac{k}{m} = \cos\frac{1}{p} = 1 - \frac{1}{2!\,p^2} + \frac{1}{4!\,p^4} - \frac{1}{6!\,p^6} + \cdots + \frac{(-1)^{n-1}}{(2n-2)!\,p^{2n-2}} + \frac{(-1)^n \cos\frac{\theta}{p}}{(2n)!\,p^{2n}}$$

となる．上式の全体に $(2n)!\,p^{2n-1}$ を乗ずると，最後の項 $\frac{(-1)^n \cos\frac{\theta}{p}}{p}$ 以外は整数なので，矛盾になるが，これは $\cos\frac{1}{p} = \frac{k}{m}$ と仮定したことにより，$\cos\frac{1}{p}$ は無理数である．
(3) $\tan\frac{1}{p} = \frac{k}{m}$ ($k, m$ は整数) と表現できたと仮定する．すると，$k\cos\frac{1}{p} - m\sin\frac{1}{p} = 0$ が成り立つ．それぞれにテイラー展開を適用して

$$k\Big(1 - \frac{1}{2!\,p^2} + \frac{1}{4!\,p^4} - + \cdots + \frac{(-1)^n}{(2n)!\,p^{2n}} + \frac{(-1)^{n+1}\cos\frac{\theta}{p}}{(2n+2)!\,p^{2n+2}}\Big)$$
$$- m\Big(\frac{1}{p} - \frac{1}{3!\,p^3} + - \cdots + \frac{(-1)^{n-1}}{(2n-1)!\,p^{2n-1}} + \frac{(-1)^n \cos\frac{\varphi}{p}}{(2n+1)!\,p^{2n+1}}\Big) = 0$$

を得る．ここに，$0 < \theta, \varphi < 1$．この両辺に $p^{2n}(2n)!$ を掛けると，上式は ある整数 $K$ を用いて $K + k\frac{(-1)^{n+1}\cos\frac{\theta}{p}}{(2n+1)(2n+2)p^2} + m\frac{(-1)^{n+1}\cos\frac{\varphi}{p}}{(2n+1)p} = 0$ という式になる．ここで $n$ を十分大きく選んで，二つの分数の絶対値がいずれも $\frac{1}{2}$ より小さくなるようにすれば，これらの和が $0$ でなければならなくなるが，$\cos\frac{\theta}{p}$ や $\cos\frac{\varphi}{p}$ の値は $1$ より小さい正数なので，これは不可能である．従って，$\tan\frac{1}{p}$ は無理数である．

**3.21.2** 問題 3.20.1(1) より，$n = 2$ とすると，$\sqrt{1+x} = 1 + \frac{1}{2}x + R_2$．ただし，$R_2 = -\frac{1}{8\sqrt{(1+\theta x)^3}}x^2$．従って，$\bullet\ \sqrt{37} = 6\sqrt{1 + \frac{1}{36}} = 6\Big(1 + \frac{1}{2}\frac{1}{36} + R_2\Big) = 6.083 + 6R_2$.

$0 > 6R_2 = -\dfrac{6}{8\sqrt{\left(1+\theta\frac{1}{36}\right)^3}}\left(\dfrac{1}{36}\right)^2 \geq -\dfrac{3}{4}\dfrac{1}{36^2} = -0.0006$ より

$6.083 - 0.0006 < \sqrt{17} < 6.083$ なので $\sqrt{37}$ の近似値は, 6.08.

- $\sqrt[3]{5} = \dfrac{5}{3}\sqrt[3]{\dfrac{27}{25}} = \dfrac{5}{3}\sqrt[3]{1+\dfrac{2}{25}}$ となるので, $f(x) = \sqrt[3]{1+x}$ のマクローリンの定理を適用する. $f'(x) = \dfrac{1}{3}(1+x)^{-2/3}$, $f''(x) = \dfrac{-2}{9}(1+x)^{-5/3}$ なので, $f(x) = \sqrt[3]{1+x} = f(0) + f'(0)x + R_2$, $R_2 = \dfrac{1}{2}f''(\theta x)x^2$ で $x = \dfrac{2}{25}$ のとき, $f\left(\dfrac{2}{25}\right) = 1 + \dfrac{1}{3}\dfrac{2}{25} + R_2$ で $|R_2| = \dfrac{1}{9}\dfrac{1}{\left(1+\frac{2}{25}\theta\right)^{5/3}}\left(\dfrac{2}{25}\right)^2 \leq \dfrac{2^2}{9 \times 25^2} < 0.00072$. 従って, $\sqrt[3]{5} = \dfrac{5}{3}\left(\dfrac{77}{75} + R_2\right) = \dfrac{77}{45} + \dfrac{5}{3}R_2 \fallingdotseq 1.71111 + \dfrac{5}{3}R_2$ なので, 誤差 $\dfrac{5}{3}R_2 \leq \dfrac{5}{3} \times 0.00072 < 0.0012$ で $\sqrt[3]{5}$ の四捨五入した近似値は, 1.71.

**3.21.3** (1) 問題 3.19.1(2) より $\sin x = x - \dfrac{x^3}{3!} + \cdots + (-1)^{n-1}\dfrac{x^{2n-1}}{(2n-1)!} + R_{2n+1}$.
ここに, $R_{2n+1} = (-1)^n\dfrac{\cos(\theta x)}{(2n+1)!}x^{2n+1}$. $|x| \leq 1$ に対し, $|R_{2n+1}| \leq \dfrac{1}{(2n+1)!}$ より, $|R_5| \leq \dfrac{1}{5!} < 0.0084$ なので, 誤差が $0.01$ 未満となる多項式近似は $\sin x \fallingdotseq x - \dfrac{x^3}{3!}$ である.

(2) $\sinh x = \dfrac{e^x - e^{-x}}{2} = x + \dfrac{x^3}{3!} + \cdots + \dfrac{x^{2n-1}}{(2n-1)!} + R_{2n+1}$ で $R_{2n+1} = \dfrac{e^{\theta x} + e^{-\theta x}}{2(2n+1)!}x^{2n+1}$ なので, $|x| \leq 1$ に対し $|R_{2n+1}| \leq \dfrac{3+1}{2(2n+1)!}$. $|R_7| \leq \dfrac{3+1}{2 \times 7!} < 0.0004$ より, 誤差が $0.01$ 未満となる多項式近似は $\sinh x \fallingdotseq x + \dfrac{x^3}{3!} + \dfrac{x^5}{5!}$ である.

(3) $\cosh x = \dfrac{e^x + e^{-x}}{2} = 1 + \dfrac{x^2}{2!} + \cdots + \dfrac{x^{2n-2}}{(2n-2)!} + R_{2n}$ で $R_{2n} = \dfrac{e^{\theta x} + e^{-\theta x}}{2(2n)!}x^{2n}$ なので, $|x| \leq 1$ に対し $|R_{2n}| \leq \dfrac{3+1}{2(2n)!}$. 従って, $|R_6| \leq \dfrac{3+1}{2 \times 6!} < 0.0028$ なので, 誤差が $0.01$ 未満となる多項式近似は $\cosh x \fallingdotseq 1 + \dfrac{x^2}{2!} + \dfrac{x^4}{4!}$ である.

(4) $f(x) = e^x \cos x$, $f'(x) = e^x(\cos x - \sin x) = \sqrt{2}\,e^x \cos\left(x + \dfrac{\pi}{4}\right)$ より $f^{(k)}(x) = (\sqrt{2})^k e^x \cos\left(x + \dfrac{k\pi}{4}\right)$. 従って, $f(0) = 1, f'(0) = 1, f''(0) = 0, f'''(0) = -2, f^{(4)}(0) = -4, f^{(5)}(0) = -4, f^{(6)}(0) = 0$ かつ $R_7 = \dfrac{f^{(7)}(\theta x)}{7!}x^7 = \dfrac{\sqrt{2^7}\,e^{\theta x}\cos\left(\theta x + \frac{7\pi}{4}\right)}{7!}x^7$.
$|x| < 1$ で $|R_7| \leq \dfrac{8 \times 1.5 \times 3}{7!} = \dfrac{1}{140} < 0.007$ なので, 誤差が $0.01$ 未満となる多項式近似は $e^x \cos x \fallingdotseq 1 + x - \dfrac{2}{3!}x^3 - \dfrac{4}{4!}x^4 - \dfrac{4}{5!}x^5 = 1 + x - \dfrac{1}{3}x^3 - \dfrac{1}{6}x^4 - \dfrac{1}{30}x^5$ である.

**3.22.1** $x = 1$ のとき, すべての項が $0$ なので, 成り立つ.
$x \neq 1$ のとき, $f(x) = x^\alpha$ として, 平均値の定理を使うと, $\dfrac{x^\alpha - 1}{x - 1} = \alpha c^{\alpha-1}$ …①
$c$ は $1$ と $x$ の間の値である.
$0 < x < 1$ のとき, $x < c < 1$ より, $x^{\alpha-1} < c^{\alpha-1} < 1$. すなわち, $\alpha x^{\alpha-1} < \alpha c^{\alpha-1} < \alpha$. 式①により, $\alpha x^{\alpha-1} < \dfrac{x^\alpha - 1}{x - 1} < \alpha$. 全体に $x - 1 (< 0)$ を乗じて $\alpha x^{\alpha-1}(x-1) > x^\alpha - 1 > \alpha(x-1)$

となる.
$1 < x$ のとき, $1 < c < x$ より, $1 < c^{\alpha-1} < x^{\alpha-1}$. すなわち, $\alpha < \alpha c^{\alpha-1} < \alpha x^{\alpha-1}$.
式①により, $\alpha < \dfrac{x^\alpha - 1}{x-1} < \alpha x^{\alpha-1}$. 全体に $x-1(>0)$ を乗じて $\alpha(x-1) < x^\alpha - 1 < \alpha x^{\alpha-1}(x-1)$ となる. 以上より, $\alpha(x-1) \le x^\alpha - 1 \le \alpha x^{\alpha-1}(x-1)$ が成り立つ.

**3.22.2** (1) $f(x) = \sin x - \left(x - \dfrac{x^3}{6}\right)$ とおくと, $f(0) = 0$, $f'(x) = \cos x - 1 + \dfrac{x^2}{2}$, $f'(0) = 0, f''(x) = -\sin x + x$. $x > 0$ で $f''(x) > 0$ より, $f'(x) > 0$. 従って, $f(x) > 0$, すなわち, $\sin x > x - \dfrac{x^3}{6}$. (2) (1) と同様にして, $x < 0$ で $f''(x) < 0$ より, $f'(x) > 0$. 従って, $f(x) < 0$, すなわち, $\sin x < x - \dfrac{x^3}{6}$.

**3.23.1** (1) $g(x) = \sin x - \left(x - \dfrac{x^3}{6} + \dfrac{x^5}{120}\right)$ とおくと, $g(0) = 0, g'(x) = \cos x - 1 + \dfrac{x^2}{2} - \dfrac{x^4}{24}$, $g'(0) = 0, g''(x) = -\sin x + x - \dfrac{x^3}{6}, g''(0) = 0$. 問題 3.22.2(1) の解答における $-f(x)$ と $g''(x)$ は等しい. $x > 0$ なので, $g'''(x) = -f'(x) < 0$. 従って, 順次 $g''(x) < 0$, $g'(x) < 0$, $g(x) < 0$ となる. すなわち, $\sin x < x - \dfrac{x^3}{6} + \dfrac{x^5}{120}$.
(2) $f(x) = \cos x - \left(1 - \dfrac{x^2}{2}\right)$ とおくと, $f'(x) = -\sin x + x$, $f(0) = 0$. $x > 0$ で $f'(x) > 0$ より, $f(x) > 0$. $x < 0$ で $f'(x) < 0$ より, $f(x) > 0$. 従って, $x \ne 0$ で $f(x) > 0$, すなわち, $\cos x > 1 - \dfrac{x^2}{2}$.
(3) $f(x) = 1 - \dfrac{x^2}{2} + \dfrac{x^4}{24} - \cos x$ とおくと, $f'(x) = -x + \dfrac{x^3}{6} + \sin x$. 問題 3.22.2(1) より $x > 0$ のとき $f'(x) > 0$, 問題 3.22.2(2) より $x < 0$ のとき $f'(x) < 0$, かつ $f(0) = 0$ より $f(x) > 0$ $(x \ne 0)$, すなわち, $1 - \dfrac{x^2}{2} + \dfrac{x^4}{24} > \cos x$.
(4) マクローリンの定理で $n = 3$ とすると, $\log(1+x) = x - \dfrac{x^2}{2} + \dfrac{x^3}{3(1+\theta x)^3}$. $x > 0$ で $\dfrac{x^3}{3(1+\theta x)^3} > 0$ より, $\log(1+x) > x - \dfrac{x^2}{2}$. マクローリンの定理で $n = 4$ とすると, $\log(1+x) = x - \dfrac{x^2}{2} + \dfrac{x^3}{3} - \dfrac{x^4}{4(1+\theta x)^4}$. $x > 0$ で $-\dfrac{x^4}{4(1+\theta x)^4} < 0$ より, $\log(1+x) < x - \dfrac{x^2}{2} + \dfrac{x^3}{3}$. 以上より $x - \dfrac{x^2}{2} < \log(1+x) < x - \dfrac{x^2}{2} + \dfrac{x^3}{3}$ $(x > 0)$.

**3.24.1** (1) $f(x) = \dfrac{x}{x^2+1}$ とおくと, $f(x) = -f(-x)$ より原点について点対称である.
$f'(x) = \dfrac{(x^2+1) - 2x^2}{(x^2+1)^2} = \dfrac{1-x^2}{(x^2+1)^2}$,
$f''(x) = \dfrac{-2x(x^2+1)^2 - 4x(1-x^2)(x^2+1)}{(x^2+1)^4}$
$= \dfrac{-2x(-x^2+3)}{(x^2+1)^3}$ より $f'(x) = 0$ を満たす $x$ は $\pm 1$ で, $f''(x) = 0$ を満たす $x$ は $0, \pm\sqrt{3}$.

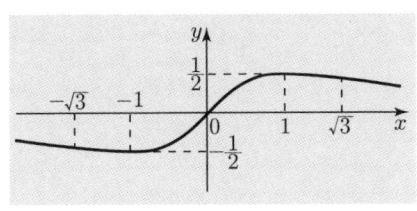

従って, 極値は $x = 1$ で極大値 $f(1) = \dfrac{1}{2}$ をとり, $x = -1$ で極小値 $f(-1) = -\dfrac{1}{2}$ をとる. 変曲点は $x = 0, \pm\sqrt{3}$. グラフは右図のようになる.

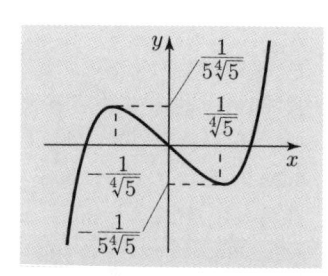

(2) $f(-x) = -f(x)$ より，原点について点対称である．$y = x^5 - x$, $y' = 5x^4 - 1$, $y'' = 20x^3$ より $x = \frac{1}{\sqrt[4]{5}}$ で極小値 $f\left(\frac{1}{\sqrt[4]{5}}\right) = -\frac{4}{5\sqrt[4]{5}}$, $x = \frac{1}{-\sqrt[4]{5}}$ で極大値 $f\left(-\frac{1}{\sqrt[4]{5}}\right) = \frac{4}{5\sqrt[4]{5}}$ をとり，変曲点は $x = 0$.

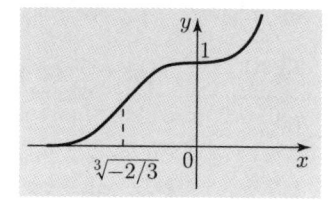

(3) $f(x) = e^{x^3}$ とおくと，$f'(x) = 3x^2 e^{x^3}$, $f''(x) = (6x + 9x^4)e^{x^3} = 3x(2 + 3x^3)e^{x^3}$. $f'(x) = 0$ を満たす $x$ は，0 だけだが，このとき $f''(0) = 0$, $f'''(0) = 6 \neq 0$ なので極値ではない．また，変曲点は $x = 0, \sqrt[3]{-2/3}$.

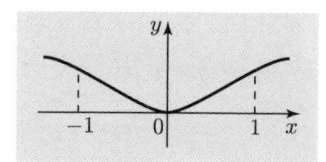

(4) $f(-x) = f(x)$ より $y$ 軸に関して線対称である．$f(x) = \frac{x^2}{x^2 + 1}$ とおくと，$f'(x) = \frac{2x(x^2 + 1) - 2x^3}{(x^2 + 1)^2} = \frac{2x}{(x^2 + 1)^2}$, $f''(x) = \frac{2(x^2 + 1)^2 - 4x^2(x^2 + 1)}{(x^2 + 1)^4} = \frac{2(1 - x^2)}{(x^2 + 1)^3}$ より，$f'(x) = 0$ のとき，$x = 0$, $f''(x) = 0$ のとき，$x = \pm 1$ なので，極値は $x = 0$ で極小値 $f(0) = 0$, 変曲点は $x = \pm 1$.

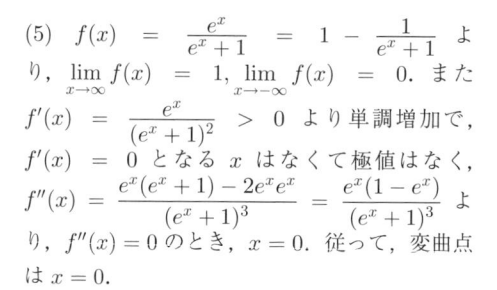

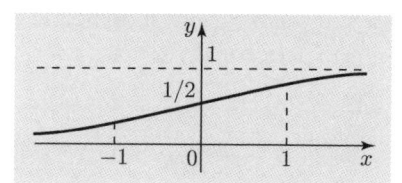

(5) $f(x) = \frac{e^x}{e^x + 1} = 1 - \frac{1}{e^x + 1}$ より，$\lim_{x \to \infty} f(x) = 1$, $\lim_{x \to -\infty} f(x) = 0$. また $f'(x) = \frac{e^x}{(e^x + 1)^2} > 0$ より単調増加で，$f'(x) = 0$ となる $x$ はなくて極値はなく，$f''(x) = \frac{e^x(e^x + 1) - 2e^x e^x}{(e^x + 1)^3} = \frac{e^x(1 - e^x)}{(e^x + 1)^3}$ より，$f''(x) = 0$ のとき，$x = 0$. 従って，変曲点は $x = 0$.

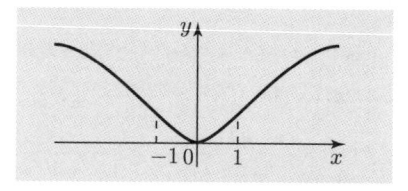

(6) $f(x) = \log(x^2 + 1)$ とおくと，$f'(x) = \frac{2x}{x^2 + 1}$, $f''(x) = \frac{2(x^2 + 1) - 4x^2}{(x^2 + 1)^2} = \frac{2(1 - x^2)}{(x^2 + 1)^2}$ より，$f'(x) = 0$ のとき $x = 0$, $f''(x) = 0$ のとき $x = \pm 1$ なので，極値は $x = 0$ で極小値 $f(0) = 0$, 変曲点は $x = \pm 1$.

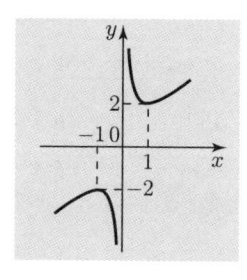

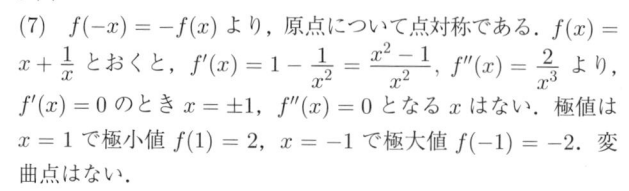

(7) $f(-x) = -f(x)$ より，原点について点対称である．$f(x) = x + \frac{1}{x}$ とおくと，$f'(x) = 1 - \frac{1}{x^2} = \frac{x^2 - 1}{x^2}$, $f''(x) = \frac{2}{x^3}$ より，$f'(x) = 0$ のとき $x = \pm 1$, $f''(x) = 0$ となる $x$ はない．極値は $x = 1$ で極小値 $f(1) = 2$, $x = -1$ で極大値 $f(-1) = -2$. 変曲点はない．

(8) $f(x) = \dfrac{\cos x}{1 + \sin x}$ とおくと,$f(x)$ は $x \neq \left(\dfrac{3}{2} + 2n\right)\pi\ (n \in \mathbb{Z})$ で連続である.
$f'(x) = \dfrac{-\sin x(1 + \sin x) - \cos^2 x}{(1 + \sin x)^2}$
$= \dfrac{-1}{1 + \sin x}, f''(x) = \dfrac{\cos x}{(1 + \sin x)^2}$ より,$f'(x) = 0$ となる $x$ はない.$f''(x) = 0$ のとき,$x = \left(\dfrac{1}{2} + 2n\right)\pi$ なので,変曲点は $x = \left(\dfrac{1}{2} + 2n\right)\pi$.

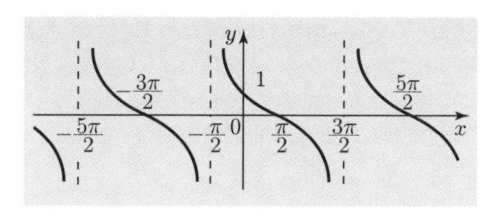

(9) $f(x) = x^x$ とおくと,$\log f(x) = x \log x$ より $\dfrac{f'(x)}{f(x)} = \log x + 1$ なので,$f'(x) = x^x(\log x + 1)$ より,$f'(x) = 0$ となる $x$ は $x = e^{-1}$.$f''(x) = x^x(\log x + 1)^2 + x^{x-1} > 0$ より,下に凸で,変曲点はない.$x = e^{-1}$ で極小で,極小値は $f(e^{-1}) = \dfrac{1}{e^{1/e}}$.

(10) $f(x) = x\sqrt{ax - x^2}$ とおくと,
$f'(x) = \sqrt{ax - x^2} + \dfrac{x(a - 2x)}{2\sqrt{ax - x^2}} = \dfrac{x(3a - 4x)}{2\sqrt{ax - x^2}}$,
$f''(x) = \dfrac{(3a - 8x)\sqrt{ax - x^2} - x(3a - 4x)\dfrac{(a - 2x)}{2\sqrt{ax - x^2}}}{2(ax - x^2)} = \dfrac{x(3a^2 - 12ax + 8x^2)}{4\sqrt{(ax - x^2)^3}}$ より,$f'(x) = 0$ となる $x$ は $\dfrac{3a}{4}$,$f''(x) = 0$ となる $x$ は $\dfrac{(3 \pm \sqrt{3})a}{4}$.極値は $x = \dfrac{3a}{4}$ で極大値 $f\left(\dfrac{3a}{4}\right) = \dfrac{3\sqrt{3}}{16}a^2$ をとり,また,定義域が $0 < x < a$ なので変曲点は $\dfrac{(3 - \sqrt{3})a}{4}$.

**3.24.2** (1) $y = \dfrac{2x^2}{x - 1} = 2x + 2 + \dfrac{2}{x - 1}$ より,$y = 2x + 2$ のグラフと $y = \dfrac{2}{x - 1}$ のグラフの $y$ 座標の和になる.また,$y' = 2 - \dfrac{2}{(x - 1)^2} = \dfrac{2x(x - 2)}{(x - 1)^2}$ より,$x = 0, 2$ で極値をとる.$x \to \infty$ にすると,$\dfrac{2}{x - 1}$ は $0$ に近づくので,$y \fallingdotseq 2x + 2$ となり,$y = 2x + 2$ が漸近線である.

(2) $y = \dfrac{x^3}{x(x^2 - 1)} = 1 - \dfrac{1}{2(x + 1)} + \dfrac{1}{2(x - 1)}$,
$y' = \dfrac{1}{2(x + 1)^2} - \dfrac{1}{2(x - 1)^2} = \dfrac{-2x}{(x^2 - 1)^2}$,

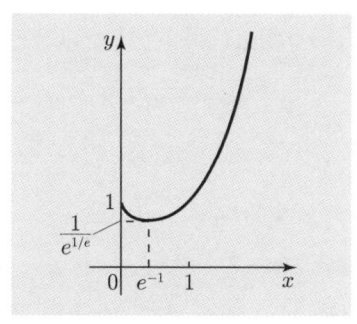

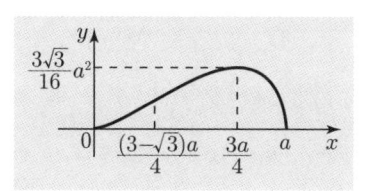

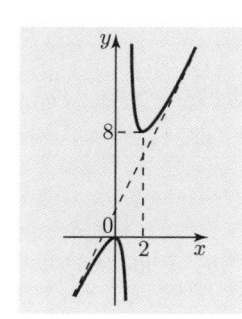

$y'' = -\dfrac{1}{(x+1)^3} + \dfrac{1}{(x-1)^3} = \dfrac{2(3x^2+1)}{(x^2-1)^3}$ より，定義域は実数から $x = -1, 0, 1$ を除いた集合である．極値の候補点は，$x = 0$ だが，この点は定義域ではないので，極値は存在しない．変曲点も存在せず，$|x| > 1$ で下に凸，$0 < |x| < 1$ で上に凸である．また，$\lim\limits_{|x|\to\infty} f(x) = 1$, $\lim\limits_{x\to -1-0} = \infty$, $\lim\limits_{x\to -1+0} = -\infty$, $\lim\limits_{x\to 1-0} = -\infty$, $\lim\limits_{x\to 1+0} = \infty$ より，$y = 1$, $x = 1$ と $x = -1$ が漸近線で，グラフは右図のようになる．

(3) $y^2 = x^2 - 2x - 3 = (x-3)(x+1) \geq 0$ より，$x$ の定義域は $x \leq -1$, $3 \leq x$．また，

$$y = \pm\sqrt{x^2 - 2x - 3} = \pm(x-1)\sqrt{1 - \dfrac{4}{(x-1)^2}}$$
$$= \pm(x-1)\left\{1 + O\left(\dfrac{1}{(x-1)^2}\right)\right\}.$$

$x \to \infty$ のとき，$O\left(\dfrac{1}{(x-1)^2}\right) \to 0$ なので，漸近線は $y = \pm(x-1)$．

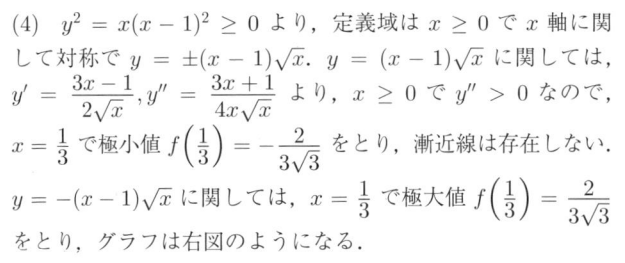

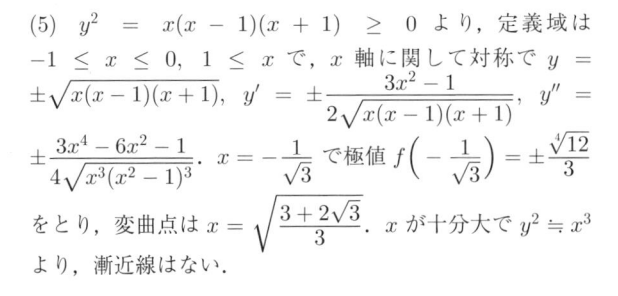

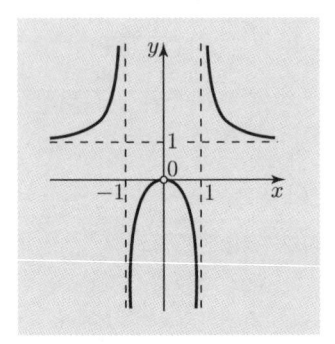

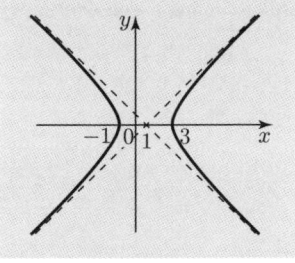

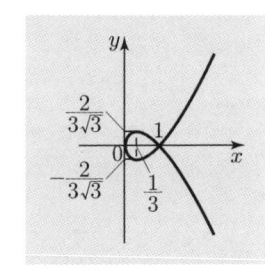

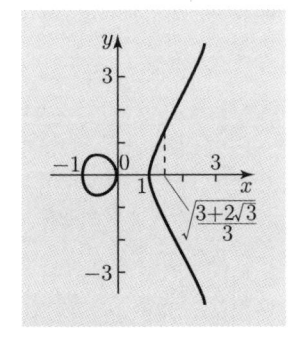

(4) $y^2 = x(x-1)^2 \geq 0$ より，定義域は $x \geq 0$ で $x$ 軸に関して対称で $y = \pm(x-1)\sqrt{x}$. $y = (x-1)\sqrt{x}$ に関しては，$y' = \dfrac{3x-1}{2\sqrt{x}}$, $y'' = \dfrac{3x+1}{4x\sqrt{x}}$ より，$x \geq 0$ で $y'' > 0$ なので，$x = \dfrac{1}{3}$ で極小値 $f\left(\dfrac{1}{3}\right) = -\dfrac{2}{3\sqrt{3}}$ をとり，漸近線は存在しない．$y = -(x-1)\sqrt{x}$ に関しては，$x = \dfrac{1}{3}$ で極大値 $f\left(\dfrac{1}{3}\right) = \dfrac{2}{3\sqrt{3}}$ をとり，グラフは右図のようになる．

(5) $y^2 = x(x-1)(x+1) \geq 0$ より，定義域は $-1 \leq x \leq 0$, $1 \leq x$ で，$x$ 軸に関して対称で $y = \pm\sqrt{x(x-1)(x+1)}$, $y' = \pm\dfrac{3x^2-1}{2\sqrt{x(x-1)(x+1)}}$, $y'' = \pm\dfrac{3x^4-6x^2-1}{4\sqrt{x^3(x^2-1)^3}}$. $x = -\dfrac{1}{\sqrt{3}}$ で極値 $f\left(-\dfrac{1}{\sqrt{3}}\right) = \pm\dfrac{\sqrt[4]{12}}{3}$ をとり，変曲点は $x = \sqrt{\dfrac{3+2\sqrt{3}}{3}}$. $x$ が十分大で $y^2 \fallingdotseq x^3$ より，漸近線はない．

(6) $y^2 = x^3 + x = x(x^2+1) \geq 0$ より定義域は $x \geq 0$ であり, $y = \pm\sqrt{x^3+x}$ は $x$ 軸に関して対称である. ここで, $y = \sqrt{x^3+x}$ に対し, 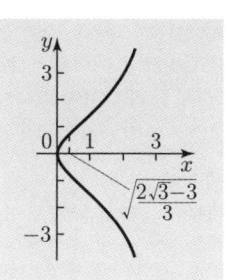
$$y' = \frac{3x^2+1}{2\sqrt{x^3+x}}, y'' = \frac{3x^4+6x^2-1}{4\sqrt{x^3(x^2+1)^3}}$$
より $y' > 0$ で増加関数で, $x = \sqrt{\frac{2\sqrt{3}-3}{3}}$ が変曲点である.

(7) $x^3 + y^2 - 2x^2y = 1$ より, $y = x^2 \pm \sqrt{x^4-x^3+1}$. $|t|$ が十分小さいとき, マクローリン展開により, $\sqrt{1-t} = 1 - \frac{t}{2} + O(t^2)$ なので, $|x|$ が十分小さいときは, $\sqrt{x^4-x^3+1} = 1 - \frac{x^3-x^4}{2} + O(x^6)$ より, $y = x^2 + \sqrt{x^4-x^3+1} = 1 + x^2 + O(x^3)$ かつ $y = x^2 - \sqrt{x^4-x^3+1} = x^2 - 1 + O(x^3)$.

一方, $|x|$ が十分大では $\sqrt{x^4-x^3+1} = x^2\sqrt{1-\frac{1}{x}+\frac{1}{x^4}}$ で, $\left|\frac{1}{x}-\frac{1}{x^4}\right|$ が十分小より, $\sqrt{x^4-x^3+1} = x^2\left\{1-\frac{1}{2}\left(\frac{1}{x}-\frac{1}{x^4}\right)-\frac{1}{8}\left(\frac{1}{x}-\frac{1}{x^4}\right)^2 + O\left(\left(\frac{1}{x}\right)^3\right)\right\} = x^2 - \frac{x}{2} - \frac{1}{8} + O\left(\frac{1}{x^3}\right)$. 従って, $y = x^2 + \sqrt{x^4-x^3+1} = 2x^2 + O(x)$ かつ $y = x^2 - \sqrt{x^4-x^3+1} = x^2 - \left(x^2 - \frac{x}{2} - \frac{1}{8} + O\left(\frac{1}{x^3}\right)\right) = \frac{x}{2} + \frac{1}{8} + O\left(\frac{1}{x^3}\right)$ より, 漸近線は $y = \frac{x}{2} + \frac{1}{8}$. 従って, グラフは右図のようになる.

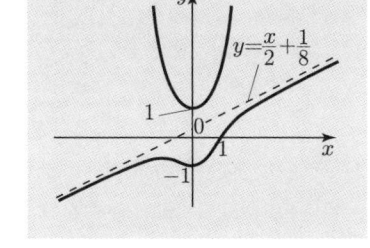

(8) $x^4 - y^4 = x^2y^2$ に対し $y^2$ を 2 次方程式の解として求めると, $y^2 = \frac{-x^2 \pm \sqrt{x^4+4x^4}}{2}$ だが, $y^2 > 0$ より, $y^2 = \frac{\sqrt{5}-1}{2}x^2$. 従って, 2 直線 $y = \pm\sqrt{\frac{\sqrt{5}-1}{2}}x$ で, グラフは右図のようになる.

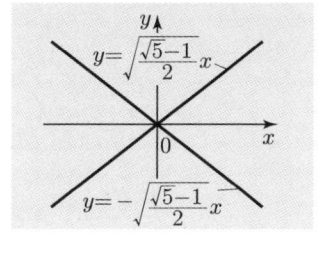

(9) $x$ と $y$ の入れ換えに関して不変なので, 直線 $x = y$ に関して線対称である. $x^3 + y^3 - 3xy = 0$ の漸近線を $y = ax+b$ とすると, $a = \lim_{x\to\infty}\frac{y}{x} = \lim_{x\to\infty}\frac{\sqrt[3]{3xy-x^3}}{x} = \lim_{x\to\infty}\sqrt[3]{3\frac{ax+b}{x^2}-1} = -1$. $y = -x+b$ を与式に代入すると $x^3 + (-x+b)^3 - 3x(-x+b) = 3x^2(b+1) - 3xb(b+1) + b^3 = 3x^2\left\{(b+1) - \frac{b(b+1)}{x} + \frac{b^3}{3x^2}\right\} = 0$ なので, $x \to \infty$ にしたとき, $b = -1$ なので, 漸近線は $y = -x - 1$. 与式を変形すると,
$$(x+y)^3 - 3xy(x+y+1) = 0$$
となるので, $x + y = k$ とおき, $y = k - x$ を与式に代入すると, $k^3 - 3x(k-x)(k+1) =$

$3(k+1)x^2-3k(k+1)x+k^3=0$ となる. $x$ は実数なので, 判別式は $D=\{3k(k+1)\}^2-12(k+1)k^3=3k^2(k+1)(3-k)\geq 0$. 従って, $-1\leq k=x+y\leq 3$. 極値については 2 変数関数の偏微分を用いて求めることができ, 6 章の章末問題 17(3) にある.

(10) $y^3=1-x^3$ なので, $Y=1-x^3$ のグラフは右図のようになり, $y=\sqrt[3]{1-x^3}$ は絶対値が 1 より大きいと小さくなり, 1 より小さいと値は 1 に近く少し大きくなることを考慮すると図のようになる. また, $x^3+y^3=1$ は直線 $y=x$ に関して線対称である. この式を変形すると $y=\sqrt[3]{1-x^3}=-x\sqrt[3]{1-\frac{1}{x^3}}$. ここで, マクローリンの定理を使うと, $y=-x\left(1-\frac{1}{3}\frac{1}{x^3}+O\left(\frac{1}{x^6}\right)\right)=-x+\frac{1}{3x^2}+O(x^{-5})$ となる. 従って, $x\to\infty$ とすると, 漸近線は $y=-x$ で曲線はその上側にある.

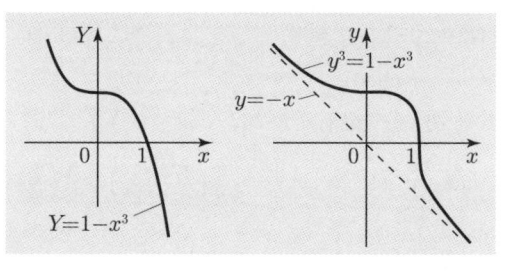

(11) $x$ 軸に関して線対称である. $xy^2=x^3+x+2$ の両辺を $x$ で微分すると, $y^2+2xyy'=3x^2+1$ より $y'=\frac{3x^2+1-y^2}{2xy}=\frac{3x^2+1-\frac{x^3+x+2}{x}}{2xy}=\frac{2(x^3-1)}{2x^2y}$. 従って, $x=1$ で極値をとり, 値は $f(1)=\pm 2$. 与式から $y^2=\frac{x^3+x+2}{x}=\frac{(x+1)(x^2-x+2)}{x}\geq 0$ より $x^2-x+2=(x-1)^2+1\geq 0$ なので, 曲線の存在範囲は, $x>0$ または $x\leq -1$ である. 与式を変形すると,

$$y=\pm x\sqrt{1+\frac{1}{x^2}+\frac{2}{x^3}}$$
$$=\pm x\left\{1+\frac{1}{2}\left(\frac{1}{x^2}+\frac{2}{x^3}\right)+O\left(\frac{1}{x^4}\right)\right\}$$
$$=\pm\left\{x+\frac{1}{2x}+O\left(\frac{1}{x^2}\right)\right\}$$

なので $x\to\pm\infty$ を考えると, 漸近線は $y=\pm x$. また, $x=0$ も漸近線である.

## ■ 3 章の演習問題解答

**1** (1) $f'_+(0)=\lim_{h\to+0}\frac{f(h)-f(0)}{h}=\lim_{h\to+0}\frac{1-0}{h}=\infty$, $f'_-(0)=\lim_{h\to-0}\frac{f(h)-f(0)}{h}=$

$\lim_{h \to -0} \frac{1-0}{h} = -\infty$ より，左右の微分係数を持たない．

(2) $f'_+(0) = \lim_{h \to +0} \frac{f(h)-f(0)}{h} = \lim_{h \to +0} \frac{h-0}{h} = 1$, $f'_-(0) = \lim_{h \to -0} \frac{f(h)-f(0)}{h} = \lim_{h \to -0} \frac{0-0}{h} = 0$ より，左右の微分係数を持ち，$f'_+(0) = 1, f'_-(0) = 0$.

(3) $\sin \frac{1}{x}$ が $x \to 0$ のとき，極限値がないので，左右の微分係数を持たない．

(4) $\lim_{h \to +0} e^{1/h} = \infty$, $\lim_{h \to -0} e^{1/h} = 0$ より $f'_+(0) = \lim_{h \to +0} \frac{f(h)-f(0)}{h} = \lim_{h \to +0} \frac{\frac{h}{1+e^{1/h}}-0}{h} = \lim_{h \to +0} \frac{1}{1+e^{1/h}} = 0$, $f'_-(0) = \lim_{h \to -0} \frac{f(h)-f(0)}{h} = \lim_{h \to -0} \frac{\frac{h}{1+e^{1/h}}-0}{h} = \lim_{h \to -0} \frac{1}{1+e^{1/h}} = 1$ なので，左右の微分係数を持ち，$f'_+(0) = 0, f'_-(0) = 1$.

(5) $f'_+(0) = \lim_{h \to +0} \frac{f(h)-f(0)}{h} = \lim_{h \to +0} \frac{\frac{h(e^{1/h}-1)}{e^{1/h}+1}-0}{h} = \lim_{h \to +0} \frac{e^{1/h}-1}{e^{1/h}+1} = \lim_{h \to +0} \frac{1-e^{-1/h}}{1+e^{-1/h}} = 1$,
$f'_-(0) = \lim_{h \to -0} \frac{f(h)-f(0)}{h} = \lim_{h \to -0} \frac{\frac{h(e^{1/h}-1)}{e^{1/h}+1}-0}{h} = \lim_{h \to -0} \frac{e^{1/h}-1}{e^{1/h}+1} = -1$ より，左右の微分係数を持ち，$f'_+(0) = 1, f'_-(0) = -1$.

**2** (1) $\lim_{h \to 0} \frac{h^2+h^3}{h^2} = \lim_{h \to 0}(1+h) = 1$.   (2) $\lim_{h \to 0} \frac{h^2 \sqrt[3]{h}}{h^2} = \lim_{h \to 0} \sqrt[3]{h} = 0$.

(3) $\lim_{h \to 0} \frac{h^2 \log|h|}{h^2} = \lim_{h \to 0} \log|h| = -\infty$.   (4) $\lim_{h \to 0} \frac{\frac{h^2}{\log|h|}}{h^2} = \lim_{h \to 0} \frac{1}{\log|h|} = 0$.

(5) $|h^2 \sin \frac{1}{h}| \leq h^2$. $O(h^2)$ となるもの：(1), (5). $o(h^2)$ となるもの：(2), (4)

**3** (1) $F_h$ に内接する最大の三角形の面積は $S_1(h) = \frac{1}{2} 2h \times h^2 = h^3$ なので，3 位の無限小 $O(h^3)$.   (2) 図形 $F_h$ は底辺 $2h$, 高さ $h^2$ の長方形に含まれ，この長方形の面積は $2h^3$ なので，$S_2(h) \leq 2h^3$ かつ $S_1(h) \leq S_2(h)$. 従って，$S_2(h)$ は $O(h^3)$.   (3) $F_h$ の周の長さ $L_1(h)$ は右図上の線分 PQ より大きく，折れ線 PRQ よりは短いので，計算しなくても $O(h)$ と分かる．($L_1(h)$ より折れ線 PRQ が長いことは，弧 PQ の折れ線近似より折れ線 PRQ の方が常に長いことと，$L_1(h)$ がこれら折れ線の長さの上限で定義されることから分かる．前者については，三角形の 2 辺の長さの和が残りの辺の長さより常に長いことを繰り返し用いれば容易に示せる．右図下参照．)   (4) $F_h$ に内接する最大の円は直径が $h^2$ であり，それと周長 $L_2(h)$ は定数倍しか違わないので，$O(h^2)$.

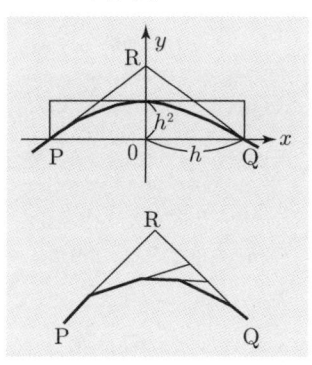

**4** $f(x) = e^x$, $f'(x) = e^x$ を $f(a+h) = f(a) + hf'(a+\theta h)$ に代入すると，$e^{a+h} = e^a + he^{a+\theta h}$. この式の全体を $e^a$ で割ると，$e^h = 1 + he^{\theta h}$ なので，$\theta = \frac{1}{h} \log \frac{e^h - 1}{h}$. ここで，極限を考えるためには，マクローリン展開より，$e^h = 1 + h + \frac{h^2}{2} + O(h^3)$ なの

で，これを代入すると，$\theta = \dfrac{1}{h}\log\dfrac{h+\frac{h^2}{2}+O(h^3)}{h} = \dfrac{1}{h}\log\left(1+\dfrac{h}{2}+O(h^2)\right)$．従って，
$\displaystyle\lim_{h\to 0}\theta = \lim_{h\to 0}\dfrac{1}{h}\log\left(1+\dfrac{h}{2}+O(h^2)\right) = \lim_{h\to 0}\dfrac{\log(1+\frac{h}{2})}{h} = \lim_{h\to 0}\dfrac{\frac{1}{2(1+h/2)}}{1} = \dfrac{1}{2}$．
最後の等式はロピタルの定理を用いた．

**5** 2次のテイラーの定理より，$f(a+h) = f(a) + hf'(a) + \dfrac{h^2}{2}f''(a+\theta_1 h)$ $(0 < \theta_1 < 1)$ なので，$f(a+h) = f(a) + hf'(x+\theta h)$ とあわせると，$hf'(x+\theta h) = hf'(a) + \dfrac{h^2}{2}f''(a+\theta_1 h)$．$h \neq 0$ で割ると $f'(a+\theta h) = f'(a) + \dfrac{h}{2}f''(a+\theta_1 h)$．また，平均値の定理から $f'(a+\theta h) = f'(a) + \theta h f''(a+\theta_2 h)$ $(0 < \theta_2 < 1)$ なので，$\dfrac{h}{2}f''(a+\theta_1 h) = \theta h f''(a+\theta_2 h)$ を $h \neq 0$ で割ると $\dfrac{1}{2}f''(a+\theta_1 h) = \theta f''(a+\theta_2 h)$．$h \to 0$ とすると，$\displaystyle\lim_{h\to 0}\dfrac{1}{2}f''(a+\theta_1 h) = \lim_{h\to 0}\theta f''(a+\theta_2 h)$ だが，$f''(x)$ は連続で，$f''(a) \neq 0$ なので，$f''(a)$ で割ると，$\displaystyle\lim_{h\to 0}\theta = \dfrac{1}{2}$ となる．

**6** $f(x)$ について，1次までと3次までのテイラーの定理は
$$f(a+h) = f(a) + f'(a+\theta h)h \quad (0 < \theta < 1), \cdots ①$$
$$f(a+h) = f(a) + f'(a)h + \dfrac{f''(a)}{2!}h^2 + \dfrac{f'''(a+\theta_1 h)}{3!}h^3 \quad (0 < \theta_1 < 1). \cdots ②$$
式①，②と $f''(a) = 0$ より，$h \neq 0$ において
$$f'(a+\theta h) = f'(a) + \dfrac{f'''(a+\theta_1 h)}{3!}h^2. \cdots ③$$
また，$f'(x)$ について，2次までのテイラーの定理は
$$f'(a+\theta h) = f'(a) + f''(a)h\theta + \dfrac{f'''(a+\theta_2 \theta h)}{2!}(h\theta)^2 \quad (0 < \theta_2 < 1). \cdots ④$$
式③，④と $f''(a) = 0$ より，$\dfrac{f'''(a+\theta_1 h)}{3!}h^2 = \dfrac{f'''(a+\theta_2 \theta h)}{2!}(h\theta)^2$．
両辺を $h^2 \neq 0$ で割って，整理すると $\dfrac{f'''(a+\theta_1 h)}{3} = f'''(a+\theta_2 \theta h)\theta^2$．
さらに，$h \to 0$ にすると，$f'''(x)$ は連続より，$\dfrac{f'''(a)}{3} = \displaystyle\lim_{h\to 0}f'''(a)\theta^2$．
$f'''(a) \neq 0$ なので，$\displaystyle\lim_{h\to 0}\theta = \dfrac{1}{\sqrt{3}}$．

**7** $f(x)$ について，2次までと3次までのテイラーの定理は
$$f(a+h) = f(a) + f'(a)h + \dfrac{f''(a+\theta h)}{2!}h^2 \quad (0 < \theta < 1). \cdots ①$$
$$f(a+h) = f(a) + f'(a)h + \dfrac{f''(a)}{2!}h^2 + \dfrac{f'''(a+\theta_1 h)}{3!}h^3 \quad (0 < \theta_1 < 1). \cdots ②$$
式①，②より，$h \neq 0$ において
$$f''(a+\theta h) = f''(a) + \dfrac{f'''(a+\theta_1 h)}{3}h. \cdots ③$$
また，$f''(x)$ について，平均値の定理より，
$$f''(a+\theta h) = f''(a) + f'''(a+\theta_2 \theta h)\theta h \quad (0 < \theta_2 < 1). \cdots ④$$
式③，④より $h \neq 0$ において $\dfrac{f'''(a+\theta_1 h)}{3} = f'''(a+\theta_2 \theta h)\theta$．

ここで，$h \to 0$ にすると，$f'''(x)$ は連続より，$\dfrac{f'''(a)}{3} = \lim_{h \to 0} f'''(a)\theta$. さらに，$f'''(a) \neq 0$ なので，$\lim_{h \to 0} \theta = \dfrac{1}{3}$.

**8** $f(x)$ について，$n$ 次までと $(n+1)$ 次までのテイラーの定理は

$$f(a+h) = f(a) + hf'(a) + \frac{h^2}{2}f''(a) + \cdots + \frac{h^n}{n!}f^{(n)}(a+\theta h) \quad (0 < \theta < 1). \quad \cdots ①$$

$$f(a+h) = f(a) + hf'(a) + \frac{h^2}{2}f''(a) + \cdots + \frac{h^n}{n!}f^{(n)}(a) + \frac{h^{n+1}}{(n+1)!}f^{(n+1)}(a+\theta_1 h). \quad \cdots ②$$

$(0 < \theta_1 < 1)$. 式①, ②より，$h \neq 0$ において

$$f^{(n)}(a+\theta h) = f^{(n)}(a) + \frac{h}{n+1}f^{(n+1)}(a+\theta_1 h). \quad \cdots ③$$

また，$f^{(n)}(x)$ について，平均値の定理より，

$$f^{(n)}(a+\theta h) = f^{(n)}(a) + f^{(n+1)}(a+\theta_2 \theta h)\theta h \quad (0 < \theta_2 < 1). \quad \cdots ④$$

式③, ④より $h \neq 0$ において $\dfrac{1}{n+1}f^{(n+1)}(a+\theta_1 h) = f^{(n+1)}(a+\theta_2 \theta h)\theta$ $(0 < \theta_2 < 1)$.

$h \to 0$ にすると，$f^{(n+1)}(x)$ は連続より，$\dfrac{f^{(n+1)}(a)}{n+1} = \lim_{h \to 0} f^{(n+1)}(a)\theta$.

ここで，$f^{(n+1)}(a) \neq 0$ なので，$\lim_{h \to 0} \theta = \dfrac{1}{n+1}$.

**9** (1) $f(x) = \sin x - \left(x - \dfrac{x^3}{3!} + \cdots - \dfrac{x^{4n-1}}{(4n-1)!}\right)$ とおく．$0 \leq k \leq 2n-2$ に対して，

$f^{(2k)}(x) = (-1)^k \left\{ \sin x - \left(x - \dfrac{x^3}{3!} + \cdots - (-1)^k \dfrac{x^{4n-1-2k}}{(4n-1-2k)!}\right) \right\}$,

$f^{(2k-1)}(x) = (-1)^{k-1} \left\{ \cos x - \left(1 - \dfrac{x^2}{2!} + \cdots - (-1)^k \dfrac{x^{4n-2k}}{(4n-2k)!}\right) \right\}$ より，

$0 \leq m \leq 4n-5$ に対し，$f^{(m)}(0) = 0$. また，$f^{(4n-4)}(x) = \sin x - \left(x - \dfrac{x^3}{3!}\right)$ なので問題 3.22.2(1) より，$x > 0$ に対し，$f^{(4n-4)}(x) > 0$. 従って，$f^{(4n-5)}(x) > 0$ となり，順次 $f^{(4n-k)}(x) > 0$ $(k = 6, 7, \ldots, 4n-1)$ となり，結局 $f(x) > 0$ となる．

$g(x) = \sin x - \left(x - \dfrac{x^3}{3!} + \cdots - \dfrac{x^{4n-1}}{(4n-1)!} + \dfrac{x^{4n+1}}{(4n+1)!}\right)$ とおくと同様にして，

$g^{(k)}(0) = 0$ $(0 \leq k \leq 4n-3)$, $g^{(4n-4)}(x) = \sin x - \left(x - \dfrac{x^3}{3!} + \dfrac{x^5}{5!}\right)$.

問題 3.23.1(1) より，$x > 0$ に対し，$g^{(4n-4)}(x) < 0$, 順次 $g^{(4n-k)}(x) < 0$ $(k = 5, 6, \ldots, 4n-1)$ となり，結局 $g(x) < 0$ となる．従って，

$x - \dfrac{x^3}{3!} + \cdots - \dfrac{x^{4n-1}}{(4n-1)!} < \sin x < x - \dfrac{x^3}{3!} + \cdots - \dfrac{x^{4n-1}}{(4n-1)!} + \dfrac{x^{4n+1}}{(4n+1)!}$ $(x > 0)$.

(2) $f(x) = \cos x - \left(1 - \dfrac{x^2}{2!} + \cdots - \dfrac{x^{4n-2}}{(4n-2)!}\right)$ とおく．$1 \leq k \leq 2n-2$ に対して，

$f^{(2k-1)}(x) = (-1)^k \left\{ \sin x - \left(x - \dfrac{x^3}{3!} + \cdots - (-1)^k \dfrac{x^{4n-1-2k}}{(4n-1-2k)!}\right) \right\}$,

$f^{(2k)}(x) = (-1)^k \left\{ \cos x - \left(1 - \dfrac{x^2}{2!} + \cdots - (-1)^k \dfrac{x^{4n-2k-2}}{(4n-2k-2)!}\right) \right\}$ より，$0 \leq m \leq 4n-7$ に対し，$f^{(m)}(0) = 0$. また，$f^{(4n-6)}(x) = -\left\{ \cos x - \left(1 - \dfrac{x^2}{2!} + \dfrac{x^4}{4!}\right) \right\}$.

問題 3.23.1(3) より，$f^{(4n-6)}(x) > 0$. 従って，$f^{(4n-7)}(x) > 0$ となり，順次 $f^{(4n-k)}(x) > 0$ $(k = 8, 9, \ldots, 4n-1)$ となり，結局 $f(x) > 0$ となる．

$g(x) = \cos x - \left(1 - \frac{x^2}{2!} + \cdots - \frac{x^{4n-2k}}{(4n-2k)!} + \frac{x^{4n}}{(4n)!}\right)$ とおくと同様にして，$g^{(4n-4)}(x) = \cos x - \left(1 - \frac{x^2}{2!} + \frac{x^4}{4!}\right)$ なので，問題 3.23.1(3) より，$g^{(4n-4)}(x) < 0$ となり，同様にして，$g(x) < 0$ となる．従って，

$$1 - \frac{x^2}{2!} + \cdots - \frac{x^{4n-2}}{(4n-2)!} \leq \cos x \leq 1 - \frac{x^2}{2!} + \cdots - \frac{x^{4n-2}}{(4n-2)!} + \frac{x^{4n}}{(4n)!}.$$

**10** (1) $f(x) = \frac{x^p}{p} + \frac{1}{q} - x$ とおく．$f(1) = 0, f'(x) = x^{p-1} - 1$ より，$x > 1$ では，$f'(x) > 0$ なので，$f(x) > 0 \ (x > 1)$, $0 \leq x < 1$ では，$f'(x) < 0$ なので，$f(x) > 0 \ (0 \leq x < 1)$. 従って，$x \geq 0$ で $\frac{x^p}{p} + \frac{1}{q} \geq x$. (2) $f(x) = \frac{x^p}{p} + \frac{|y|^q}{q} - x|y|$ とおく．$f'(x) = x^{p-1} - |y|$. これより，$x = |y|^{\frac{1}{p-1}}$ において，$f'(|y|^{\frac{1}{p-1}}) = 0, f(|y|^{\frac{1}{p-1}}) = \frac{|y|^{\frac{p}{p-1}}}{p} + \frac{|y|^q}{q} - |y|^{\frac{1}{p-1}+1}$. ここで，$\frac{1}{p-1} + 1 = \frac{p}{p-1} = q, \frac{1}{q} - 1 = -\frac{1}{p}$ より $f(|y|^{\frac{1}{p-1}}) = 0$. また，$0 \leq x < |y|^{\frac{1}{p-1}}$ で $f'(x) < 0$, $x > |y|^{\frac{1}{p-1}}$ で $f'(x) > 0$ より，$x \geq 0$ で $f(x) \geq 0$. $|x|$ を上述の $x$ と考えると，$\frac{|x|^p}{p} + \frac{|y|^q}{q} \geq |xy|$ が成り立つ．  (3) $j = 1, 2, \ldots, n$ に対し，$x = \frac{x_j}{(\sum_{k=1}^n |x_k|^p)^{1/p}}, y = \frac{y_j}{(\sum_{k=1}^n |y_k|^q)^{1/q}}$ とおき，(2) を適用すると，$\frac{\left|\frac{x_j}{(\sum_{k=1}^n |x_k|^p)^{1/p}}\right|^p}{p} + \frac{\left|\frac{y_j}{(\sum_{k=1}^n |y_k|^q)^{1/q}}\right|^q}{q} \geq \left|\frac{x_j}{(\sum_{k=1}^n |x_k|^p)^{1/p}} \frac{y_j}{(\sum_{k=1}^n |y_k|^q)^{1/q}}\right|$. すなわち，$\frac{|x_j|^p}{p \sum_{k=1}^n |x_k|^p} + \frac{|y_j|^q}{q \sum_{k=1}^n |y_k|^q} \geq \frac{|x_j y_j|}{(\sum_{k=1}^n |x_k|^p)^{1/p} (\sum_{k=1}^n |y_k|^q)^{1/q}}$. この式を $j = 1, 2, \ldots n$ で和をとると，$\frac{\sum_{j=1}^n |x_j|^p}{p \sum_{k=1}^n |x_k|^p} + \frac{\sum_{j=1}^n |y_j|^q}{q \sum_{k=1}^n |y_k|^q} \geq \frac{\sum_{j=1}^n |x_j y_j|}{(\sum_{k=1}^n |x_k|^p)^{1/p} (\sum_{k=1}^n |y_k|^q)^{1/q}}$. 左辺は $\frac{1}{p} + \frac{1}{q} = 1$ なので，$\left(\sum_{k=1}^n |x_k|^p\right)^{1/p} \left(\sum_{k=1}^n |y_k|^q\right)^{1/q} \geq \sum_{j=1}^n |x_j y_j|$ となる．

(4) 三角不等式より $\sum_{k=1}^n |x_k + y_k|^p \leq \sum_{k=1}^n |x_k + y_k|^{p-1}|x_k| + \sum_{k=1}^n |x_k + y_k|^{p-1}|y_k|$. ここで，(3) の結果を使って，
$$\sum_{k=1}^n |x_k + y_k|^{p-1}|x_k| + \sum_{k=1}^n |x_k + y_k|^{p-1}|y_k|$$
$$\leq \left(\sum_{k=1}^n |x_k + y_k|^{(p-1)q}\right)^{1/q} \left(\sum_{k=1}^n |x_k|^p\right)^{1/p} + \left(\sum_{k=1}^n |x_k + y_k|^{(p-1)q}\right)^{1/q} \left(\sum_{k=1}^n |y_k|^p\right)^{1/p}$$
$$= \left(\sum_{k=1}^n |x_k + y_k|^p\right)^{1/q} \left\{\left(\sum_{k=1}^n |x_k|^p\right)^{1/p} + \left(\sum_{k=1}^n |y_k|^p\right)^{1/p}\right\}.$$

ここで，$(p-1)q = p$ を用いた．従って，
$$\sum_{k=1}^n |x_k + y_k|^p \leq \left(\sum_{k=1}^n |x_k + y_k|^p\right)^{1/q} \left\{\left(\sum_{k=1}^n |x_k|^p\right)^{1/p} + \left(\sum_{k=1}^n |y_k|^p\right)^{1/p}\right\}.$$ また，$1 - \frac{1}{q} = \frac{1}{p}$ より，$\left(\sum_{k=1}^n |x_k + y_k|^p\right)^{1/p} \leq \left(\sum_{k=1}^n |x_k|^p\right)^{1/p} + \left(\sum_{k=1}^n |y_k|^p\right)^{1/p}$ となる．

**11** (1) 平均値の定理より

$$f(\lambda x + (1-\lambda)y) - f(x) = (1-\lambda)(y-x)f'(x + \theta_1(1-\lambda)(y-x)). \cdots ①$$

$$f(\lambda x + (1-\lambda)y) - f(y) = -\lambda(y-x)f'(y - \theta_2\lambda(y-x)) \quad (0 < \theta_1, \theta_2 < 1). \cdots ②$$

そこで,$\lambda + (1-\lambda) = 1$ を考慮しながら ①$\times \lambda + $ ②$\times (1-\lambda)$ を計算すると

$$f(\lambda x + (1-\lambda)y) - \lambda f(x) - (1-\lambda)f(y)$$
$$= \lambda(1-\lambda)(y-x)\{f'(x+\theta_1(1-\lambda)(y-x)) - f'(y - \theta_2\lambda(y-x))\}$$
$$= -\lambda(1-\lambda)(y-x)^2(1 - \theta_1(1-\lambda) - \theta_2\lambda)f''(c).$$

最後の等式は $f'(x)$ に平均値の定理を用いて,$(x+\theta_1(1-\lambda)(y-x)) - (y-\theta_2\lambda(y-x)) = -(y-x)(1-\theta_1(1-\lambda) - \theta_2\lambda)$ で,$c$ は $x+\theta_1(1-\lambda)(y-x)$ と $y-\theta_2\lambda(y-x)$ の間の値である.$0 \leq \lambda, \theta_1, \theta_2 \leq 1$ より $1 - \theta_1(1-\lambda) - \theta_2\lambda > 1 - \max\{\theta_1, \theta_2\}(1-\lambda) - \max\{\theta_1, \theta_2\}\lambda = 1 - \max\{\theta_1, \theta_2\} > 0$ を用いて, 最後の式は $0$ 以下になるので, 求める不等式が得られる.

(2) $f(x) = \log \frac{1}{x} = -\log x$ に対し,$f'(x) = -\frac{1}{x}, f''(x) = \frac{1}{x^2} > 0$. 従って, (1) より凸関数である.$f(x) = \log\frac{1}{x}, \lambda_j = p_j, x_j = \frac{q_j}{p_j}$ とおくと,$\sum_{j=1}^{n} \lambda_j x_j = \sum_{j=1}^{n} p_j \frac{q_j}{p_j} = \sum_{j=1}^{n} q_j = 1$ より,$f\left(\sum_{j=1}^{n} \lambda_j x_j\right) = f(1) = 0$. これらを 2 章の演習問題 4(2) の $f\left(\sum_{j=1}^{n} \lambda_j x_j\right) \leq \sum_{j=1}^{n} \lambda_j f(x_j)$ に代入すると $0 \leq \sum_{j=1}^{n} p_j \log \frac{p_j}{q_j} = \sum_{j=1}^{n} p_j \left(\log \frac{1}{q_j} - \log \frac{1}{p_j}\right)$. これより,$\sum_{j=1}^{n} p_j \log \frac{1}{p_j} \leq \sum_{j=1}^{n} p_j \log \frac{1}{q_j}$ となり,ギブズの不等式が導かれる.

**12** (1) $|x| \to \infty$ のとき $f(x) \to 0$ という仮定から,$\varepsilon = 1$ に対して,$R$ を適当にとれば,$|x| > R$ では $|f(x)| < 1$ となる. 他方,$f(x)$ は有界閉区間 $|x| \leq R$ では値が有界なので,$|f(x)| \leq M$ なる $M$ が存在する. よって, すべての $x \in \boldsymbol{R}$ に対し $|f(x)| \leq \max\{M, 1\}$ となり,$f(x)$ は有界である.

(2) $f(x)$ が一つでも正の値 $c$ をとれば,$|x| > R_1$ ならば $|f(x)| < c$ となるように $R_1$ をとると,$[-R_1, R_1]$ で最大値の定理より,$x_1 \in [-R_1, R_1]$ で最大値をとる. これは実数全体での最大値でもある. このとき,$f'(x_1) = 0$ である. $f(x_1)$ は最大値で,$\lim_{x \to \infty} f(x) = 0$ より $f(x_2) < f(x_1)$ なる $x_2 (> x_1)$ がある. 平均値の定理より $f'(x_3) = \frac{f(x_1) - f(x_2)}{x_1 - x_2} = -k < 0$ なる $x_3 \in (x_1, x_2)$ が存在する. さらに $x_3 < x$ ですべて $f'(x) \leq -k$ とすると

$$f(x) = f(x_3) + \int_{x_3}^{x} f'(x)\,dx < f(x_3) - (x - x_3)k$$

より $\lim_{x \to \infty} f(x) = 0$ に矛盾するので $f'(x) > -k$ なる $x > x_3$ が存在し,$f'(x)$ は連続なので,$-k < f'(a) < 0$ なる $a (> x_3)$ が存在する. $f'(a) = -k_0$ とおく. また,$(x_1, x_3)$ においても $f'(x)$ は連続で $f'(x_1) = 0$, $f'(x_3) = -k < -k_0 < 0$ なので,$f'(b) = -k_0$ なる $b$ $(x_1 < b < x_3)$

が存在する．$f'(x)$ に対してロルの定理より $f''(c) = \dfrac{f'(b) - f'(a)}{b-a} = 0$ なる $c \in (b, a)$ が存在する．従って，$f''(x) = 0$ なる点 $x$ が $(x_1, \infty)$ に存在することが示された．

同様の議論で $(-\infty, x_1)$ にも $f''(x) = 0$ なる点 $x$ が存在することを示すことができ，少なくとも 2 点以上で $f''(x) = 0$ となる．

正の値を一つもとらなければ，$f(x) \not\equiv 0$ より負の値をとらなければならない．この場合も同様にして，(あるいは $-f(x)$ に適用して) $f''(x) = 0$ なる点 $x$ が少なくとも 2 点以上存在することを示すことができる．

**1 3** $f(a_i), i = 1, 3$ を $a_2$ を中心とするテイラー展開で表示すると，

$$f(a_1) = f(a_2) + (a_1 - a_2)f'(a_2) + (a_1 - a_2)^2 \frac{f''(a_2)}{2} + O((a_1 - a_2))^3,$$

$$f(a_3) = f(a_2) + (a_3 - a_2)f'(a_2) + (a_3 - a_2)^2 \frac{f''(a_2)}{2} + O((a_3 - a_2)^3).$$

この二つと $f(a_2)$ を用いて，$f'(a_2)$ を残し，それ以外の項をできるだけ消去する．

$$Af(a_1) + Bf(a_2) + Cf(a_3) = (A+B+C)f(a_2) + \{A(a_1 - a_2) + C(a_3 - a_2)\}f'(a_2)$$
$$+ \{A(a_1 - a_2)^2 + C(a_3 - a_2)^2\}\frac{f''(a_2)}{2} + O((a_3 - a_1)^3)$$

から，$A + B + C = 0$, よって $B = -(A + C), A(a_1 - a_2) + C(a_3 - a_2) = 1,$
$A(a_1 - a_2)^2 + C(a_3 - a_2)^2 = 0$. よって $A = k(a_3 - a_2)^2, \ C = -k(a_1 - a_2)^2$.
これらを第 2 の条件に代入して $k(a_1 - a_2)(a_3 - a_2)^2 - k(a_3 - a_2)(a_1 - a_2)^2 = 1$，よって $k = \dfrac{1}{(a_3 - a_1)(a_1 - a_2)(a_3 - a_2)}$. 以上により，$A = \dfrac{a_3 - a_2}{(a_3 - a_1)(a_1 - a_2)} = -\dfrac{a_3 - a_2}{(a_3 - a_1)(a_2 - a_1)},$
$C = -\dfrac{a_1 - a_2}{(a_3 - a_1)(a_3 - a_2)} = \dfrac{a_2 - a_1}{(a_3 - a_1)(a_3 - a_2)},\ B = k\{(a_1 - a_2)^2 - (a_3 - a_2)^2\} = \dfrac{a_1 + a_3 - 2a_2}{(a_2 - a_1)(a_3 - a_2)}$ と求まり，

$$f'(a_2) = \frac{a_2 - a_1}{(a_3 - a_1)(a_3 - a_2)}f(a_3) - \frac{a_3 - a_2}{(a_3 - a_1)(a_2 - a_1)}f(a_1)$$
$$+ \frac{a_1 + a_3 - 2a_2}{(a_2 - a_1)(a_3 - a_2)}f(a_2) + O((a_3 - a_1)^2)$$

という公式が得られた．なお，$a_3 - a_2 = a_2 - a_1 = h$ という等間隔の点の場合には，最後の項が消えて上はよく知られた中心差分の公式 $\dfrac{f(a_2 + h) - f(a_2 - h)}{2h}$ に帰着する．

## ■ 4章の問題解答

**4.1.1** (1) $\displaystyle\int \frac{1}{x^2 + 2x + 5} dx = \int \frac{1}{(x+1)^2 + 4} dx = \frac{1}{2} \operatorname{Arctan} \frac{x+1}{2}$.
(2) $\displaystyle\int \frac{1}{\sqrt{9 - x^2}} dx = \operatorname{Arcsin} \frac{x}{3}$.
**4.2.1** (1) $t = 1 + \cosh x$ とおくと，$dt = \sinh x dx$ より

$$\int \frac{\sinh x}{1 + \cosh x} dx = \int \frac{dt}{t} = \log|t| = \log(1 + \cosh x).$$

4 章の問題解答

(2) $t = x^2 + 1$ とおくと, $dt = 2xdx$ より
$$\int x\sin(x^2+1)dx = \int \sin t \frac{dt}{2} = -\frac{\cos t}{2} = -\frac{\cos(x^2+1)}{2}.$$

(3) $\int \cot x dx = \int \frac{\cos x}{\sin x}dx = \log|\sin x|$. (4) $\int \tanh x dx = \int \frac{\sinh x}{\cosh x}dx = \log(\cosh x)$.

(5) $t = \sqrt{x}$ とおくと, $x = t^2, dx = 2t\,dt$ より
$$\int \frac{1}{2x+\sqrt{x}}dx = \int \frac{1}{2t^2+t}2t\,dt = \int \frac{2}{2t+1}\,dt = \log(2t+1) = \log(2\sqrt{x}+1).$$

(6) $\int \sec x dx = \int \frac{1}{\cos x}dx = \int \frac{\cos x}{1-\sin^2 x}dx$. ここで, $\sin x = t$ とおくと, $dt = \cos x\,dx$ より, $\int \sec x dx = \int \frac{dt}{1-t^2} = \int \frac{1}{2}\left(\frac{1}{1-t}+\frac{1}{1+t}\right)dt = \frac{1}{2}\log\frac{1+t}{1-t} = \frac{1}{2}\log\frac{1+\sin x}{1-\sin x}$.

(7) $t = \sqrt{x}$ とおくと, $x = t^2, dx = 2t\,dt$ より $\int \log(\sqrt{x}+1)dx = \int \log(t+1)2t\,dt = t^2\log(t+1) - \int t^2\frac{1}{t+1}dt = t^2\log(t+1) - \int \left(t-1+\frac{1}{t+1}\right)dt = t^2\log(t+1) - \frac{t^2}{2}+t-\log(t+1) = (x-1)\log(\sqrt{x}+1) - \frac{x}{2} + \sqrt{x}$.

(8) $t = e^{-x}$ とおくと, $dt = -e^{-x}dx$ より
$$\int \frac{dx}{2e^x+3} = \int \frac{e^{-x}dx}{2+3e^{-x}} = -\int \frac{dt}{2+3t} = -\frac{1}{3}\log(2+3t) = -\frac{1}{3}\log(2+3e^{-x}).$$

(9) $\log x = t$ とおくと, $x = e^t, dx = e^t dt$ より $\int \frac{\cos\log x}{x^2}dx = \int \frac{\cos t}{e^{2t}}e^t\,dt = \int e^{-t}\cos t dt = -e^{-t}\cos t - \int e^{-t}\sin t\,dt = -e^{-t}\cos t + e^{-t}\sin t - \int e^{-t}\cos t\,dt$. 従って $\int \frac{\cos\log x}{x^2}dx = \frac{\sin t - \cos t}{2e^t} = \frac{\sin\log x - \cos\log x}{2x}$.

**複素数を用いた別解**
$$\int \frac{\cos\log x}{x^2}dx = \Re\int \frac{e^{i\log x}}{x^2}dx = \Re\int \frac{x^i}{x^2}dx = \Re\int x^{i-2}dx = \Re\left(\frac{1}{i-1}x^{i-1}\right)$$
$$= \Re\left(\frac{-i-1}{2}(\cos\log x + i\sin\log x)\frac{1}{x}\right) = \frac{1}{2x}(-\cos\log x + \sin\log x)$$

**4.3.1** (1) $\int \sinh 2x dx = \frac{1}{2}\cosh 2x$. (2) $(\cosh x)' = \sinh x$ より $\int x\sinh x dx = x\cosh x - \int \cosh x\,dx = x\cosh x - \sinh x$. (3) $\cosh^2 x - \sinh^2 x = 1, (\cosh x)' = \sinh x$ より, $\int \sinh^3 x dx = \int \sinh x(\cosh^2 x - 1)\,dx = \frac{\cosh^3 x}{3} - \cosh x$. (4) $\int \text{Arcsin}\, x dx = x\text{Arcsin}\,x - \int \frac{x}{\sqrt{1-x^2}}dx = x\text{Arcsin}\,x + \sqrt{1-x^2}$. (5) $\int x^2\sin x\,dx = -x^2\cos x + \int 2x\cos x dx = -x^2\cos x + 2x\sin x - \int 2\sin x\,dx = -x^2\cos x + 2x\sin x + 2\cos x$.

(6) $\int e^x \sin x \, dx = e^x \sin x - \int e^x \cos x \, dx = e^x \sin x - e^x \cos x - \int e^x \sin x \, dx$ より,
$\int e^x \sin x \, dx = \dfrac{e^x}{2}(\sin x - \cos x)$. (7) $\int x \cos^2 x \, dx = \int x \dfrac{\cos 2x + 1}{2} \, dx = \dfrac{x \sin 2x}{4} - \int \dfrac{\sin 2x}{4} \, dx + \dfrac{x^2}{4} = \dfrac{x \sin 2x}{4} + \dfrac{\cos 2x}{8} + \dfrac{x^2}{4} = \dfrac{1}{8}(2x^2 + 2x \sin 2x + \cos 2x)$.
(8) $\int \log x \, dx = x \log x - \int x \dfrac{1}{x} \, dx = x \log x - \int dx = x \log x - x$. (9) $\int (\log x)^2 dx = x(\log x)^2 - \int x \cdot 2(\log x)\dfrac{1}{x} \, dx = x(\log x)^2 - \int 2 \log x \, dx = x(\log x)^2 - 2x(\log x - 1) = x\{(\log x - 1)^2 + 1\}$. (10) $\int (2x+1)\log x \, dx = (x^2 + x)\log x - \int (x^2 + x)\dfrac{1}{x} \, dx = (x^2 + x)\log x - \int (x+1) \, dx = (x^2 + x)\log x - \dfrac{x^2}{2} - x$. (11) $\int x^2 \log x \, dx = \dfrac{x^3}{3}\log x - \int \dfrac{x^3}{3}\dfrac{1}{x}dx = \dfrac{x^3}{3}\log x - \int \dfrac{x^2}{3} \, dx = \dfrac{x^3}{3}\log x - \dfrac{x^3}{9}$. (12) $\int \dfrac{\log x}{x^3} dx = -\dfrac{\log x}{2x^2} + \int \dfrac{1}{2x^3}dx = -\dfrac{\log x}{2x^2} - \dfrac{1}{4x^2}$. (13) $f'(x) = (x+1)e^x$, $g(x) = \log x$ とおくと, $f(x) = \int (x+1)e^x \, dx = (x+1)e^x - \int e^x \, dx = xe^x$, $g'(x) = \dfrac{1}{x}$ なので $\int (x+1)e^x \log x \, dx = xe^x \log x - \int xe^x \dfrac{1}{x} dx = xe^x \log x - \int e^x \, dx = e^x(x \log x - 1)$.
(14) $\int \dfrac{1}{(x^2 + a^2)^2} dx = \dfrac{1}{a^2}\left\{\int \dfrac{1}{x^2 + a^2} dx - \int \dfrac{2x \cdot x/2}{(x^2 + a^2)^2} dx\right\} = \dfrac{1}{a^2}\left(\dfrac{1}{a}\operatorname{Arctan}\dfrac{x}{a} + \dfrac{x}{2}\dfrac{1}{x^2 + a^2} - \int \dfrac{1}{2}\dfrac{1}{x^2 + a^2} dx\right) = \dfrac{1}{a^2}\left(\dfrac{1}{a}\operatorname{Arctan}\dfrac{x}{a} + \dfrac{x}{2}\dfrac{1}{x^2 + a^2} - \dfrac{1}{2a}\operatorname{Arctan}\dfrac{x}{a}\right) = \dfrac{1}{2a^2}\left(\dfrac{1}{a}\operatorname{Arctan}\dfrac{x}{a} + \dfrac{x}{x^2 + a^2}\right)$.

**4.4.1** (1) $\int \dfrac{2x^2 + 3x - 1}{x + 2} dx = \int \left(2x - 1 + \dfrac{1}{x+2}\right) dx = x^2 - x + \log|x+2|$.
(2) $\int \dfrac{x}{(x-2)^2} dx = \int \left(\dfrac{1}{x-2} + \dfrac{2}{(x-2)^2}\right) dx = \log|x-2| - \dfrac{2}{x-2}$.
(3) $\dfrac{1}{x(x-a)^2} = \dfrac{A}{x} + \dfrac{B}{x-a} + \dfrac{C}{(x-a)^2}$ とおき, 両辺に $x(x-a)^2$ を乗ずると, $1 = A(x-a)^2 + Bx(x-a) + Cx$ となる. $x = 0$ を代入すると, $1 = a^2 A$ より, $A = \dfrac{1}{a^2}$. $x = a$ を代入すると $1 = aC$ より, $C = \dfrac{1}{a}$. $x^2$ の係数を比較すると, $0 = A + B$ より, $B = -A = -\dfrac{1}{a^2}$. 従って, $\int \dfrac{dx}{x(x-a)^2} = \int \left(\dfrac{1}{a^2 x} - \dfrac{1}{a^2(x-a)} + \dfrac{1}{a(x-a)^2}\right) dx = \dfrac{1}{a^2}\left(\log|x| - \log|x-a| - \dfrac{a}{x-a}\right) = \dfrac{1}{a^2}\left(\log\left|\dfrac{x}{x-a}\right| - \dfrac{a}{x-a}\right)$.
(4) $\int \dfrac{2x}{x^2 + 2x + 5} dx = \int \left(\dfrac{2x + 2}{x^2 + 2x + 5} - \dfrac{2}{(x+1)^2 + 2^2}\right) dx = \log(x^2 + 2x + 5) - \operatorname{Arctan}\dfrac{x+1}{2}$.

**4.4.2** $f(x) = \dfrac{1}{\{(x+b)^2 + c^2\}^n}$, $g'(x) = 1$ とし, $g(x) = x + b$ とする. このとき,

4 章の問題解答

$f'(x) = -\dfrac{2n(x+b)}{\{(x+b)^2+c^2\}^{n+1}}$ なので部分積分を用いて,

$$I_n = \int \dfrac{1}{\{(x+b)^2+c^2\}^n}\,dx = \dfrac{x+b}{\{(x+b)^2+c^2\}^n} + 2n\int \dfrac{(x+b)^2}{\{(x+b)^2+c^2\}^{n+1}}\,dx$$

$$= \dfrac{x+b}{\{(x+b)^2+c^2\}^n} + 2n\int \dfrac{\{(x+b)^2+c^2\}-c^2}{\{(x+b)^2+c^2\}^{n+1}}\,dx$$

$$= \dfrac{x+b}{\{(x+b)^2+c^2\}^n} + 2nI_n - 2nc^2 I_{n+1}.\ \ \text{これより, 式 (4.5) が導かれる.}$$

**4.4.3** (1) $e^x = t$ とおくと, $x = \log t$ より, $dx = \dfrac{dt}{t}$. 従って,

$$\int \dfrac{1}{e^{2x}-2e^x}\,dx = \int \dfrac{1}{t^2-2t}\dfrac{dt}{t} = \int \dfrac{1}{4}\left(\dfrac{1}{t-2}-\dfrac{1}{t}-\dfrac{2}{t^2}\right)dt = \dfrac{1}{4}\left(\log(t-2)-\log t + \dfrac{2}{t}\right)$$

$$= \dfrac{1}{4}\left(\log\dfrac{e^x-2}{e^x}+\dfrac{2}{e^x}\right) = \dfrac{1}{4}\left\{\log(1-2e^{-x})+2e^{-x}\right\}.$$

(2) $\log x = t$ とおくと, $x = e^t$ より, $dt = \dfrac{dx}{x}$. 従って,

$$\int \dfrac{1}{x(1-\log x)^2(2+\log x)}\,dx = \int \dfrac{1}{(1-t)^2(2+t)}\,dt = \dfrac{1}{9}\int\left(\dfrac{1}{2+t}+\dfrac{1}{1-t}+\dfrac{3}{(1-t)^2}\right)dt$$

$$= \dfrac{1}{9}\left(\log(2+t)-\log(1-t)+\dfrac{3}{1-t}\right) = \dfrac{1}{9}\left(\log\dfrac{2+\log x}{1-\log x}+\dfrac{3}{1-\log x}\right).$$

**4.5.1** (1) $\displaystyle\int \sin x\cos 2x\,dx = \int \dfrac{1}{2}(\sin 3x - \sin x)\,dx = -\dfrac{\cos 3x}{6}+\dfrac{\cos x}{2}.$

別解: $\displaystyle\int \sin x\cos 2x\,dx = \int \sin x(2\cos^2 x - 1)\,dx = -\dfrac{2\cos^3 x}{3}+\cos x.$

二つの解は一見異なるようだが, $\cos 3x = 4\cos^3 x - 3\cos x$ を用いると同じになる.

(2) $\displaystyle\int \sin 2x\cos^2 x\,dx = \int 2\sin x\cos^3 x\,dx.$ ここで, $t = \cos x$ とおくと, $dt = -\sin x\,dx$ なので $\displaystyle\int 2\sin x\cos^3 x\,dx = -\int 2t^3\,dt = -\dfrac{t^4}{2} = -\dfrac{\cos^4 x}{2}$ より, $\displaystyle\int \sin 2x\cos^2 x\,dx = -\dfrac{\cos^4 x}{2}.$

**4.6.1** $\tan\dfrac{x}{2} = t$ とおくと, $\sin x = \dfrac{2t}{1+t^2}$, $\cos x = \dfrac{1-t^2}{1+t^2}$, $dx = \dfrac{2}{1+t^2}\,dt.$

(1) $\displaystyle\int \dfrac{1}{\sin x}\,dx = \int \dfrac{1+t^2}{2t}\dfrac{2}{1+t^2}\,dt = \int \dfrac{1}{t}\,dt = \log|t| = \log\left|\tan\dfrac{x}{2}\right|.$

別解: $\displaystyle\int \dfrac{1}{\sin x}\,dx = \int \dfrac{\sin x}{\sin^2 x}\,dx = \int \dfrac{\sin x}{1-\cos^2 x}\,dx = \int \dfrac{1}{2}\left(\dfrac{\sin x}{1-\cos x}+\dfrac{\sin x}{1+\cos x}\right)dx =$
$\dfrac{1}{2}\log\dfrac{1-\cos x}{1+\cos x} = \dfrac{1}{2}\log\dfrac{\sin^2(x/2)}{\cos^2(x/2)} = \log\left|\tan\dfrac{x}{2}\right|.$

(2) $\displaystyle\int \dfrac{1}{\cos x}\,dx = \int \dfrac{1}{\frac{1-t^2}{1+t^2}}\dfrac{2}{1+t^2}\,dt = \int \dfrac{2}{1-t^2}\,dt = \log\left|\dfrac{1+t}{1-t}\right| = \log\left|\dfrac{1+\tan\frac{x}{2}}{1-\tan\frac{x}{2}}\right|.$

(3) $\displaystyle\int \dfrac{1}{1+\sin x}\,dx = \int \dfrac{1}{1+\frac{2t}{1+t^2}}\dfrac{2}{1+t^2}\,dt = \int \dfrac{2}{(1+t)^2}\,dt = -\dfrac{2}{1+t} = -\dfrac{2}{1+\tan\frac{x}{2}}.$

(4) $\displaystyle\int \dfrac{1}{1+3\sin x}\,dx = \int \dfrac{1}{1+3\frac{2t}{1+t^2}}\dfrac{2}{1+t^2}\,dt = \int \dfrac{2}{1+6t+t^2}\,dt = \int \dfrac{2}{(t+3)^2-8}\,dt =$
$\dfrac{1}{2\sqrt{2}}\log\left|\dfrac{t+3-2\sqrt{2}}{t+3+2\sqrt{2}}\right| = \dfrac{1}{2\sqrt{2}}\log\left|\dfrac{\tan\frac{x}{2}+3-2\sqrt{2}}{\tan\frac{x}{2}+3+2\sqrt{2}}\right|.$

(5) $f(x) = 1 - \cos x$ とおくと, $f'(x) = \sin x$ なので $\int \frac{\sin x}{1-\cos x} dx = \log|1-\cos x|$.

(6) $\int \frac{\cos x}{1-\cos x} dx = \int \frac{\frac{1-t^2}{1+t^2}}{1-\frac{1-t^2}{1+t^2}} \frac{2}{1+t^2} dt = \int \frac{1-t^2}{t^2(1+t^2)} dt =$
$\int \left(\frac{1}{t^2} - \frac{2}{1+t^2}\right) dt = -\frac{1}{t} - 2\operatorname{Arctan} t = -\frac{1}{\tan\frac{x}{2}} - 2\operatorname{Arctan}\left(\tan\frac{x}{2}\right) = -\cot\frac{x}{2} - x$.

(7) $\tan x = t$ とおくと, $dx = \frac{dt}{1+t^2}$ より, $\int \tan x \, dx = \int \frac{t}{1+t^2} dt = \frac{1}{2}\log(1+t^2) =$
$\frac{1}{2}\log(1+\tan^2 x) = \frac{1}{2}\log\left(\frac{1}{\cos^2 x}\right) = -\log|\cos x|$.

別解: $\int \tan x \, dx = \int \frac{\sin x}{\cos x} = -\log|\cos x|$.

(8) $\tan x = t$ とおくと, $dx = \frac{dt}{1+t^2}$ より,
$\int \tan^2 x \, dx = \int \frac{t^2}{1+t^2} dt = \int \left(1 - \frac{1}{1+t^2}\right) dt = t - \operatorname{Arctan} t = \tan x - x$.

(9) $\tan x = t$ とおくと, $dx = \frac{dt}{1+t^2}$ より, $\int \tan^3 x \, dx = \int \frac{t^3}{1+t^2} dt$
$= \int \left(t - \frac{t}{1+t^2}\right) dt = \frac{t^2}{2} - \frac{\log(1+t^2)}{2} = \frac{1}{2}\{\tan^2 x - \log(1+\tan^2 x)\}$.

**4.7.1** $x + \sqrt{x^2+A} = t$ とおく. $\sqrt{x^2+A} = t - x$ の両辺を 2 乗して, $x^2 + A = t^2 - 2tx + x^2$ より, $x = \frac{t^2-A}{2t}$ から $\sqrt{x^2+A} = t - \frac{t^2-A}{2t} = \frac{t^2+A}{2t}$, $dx = \left(\frac{1}{2} + \frac{A}{2t^2}\right) dt = \frac{t^2+A}{2t^2} dt$. これらを代入して $\int \sqrt{x^2+A}\, dx = \int \frac{(t^2+A)}{2t} \frac{(t^2+A)}{2t^2} dt =$
$\int \frac{t^4 + 2At^2 + A^2}{4t^3} dt = \int \left(\frac{t}{4} + \frac{A}{2t} + \frac{A^2}{4t^3}\right) dt = \frac{t^2}{8} + \frac{A}{2}\log t - \frac{A^2}{8t^2}$ となる. ここで,
$\frac{t^2}{8} - \frac{A^2}{8t^2} = \frac{(x+\sqrt{x^2+A})^2}{8} - \frac{A^2}{8(x+\sqrt{x^2+A})^2} = \frac{(x+\sqrt{x^2+A})^2}{8} - \frac{A^2(x-\sqrt{x^2+A})^2}{8(x^2-(x^2+A))^2} =$
$\frac{(x+\sqrt{x^2+A})^2 - (x-\sqrt{x^2+A})^2}{8} = \frac{x\sqrt{x^2+A}}{2}$ なので $\int \sqrt{x^2+A}\, dx = \frac{1}{2}\{x\sqrt{x^2+A} + A\log(x+\sqrt{x^2+A})\}$ となる.

**4.8.1** $I = \int \sqrt{x^2+A}\, dx = x\sqrt{x^2+A} - \int x\frac{2x}{2\sqrt{x^2+A}} dx =$
$x\sqrt{x^2+A} - \int \frac{(x^2+A)-A}{\sqrt{x^2+A}} dx = x\sqrt{x^2+A} - \int \sqrt{x^2+A}\, dx + \int \frac{A}{\sqrt{x^2+A}} dx$.
公式 (4.3) を代入して, $I = x\sqrt{x^2+A} - I + A\log(x+\sqrt{x^2+A})$ より,
$$\int \sqrt{x^2+A}\, dx = \frac{1}{2}\left(x\sqrt{x^2+A} + A\log(x+\sqrt{x^2+A})\right).$$

**4.8.2** 公式 (4.4) において, $f(x) = \sqrt{a^2-x^2}, g'(x) = 1$ とおくと,
$f'(x) = \frac{-x}{\sqrt{a^2-x^2}}, g(x) = x$ より, $\int \sqrt{a^2-x^2}\, dx = x\sqrt{a^2-x^2} - \int x\frac{-x}{\sqrt{a^2-x^2}} dx =$
$x\sqrt{a^2-x^2} + \int \frac{a^2-(a^2-x^2)}{\sqrt{a^2-x^2}} dx = x\sqrt{a^2-x^2} + \int \frac{a^2}{\sqrt{a^2-x^2}} dx - \int \sqrt{a^2-x^2}\, dx =$

$$x\sqrt{a^2-x^2} + a^2\mathrm{Arcsin}\,\frac{x}{a} - \int \sqrt{a^2-x^2}\,dx.\ \text{ここで，最後の式は公式 (4.2) を用いた．従って}$$

$$\int \sqrt{a^2-x^2}\,dx = \frac{1}{2}\left(x\sqrt{a^2-x^2} + a^2\mathrm{Arcsin}\,\frac{x}{a}\right).$$

**4.8.3** $x = a\sin t\ (a > 0)$ とおく $\left(-\frac{\pi}{2} \leq t \leq \frac{\pi}{2}\right)$.
このとき，$\cos t \geq 0$ より，$\sqrt{a^2 - x^2} = a\cos t,\ dx = a\cos t\,dt.$ 従って，

$$\int \sqrt{a^2-x^2}\,dx = \int a^2\cos^2 t\,dt = \int a^2 \frac{\cos 2t + 1}{2}\,dt = \frac{a^2}{2}\left(\frac{\sin 2t}{2} + t\right)$$

$$= \frac{1}{2}\left(x\sqrt{a^2-x^2} + a^2\mathrm{Arcsin}\,\frac{x}{a}\right).$$

ここで，$a^2\sin 2t = 2(a\sin t)(a\cos t) = 2x\sqrt{a^2-x^2}$ を用いた．

**4.8.4** (1) $t = x^{1/4}$ とおくと，$\sqrt{x} = t^2,\ x = t^4$ より，$dx = 4t^3\,dt$.
従って，$\displaystyle\int \frac{x^{1/4}}{1+\sqrt{x}}dx = \int \frac{t}{1+t^2}4t^3\,dt = \int 4\left(t^2 - 1 + \frac{1}{1+t^2}\right)dt$
$= 4\left(\frac{t^3}{3} - t + \mathrm{Arctan}\,t\right) = 4\left(\frac{x^{3/4}}{3} - x^{1/4} + \mathrm{Arctan}\,x^{1/4}\right).$

(2) $x = a\tan t$ とおくと，$-\frac{\pi}{2} < t < \frac{\pi}{2}$ より，$\cos t \geq 0,\ \sqrt{x^2+a^2} = \sqrt{a^2\tan^2 t + a^2} = \frac{a}{\cos t},$
$dx = \frac{a}{\cos^2 t}dt$ より，$\displaystyle\int \frac{1}{x^2\sqrt{x^2+a^2}}dx = \int \frac{\cos^2 t}{a^2\sin^2 t}\frac{\cos t}{a}\frac{a}{\cos^2 t}dt = \int \frac{\cos t}{a^2\sin^2 t}dt = \frac{-1}{a^2\sin t}.$
ここで，$x^2 = \frac{a^2\sin^2 t}{1-\sin^2 t}$ より，$\sin^2 t = \frac{x^2}{a^2+x^2}$ なので，$\displaystyle\int \frac{1}{x^2\sqrt{x^2+a^2}}dx = -\frac{\sqrt{a^2+x^2}}{a^2 x}.$

(3) $\sqrt{x^2+a^2} = t+x$ とおくと，$x^2 + a^2 = x^2 + 2tx + t^2$ より，$x = \frac{a^2-t^2}{2t},$
$\sqrt{x^2+a^2} = t + \frac{a^2-t^2}{2t} = \frac{a^2+t^2}{2t},\ dx = \left(-\frac{a^2}{2t^2} - \frac{1}{2}\right)dt = -\frac{a^2+t^2}{2t^2}dt$ なので，
$\displaystyle\int \frac{1}{x^2\sqrt{x^2+a^2}}dx = \int -\frac{4t^2}{(a^2-t^2)^2}\frac{2t}{a^2+t^2}\frac{a^2+t^2}{2t^2}dt = \int \frac{-4t}{(a^2-t^2)^2}dt = \frac{2}{t^2-a^2}.$ ここで，
$t^2 - a^2 = (\sqrt{x^2+a^2} - x)^2 - a^2 = (x^2 + a^2 - 2x\sqrt{x^2+a^2} + x^2) - a^2 = 2x(x - \sqrt{x^2+a^2})$ より，$\displaystyle\int \frac{1}{x^2\sqrt{x^2+a^2}}dx = \frac{1}{x(x-\sqrt{x^2+a^2})} = -\frac{1}{a^2 x}(x + \sqrt{x^2+a^2}) = \frac{-1}{a^2} - \frac{\sqrt{x^2+a^2}}{a^2 x}.$
注：(2) の結果と異なるが定数の違いなので，どちらも $\displaystyle\int \frac{1}{x^2\sqrt{x^2+a^2}}dx$ の不定積分である．

(4) $t = \sqrt{x-1}$ とおくと，$x = t^2 + 1, dx = 2t\,dt$ より，
$\displaystyle\int \frac{dx}{x\sqrt{x-1}} = \int \frac{2t\,dt}{(t^2+1)t} = \int \frac{2}{t^2+1}dt = 2\mathrm{Arctan}\,t = 2\mathrm{Arctan}\,\sqrt{x-1}.$

(5) $\sqrt{x^2-a^2} = t - x$ とおくと，$x = \frac{t^2+a^2}{2t}$ より，$\sqrt{x^2-a^2} = t - \frac{t^2+a^2}{2t} = \frac{t^2-a^2}{2t},$
$dx = \left(\frac{1}{2} - \frac{a^2}{2t^2}\right)dt = \frac{t^2-a^2}{2t^2}dt$ なので，$\displaystyle\int \frac{1}{\sqrt{x^2-a^2}}dx = \int \frac{2t}{t^2-a^2}\frac{t^2-a^2}{2t^2}dt = \int \frac{1}{t}dt = \log|t| = \log|\sqrt{x^2-a^2} + x|.$

**4.8.5** (1) $\displaystyle\int \frac{1}{\sqrt{2+6x-9x^2}}dx = \int \frac{1}{\sqrt{3-(3x-1)^2}}dx,$ ここで，$t = 3x - 1$ とおくと，
$dx = \frac{dt}{3}$ より $\displaystyle\int \frac{1}{\sqrt{3-(3x-1)^2}}dx = \int \frac{1}{3\sqrt{3-t^2}}dt = \frac{1}{3}\mathrm{Arcsin}\,\frac{t}{\sqrt{3}} = \frac{1}{3}\mathrm{Arcsin}\,\frac{3x-1}{\sqrt{3}}.$

(2) 公式 (4.6) より $\int \sqrt{4-x^2}\,dx = \frac{1}{2}\left(x\sqrt{4-x^2} + 4\operatorname{Arcsin}\frac{x}{2}\right)$.

(3) $t = \sqrt{\frac{x+a}{x}}$ とおくと, $x = \frac{a}{t^2-1}$, $dx = \frac{-2at}{(t^2-1)^2}dt$ なので, $\int \sqrt{\frac{x+a}{x}}\,dx =$
$\int t\frac{-2at}{(t^2-1)^2}dt = \frac{at}{t^2-1} - \int \frac{a}{t^2-1}dt = \frac{at}{t^2-1} + \frac{a}{2}\log\left|\frac{t+1}{t-1}\right|$. ここで, $x$ の関数にするために, $\frac{at}{t^2-1} = x\sqrt{\frac{x+a}{x}} = \sqrt{x(x+a)}$, $\log\left|\frac{t+1}{t-1}\right| = \log\left|\frac{\sqrt{\frac{x+a}{x}}+1}{\sqrt{\frac{x+a}{x}}-1}\right| =$
$\log\left|\frac{\sqrt{x+a}+\sqrt{x}}{\sqrt{x+a}-\sqrt{x}}\right| = \log(\sqrt{x+a}+\sqrt{x})^2 - \log|a|$ なので
$$\int \sqrt{\frac{x+a}{x}}\,dx = \sqrt{x(x+a)} + a\log(\sqrt{x+a}+\sqrt{x}).$$

(4) $\sqrt{2}x = t$ とおいて公式 (4.3) を用いると, $\int \frac{1}{\sqrt{2x^2+5}}dx = \int \frac{1}{\sqrt{t^2+5}}\frac{dt}{\sqrt{2}}$
$= \frac{1}{\sqrt{2}}\log(t + \sqrt{t^2+5}) = \frac{1}{\sqrt{2}}\log(\sqrt{2}x + \sqrt{2x^2+5})$.

(5) $\int \sqrt{2x^2+5}\,dx = x\sqrt{2x^2+5} - \int \frac{2x^2}{\sqrt{2x^2+5}}dx = x\sqrt{2x^2+5} - \int \sqrt{2x^2+5}\,dx + 5\int \frac{1}{\sqrt{2x^2+5}}dx$. 従って, (4) の結果を用いて
$$\int \sqrt{2x^2+5}\,dx = \frac{1}{2}\left(x\sqrt{2x^2+5} + 5\int \frac{1}{\sqrt{2x^2+5}}dx\right)$$
$$= \frac{1}{2}\left\{x\sqrt{2x^2+5} + \frac{5}{\sqrt{2}}\log(\sqrt{2}x + \sqrt{2x^2+5})\right\}.$$

(6) $\sqrt{\frac{1-x^2}{1+x^2}} = t$ とおくと, $x^2 = \frac{1-t^2}{1+t^2}$ より, $\sqrt{1-x^4} = (1+x^2)\sqrt{\frac{1-x^2}{1+x^2}} = \frac{2t}{1+t^2}$, $xdx = \frac{-2t}{(1+t^2)^2}dt$ なので, $\int \frac{x}{\sqrt{1-x^4}}dx = \int \frac{1+t^2}{2t}\frac{-2t}{(1+t^2)^2}dt = \int \frac{-1}{1+t^2}dt = -\operatorname{Arctan}t = -\operatorname{Arctan}\sqrt{\frac{1-x^2}{1+x^2}}$.

**4.9.1** (1) $h = \frac{1}{n}$ とおくと
$$\int_1^2 x^2 dx = \lim_{n\to\infty}\sum_{j=0}^{n-1}(1+jh)^2 h = \lim_{n\to\infty}\sum_{i=0}^{n-1}(h + 2jh^2 + j^2h^3)$$
$$= \lim_{n\to\infty}\left(nh + 2h^2\frac{n(n-1)}{2} + h^3\frac{(n-1)n(2n-1)}{6}\right)$$
$$= \lim_{n\to\infty}\left(n\frac{1}{n} + 2\frac{1}{n^2}\frac{n(n-1)}{2} + \frac{1}{n^3}\frac{(n-1)n(2n-1)}{6}\right)$$
$$= \lim_{n\to\infty}\left(1 + \left(1-\frac{1}{n}\right) + \left(1-\frac{1}{n}\right)\left(\frac{1}{3}-\frac{1}{6n}\right)\right) = \frac{7}{3}.$$

(2) $h = \frac{2}{n}$ とおくと

$$\int_0^2 (1+x^2)dx = \lim_{n\to\infty}\sum_{i=0}^{n-1}(1+(ih)^2)h = \lim_{n\to\infty}\left(nh + h^3\sum_{i=0}^{n-1}i^2\right)$$

$$= \lim_{n\to\infty}\left(nh + h^3\frac{(n-1)n(2n-1)}{6}\right) = \lim_{n\to\infty}\left(n\frac{2}{n} + \frac{8}{n^3}\frac{(n-1)n(2n-1)}{6}\right)$$

$$= \lim_{n\to\infty}\left(2 + \frac{4}{3}\left(1-\frac{1}{n}\right)\left(2-\frac{1}{n}\right)\right) = \frac{14}{3}.$$

(3)  $h = \frac{1}{n}$ とおくと

$$\int_1^2 x^3 dx = \lim_{n\to\infty}\sum_{i=0}^{n-1}(1+ih)^3 h = \lim_{n\to\infty}\sum_{i=0}^{n-1}(h + 3h^2 i + 3h^3 i^2 + h^4 i^3)$$

$$= \lim_{n\to\infty}\left(nh + 3h^2\frac{n(n-1)}{2} + 3h^3\frac{(n-1)n(2n-1)}{6} + h^4\frac{n^2(n-1)^2}{4}\right)$$

$$= \lim_{n\to\infty}\left(n\frac{1}{n} + 3\frac{1}{n^2}\frac{n(n-1)}{2} + 3\frac{1}{n^3}\frac{(n-1)n(2n-1)}{6} + \frac{1}{n^4}\frac{n^2(n-1)^2}{4}\right)$$

$$= \lim_{n\to\infty}\left(1 + \frac{3}{2}\left(1-\frac{1}{n}\right) + \frac{1}{2}\left(1-\frac{1}{n}\right)\left(2-\frac{1}{n}\right) + \frac{1}{4}\left(1-\frac{1}{n}\right)^2\right) = \frac{15}{4}.$$

**4.9.2** (1) $\lim_{n\to\infty}\left(\frac{n}{n^2} + \frac{n}{n^2+1} + \frac{n}{n^2+2^2} + \cdots + \frac{n}{n^2+(n-1)^2}\right)$
$= \lim_{n\to\infty}\frac{1}{n}\left(1 + \frac{1}{1+(\frac{1}{n})^2} + \frac{1}{1+(\frac{2}{n})^2} + \cdots + \frac{1}{1+(\frac{n-1}{n})^2}\right)$.
$f(x) = \frac{1}{1+x^2}$ とおくと, $f\left(\frac{j}{n}\right) = \frac{1}{1+(\frac{j}{n})^2}$ なので, 上式は関数 $f(x) = \frac{1}{1+x^2}$ の 0 から 1 までの積分にあたるので, $\lim_{n\to\infty}\left(\frac{n}{n^2} + \frac{n}{n^2+1} + \frac{n}{n^2+2^2} + \cdots + \frac{n}{n^2+(n-1)^2}\right) = \int_0^1 \frac{1}{1+x^2}\,dx$
$= \left[\text{Arctan}\,x\right]_0^1 = \frac{\pi}{4}$.   (2) $\lim_{n\to\infty}\frac{1}{n\sqrt{n}}(\sqrt{n} + \sqrt{n+1} + \cdots + \sqrt{2n-1})$
$= \lim_{n\to\infty}\frac{1}{n}\left(1 + \sqrt{1+\frac{1}{n}} + \cdots + \sqrt{1+\frac{n-1}{n}}\right) = \int_0^1 \sqrt{1+x}\,dx = \left[\frac{2}{3}\sqrt{(1+x)^3}\right]_0^1$
$= \frac{2}{3}(2\sqrt{2}-1)$.   (3) $\lim_{n\to\infty}\frac{1}{n^3}(1^2 + 2^2 + \cdots + n^2) = \lim_{n\to\infty}\frac{1}{n}\left\{\left(\frac{1}{n}\right)^2 + \left(\frac{2}{n}\right)^2 + \cdots + \left(\frac{n}{n}\right)^2\right\} =$
$\int_0^1 x^2\,dx = \left[\frac{x^3}{3}\right]_0^1 = \frac{1}{3}$.   (4) $\lim_{n\to\infty}\frac{1}{n}\sum_{k=1}^n \sin\frac{\pi k}{n} = \int_0^1 \sin\pi x\,dx = \left[\frac{-\cos\pi x}{\pi}\right]_0^1 = \frac{2}{\pi}$.
(5) $\lim_{n\to\infty}\frac{1}{n^2}(a^{1/n} + 2a^{2/n} + \cdots + na^{n/n}) = \lim_{n\to\infty}\frac{1}{n}\left(\frac{1}{n}a^{1/n} + \frac{2}{n}a^{2/n} + \cdots + \frac{n}{n}a^{n/n}\right)$
$= \int_0^1 xa^x\,dx = \left[x\frac{a^x}{\log a}\right]_0^1 - \int_0^1 \frac{a^x}{\log a}\,dx = \frac{a}{\log a} - \left[\frac{a^x}{(\log a)^2}\right]_0^1 = \frac{a}{\log a} - \frac{a-1}{(\log a)^2}$.

**4.10.1** (1) $\int_0^2 (2x-3)^2 dx = \left[\frac{1}{6}(2x-3)^3\right]_0^2 = \frac{1}{6}(1+27) = \frac{14}{3}$.

(2)  $\int_e^3 \frac{1}{6-x}dx = \left[-\log(6-x)\right]_e^3 = -\log 3 + \log(6-e) = \log\left(2 - \frac{e}{3}\right)$.

(3)  式 (4.2) を用いて, $\int_{-\sqrt{2}}^{\sqrt{3}} \frac{1}{\sqrt{4-x^2}}dx = \left[\text{Arcsin}\,\frac{x}{2}\right]_{-\sqrt{2}}^{\sqrt{3}}$

$= \text{Arcsin}\,\dfrac{\sqrt{3}}{2} - \text{Arcsin}\,\dfrac{-1}{\sqrt{2}} = \dfrac{\pi}{3} - \left(-\dfrac{\pi}{4}\right) = \dfrac{7\pi}{12}.$

**4.10.2** 例題 4.10 と同様, $s = x - v$ と置換すると, $\displaystyle\int_{2x}^{x^2} f(x-v)dv = -\int_{-x}^{x-x^2} f(s)ds$

$= \displaystyle\int_{x-x^2}^{-x} f(s)ds.$ 従って $\dfrac{d}{dx}\displaystyle\int_{2x}^{x^2} f(x-v)dv = \dfrac{d}{dx}\displaystyle\int_{x-x^2}^{-x} f(s)ds$

$= \dfrac{d(-x)}{dx}f(-x) - \dfrac{d(x-x^2)}{dx}f(x-x^2) = -f(-x) - (1-2x)f(x-x^2).$

別解: $s = x - v$ とおくと, $\displaystyle\int_{2x}^{x^2} f(x-v)dv = \displaystyle\int_{x-x^2}^{-x} f(s)ds.$ $f(s)$ の一つの不定積分を $F(s)$ とおく

と, $\displaystyle\int_{x-x^2}^{-x} f(s)ds = F(-x) - F(x-x^2).$ 従って $\dfrac{d}{dx}\displaystyle\int_{2x}^{x^2} f(x-v)dv = \dfrac{d}{dx}\bigl(F(-x) - F(x-x^2)\bigr) =$

$-f(-x) - (1-2x)f(x-x^2).$

**4.10.3** (1) $\dfrac{d}{dx}\displaystyle\int_{x}^{1}(t^3 - 3t^2 - 2t + 1)dt = -\dfrac{d}{dx}\displaystyle\int_{1}^{x}(t^3 - 3t^2 - 2t + 1)dt = -(x^3 - 3x^2 - 2x + 1).$

(2) $f(u) = e^{x^2}$ の一つの不定積分を $F(x)$ とおくと, $\dfrac{d}{du}\displaystyle\int_{u+1}^{u^2} e^{x^2}dx = \dfrac{d}{du}\bigl(F(u^2) - F(u+1)\bigr) =$
$2uf(u^2) - f(u+1) = 2ue^{u^4} - e^{(u+1)^2}.$

**4.11.1** (1) 式 (4.8) より, $\displaystyle\int_{0}^{\pi/2} \cos^6 x\,dx = I_6 = \dfrac{5}{6}\dfrac{3}{4}\dfrac{1}{2}\dfrac{\pi}{2} = \dfrac{15\pi}{96}.$

(2) $\sin x$ は $x = \dfrac{\pi}{2}$ に関して対称なので, 式 (4.8) を用いて,

$$\int_{0}^{\pi} \sin^4 x\,dx = 2\int_{0}^{\pi/2} \sin^4 x\,dx = 2I_4 = 2\dfrac{3}{4}\dfrac{1}{2}\dfrac{\pi}{2} = \dfrac{3}{8}\pi.$$

(3) $\cos x$ は $x = \dfrac{\pi}{2}$ に関して反対称なので

$\displaystyle\int_{0}^{\pi} \cos^3 x\,dx = \displaystyle\int_{0}^{\pi/2} \cos^3 x\,dx + \displaystyle\int_{\pi/2}^{\pi} \cos^3 x\,dx = \displaystyle\int_{0}^{\pi/2} \cos^3 x\,dx - \displaystyle\int_{0}^{\pi/2} \cos^3 x\,dx = 0.$

(4) $t = \dfrac{x}{2}$ とおくと, $dx = 2dt$ より式 (4.8) を用いて

$$\int_{0}^{\pi} \cos^3\left(\dfrac{x}{2}\right)dx = 2\int_{0}^{\pi/2} \cos^3 t\,dt = 2I_3 = 2\dfrac{2}{3} = \dfrac{4}{3}.$$

**4.11.2** (1) $f(x) = (\log x)^n,\ g'(x) = 1$ とおくと, $f'(x) = n(\log x)^{n-1}\dfrac{1}{x},\ g(x) = x$ となり, 部分積分をすると,

$\displaystyle\int (\log x)^n\,dx = (\log x)^n x - n\displaystyle\int (\log x)^{n-1}\dfrac{1}{x}x\,dx = x(\log x)^n - n\displaystyle\int (\log x)^{n-1}\,dx$ となる.

(2) $I_n = \displaystyle\int_{0}^{1} (\log x)^n\,dx$ とおくと, $\bigl[x(\log x)^n\bigr]_{0}^{1} = 0$ なので, (1) より, $I_n = -nI_{n-1}.$ また, $I_0 = \displaystyle\int_{0}^{1} dx = 1$ より, $I_n = -nI_{n-1} = (-1)^n n!\,I_0 = (-1)^n n!$ となる.

**4.12.1** (1) $\lambda > 1$ のとき, $\displaystyle\int_{0}^{1}\dfrac{dx}{x^\lambda} = \lim_{\varepsilon \to +0}\left[\dfrac{1}{(1-\lambda)x^{\lambda-1}}\right]_{\varepsilon}^{1} = \infty.$

(2) $\lambda = 1$ のとき, $\displaystyle\int_{0}^{1}\dfrac{dx}{x} = \lim_{\varepsilon \to +0}\bigl[\log x\bigr]_{\varepsilon}^{1} = \infty.$

(3) $\lambda < 1$ のとき, $\displaystyle\int_0^1 \frac{dx}{x^\lambda} = \lim_{\varepsilon \to +0}\left[\frac{x^{1-\lambda}}{1-\lambda}\right]_\varepsilon^1 = \frac{1}{1-\lambda}$.

(4) $\lambda > 1$ のとき, $\displaystyle\int_1^\infty \frac{dx}{x^\lambda} = \lim_{K\to\infty}\left[\frac{1}{(1-\lambda)x^{\lambda-1}}\right]_1^K = \frac{1}{\lambda-1}$.

(5) $\lambda = 1$ のとき, $\displaystyle\int_1^\infty \frac{dx}{x} = \lim_{K\to\infty}\left[\log x\right]_1^K = \infty$.

(6) $\lambda < 1$ のとき, $\displaystyle\int_1^\infty \frac{dx}{x^\lambda} = \lim_{K\to\infty}\left[\frac{x^{1-\lambda}}{1-\lambda}\right]_1^K = \infty$.

**4.12.2** (1) 式 (4.3) を用いて, $\displaystyle\int_2^4 \frac{1}{\sqrt{x^2-4}}dx = \lim_{c\to 2+0}\left[\log\left(x+\sqrt{x^2-4}\right)\right]_c^4 = \lim_{c\to 2+0}\left\{\log\left(4+\sqrt{12}\right) - \log\left(c+\sqrt{c^2-4}\right)\right\} = \log\left(4+2\sqrt{3}\right) - \log 2 = \log\left(2+\sqrt{3}\right)$.

(2) $\displaystyle\int_0^1 \log x\,dx = \lim_{\varepsilon\to +0}\left[x\log x - x\right]_\varepsilon^1 = -1$. ここで, 3 章の例題 3.14(1) より, $\displaystyle\lim_{x\to 0} x\log x = 0$ を用いた.

(3) $\displaystyle\int_0^1 \frac{\log x}{\sqrt{x}}dx = \lim_{\varepsilon\to +0}\left[2\sqrt{x}\log x\right]_\varepsilon^1 - \int_0^1 2\sqrt{x}\frac{1}{x}dx = -2\int_0^1 \frac{dx}{\sqrt{x}} = -\lim_{\varepsilon\to +0}\left[4\sqrt{x}\right]_\varepsilon^1 = -4$. ここでも 3 章の例題 3.14(1) より $\displaystyle\lim_{x\to +0}\sqrt{x}\log x = 0$ を用いた.

(4) 関数 $\dfrac{1}{x^{1.0001}}$ は, $[1,\infty)$ で連続である. 従って $\displaystyle\int_1^\infty \frac{1}{x^{1.0001}}dx = \lim_{K\to\infty}\int_1^K \frac{1}{x^{1.0001}}dx = \lim_{K\to\infty}\frac{1}{-0.0001}\left[x^{-0.0001}\right]_1^K = \lim_{K\to\infty}(-10000)\left(\frac{1}{K^{0.0001}}-1\right) = 10000$.

(5) $\displaystyle\int_0^\infty \frac{1}{4+x^2}dx = \lim_{K\to\infty}\int_0^K \frac{1}{4+x^2}dx = \lim_{K\to\infty}\left[\frac{1}{2}\text{Arctan}\frac{x}{2}\right]_0^K$
$= \displaystyle\lim_{K\to\infty}\frac{1}{2}\text{Arctan}\frac{K}{2} = \frac{1}{2}\frac{\pi}{2} = \frac{\pi}{4}$.

**4.12.3** (1) $\displaystyle\int_1^\infty \frac{x}{1+x^2}dx \geq \int_1^\infty \frac{x}{x^2+x^2}dx = \frac{1}{2}\int_1^\infty \frac{1}{x}dx$.
右辺は式 (4.10) において, $\lambda = 1$ より, $\infty$ に発散する. 従って, 左辺も $\infty$ に発散する.

(2) $\displaystyle\int_1^\infty \frac{1}{1+x^2}dx \leq \int_1^\infty \frac{1}{x^2}dx$. 右辺は式 (4.10) において, $\lambda = 2 > 1$ より収束する. 従って, 左辺も収束する. (3) $\displaystyle\int_1^\infty \frac{1+x}{1+x^3}dx \leq \int_1^\infty \frac{x+x}{x^3}dx = \int_1^\infty \frac{2}{x^2}dx$. 右辺は (2) と同様に収束する. 従って, 左辺も収束する. (4) $x=0$ では定義されていないので, $\displaystyle\int_{-1}^2 \frac{1}{x}dx = \int_{-1}^0 \frac{1}{x}dx + \int_0^2 \frac{1}{x}dx$. ここで, $\displaystyle\int_0^2 \frac{1}{x}dx = \lim_{\varepsilon\to +0}\int_\varepsilon^2 \frac{1}{x}dx = \lim_{\varepsilon\to +0}\left[\log x\right]_\varepsilon^2 = \infty$. 従って $\displaystyle\int_{-1}^2 \frac{1}{x}dx$ も発散する. (5) $0 < x < \frac{1}{2}$ において, $\left|\dfrac{1}{\log x}\right| < \left|\dfrac{1}{\log \frac{1}{2}}\right| = \dfrac{1}{\log 2}$ より, $\displaystyle\int_0^{1/2}\left|\frac{1}{\log x}\right|dx < \int_0^{1/2}\frac{1}{\log 2}dx = \frac{1}{2\log 2}$ より, 収束する. (6) $\left|\dfrac{\sin x}{\sqrt{x}}\right| \leq \dfrac{1}{\sqrt{x}}$ かつ $\displaystyle\int_0^1 \frac{1}{\sqrt{x}}dx$ は式 (4.9) において, $\lambda = \frac{1}{2} < 1$ より, 収束する. 従って, $\displaystyle\int_0^1 \frac{\sin x}{\sqrt{x}}dx$ は収束する.

(7) $\displaystyle\int_1^\infty \frac{\sin x}{\sqrt{x}}dx = \int_1^\pi \frac{\sin x}{\sqrt{x}}dx + \sum_{n=1}^\infty \int_{n\pi}^{(n+1)\pi}\frac{\sin x}{\sqrt{x}}dx$. ここで, $a_n = (-1)^n \displaystyle\int_{n\pi}^{(n+1)\pi}\frac{\sin x}{\sqrt{x}}dx$

とおくと，$a_n \geq 0$ で与式は $\int_1^\pi \frac{\sin x}{\sqrt{x}} dx + \sum_{n=1}^\infty (-1)^n a_n$ となる．さらに，$\int_0^\pi \frac{\sin x}{\sqrt{(n+1)\pi}} \leq a_n \leq \int_0^\pi \frac{\sin x}{\sqrt{n\pi}}$ となり，$\{a_n\}$ は単調減少列で，$\lim_{n\to\infty} a_n = 0$ なので交代級数 $\sum_{n=1}^\infty (-1)^n a_n$ は収束するので，$\int_1^\infty \frac{\sin x}{\sqrt{x}} dx$ も収束する（交代級数については，5章5.3節を参照せよ）．

(8) $\int_1^\infty \frac{|\sin x|}{x} dx = \int_1^\pi \frac{|\sin x|}{x} dx + \sum_{k=1}^\infty \int_{k\pi}^{(k+1)\pi} \frac{|\sin x|}{x} dx \geq \int_1^\pi \frac{|\sin x|}{x} dx +$
$\sum_{k=1}^\infty \int_{k\pi}^{(k+1)\pi} \frac{|\sin x|}{(k+1)\pi} dx = \int_1^\pi \frac{|\sin x|}{x} dx + \int_0^\pi \frac{|\sin x|}{\pi} dx \sum_{k=1}^\infty \frac{1}{(k+1)}$．ここで
$\int_0^\pi \frac{|\sin x|}{\pi} dx > 0$ かつ $\sum_{k=1}^\infty \frac{1}{(k+1)} = \infty$ より求める積分は発散する．

**4.13.1** (1) 媒介変数表示すると，$x = a\cos^3 t, y = a\sin^3 t$ となる．求める面積は第一象限の部分の4倍で，$x = 0$, $x = a$ のとき，それぞれ $t = \frac{\pi}{2}, t = 0$ となるので，式 (4.11) を用いて，面積を求めると $S = 4\int_{\pi/2}^0 a\sin^3 t \cdot 3a\cos^2 t(-\sin t)\, dt$
$= 4 \cdot 3a^2 \int_0^{\pi/2} \sin^4 t \cos^2 t\, dt$
$= 12a^2 \int_0^{\pi/2} (\sin^4 t - \sin^6 t)\, dt = 12a^2 \left(\frac{3}{4}\frac{1}{2}\frac{\pi}{2} - \frac{5}{6}\frac{3}{4}\frac{1}{2}\frac{\pi}{2}\right) = \frac{3}{8}\pi a^2$．
ここで，最後の結果は式 (4.8) を用いた．

(2) 式 (4.12) より，面積は $S = \frac{1}{2}\int_0^{2\pi} a^2(1 + \cos\theta)^2\, d\theta$
$= \frac{a^2}{2}\int_0^{2\pi} (1 + 2\cos\theta + \cos^2\theta)\, d\theta$
$= \frac{a^2}{2}\left[\theta + 2\sin\theta + \frac{\sin 2\theta + 2\theta}{4}\right]_0^{2\pi} = \frac{3\pi a^2}{2}$．

(3) 式 (4.12) より，面積は
$S = \frac{1}{2}\int_0^\pi a^2 \sin^2 3\theta\, d\theta = \frac{a^2}{2}\int_0^\pi \frac{1 - \cos 6\theta}{2}\, d\theta$
$= \frac{a^2}{2}\left[\frac{6\theta - \sin 6\theta}{12}\right]_0^\pi = \frac{\pi a^2}{4}$．

**4.14.1** (1) 式 (4.14) より，曲線の長さは $\int_0^a \sqrt{1 + (2x)^2}\, dx$．
ここで，$2x = t$ とおいて，式 (4.7) を用いると
$\int_0^a \sqrt{1 + (2x)^2}\, dx = \int_0^{2a} \sqrt{1 + t^2}\, \frac{dt}{2}$
$= \left[\frac{1}{4}\left(t\sqrt{t^2 + 1} + \log(t + \sqrt{t^2 + 1})\right)\right]_0^{2a}$
$= \frac{a}{2}\sqrt{4a^2 + 1} + \frac{1}{4}\log(2a + \sqrt{4a^2 + 1})$.

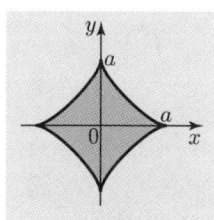

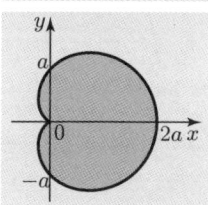

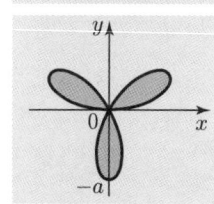

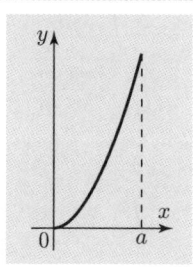

(2) 図形は問題 4.13.1(2) と同じである．$0 \leq \theta \leq 2\pi$ の曲線の長さは $0 \leq \theta \leq \pi$ の長さの 2 倍なので，式 (4.15) より，曲線の長さは

$$L = 2\int_0^\pi \sqrt{a^2(1+\cos\theta)^2 + a^2\sin^2\theta}\, d\theta = 2\int_0^\pi a\sqrt{2+2\cos\theta}\, d\theta$$

$$= 2a\int_0^\pi \sqrt{4\cos^2\frac{\theta}{2}}\, d\theta = 2a\int_0^\pi 2\cos\frac{\theta}{2}\, d\theta = 4a\left[2\sin\frac{\theta}{2}\right]_0^\pi = 8a.$$

(3) 図形は問題 4.13.1(1) と同じである．$y = (a^{2/3} - x^{2/3})^{3/2}$ より，
$y' = \frac{3}{2}(a^{2/3} - x^{2/3})^{1/2}\left(-\frac{2}{3}x^{-1/3}\right) = \frac{-(a^{2/3} - x^{2/3})^{1/2}}{x^{1/3}}$．これより，
$1 + y'^2 = 1 + \frac{a^{2/3} - x^{2/3}}{x^{2/3}} = \left(\frac{a}{x}\right)^{2/3}$．式 (4.14) より，曲線の長さは第一象限の部分の 4 倍より $L = 4\int_0^a \left(\frac{a}{x}\right)^{1/3} dx = 4a^{1/3}\left[\frac{3}{2}x^{2/3}\right]_0^a = 6a.$

**4.15.1** (1) 回転体の体積は式 (4.17) より，$V = \pi\int_0^{2\pi} a^2(1-\cos\theta)^2 a(1-\cos\theta)\, d\theta$
$= \pi a^3 \int_0^{2\pi}(1 - 3\cos\theta + 3\cos^2\theta - \cos^3\theta)\, d\theta$
$= \pi a^3 \int_0^{2\pi}\left(1 - 3\cos\theta + 3\frac{\cos 2\theta + 1}{2} - \frac{\cos 3\theta + 3\cos\theta}{4}\right) d\theta$
$= \pi a^3 \int_0^{2\pi}\left(\frac{5}{2} - \frac{15}{4}\cos\theta + \frac{3}{2}\cos 2\theta - \frac{1}{4}\cos 3\theta\right) d\theta$
$= \pi a^3\left[\frac{5}{2}\theta - \frac{15}{4}\sin\theta + \frac{3}{4}\sin 2\theta - \frac{1}{12}\sin 3\theta\right]_0^{2\pi}$
$= 5\pi^2 a^3.$

(2) カーディオイドの $y \geq 0$ の右図の部分を $x$ 軸の周りに一回転してできる回転体である．$x$ 座標が最小になるときの角度を $\alpha$ とすると，角度が $\alpha$ から $0$ に対応する曲線を回転したものから，角度が $\alpha$ から $\pi$ に対応する曲線を回転したものを差し引いたものになるので，求める回転体の体積は $V = \pi\int_\alpha^0 y^2\frac{dx}{d\theta}\, d\theta - \pi\int_\alpha^\pi y^2\frac{dx}{d\theta}\, d\theta$
$= \pi\int_\pi^0 y^2\frac{dx}{d\theta}\, d\theta$．ここで，$x = r\cos\theta = a\cos\theta(1+\cos\theta)$ より，$\frac{dx}{d\theta} = -a\sin\theta(1+2\cos\theta)$, $y = a\sin\theta(1+\cos\theta)$ なので，$y^2\frac{dx}{d\theta} = \{a\sin\theta(1+\cos\theta)\}^2\{-a\sin\theta(1+2\cos\theta)\} = -a^3(1-\cos^2\theta)(1+\cos\theta)^2(1+2\cos\theta)\sin\theta$．従って，$t = \cos\theta$ とおくと，$\theta : \pi \to 0$ に対して，$t : -1 \to 1$ で $dt = -\sin\theta d\theta$ より $V = \pi\int_{-1}^1 a^3(1-t^2)(1+t)^2(1+2t)\, dt =$
$a^3\pi\int_{-1}^1 (1 + 4t + 4t^2 - 2t^3 - 5t^4 - 2t^5)\, dt = a^3\pi\left[t + 2t^2 + \frac{4t^3}{3} - \frac{t^4}{2} - t^5 - \frac{t^6}{3}\right]_{-1}^1 = \frac{8}{3}a^3\pi.$

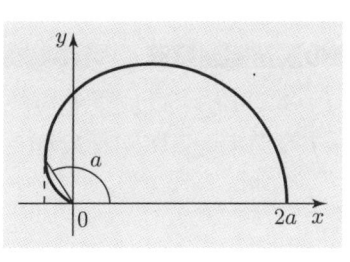

(3) 図形は問題 4.13.1(1) と同じである．$y = a\sin^3 t$ とおくと，$x = a\cos^3 t$．回転体の体積は $0 \leq x \leq a$，すなわち，$t : \frac{\pi}{2} \to 0$ の部分を回転したものの 2 倍なので，式 (4.17) より，

$$V = 2\pi \int_{\pi/2}^{0} (a\sin^3 t)^2(-3a\cos^2 t \sin t)\, dt = 6\pi a^3 \int_{0}^{\pi/2} \sin^7 t \cos^2 t\, dt$$
$$= 6\pi a^3 \int_{0}^{\pi/2} \sin^7 t (1-\sin^2 t)\, dt = 6\pi a^3 \int_{0}^{\pi/2} (\sin^7 t - \sin^9 t)\, dt$$
$$= 6\pi a^3 \left(\frac{6}{7}\frac{4}{5}\frac{2}{3} - \frac{8}{9}\frac{6}{7}\frac{4}{5}\frac{2}{3}\right) = \frac{32\pi a^3}{105}. \quad 最後の式は漸化式 (4.8) を用いた.$$

**4.15.2** (1) $x = e^y$ より,求める体積は, $\pi \int_{-1}^{1} e^{2y}\, dy = \pi \left[\frac{e^{2y}}{2}\right]_{-1}^{1} = \frac{\pi(e^2 - e^{-2})}{2}$.

(2) $y^2 = b^2\left(1 - \frac{x^2}{a^2}\right)$ なので,式 (4.16) より,求める体積は,
$$\pi \int_{-a}^{a} b^2 \left(1 - \frac{x^2}{a^2}\right) dx = \pi b^2 \left[x - \frac{x^3}{3a^2}\right]_{-a}^{a} = \frac{4\pi ab^2}{3}.$$

**4.15.3** (1) $y' = -\dfrac{x}{\sqrt{a^2 - x^2}}$, $\sqrt{1 + y'^2} = \sqrt{1 + \dfrac{x^2}{a^2 - x^2}} = \dfrac{a}{\sqrt{a^2 - x^2}}$, 式 (4.18) より,
$$S = 2\pi \int_{b}^{a} \sqrt{a^2 - x^2}\, \frac{a}{\sqrt{a^2 - x^2}}\, dx = 2\pi \int_{b}^{a} a\, dx = 2\pi a(a - b).$$

(2) 図形は問題 4.15.1(2) と同じである.$y \geq 0$ の部分は $0 \leq \theta \leq \pi$ に対応するので,極座標での表面積は式 (4.20) より,
$$S = 2\pi \int_{0}^{\pi} \sqrt{(a(1+\cos\theta))^2 + (-a\sin\theta)^2}\, \{a(1+\cos\theta)\} \sin\theta\, d\theta$$
$$= 2\pi a^2 \int_{0}^{\pi} \sqrt{2(1+\cos\theta)}\, (1+\cos\theta)\sin\theta\, d\theta$$
$$= 2\pi a^2 \int_{0}^{\pi} \sqrt{2}(1+\cos\theta)^{3/2} \sin\theta\, d\theta = 2\sqrt{2}\,\pi a^2 \left[-\frac{2}{5}(1+\cos\theta)^{5/2}\right]_{0}^{\pi} = \frac{32\pi a^2}{5}.$$

## ■ 4章の演習問題解答

**1** $f(x)$ の不定積分を $F(x)$ とすると,

(1) $\dfrac{d}{dx}\displaystyle\int_{x}^{a} f(t)dt = \dfrac{d}{dx}(F(a) - F(x)) = -f(x)$ より,$g(x) = -f(x)$.

(2) $\dfrac{d}{dx}\displaystyle\int_{a}^{x^2} f(t)dt = \dfrac{d}{dx}(F(x^2) - F(a)) = 2xf(x^2)$ より,$g(x) = 2xf(x^2)$.

(3) $\dfrac{d}{dx}\displaystyle\int_{x^2}^{x^3} f(t)dt = \dfrac{d}{dx}(F(x^3) - F(x^2)) = 3x^2 f(x^3) - 2x f(x^2)$ より,
$g(x) = 3x^2 f(x^3) - 2x f(x^2)$.

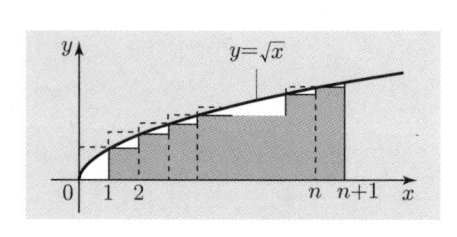

**2** 図より,$\displaystyle\int_{0}^{n} \sqrt{x}\, dx < \sum_{k=1}^{n} \sqrt{k} < \displaystyle\int_{0}^{n+1} \sqrt{x}\, dx$ が成り立つ.また,$\displaystyle\int_{0}^{n} \sqrt{x}\, dx = \left[\dfrac{2}{3}\sqrt{x^3}\right]_{0}^{n} = \dfrac{2}{3}\sqrt{n^3}$, $\displaystyle\int_{0}^{n+1} \sqrt{x}\, dx = \left[\dfrac{2}{3}\sqrt{x^3}\right]_{0}^{n+1} = \dfrac{2}{3}\sqrt{(n+1)^3}$ なので,与式が成り立つ.

(2) 図より $\sum_{k=2}^{n} \frac{1}{k} < \int_{1}^{n} \frac{1}{x} \, dx < \sum_{k=1}^{n} \frac{1}{k}$ であり,
$$\int_{1}^{n} \frac{1}{x} \, dx = \left[\log x\right]_{1}^{n} = \log n$$
なので与式は成り立つ.

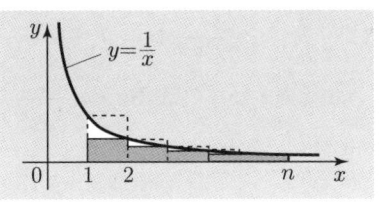

**3** $f(x) = \sin x$ は $x = \pi/2$ に関して対称でかつ $[0, \pi]$ 上で凹関数より,
$\int_{\pi(k-1)/n}^{\pi k/n} f(x) \, dx + \int_{\pi(1-k/n)}^{\pi(1-(k-1)/n)} f(x) \, dx \geq \frac{\pi}{n}\left\{f\left(\frac{\pi(k-1)}{n}\right) + f\left(\frac{\pi k}{n}\right)\right\}$ が
$k = 1, 2, \ldots, n$ に対して成り立つ. 従って, $\int_{0}^{\pi} \sin x \, dx$
$= \frac{1}{2}\sum_{k=1}^{n}\left\{\int_{\pi(k-1)/n}^{\pi k/n} \sin x + \int_{\pi(1-k/n)}^{\pi(1-(k-1)/n)} \sin x \, dx\right\}$
$\geq \frac{\pi}{2n}\sum_{k=1}^{n}\left(\sin\left(\frac{\pi(k-1)}{n}\right) + \sin\left(\frac{\pi k}{n}\right)\right)$
$= \frac{\pi}{n}\sum_{k=1}^{n} \sin\left(\frac{\pi k}{n}\right)$ となる. ここで, $\sin\frac{\pi 0}{n} = 0$, 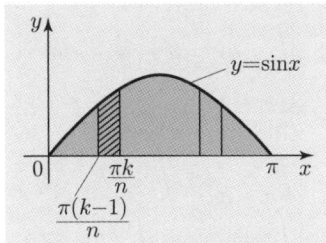
$\sin\frac{\pi n}{n} = 0$ を使っている. また左辺は $\int_{0}^{\pi} \sin x \, dx = 2$ なので $2 \geq \sum_{k=1}^{n} \frac{\pi}{n} \sin\left(\frac{\pi k}{n}\right)$ となる.

**4** (1) $t = \log x$ とおくと, $x = e^t$, $dx = e^t \, dt$ より,
$\int_{1}^{e} \frac{1 + \log x}{x} \, dx = \int_{0}^{1} \frac{1+t}{e^t} e^t \, dt = \int_{0}^{1}(1+t)\, dt = \left[t + \frac{t^2}{2}\right]_{0}^{1} = \frac{3}{2}$.

(2) $\int_{1}^{2} \log\left(1 + \frac{1}{x}\right) dx = \int_{1}^{2}(\log(x+1) - \log x)\, dx$
$= \left[(x+1)\log(x+1) - (x+1) - x\log x + x\right]_{1}^{2} = 3\log 3 - 3 - 2\log 2 + 2 - 2\log 2 + 2 - 1$
$= 3\log 3 - 4\log 2$.

(3) $\int_{0}^{\pi/4} \tan x \, dx = \int_{0}^{\pi/4} \frac{\sin x}{\cos x} \, dx = -\left[\log(\cos x)\right]_{0}^{\pi/4} = -\log\frac{1}{\sqrt{2}} = \frac{1}{2}\log 2$.

(4) $\sqrt{x^2 - 2} = t - x$ とおくと, $x = \frac{t^2 + 2}{2t}$ より, $\sqrt{x^2 - 2} = t - \frac{t^2 + 2}{2t} = \frac{t^2 - 2}{2t}$, $dx = \left(\frac{1}{2} - \frac{1}{t^2}\right)dt = \frac{t^2 - 2}{2t^2}dt$ となる. 従って, $\int_{2}^{3} \frac{1}{\sqrt{x^2 - 2}}dx = \int_{\sqrt{2}+2}^{\sqrt{7}+3} \frac{2t}{t^2 - 2} \frac{t^2 - 2}{2t^2}dt =$
$\int_{\sqrt{2}+2}^{\sqrt{7}+3} \frac{1}{t} dt = \left[\log t\right]_{\sqrt{2}+2}^{\sqrt{7}+3} = \log\frac{\sqrt{7}+3}{\sqrt{2}+2}$.

(5) 式 (4.2) より, $\int_{0}^{1} \frac{1}{\sqrt{2-x^2}} dx = \left[\mathrm{Arcsin}\frac{x}{\sqrt{2}}\right]_{0}^{1} = \mathrm{Arcsin}\frac{1}{\sqrt{2}} = \frac{\pi}{4}$.

(6) $\tan\frac{x}{2} = t$ とおくと, $\cos x = \frac{1-t^2}{1+t^2}$, $dx = \frac{2}{1+t^2}dt$ で, $x : 0 \to \frac{\pi}{2}$ のとき, $t : 0 \to 1$

なので，$\int_0^{\pi/2} \frac{1}{1+\cos x} dx = \int_0^1 \frac{1}{1+\frac{1-t^2}{1+t^2}} \frac{2}{1+t^2} dt = \int_0^1 dt = [t]_0^1 = 1.$

(7) $\tan \frac{x}{2} = t$ とおくと，$\cos x = \frac{1-t^2}{1+t^2}$, $dx = \frac{2}{1+t^2} dt$ で，$x: 0 \to \pi$ のとき，$t: 0 \to \infty$ なので，$\int_0^\pi \frac{1}{3+\cos x} dx = \int_0^\infty \frac{1}{3+\frac{1-t^2}{1+t^2}} \frac{2}{1+t^2} dt = \int_0^\infty \frac{1}{2+t^2} dt = \left[\frac{1}{\sqrt{2}} \operatorname{Arctan} \frac{t}{\sqrt{2}}\right]_0^\infty = \frac{\pi}{2\sqrt{2}}.$

(8) $\int_0^1 \frac{x}{\sqrt{x^2+1}} dx = \left[\sqrt{x^2+1}\right]_0^1 = \sqrt{2} - 1.$

(9) $\int_0^\pi |\sin 2x| dx = 2\int_0^{\pi/2} \sin 2x \, dx = 2\left[\frac{-\cos 2x}{2}\right]_0^{\pi/2} = 2.$

(10) $\int_1^2 \frac{e^x}{e^x+1} dx = \left[\log(e^x+1)\right]_1^2 = \log(e^2+1) - \log(e+1) = \log \frac{e^2+1}{e+1}.$

(11) $\int_0^{\pi/4} \sin^3 x \, dx = \int_0^{\pi/4} \sin x(1-\cos^2 x) \, dx = \left[-\cos x + \frac{\cos^3 x}{3}\right]_0^{\pi/4}$
$= -\frac{1}{\sqrt{2}} + \frac{1}{6\sqrt{2}} + 1 - \frac{1}{3} = \frac{2}{3} - \frac{5}{6\sqrt{2}}.$  (12) $\int_{-1}^1 Y(x) dx = \int_0^1 1 dx = [x]_0^1 = 1.$

(13) $\int_{-1}^1 x_+ dx = \int_0^1 x \, dx = \left[\frac{x^2}{2}\right]_0^1 = \frac{1}{2}.$

(14) $\int_{-1}^1 \operatorname{sgn} x dx = \int_{-1}^0 (-1) \, dx + \int_0^1 dx = -1 + 1 = 0.$

(15) $\int_{-1}^1 (1-|x|) dx = \int_{-1}^0 (1+x) \, dx + \int_0^1 (1-x) \, dx = \left[x + \frac{x^2}{2}\right]_{-1}^0 + \left[x - \frac{x^2}{2}\right]_0^1$
$= 1 - \frac{1}{2} + 1 - \frac{1}{2} = 1.$

**5** (1) $f'(x) = -\frac{1}{(x+c)^2}$ より，$f'(x) + f(x)^2 = 0.$

(2) $g(x) = f(-x)$ とおくと，$g'(x) = -f'(-x)$ より，$g'(x) - g(x)^2 = -f'(-x) - f(-x)^2 = 0$ となる．従って，$g(x) = \frac{1}{-x+d}$（$d$ は任意定数）は条件を満たす．

(3) (1), (2) の $f(x), g(x)$ は式①，②を満たすので，$c, d$ を適当に選んで最後式③を満たすものを求める．$f(x)g(x) = \frac{1}{(x+c)(-x+d)}$ かつ $g(x^2) = \frac{1}{-x^2+d}$ より，$f(x)g(x) = g(x^2)$ を満たすなら，$d = cd$ かつ $-c+d = 0$. 従って，$d = c = 1$ または $d = c = 0$. よって，$f(x) = \frac{1}{x+1}, g(x) = \frac{1}{-x+1}$, または $f(x) = \frac{1}{x}, g(x) = \frac{1}{-x}.$

**6** (1) 点 $(x_0, f(x_0))$ における接線 $y = f'(x_0)(x-x_0) + f(x_0)$ の $x$ 軸との交点は $\left(x_0 - \frac{f(x_0)}{f'(x_0)}, 0\right)$ で，$y$ 軸との交点は $(0, f(x_0) - f'(x_0)x_0)$. 三角形の面積が $a$ より，$2a = \left(x - \frac{f(x)}{f'(x)}\right)(f(x) - xf'(x))$, すなわち，$-2af'(x) = (f(x) - xf'(x))^2$ となる．点 $(x, f(x))$ は第一象限より，$f(x) \geq 0$, $xf'(x) < 0$ より求める微分方程式は

$$f(x) - xf'(x) = \sqrt{-2af'(x)}.$$

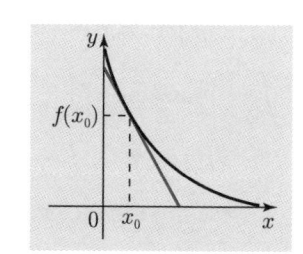

(2) (1) で得られた式を $x$ で微分して，$-xf''(x) = \dfrac{-af''(x)}{\sqrt{-2af'(x)}}$ より，$f''(x) = 0$ または $x\sqrt{-2af'(x)} = a$. ここで，$x$ は 1 次式ではないので，$f''(x) \neq 0$ より $x\sqrt{-2af'(x)} = a$. すなわち，$f'(x) = \dfrac{-a}{2x^2}$. これより，$f(x) = \displaystyle\int f'(x)\,dx = \dfrac{a}{2x} + c$. これを (1) で得られた式へ代入して，$c = 0$ となり，$f(x) = \dfrac{a}{2x}$ が求めるものである.

**7** (1) 部分積分を用いて，$\displaystyle\int x(\log x)^n dx = \dfrac{x^2}{2}(\log x)^n - \int \dfrac{x^2}{2} n(\log x)^{n-1} \dfrac{1}{x}\,dx = \dfrac{x^2}{2}(\log x)^n - \dfrac{n}{2}\displaystyle\int x(\log x)^{n-1}\,dx$.

(2) $\left[\dfrac{x^2}{2}(\log x)^n\right]_0^1 = \lim_{\varepsilon \to 0}\left[\dfrac{x^2}{2}(\log x)^n\right]_\varepsilon^1 = \lim_{\varepsilon \to 0}\left\{-\dfrac{\varepsilon^2}{2}(\log \varepsilon)^n\right\} = 0$. 最後の式は 3 章の例題 3.14(1) を用いた. 従って，$I_n = \displaystyle\int_0^1 x(\log x)^n dx = \left[\dfrac{x^2}{2}(\log x)^n\right]_0^1 - \dfrac{n}{2}\displaystyle\int_0^1 x(\log x)^{n-1}\,dx = -\dfrac{n}{2}\displaystyle\int_0^1 x(\log x)^{n-1}\,dx = -\dfrac{n}{2}I_{n-1}$. また，$I_0 = \displaystyle\int_0^1 x\,dx = \left[\dfrac{x^2}{2}\right]_0^1 = \dfrac{1}{2}$. これより，$I_n = -\dfrac{n}{2}I_{n-1} = \dfrac{n(n-1)}{2^2}I_{n-2} = \cdots = (-1)^n \dfrac{n!}{2^n} I_0 = (-1)^n \dfrac{n!}{2^{n+1}}$.

**8** (1) $m \neq n$ のとき，
$$\int_{-\pi}^{\pi} \sin mx \sin nx\,dx = \int_{-\pi}^{\pi} \dfrac{1}{2}\bigl(-\cos(m+n)x + \cos(m-n)x\bigr)\,dx$$
$$= \dfrac{1}{2}\left[-\dfrac{\sin(m+n)x}{m+n} + \dfrac{\sin(m-n)x}{m-n}\right]_{-\pi}^{\pi} = 0.$$
$m = n$ のとき，$\displaystyle\int_{-\pi}^{\pi} \sin^2 mx\,dx = \int_{-\pi}^{\pi} \dfrac{1}{2}\bigl(-\cos 2mx + 1\bigr)\,dx = \dfrac{1}{2}\left[-\dfrac{\sin 2mx}{2m} + x\right]_{-\pi}^{\pi} = \pi$.

(2) $\displaystyle\int_{-\pi}^{\pi} \sin mx \cos nx\,dx = \int_{-\pi}^{\pi} \dfrac{1}{2}\bigl\{\sin((m+n)x) + \sin((m-n)x)\bigr\}\,dx$
$= \dfrac{1}{2}\left[-\dfrac{\cos((m+n)x)}{m+n} - \dfrac{\cos((m-n)x)}{m-n}\right]_{-\pi}^{\pi} = 0$. 何故なら $\cos x = \cos(-x)$ による.

**9** (1) $f'(x) = e^x, g(x) = x^n$ とおくと，$f(x) = e^x, g'(x) = nx^{n-1}$ なので，部分積分を用いると $\displaystyle\int x^n e^x dx = x^n e^x - n\int x^{n-1}e^x dx$.

(2) $f'(x) = 2xe^{-x^2}, g(x) = \dfrac{x^{2n-1}}{2}$ とおくと $f(x) = -e^{-x^2}, g'(x) = \dfrac{(2n-1)x^{2n-2}}{2}$ なので部分積分を用いると，$\displaystyle\int x^{2n} e^{-x^2} dx = \int \dfrac{x^{2n-1}}{2} 2xe^{-x^2} dx = -\dfrac{x^{2n-1}}{2}e^{-x^2} + \dfrac{2n-1}{2}\int x^{2n-2} e^{-x^2} dx$.

**10** (1) $\displaystyle\int xe^{-\lambda x} dx = x\dfrac{e^{-\lambda x}}{-\lambda} - \int \dfrac{e^{-\lambda x}}{-\lambda} dx = -\dfrac{xe^{-\lambda x}}{\lambda} - \dfrac{e^{-\lambda x}}{\lambda^2}$. 3 章の問題 3.14.1(4) の $\lim_{x \to \infty} xe^{-x} = 0$ を使って，$\displaystyle\int_0^\infty xe^{-\lambda x} dx = \lim_{K \to \infty}\int_0^K xe^{-\lambda x} dx$
$= \lim_{K \to \infty}\left[-\dfrac{xe^{-\lambda x}}{\lambda} - \dfrac{e^{-\lambda x}}{\lambda^2}\right]_0^K = \lim_{K \to \infty}\left(-\dfrac{Ke^{-\lambda K}}{\lambda} - \dfrac{e^{-\lambda K}}{\lambda^2}\right) - \left(0 - \dfrac{1}{\lambda^2}\right) = \dfrac{1}{\lambda^2}$.

(2) $\displaystyle\int_1^4 \dfrac{1}{\sqrt{|x(x-2)|}} dx = \int_1^2 \dfrac{1}{\sqrt{x(2-x)}} dx + \int_2^4 \dfrac{1}{\sqrt{x(x-2)}} dx$.

$t = \sqrt{\dfrac{2-x}{x}}$ とおくと, $x = \dfrac{2}{1+t^2}$, $\sqrt{x(2-x)} = \dfrac{2t}{1+t^2}$, $dx = \dfrac{-4t}{(1+t^2)^2}\,dt$ より,

$$\int_1^2 \dfrac{1}{\sqrt{x(2-x)}}\,dx = \int_1^0 \dfrac{1+t^2}{2t}\dfrac{-4t}{(1+t^2)^2}\,dt = \int_0^1 \dfrac{2}{1+t^2}\,dt = 2\bigl[\mathrm{Arctan}\,t\bigr]_0^1 = \dfrac{\pi}{2}.$$

$\sqrt{x(x-2)} = t - x$ とおくと, $x = \dfrac{t^2}{2(t-1)}$, $\sqrt{x(x-2)} = t - \dfrac{t^2}{2(t-1)} = \dfrac{t(t-2)}{2(t-1)}$, $dx = \dfrac{t(t-2)}{2(t-1)^2}\,dt$ より, $\displaystyle\int_2^4 \dfrac{1}{\sqrt{x(x-2)}}\,dx = \int_2^{4+2\sqrt{2}} \dfrac{2(t-1)}{t(t-2)}\dfrac{t(t-2)}{2(t-1)^2}\,dt = \int_2^{4+2\sqrt{2}} \dfrac{1}{t-1}\,dt = \bigl[\log|t-1|\bigr]_2^{4+2\sqrt{2}} = \log(3+2\sqrt{2})$. 従って, $\displaystyle\int_1^4 \dfrac{1}{\sqrt{|x(x-2)|}}\,dx = \dfrac{\pi}{2} + \log(3+2\sqrt{2})$.

(3) $t = \sqrt{1-e^{3x}}$ とおくと, $e^{3x} = 1 - t^2$, 両辺を微分して, $3e^{3x}\,dx = -2t\,dt$ より, $dx = \dfrac{-2t}{3(1-t^2)}\,dt$ なので

$$\int_{-\infty}^0 e^{3x}\sqrt{1-e^{3x}}\,dx = \int_1^0 (1-t^2)t\dfrac{-2t}{3(1-t^2)}\,dt = \int_0^1 \dfrac{2t^2}{3}\,dt = \left[\dfrac{2t^3}{9}\right]_0^1 = \dfrac{2}{9}.$$

(4) 3章の問題 3.14.1(4) の $\displaystyle\lim_{x\to\infty} x^n e^{-x} = 0$ を使って

$$\int_0^\infty x^n e^{-x}\,dx = \lim_{K\to\infty}\bigl[x^n(-e^{-x})\bigr]_0^K + \int_0^\infty n x^{n-1} e^{-x}\,dx = \int_0^\infty n x^{n-1} e^{-x}\,dx = \cdots$$
$$= n!\int_0^\infty e^{-x}\,dx = n!\lim_{K\to\infty}\bigl[-e^{-x}\bigr]_0^K = n!.$$

**11** $\displaystyle\int_{-\infty}^\infty x^{2n} e^{-x^2}\,dx = \int_{-\infty}^\infty \dfrac{-x^{2n-1}}{2}(-2x)e^{-x^2}\,dx$

$$= \lim_{K\to\infty}\left[\dfrac{-x^{2n-1}}{2}e^{-x^2}\right]_{-K}^K + \int_{-\infty}^\infty \dfrac{(2n-1)x^{2n-2}}{2}e^{-x^2}\,dx$$
$$= \int_{-\infty}^\infty \dfrac{-(2n-1)x^{2n-3}}{2^2}(-2x)e^{-x^2}\,dx$$
$$= \lim_{K\to\infty}\left[\dfrac{-(2n-1)x^{2n-3}}{2^2}e^{-x^2}\right]_{-K}^K + \int_{-\infty}^\infty \dfrac{(2n-1)(2n-3)x^{2n-4}}{2^2}e^{-x^2}\,dx$$
$$= \cdots = \int_{-\infty}^\infty \dfrac{(2n-1)!!}{2^n}e^{-x^2}\,dx = \dfrac{(2n-1)!!}{2^n}\sqrt{\pi}.$$

ここで, $(2n-1)!! = (2n-1)(2n-3)(2n-5)\cdots 5\cdot 3\cdot 1$.

**12** 右図のごとく原点を $\mathrm{O}(0,0)$, $x$ 軸と直角双曲線の交点を $\mathrm{A}(1,0)$, $\theta = t$ 上の直角双曲線上の点を $\mathrm{P}(x,y)$, P から $x$ 軸上に下ろした垂線の足を Q とする. 面積 $S$ は三角形 OPQ から扇形 QAP を除いたものである. $y = \sqrt{x^2-1}$ なので, $S = \dfrac{xy}{2} - \displaystyle\int_1^x y\,dx = \dfrac{x\sqrt{x^2-1}}{2} - \int_1^x \sqrt{x^2-1}\,dx = \dfrac{x\sqrt{x^2-1}}{2} - \left[\dfrac{1}{2}\bigl(x\sqrt{x^2-1} - \log(x+\sqrt{x^2-1})\bigr)\right]_1^x$

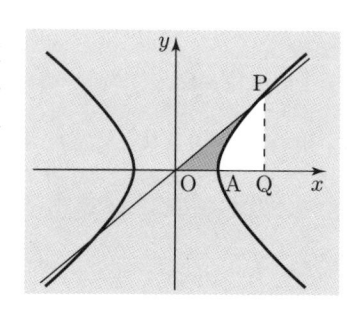

$= \dfrac{x\sqrt{x^2-1}}{2} - \dfrac{1}{2}\left(x\sqrt{x^2-1} - \log(x + \sqrt{x^2-1})\right) = \dfrac{1}{2}\log(x+\sqrt{x^2-1})$. 従って $2S = \log(x+\sqrt{x^2-1})$, すなわち $e^{2S} = x+\sqrt{x^2-1}$ となり, $e^{-2S} = \dfrac{1}{x+\sqrt{x^2-1}} = x-\sqrt{x^2-1}$. これより, $x = \dfrac{e^{2S}+e^{-2S}}{2} = \cosh 2S$ となる. さらに, $y = \sqrt{x^2-1} = \sinh 2S$ となる. $x^2+y^2 = 1$ の場合は半径 1 の円で角度 $t$ の扇形の面積は $S = \dfrac{t}{2}$ なので, $x = \cos 2S, \, y = \sin 2S$.

**13** (1) $x^4 + y^4 = xy$ より, $(x^2+y^2)^2 - 2x^2y^2 = xy$ なので, 極座標 $x = r\cos\theta, y = r\sin\theta$ を代入すると, $r^4 - 2r^4 \sin^2\theta\cos^2\theta = r^2\sin\theta\cos\theta$. $r = 0$ のときは, 原点 1 点を表す. $r \neq 0$ のとき, $r^2\left(1 - \dfrac{\sin^2 2\theta}{2}\right) = \dfrac{\sin 2\theta}{2}$. 従って, $r = \sqrt{\dfrac{\sin 2\theta}{2 - \sin^2 2\theta}} = \sqrt{\dfrac{\sin 2\theta}{1 + \cos^2 2\theta}}$ $\cdots$ ①.

(2) 式①の平方根の中が 0 以上より, $\sin 2\theta \geq 0$ であり, $0 \leq \theta \leq \dfrac{\pi}{2},\, \pi \leq \theta \leq \dfrac{3\pi}{2}$. また, $r = f(\theta)$ とおくと, $f(\theta + \pi) = f(\theta), f\left(\dfrac{\pi}{2} - \theta\right) = f(\theta)$ で, $0 < \theta < \dfrac{\pi}{4}$ において, 式①の平方根の中の分子の $\sin 2\theta$ は増加関数, 分母の $1 + \cos^2 2\theta$ は減少関数なので $f(\theta)$ は増加関数である. 従って, 右図のようになる.

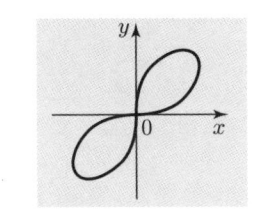

(3) 求める面積は $S = \dfrac{1}{2}\left(\displaystyle\int_0^{\pi/2} r^2\,d\theta + \int_\pi^{3\pi/2} r^2\,d\theta\right) = \int_0^{\pi/2} \dfrac{\sin 2\theta}{2-\sin^2 2\theta}\,d\theta$. ここで, $\tan\theta = t$ とおくと, $\sin 2\theta = \dfrac{2t}{1+t^2}, d\theta = \dfrac{dt}{1+t^2}$ なので,
$S = \displaystyle\int_0^\infty \dfrac{\frac{2t}{1+t^2}}{2-(\frac{2t}{1+t^2})^2}\,\dfrac{dt}{1+t^2} = \int_0^\infty \dfrac{t}{1+t^4}\,dt = \left[\dfrac{1}{2}\mathrm{Arctan}\, t^2\right]_0^\infty = \dfrac{\pi}{4}$.

**14** $y = \pm\dfrac{b}{a}\sqrt{a^2-x^2}$ より, $y' = \pm\dfrac{b}{a}\dfrac{-x}{\sqrt{a^2-x^2}}$ なので, 全長は
$L = 2\displaystyle\int_{-a}^a \sqrt{1 + \dfrac{b^2x^2}{a^2(a^2-x^2)}}\,dx = 2\int_{-a}^a \sqrt{\dfrac{a^4 + (b^2-a^2)x^2}{a^2(a^2-x^2)}}\,dx$.
また, 極座標表現すれば, 楕円上の点は $x = a\cos\theta, y = b\sin\theta$ と表されるので, パラメータ表示による弧長の式 (4.13) により, 全長は $L = \displaystyle\int_0^{2\pi}\sqrt{(a\sin\theta)^2 + (b\cos\theta)^2}\,d\theta = \int_0^{2\pi} a\sqrt{1 - \cos^2\theta + \left(\dfrac{b}{a}\right)^2\cos^2\theta}\,d\theta = \int_0^{2\pi} a\sqrt{1-m\cos^2\theta}\,d\theta$. ここで, $m = \dfrac{a^2-b^2}{a^2}$. これらは, 楕円関数と呼ばれるもので, 積分できない.
5 章演習問題 13 に示すように無限級数で求めることはできる.

**15** $y = \pm\dfrac{b}{a}\sqrt{x^2-a^2}$ より, $y' = \pm\dfrac{b}{a}\dfrac{x}{\sqrt{x^2-a^2}}$ なので, 求める弧長は
$$L = 2\int_a^{2a}\sqrt{1 + \left(\dfrac{b}{a}\dfrac{x}{\sqrt{x^2-a^2}}\right)^2}\,dx = 2\int_a^{2a}\sqrt{\dfrac{(b^2+a^2)x^2 - a^4}{a^2(x^2-a^2)}}\,dx$$
$x = a\cosh\theta,\, y = b\sinh\theta$ とおくと, $x = a$ のとき, $\theta = 0$, $x = 2a$ のとき, $\theta = \log(2+\sqrt{3})$ なので, $L = 2\displaystyle\int_0^{\log(2+\sqrt{3})}\sqrt{(a\sinh\theta)^2 + (b\cosh\theta)^2}\,d\theta = $

$$2\int_0^{\log(2+\sqrt{3})} \sqrt{a^2\sinh^2\theta + b^2(1+\sinh^2\theta)}\ d\theta = 2b\int_0^{\log(2+\sqrt{3})} \sqrt{1+m\sinh^2\theta}\ d\theta.$$ ここで $m = \dfrac{a^2+b^2}{b^2}$. これらは，楕円関数と呼ばれるもので，積分できない．

## ■ 5 章の問題解答

**5.1.1** (1) $s_n = \sum_{k=1}^n \dfrac{1}{k(k+2)} = \sum_{k=1}^n \dfrac{1}{2}\left(\dfrac{1}{k} - \dfrac{1}{k+2}\right) = \dfrac{1}{2}\left(1 + \dfrac{1}{2} - \dfrac{1}{n+1} - \dfrac{1}{n+2}\right) = \dfrac{3}{4} - \dfrac{2n+3}{2(n+1)(n+2)}$ より，$\lim_{n\to\infty} s_n = \lim_{n\to\infty}\left(\dfrac{3}{4} - \dfrac{2n+3}{2(n+1)(n+2)}\right) = \dfrac{3}{4}$. 従って，収束して，その値は $\dfrac{3}{4}$.

(2) $s_n = \sum_{k=1}^n (a+(k-1)d) = an + \dfrac{n(n-1)}{2}d$ より，$\lim_{n\to\infty}|s_n| = \lim_{n\to\infty}\left|an + \dfrac{n(n-1)}{2}d\right|$. ここで，$ad \neq 0$ なので $\lim_{n\to\infty}|s_n| = \infty$ となり，発散する．

(3) $s_n = \sum_{k=1}^n \dfrac{1}{k(k+1)} = \sum_{k=1}^n \left(\dfrac{1}{k} - \dfrac{1}{k+1}\right) = 1 - \dfrac{1}{n+1}$, $\lim_{n\to\infty} s_n = \lim_{n\to\infty}\left(1 - \dfrac{1}{n+1}\right) = 1$ より，収束して，その値は 1．

(4) $s_{2n} = 0, s_{2n+1} = 1$ より，数列 $\{s_n\}$ は振動するので，この級数は発散する．

**5.1.2** (1) $n \geq 2$ に対し $\dfrac{n^2-1}{n^3+1} > \dfrac{n^2 - \frac{n^2}{2}}{(n^3+n^3)} = \dfrac{1}{4n}$ なので，式 (5.1) により $\sum_{n=1}^\infty \dfrac{1}{n}$ は発散するので，$\sum_{n=1}^\infty \dfrac{n^2-1}{n^3+1}$ も発散する．

(2) $\sum_{n=2}^\infty \dfrac{1}{n^2-1} < \sum_{n=2}^\infty \dfrac{2}{n^2}$ で，右辺が収束するので，左辺も収束する．

(3) $\dfrac{1}{n!} \leq \dfrac{1}{2^{n-1}}$ より，$\sum_{n=1}^\infty \dfrac{1}{n!} \leq \sum_{n=1}^\infty \dfrac{1}{2^{n-1}} = \dfrac{1}{1-\frac{1}{2}} = 2$ なので，収束する．

(4) $\sum_{n=2}^\infty \dfrac{n}{n^2-2} \geq \sum_{n=2}^\infty \dfrac{n}{n^2} = \sum_{n=2}^\infty \dfrac{1}{n}$ で，右辺が発散するので，左辺も発散する．

(5) $\sum_{n=2}^\infty \dfrac{n}{3n^3-1} \leq \sum_{n=2}^\infty \dfrac{n}{3n^3-n^3} = \dfrac{1}{2}\sum_{n=2}^\infty \dfrac{1}{n^2}$ で，右辺が収束するので，左辺も収束する．

(6) $\sum_{n=2}^\infty \dfrac{\log n}{n^3-1} \leq \sum_{n=2}^\infty \dfrac{n}{n^3/2} = \sum_{n=2}^\infty \dfrac{2}{n^2}$ で，右辺が収束するので，左辺も収束する．

(7) $\sum_{n=1}^\infty \dfrac{\log n}{\sqrt{n^3+2}} \leq \sum_{n=1}^\infty \dfrac{\log n}{\sqrt{n^3}}$. また，$\int_1^\infty \dfrac{\log x}{\sqrt{x^3}}\ dx = \left[-2\dfrac{\log x}{\sqrt{x}}\right]_1^\infty + \int_1^\infty 2\dfrac{1}{x\sqrt{x}}\ dx = \left[-4\dfrac{1}{\sqrt{x}}\right]_1^\infty = 4$. ここで，$\lim_{x\to\infty}\dfrac{\log x}{\sqrt{x}} = 0$ は，3 章の問題 3.14.1(9) の結果を用いた．これより，$\sum_{n=1}^\infty \dfrac{\log n}{\sqrt{n^3+2}}$ は収束する．

(8) $\dfrac{3^n}{5^n - 2^n} = \dfrac{(\frac{3}{2})^n}{(\frac{5}{2})^n - 1}$. ここで, $n \geq 2$ に対し, $\left(\dfrac{5}{2}\right)^n = \left(2 + \dfrac{1}{2}\right)^n \geq 2^n + n2^{n-1}\dfrac{1}{2} \geq 2^n + 1$ より $\dfrac{3^n}{5^n - 2^n} \leq \dfrac{(\frac{3}{2})^n}{2^n} = \left(\dfrac{3}{4}\right)^n$. ここで $\sum\limits_{n=1}^{\infty} \left(\dfrac{3}{4}\right)^n$ は公比が 1 より小の等比級数なので収束する. 比較判定法より $\sum\limits_{n=1}^{\infty} \dfrac{3^n}{5^n - 2^n}$ も収束する.

(9) テイラー展開 $e^x = \sum\limits_{k=0}^{\infty} \dfrac{x^k}{k!} \geq \dfrac{x^n}{n!}$ より $\dfrac{n^n}{n!} \leq e^n$. 両辺に $\dfrac{1}{\sqrt{n^n}}$ を乗ずると, $\dfrac{\sqrt{n^n}}{n!} \leq \dfrac{e^n}{\sqrt{n^n}} = \left(\dfrac{e}{\sqrt{n}}\right)^n$ となる. $\dfrac{e}{\sqrt{n}} < \dfrac{1}{2}$, すなわち $n \geq 4e^2$ に対し $\left(\dfrac{e}{\sqrt{n}}\right)^n \leq \dfrac{1}{2^n}$ となり, $\sum\limits_{n=1}^{\infty} \dfrac{1}{2^n} < \infty$ なので, $\sum\limits_{n=1}^{\infty} \dfrac{\sqrt{n^n}}{n!}$ も収束する.

**5.2.1** (1) $\lim\limits_{n\to\infty} \dfrac{a_{n+1}}{a_n} = \lim\limits_{n\to\infty} \dfrac{2^n}{n^2} \dfrac{(n+1)^2}{2^{n+1}} = \lim\limits_{n\to\infty} \dfrac{(n+1)^2}{2n^2} = \dfrac{1}{2} < 1$ より収束する.

(2) $\lim\limits_{n\to\infty} \dfrac{a_{n+1}}{a_n} = \lim\limits_{n\to\infty} \dfrac{3^n}{n!} \dfrac{(n+1)!}{3^{n+1}} = \lim\limits_{n\to\infty} \dfrac{n+1}{3} = \infty$ より, 発散する.

(3) $\lim\limits_{n\to\infty} \dfrac{a_{n+1}}{a_n} = \lim\limits_{n\to\infty} \dfrac{n!}{1 \cdot 3 \cdot 5 \cdots (2n-1)} \dfrac{1 \cdot 3 \cdot 5 \cdots (2n-1)(2n+1)}{(n+1)!} = \lim\limits_{n\to\infty} \dfrac{2n+1}{n+1} = 2 > 1$ より, 発散する.

**5.3.1** (1) $\lim\limits_{n\to\infty} \sqrt[n]{\left(\dfrac{n}{2n+1}\right)^n} = \lim\limits_{n\to\infty} \dfrac{n}{2n+1} = \dfrac{1}{2} < 1$ より, $\sum\limits_{n=1}^{\infty} \left(\dfrac{n}{2n+1}\right)^n$ は収束する.

(2) $\lim\limits_{n\to\infty} \sqrt[n]{\left(\dfrac{2n-1}{n!}\right)^n} = \lim\limits_{n\to\infty} \dfrac{2n-1}{n!} = 0 < 1$ より, $\sum\limits_{n=1}^{\infty} \left(\dfrac{2n-1}{n!}\right)^n$ は収束する.

**5.3.2** (1) 比較判定法を使う. $0 < x < 1$ で $\sin x < x$ より, $n \geq 1$ で $0 < \sin\dfrac{1}{n} < \dfrac{1}{n}$ なので, $\sum\limits_{n=1}^{\infty} \sin^2 \dfrac{1}{n} < \sum\limits_{n=1}^{\infty} \dfrac{1}{n^2}$. 右辺が収束するので, 左辺も収束する. (2) コーシーの判定法を使う. $\lim\limits_{n\to\infty} \sqrt[n]{\dfrac{1}{(\log n)^n}} = \lim\limits_{n\to\infty} \dfrac{1}{\log n} = 0 < 1$ より, $\sum\limits_{n=2}^{\infty} \dfrac{1}{(\log n)^n}$ は収束する.

(3) 積分判定法を使う. $\int_1^{\infty} x^3 e^{-x^2}\, dx = \int_1^{\infty} \dfrac{-x^2}{2}(-2x) e^{-x^2}\, dx = \left[\dfrac{-x^2}{2} e^{-x^2}\right]_1^{\infty} + \int_1^{\infty} x e^{-x^2}\, dx = \dfrac{1}{2e} + \left[-\dfrac{e^{-x^2}}{2}\right]_1^{\infty} = \dfrac{1}{e}$. 従って, $\sum\limits_{n=1}^{\infty} n^3 e^{-n^2}$ は収束する.

(4) 比較判定法を使う. $\sum\limits_{n=1}^{\infty} \dfrac{n+1}{n^3 + 2n} \leq \sum\limits_{n=1}^{\infty} \dfrac{2n}{n^3} = 2 \sum\limits_{n=1}^{\infty} \dfrac{1}{n^2}$ は収束するので, もとの級数も収束する.

(5) 積分判定法を使う. $\int_2^{\infty} \dfrac{1}{x \log 2x}\, dx = \bigl[\log(\log 2x)\bigr]_2^{\infty} = \infty$ より, $\sum\limits_{n=2}^{\infty} \dfrac{1}{n \log 2n}$ は発散する. (6) 比較判定法を使う. 1 章の式 (1.9) より $\lim\limits_{n\to\infty} n^{1/n} = 1$ なので, 十分大きな $n_0$ に

対し，$n \geq n_0$ ならば $n^{1/n} < 2$ となる．従って，$\sum_{n=1}^{\infty} \dfrac{1}{n^{1+1/n}} > \sum_{n=n_0}^{\infty} \dfrac{1}{2n}$ となり，右辺が発散するので，もとの級数も発散する．

**5.4.1** (1) $a_n = \dfrac{(-1)^{n(n+1)/2}}{\sqrt{n}}$ とおくと，$a_{2m+1} + a_{2m+2} = \dfrac{(-1)^{(2m+1)(2m+2)/2}}{\sqrt{2m+1}} + \dfrac{(-1)^{(2m+2)(2m+3)/2}}{\sqrt{2m+2}} = (-1)^{m+1}\left(\dfrac{1}{\sqrt{2m+1}} + \dfrac{1}{\sqrt{2m+2}}\right)$ となる．$b_m = \dfrac{1}{\sqrt{2m+1}} + \dfrac{1}{\sqrt{2m+2}}$ とおくと，$\sum_{m=0}^{\infty} (-1)^{m+1} b_m$ は，交代級数で，$b_m \geq b_{m+1} \geq 0$, $\lim_{m \to \infty} b_m = 0$ なので収束する．従って，$\sum_{n=1}^{\infty} \dfrac{(-1)^{n(n+1)/2}}{\sqrt{n}} = \sum_{n=1}^{\infty} a_n = \sum_{m=0}^{\infty} (-1)^{m+1} b_m$ は収束する．

(2) $f(x) = \dfrac{\log x}{x^2}$ とおくと，$f'(x) = \dfrac{1 - 2\log x}{x^3}$ より $x \geq 2$ で $f'(x) < 0$. 従って，$a_n = \dfrac{\log n}{n^2}$ とおくと数列 $\{a_n\}$ は $n \geq 2$ で単調減少列である．また，$\lim_{n \to \infty} a_n = \lim_{n \to \infty} \dfrac{\log n}{n^2} = 0$ なので，交代級数 $\sum_{n=1}^{\infty} (-1)^n \dfrac{\log n}{n^2}$ は収束する．

**5.5.1** (1) $\sum_{n=1}^{\infty} \left| (-1)^{n-1} \dfrac{\sqrt{n}}{n+1000} \right| \geq \sum_{n=1000}^{\infty} \dfrac{\sqrt{n}}{n+n} = \sum_{n=1000}^{\infty} \dfrac{1}{2\sqrt{n}}$. これは式 (5.1) で $\lambda = \dfrac{1}{2}$ だから，発散する．$a_n = \dfrac{\sqrt{n}}{n+1000}$ より，$n \geq 1$ に対し，

$$a_n^2 - a_{n+1}^2 = \dfrac{n}{(n+1000)^2} - \dfrac{n+1}{(n+1001)^2} = \dfrac{n(n+1001)^2 - (n+1)(n+1000)^2}{(n+1000)^2 (n+1001)^2}$$
$$= \dfrac{n^2 + n - 1000000}{(n+1000)^2 (n+1001)^2} > 0 \quad (n \geq 1000 \text{ のとき}).$$

従って，数列 $\{a_n\}$ は $n \geq 1000$ に対して単調減少列である．また，

$$\lim_{n \to \infty} a_n = \lim_{n \to \infty} \dfrac{\sqrt{n}}{n+1000} \leq \lim_{n \to \infty} \dfrac{\sqrt{n}}{n} = \lim_{n \to \infty} \dfrac{1}{\sqrt{n}} = 0$$

より，この交代級数は収束するので，$\sum_{n=1}^{\infty} \dfrac{(-1)^{n-1}\sqrt{n}}{n+1000}$ は条件収束する．

(2) $\sum_{n=1}^{\infty} \left| \dfrac{(-1)^{n-1}}{\sqrt{n} + (-1)^{n-1}} \right| = \sum_{m=1}^{\infty} \left( \dfrac{1}{\sqrt{2m-1}+1} + \dfrac{1}{\sqrt{2m}-1} \right) \geq \sum_{m=1}^{\infty} \dfrac{1}{\sqrt{2m-1}}$
$\geq \dfrac{1}{\sqrt{2}} \sum_{m=1}^{\infty} \dfrac{1}{\sqrt{m}}$. 右辺は発散するので，$\sum_{n=1}^{\infty} \left| \dfrac{(-1)^{n-1}}{\sqrt{n}+(-1)^{n-1}} \right|$ も発散する．
また，$\sum_{n=3}^{\infty} \dfrac{(-1)^{n-1}}{\sqrt{n}+(-1)^{n-1}} = \sum_{m=2}^{\infty} \left( \dfrac{1}{\sqrt{2m-1}+1} - \dfrac{1}{\sqrt{2m}-1} \right)$
$= \sum_{m=2}^{\infty} \dfrac{\sqrt{2m} - \sqrt{2m-1} - 2}{(\sqrt{2m-1}+1)(\sqrt{2m}-1)} \leq \sum_{m=2}^{\infty} \dfrac{-1}{(\sqrt{2m-1}+1)(\sqrt{2m}-1)} \leq -\sum_{m=2}^{\infty} \dfrac{1}{2m-1}$
$= -\infty$ なので，$\sum_{n=1}^{\infty} \dfrac{(-1)^{n-1}}{\sqrt{n}+(-1)^{n-1}}$ も $-\infty$ に発散する．従って，条件収束もしない．

**5.6.1** (1) ダランベールの判定法より，$r = \lim_{n\to\infty} \dfrac{|a_n|}{|a_{n+1}|} = \lim_{n\to\infty} \dfrac{\frac{1}{n^2}}{\frac{1}{(n+1)^2}} = \lim_{n\to\infty} \left(1 + \dfrac{1}{n}\right)^2 = 1$.
$x = \pm 1$ のとき，$\displaystyle\sum_{n=1}^{\infty} \left|\dfrac{-x^n}{n^2}\right| = \sum_{n=1}^{\infty} \dfrac{1}{n^2}$ となり，絶対収束する．従って，収束半径は 1 で，収束域は $[-1, 1]$．

(2) ダランベールの判定法より，$r = \lim_{n\to\infty} \dfrac{|a_n|}{|a_{n+1}|} = \lim_{n\to\infty} \dfrac{\frac{n}{2^n(3n+1)}}{\frac{n+1}{2^{n+1}(3(n+1)+1)}} = \lim_{n\to\infty} \dfrac{2n(3n+4)}{(n+1)(3n+1)} = 2$. 従って，$|x - 2|$ のべき級数としての収束半径は 2．$|x - 2| = 2$ のとき，$\displaystyle\sum_{n=1}^{\infty} \dfrac{n(\pm 2)^n}{2^n(3n+1)} = \sum_{n=1}^{\infty} (\pm 1)^n \left(\dfrac{1}{3} - \dfrac{1}{3(3n+1)}\right)$ で，$b_n = \dfrac{1}{3} - \dfrac{1}{3(3n+1)}$ が 0 に近づかないので，発散する．従って，収束域は $(0, 4)$．

(3) $y = x^2$ とおくと，与式は $\displaystyle\sum_{n=1}^{\infty} (-1)^{n-1} \dfrac{ny^n}{(n^2+2)4^n}$ となり，ダランベールの判定法より，$r = \lim_{n\to\infty} \dfrac{n((n+1)^2 + 2)4^{n+1}}{(n+1)(n^2+2)4^n} = 4$．$y = x^2$ の収束半径は 4 なので，$x$ の収束半径は 2．$x = \pm 2$ のとき，$\displaystyle\sum_{n=1}^{\infty} (-1)^{n-1} \dfrac{n 2^{2n}}{(n^2+2)4^n} = \sum_{n=1}^{\infty} (-1)^{n-1} \dfrac{n}{(n^2+2)}$ となり，交代級数で例題 5.4 と同様に考えて収束する．従って，収束域は $[-2, 2]$．

(4) ダランベールの判定法より，$r = \lim_{n\to\infty} \dfrac{|a_n|}{|a_{n+1}|} = \lim_{n\to\infty} \dfrac{\frac{1}{n!}}{\frac{1}{(n+1)!}} = \lim_{n\to\infty} (n+1) = \infty$．従って，収束半径は無限大で，すべての $x$ に対して収束する．従って，収束半径は無限大で，収束域は実数全体である．

(5) ダランベールの判定法より，$r = \lim_{n\to\infty} \dfrac{|a_n|}{|a_{n+1}|} = \lim_{n\to\infty} \dfrac{n}{n+1} = 1$．$|x| = 1$ のとき，明らかに発散するので，収束半径は 1 で，収束域は $(-1, 1)$．

(6) ダランベールの判定法より，$r = \lim_{n\to\infty} \dfrac{|a_n|}{|a_{n+1}|} = \lim_{n\to\infty} \dfrac{\frac{n}{2^n}}{\frac{n+1}{2^{n+1}}} = 2$．$|x| = 2$ のとき，明らかに発散するので，収束半径は 2 で，収束域は $(-2, 2)$．

(7) ダランベールの判定法より，$r = \lim_{n\to\infty} \dfrac{|a_n|}{|a_{n+1}|} = \lim_{n\to\infty} \dfrac{n!}{(n+1)!} = 0$．従って，収束半径は 0 で，収束域は $\{0\}$．

(8) $|x| < 1$ のとき，$x^{n!} \leq x^n$ なので，$\displaystyle\sum_{n=1}^{\infty} x^{n!} \leq \sum_{n=1}^{\infty} x^n = \dfrac{x}{1-x}$ より，収束する．$|x| \geq 1$ のとき，$|x^{n!}| \geq 1$ なので，$\lim_{n\to\infty} |x^{n!}| \geq 1$ となり，発散する．従って，収束半径は 1 で，収束域は $(-1, 1)$．

(9) ダランベールの判定法より，$r = \lim_{n\to\infty} \dfrac{|a_n|}{|a_{n+1}|} = \lim_{n\to\infty} \dfrac{\frac{3^n - 2^n}{5^n}}{\frac{3^{n+1} - 2^{n+1}}{5^{n+1}}} = \lim_{n\to\infty} \dfrac{5\{1 - (\frac{2}{3})^n\}}{3 - 2(\frac{2}{3})^n} = \dfrac{5}{3}$．
$|x| = \dfrac{5}{3}$ のとき，$\displaystyle\sum_{n=1}^{\infty} \left|\dfrac{3^n - 2^n}{5^n} \left(\pm \dfrac{5}{3}\right)^n\right| = \sum_{n=1}^{\infty} \left(1 - \left(\dfrac{2}{3}\right)^n\right)$ となり，$a_n = 1 - \left(\dfrac{2}{3}\right)^n$ は 0 に

近づかないので,収束しない.従って,収束半径は $\frac{5}{3}$ で,収束域は $\left(-\frac{5}{3}, \frac{5}{3}\right)$.

(10) $\left|\frac{\sin n}{n}\right| \leq 1$ より,$|x| < 1$ のとき,収束する.$|x| > 1$ のとき,$\lim_{n\to\infty} \frac{x^n}{n} = \infty$ であり,また,$\frac{\pi}{4} < (n+1) - n < \frac{3\pi}{4}$ より,$|\sin n|$ と $|\sin(n+1)|$ のいずれかは $\sin\frac{\pi}{8}$ より大きい.よって,$\sin n$ は $0$ には収束しないので,$\frac{\sin n}{n} x^n$ も $0$ には収束しない.従って,$\sum_{n=1}^{\infty} \frac{\sin n}{n} x^n$ も収束しない.$x = 1$ のとき,$\sin\frac{1}{2} \sum_{n=1}^{N} \frac{\sin n}{n} = \sum_{n=1}^{N} \frac{\cos(n-\frac{1}{2}) - \cos(n+\frac{1}{2})}{2n} = \frac{1}{2}\cos\frac{1}{2} - \sum_{n=1}^{N-1} \frac{1}{2n(n+1)} \cos\frac{2n+1}{2} - \frac{1}{2N} \cos\frac{2N+1}{2}$ となり,収束する.これより,$\sum_{n=1}^{\infty} \frac{\sin n}{n}$ も収束する.$x = -1$ のとき,$\cos\frac{1}{2} \sum_{n=1}^{N} \frac{\sin n}{n}(-1)^n = \sum_{n=1}^{N} (-1)^n \frac{\sin(n-\frac{1}{2}) + \sin(n+\frac{1}{2})}{2n} = -\frac{1}{2}\sin\frac{1}{2} + \sum_{n=1}^{N-1} (-1)^n \frac{1}{2n(n+1)} \sin\frac{2n+1}{2} + (-1)^N \frac{1}{2N} \sin\frac{2N+1}{2}$ となり,収束する.これより,$\sum_{n=1}^{\infty} \frac{\sin n}{n}(-1)^n$ も収束する.従って,収束半径は $1$ で,収束域は $[-1, 1]$.

(11) $|x| < 1$ のとき,$\sum_{n=1}^{\infty} |(\sin n) x^n| \leq \sum_{n=1}^{\infty} |x^n| = \frac{|x|}{1-|x|}$ より,収束する.前問で示したように $|\sin n|$ と $|\sin(n+1)|$ のいずれかは $\sin\frac{\pi}{8}$ より大きいので,$|x| \geq 1$ のときは,発散する.従って,収束半径は $1$ で,収束域は $(-1, 1)$.

(12) $|x| \geq 1$ のとき,$|n^n x^{n!}| \geq n^n \to \infty$ なので,発散する.$|x| < 1$ のとき,$\log|x| < 0$ であり $|n^n x^{n!}| = e^{n\log n - n!|\log|x||} = e^{n(\log n - (n-1)!|\log|x||)}$.ここで,$\frac{\log n}{(n-1)!} = \frac{\log n}{n} \frac{n}{n-1} \frac{1}{(n-2)!}$ より,$\lim_{n\to\infty} \frac{\log n}{(n-1)!} = 0$ なので,$\lim_{n\to\infty} (\log n - (n-1)!|\log|x||) = -\lim_{n\to\infty} (n-1)!|\log|x|| \left(1 - \frac{\log n}{(n-1)!} \frac{1}{|\log|x||}\right) = -\infty$.従って,十分大きな $n$ に対し,$\log n - (n-1)!|\log|x|| < -1$ となり,すなわち $n^n x^{n!} < e^{-n}$ となり,$\sum_{n=1}^{\infty} n^n x^{n!}$ は収束する.従って,収束半径は $1$ で,収束域は $(-1, 1)$.

**5.6.2** $f'(x) = \frac{1}{1+x}, f''(x) = -\frac{1}{(1+x)^2}, \ldots, f^{(n)}(x) = (-1)^{n-1} \frac{(n-1)!}{(1+x)^n}, \ldots$ なので,$x > -1$ で無限回微分可能で,$f^{(n)}(0) = (-1)^{n-1}(n-1)!$.剰余項付きのテイラーの定理は $\log(1+x) = x - \frac{x^2}{2} + \frac{x^3}{3} - \cdots + (-1)^{(n-2)} \frac{x^{n-1}}{n-1} + R_n$.積分形の剰余項は

$$R_n = \frac{x^n}{(n-1)!} \int_0^1 (1-t)^{n-1} f^{(n)}(tx) dt = \frac{x^n}{(n-1)!} \int_0^1 (1-t)^{n-1} (-1)^{n-1} \frac{(n-1)!}{(1+tx)^n} dt.$$

これより,$|R_n| = |x|^n \int_0^1 \frac{(1-t)^{n-1}}{(1+tx)^n} dt$.

$x \geq 0$ のとき,$|R_n| \leq |x|^n \int_0^1 (1-t)^{n-1} dt = \left[-\frac{x^n(1-t)^n}{n}\right]_0^1 = \frac{x^n}{n}$.

$-1 < x < 0$ のとき，$\dfrac{(1-t)^{n-1}}{(1+tx)^n} \leq \left(\dfrac{1-t}{1-t|x|}\right)^{n-1} \dfrac{1}{1-|x|}$．ここで，$|x| < 1$ より，$0 \leq t \leq 1$ において，$1-t < 1-t|x|$ なので $|R_n| \leq |x^n| \displaystyle\int_0^1 \dfrac{1}{1-|x|}\,dt = \dfrac{|x|^n}{1-|x|}$．従って，$|x| < 1$ において，$\displaystyle\lim_{n\to\infty} |R_n| = 0$ なので，テイラー展開可能である．そして，テイラー展開は $\log(1+x) = x - \dfrac{x^2}{2} + \dfrac{x^3}{3} - \cdots + (-1)^{n-1}\dfrac{x^n}{n} + \cdots$．$x = 1$ のとき，$\displaystyle\sum (-1)^{n-1}\dfrac{1}{n}$ は交代級数で，$a_n = \dfrac{1}{n}$ は単調減少で，$0$ に近づくので，収束する．$x = -1$ のとき，$f(x)$ は定義されておらず，また $\displaystyle\sum_{n=1}^{\infty} \dfrac{1}{n}$ は式 (5.1) より，発散する．従って，$(-1, 1]$ で収束し，もとの関数と一致する．

## ■ 5章の演習問題解答

**1** (1) ((a) 収束) 理由：$\displaystyle\lim_{n\to\infty} n^s a_n = l$ より，十分大きな $n_0$ に対し，$n \geq n_0$ ならば，$n^s a_n < l+1$ なので，$a_n < \dfrac{l+1}{n^s}$．これより，$\displaystyle\sum_{n=n_0}^{\infty} a_n < \sum_{n=n_0}^{\infty} \dfrac{l+1}{n^s}$．$s > 1$ なので，右辺は収束するので，左辺も収束する．  (2) ((b) 発散) 理由：(1) と同様に十分大きな $n_0$ に対し，$n \geq n_0$ ならば，$n^s a_n > \dfrac{l}{2}$ なので，$a_n > \dfrac{l}{2n^s}$．これより，$\displaystyle\sum_{n=n_0}^{\infty} a_n > \sum_{n=n_0}^{\infty} \dfrac{l}{2n^s}$．$s < 1$ なので，右辺は発散するので，左辺も発散する．  (3) ((a) 収束) 理由：$\displaystyle\lim_{n\to\infty} \dfrac{|a_n|}{b_n} = l$ より，十分大きな $n_0$ に対し，$n \geq n_0$ ならば，$|a_n| < (l+1)b_n$ なので，$\displaystyle\sum_{n=n_0}^{\infty} |a_n| \leq (l+1)\sum_{n=n_0}^{\infty} b_n$．右辺が収束するので，$\displaystyle\sum_{n=n_0}^{\infty} |a_n|$ も収束する．従って，$\displaystyle\sum_{n=n_0}^{\infty} a_n$ も収束する．  (4) ((c) どちらとも限らない) 理由：収束する場合もあるが，$a_n = (-1)^n \dfrac{1}{n}$ の場合 $\displaystyle\sum_{n=1}^{\infty} a_n$ は収束するが $\displaystyle\sum_{n=1}^{\infty} a_{2n}$ は収束しない．  (5) ((a) 収束)) 理由：$\displaystyle\sum_{n=1}^{\infty} a_{n+2}$ はもとの級数の最初の 2 項がないだけなので，収束は同じである．

**2** 4 章の広義積分の式 (4.10) により，
$\lambda > 1$ のとき，$\displaystyle\int_1^{\infty} \dfrac{1}{x^\lambda}\,dx$ は収束，$\lambda \leq 1$ のとき，$\displaystyle\int_1^{\infty} \dfrac{1}{x^\lambda}\,dx$ は発散．

積分判定法により，$\lambda > 1$ のとき，$\displaystyle\sum_{n=1}^{\infty} \dfrac{1}{n^\lambda}$ は収束，$\lambda \leq 1$ のとき，$\displaystyle\sum_{n=1}^{\infty} \dfrac{1}{n^\lambda}$ は発散．

**3** $\displaystyle\int_1^{\infty} r^x\,dx$ を計算する．ここで，$r^x = y$ とおくと，$x\log r = \log y$ より，$dx = \dfrac{1}{y\log r}\,dy$，また，$0 < r < 1$ より，$x \to \infty$ で $y \to 0$ なので，与式は $\displaystyle\int_r^0 y\dfrac{1}{y\log r}\,dy = \int_r^0 \dfrac{1}{\log r}\,dy = \dfrac{-r}{\log r}$

となり収束する．従って，$\sum_{n=0}^{\infty} r^n$ $(0 < r < 1)$ も収束する．

**4** (1) $\dfrac{1}{2^n+1} + \dfrac{1}{2^n+2} + \cdots + \dfrac{1}{2^{n+1}}$ は $2^{n+1} - 2^n = 2^n$ 個の項があり，各項は $\dfrac{1}{2^{n+1}}$ 以上で，その和は $\dfrac{1}{2^{n+1}} \times 2^n = \dfrac{1}{2}$ 以上で，与式が成り立つ．

(2) $\displaystyle\sum_{n=1}^{2^N} \dfrac{1}{n} = 1 + \dfrac{1}{2} + \left(\dfrac{1}{3} + \dfrac{1}{4}\right) + \left(\dfrac{1}{5} + \dfrac{1}{6} + \dfrac{1}{7} + \dfrac{1}{8}\right) + \cdots$
$+ \left(\dfrac{1}{2^{N-1}+1} + \dfrac{1}{2^{N-1}+2} + \cdots + \dfrac{1}{2^N}\right)$
$= 1 + \dfrac{1}{2} + \left(\dfrac{1}{2+1} + \dfrac{1}{2^2}\right) + \left(\dfrac{1}{2^2+1} + \dfrac{1}{2^2+2} + \dfrac{1}{2^2+3} + \dfrac{1}{2^3}\right) + \cdots$
$+ \left(\dfrac{1}{2^{N-1}+1} + \dfrac{1}{2^{N-1}+2} + \cdots + \dfrac{1}{2^N}\right) \geq 1 + \underbrace{\dfrac{1}{2} + \dfrac{1}{2} + \dfrac{1}{2} + \cdots + \dfrac{1}{2}}_{N\text{個}} = 1 + \dfrac{N}{2}$.

これより，$\displaystyle\sum_{n=1}^{\infty} \dfrac{1}{n} = \lim_{N\to\infty} \sum_{n=1}^{2^N} \dfrac{1}{n} \geq \lim_{N\to\infty}\left(1 + \dfrac{N}{2}\right) = \infty$ となるので，$\displaystyle\sum_{n=1}^{\infty} \dfrac{1}{n}$ は発散する．

**5** $\displaystyle\sum_{n=1}^{\infty} a_n$ が収束するので，任意の $\varepsilon > 0$ に対して，ある自然数 $n_0$ が存在して，$\displaystyle\sum_{n=n_0}^{\infty} a_n < \varepsilon$ を満たす．このとき，$n > n_0$ に対して $\dfrac{a_1 + 2a_2 + \cdots + na_n}{n} = \dfrac{\sum_{k=1}^{n_0-1} ka_k}{n} + \dfrac{\sum_{k=n_0}^{n} ka_k}{n} \leq \dfrac{\sum_{k=1}^{n_0-1} ka_k}{n} + \displaystyle\sum_{k=n_0}^{n} a_k$. ここで $\displaystyle\sum_{k=1}^{n_0-1} ka_k$ は一定値なので，十分大きな $n$ に対し，右辺は $2\varepsilon$ 以下になる．$\varepsilon > 0$ は任意なので，$\displaystyle\lim_{n\to\infty} \dfrac{a_1 + 2a_2 + \cdots + na_n}{n} = 0$ となる．

**6** $\displaystyle\lim_{n\to\infty} a_n = \alpha$ より，任意の正数 $\varepsilon$ に対しある自然数 $n_0$ が存在して $n \geq n_0$ に対して $|a_n - \alpha| < \varepsilon$ が成り立つ．これより $\displaystyle\lim_{n\to\infty} \dfrac{a_1 + 2a_2 + \cdots + na_n}{n^2} =$
$\displaystyle\lim_{n\to\infty}\left\{\dfrac{1}{n^2}\sum_{k=1}^{n_0} k(a_k - \alpha) + \dfrac{1}{n^2}\sum_{k=n_0+1}^{n} k(a_k - \alpha) + \dfrac{1}{n^2}\sum_{k=1}^{n} k\alpha\right\}$．第 1 項は $n_0$ を固定して $n \to \infty$ なので $0$ に収束する．第 2 項は $\left|\dfrac{1}{n^2}\displaystyle\sum_{k=n_0+1}^{n} k(a_k - \alpha)\right| \leq \dfrac{1}{n^2} n\varepsilon(n - n_0) < \varepsilon$．第 3 項は
$\displaystyle\lim_{n\to\infty} \dfrac{1}{n^2}\sum_{k=1}^{n} k\alpha = \lim_{n\to\infty} \dfrac{1}{n^2} \dfrac{n(n+1)}{2}\alpha = \dfrac{\alpha}{2}$ なので，$\displaystyle\lim_{n\to\infty} \dfrac{a_1 + 2a_2 + \cdots + na_n}{n^2} = \dfrac{\alpha}{2}$ となる．

**7** $a_n = x^{n-1}$, $b_n = x^{n-1}$ とおくと，$c_n = \displaystyle\sum_{k=1}^{n} a_k b_{n-k+1} = \sum_{k=1}^{n} x^{k-1} x^{n-k} = \sum_{k=1}^{n} x^{n-1} = nx^{n-1}$.
$|x| < 1$ より，$\displaystyle\sum_{n=1}^{\infty} a_n = \sum_{n=1}^{\infty} b_n = \dfrac{1}{1-x}$ なので，
$$\sum_{n=1}^{\infty} nx^{n-1} = \sum_{n=1}^{\infty} c_n = \sum_{n=1}^{\infty} a_n \sum_{n=1}^{\infty} b_n = \left(\dfrac{1}{1-x}\right)^2 = \dfrac{1}{(1-x)^2}.$$

**8** $a = \sum_{n=0}^{\infty} a_n$, $b = \sum_{n=0}^{\infty} b_n$ に対し, その積 $ab = \sum_{n=0}^{\infty} c_n$ は $c_n = \sum_{k=0}^{n} a_k b_{n-k}$.

$e^a = \sum_{n=0}^{\infty} \frac{a^n}{n!}$, $e^b = \sum_{n=0}^{\infty} \frac{b^n}{n!}$ に対し, $e^a e^b = \sum_{n=0}^{\infty} c_n$ とおくと, $c_n = \sum_{k=0}^{n} \frac{a^k}{k!} \frac{b^{n-k}}{(n-k)!} = \frac{1}{n!} \sum_{k=0}^{n} \frac{n!}{k!(n-k)!} a^k b^{n-k} = \frac{1}{n!} \sum_{k=0}^{n} {}_n C_k a^k b^{n-k} = \frac{1}{n!} (a+b)^n$.

これより, $\sum_{n=0}^{\infty} c_n = \sum_{n=0}^{\infty} \frac{1}{n!} (a+b)^n = e^{a+b}$ なので, $e^a e^b = e^{a+b}$.

**9** $a_n = \frac{(-1)^n}{\sqrt{n+1}}$, $b_n = \frac{(-1)^n}{\sqrt{n+1}}$ はそれぞれ, その絶対値が単調減少列で $0$ に収束しており, $\sum_{n=1}^{\infty} a_n$, $\sum_{n=1}^{\infty} b_n$ は交代級数なので収束する. $c_n = \sum_{k=1}^{n} a_k b_{n-k+1} = \sum_{k=1}^{n} \frac{(-1)^k}{\sqrt{k+1}} \frac{(-1)^{n-k+1}}{\sqrt{n-k+2}}$

$= (-1)^{n+1} \sum_{k=1}^{n} \frac{1}{\sqrt{(k+1)(n-k+2)}}$ だが, $\frac{1}{\sqrt{(k+1)(n-k+2)}} = \frac{1}{n+3} \left( \frac{\sqrt{n-k+2}}{\sqrt{k+1}} + \frac{\sqrt{k+1}}{\sqrt{n-k+2}} \right) \geq \frac{2}{n+3}$ となる. 最後の式は, 相加相乗平均の式 ($a^2 + b^2 \geq 2|ab|$) を用いた.

これより $|c_n| \geq \sum_{k=1}^{n} \frac{2}{n+3} = \frac{2n}{n+3}$ となり, $\lim_{n \to \infty} |c_n| \geq 2$ で, $\sum_{k=1}^{\infty} c_n$ は収束しない.

**10** (1) ダランベールの判定法より, 収束半径は $r = \lim_{n \to \infty} \frac{|a_n|}{|a_{n+1}|} = 1$. $|x| = 1$ のとき, $\lim_{n \to \infty} a_n = 1$ より, 収束しないので, 収束域は $(-1, 1)$. (2) 収束半径は $r = \lim_{n \to \infty} \frac{|a_n|}{|a_{n+1}|} = \lim_{n \to \infty} \frac{2(n+1)+1}{2n+1} = 1$. $|x| = 1$ のとき, 交代級数で, 係数は減少列で, $0$ に近づくので, この級数は収束する. 従って, 収束域は $[-1, 1]$. (3) 収束半径は $r = \lim_{n \to \infty} \frac{|a_n|}{|a_{n+1}|} = \lim_{n \to \infty} \frac{\frac{1}{n!}}{\frac{1}{(n+1)!}} = \lim_{n \to \infty} (n+1) = \infty$ なので, 収束域は $(-\infty, \infty)$. (4) 収束半径は $r = \lim_{n \to \infty} \frac{|a_n|}{|a_{n+1}|} = \lim_{n \to \infty} \frac{n+1}{n} = 1$. $x = 1$ のときは, 交代級数で係数が減少列で, $0$ に近づくので, 収束する. $x = -1$ のときは, $\log(x+1)$ は定義されておらず, また $\sum_{n=1}^{\infty} \frac{1}{n}$ なので, 右辺も発散する. 従って, 収束域は $(-1, 1]$.

**11** (1) $\lim_{n \to \infty} \frac{a_{n+1}}{a_n} = \lim_{n \to \infty} \frac{\frac{e^{(n+1)x}}{(n+1)^2+(n+1)+2}}{\frac{e^{nx}}{n^2+n+2}} = \lim_{n \to \infty} \frac{e^{(n+1)x}}{e^{nx}} \frac{n^2+n+2}{(n+1)^2+(n+1)+2} = e^x$ より, 級数のダランベールの判定法により, $e^x < 1$ なら収束し, $e^x > 1$ なら発散する. 従って, $x < 0$ なら収束する. $x = 0$ のときは, $\sum_{n=1}^{\infty} \frac{1}{n^2+n+2} \leq \sum_{n=1}^{\infty} \frac{1}{n^2}$ は収束する. 従って, 収束域は $(-\infty, 0]$.

(2) $s_n = \sum_{k=1}^{n} \frac{1}{(x+k)(x+k-1)} = \sum_{k=1}^{n} \left( \frac{1}{x+k-1} - \frac{1}{x+k} \right) = \frac{1}{x} - \frac{1}{x+n}$. $x \neq 0, x+n \neq$

$0$ のとき, $s_n$ は $n \to \infty$ で収束する. 従って, 収束する $x$ の範囲は負の整数と $0$ を除いた実数全体 $(\mathbf{R} \setminus \bigcup_{n=0}^{\infty} \{-n\})$.

**12** (1) 前問 10 (3) より, $e^x$ は $-\infty < x < \infty$ でテイラー展開可能なので, $e^{-x}$ も同じ領域で展開可能である. 従って, $\sinh x = \dfrac{e^x - e^{-x}}{2}$ も $-\infty < x < \infty$ で展開可能で

$$\sinh x = \frac{e^x - e^{-x}}{2} = \frac{1}{2}\left\{\left(1 + x + \frac{x^2}{2!} + \frac{x^3}{3!} + \cdots + \frac{x^n}{n!} + \cdots\right) - \left(1 - x + \frac{x^2}{2!} - \frac{x^3}{3!} + \cdots + (-1)^n \frac{x^n}{n!} + \cdots\right)\right\} = x + \frac{x^3}{3!} + \frac{x^5}{5!} + \cdots + \frac{x^{2n+1}}{(2n+1)!} + \cdots.$$

(2) $f(x) = \sqrt{1+x}$ とおくと $f'(x) = \dfrac{1}{2}(1+x)^{-1/2}, f''(x) = -\dfrac{1}{2^2}(1+x)^{-3/2}, \ldots, f^{(n)}(x) = (-1)^{n-1} \dfrac{(2n-3)!!}{2^n}(1+x)^{-(2n-1)/2}$ より, $f^{(n)}(0) = (-1)^{n-1} \dfrac{(2n-3)!!}{2^n}$ なのでテイラー展開は $\sqrt{1+x} = 1 + \dfrac{1}{2}x - \dfrac{1}{2^2 2!}x^2 + \cdots + (-1)^{n-1}\dfrac{(2n-3)!!}{(2n)!!}x^n + \cdots$. ここで, この級数の収束域を考える. $a_n = (-1)^{n-1}\dfrac{(2n-3)!!}{(2n)!!}$ より $\lim\limits_{n\to\infty}\left|\dfrac{a_n}{a_{n+1}}\right| = \lim\limits_{n\to\infty}\left|\dfrac{(2n-3)!!}{(2n)!!}\dfrac{(2(n+1))!!}{(2n-1)!!}\right| = \lim\limits_{n\to\infty}\dfrac{2(n+1)}{2n-1} = 1$ なので, 収束半径は $1$. $x=1$ のときは, 2 項目以降は係数が $0$ に単調減少する交代級数なので収束する. $x = -1$ のときは $b_n = \dfrac{(2n-3)!!}{(2n)!!}$ とおくと, 級数 $1 - \sum\limits_{n=2}^{\infty} b_n$ となるが, $b_n = \dfrac{1}{2n}\prod\limits_{k=1}^{n-1}\left(1 - \dfrac{1}{2k}\right)$ で対数をとると $\log b_n = -\log(2n) + \sum\limits_{k=1}^{n-1}\log\left(1 - \dfrac{1}{2k}\right) < -\log(2n) + \sum\limits_{k=1}^{n-1}\left(-\dfrac{1}{2k}\right)$. ここで, 4 章の演習問題 2(2) より $\sum\limits_{k=1}^{n-1}\dfrac{1}{k} > \log(n-1)$ なので, $\log b_n < -\log(2n) - \dfrac{1}{2}\log(n-1) = -\log(2n\sqrt{n-1})$. 従って, $b_n < e^{-\log(2n\sqrt{n-1})} = \dfrac{1}{2n\sqrt{n-1}} < \dfrac{1}{2\sqrt{(n-1)^3}}$ となるので, 級数 $1 - \sum\limits_{n=2}^{\infty} b_n$ は収束する. 従って, 収束域は $[-1, 1]$.

**13** 4 章の演習問題 14 より楕円の全長は $L = \int_0^{2\pi} a\sqrt{1 - m\cos^2\theta}\, d\theta$ である $\left(m = \dfrac{a^2 - b^2}{a^2}\right)$. 級数展開して求めるには, 前問 12 (2) $\sqrt{1+x} = 1 + \sum\limits_{n=1}^{\infty}(-1)^{n-1}\dfrac{(2n-3)!!}{(2n)!!}x^n$ なので

$$L = \int_0^{2\pi} a\sqrt{1 - m\cos^2\theta}\, d\theta = \int_0^{2\pi} a\left(1 - \sum_{n=1}^{\infty}\frac{(2n-3)!!}{(2n)!!}m^n\cos^{2n}\theta\right)d\theta$$

$$= 2a\pi\left(1 - \sum_{n=1}^{\infty}\frac{(2n-3)!!}{(2n)!!}m^n\frac{(2n-1)!!}{(2n)!!}\right) = 2a\pi\left\{1 - \sum_{n=1}^{\infty}\left(\frac{(2n-1)!!}{(2n)!!}\right)^2\frac{m^n}{2n-1}\right\}.$$

ここで, $\int_0^{2\pi}\cos^{2n}\theta\, d\theta = 4\int_0^{\pi/2}\cos^{2n}\theta\, d\theta$ は式 (4.8) を用いた.

**14** (1) $x < 0$ のとき任意の $n \in \mathbf{N}$ に対し $f^{(n)}(x) = 0$ であり, $f(x) = e^{-1/x}$ は区間 $(0, \infty)$ で無限回微分可能なので $f(x) = e^{-1/x}$ に対し $\lim\limits_{x\to+0}f^{(n)}(x) = 0$ が示されればよい.

$f'(x) = \dfrac{1}{x^2} e^{-1/x}$ であり, $f^{(n)}(x) = \displaystyle\sum_{k=n+1}^{2n} \dfrac{a_{n,k}}{x^k} e^{-1/x}$ $(a_{n,k} \in \boldsymbol{R})$ $(a_{n,2n} \neq 0)$ $\cdots$ ①

で表される. なぜなら, $n=1$ のときは成り立ち, $n$ のとき, 成り立つと仮定して $n+1$ の場合を考えると, $f^{(n+1)}(x) = \displaystyle\sum_{k=n+1}^{2n} \left( \dfrac{a_{n,k}}{x^k} e^{-1/x} \right)' = \sum_{k=n+1}^{2n} \left( \dfrac{-ka_{n,k}}{x^{k+1}} e^{-1/x} + \dfrac{a_{n,k}}{x^k} \dfrac{1}{x^2} e^{-1/x} \right) =$

$\displaystyle\sum_{k=n+2}^{2n+1} \dfrac{-(k-1)a_{n,k-1}}{x^k} e^{-1/x} + \sum_{k=n+3}^{2n+2} \dfrac{a_{n,k-2}}{x^k} e^{-1/x} = \sum_{k=n+2}^{2n+2} \dfrac{a_{n+1,k}}{x^k} e^{-1/x}.$ ただし, $a_{n+1,n+2} = -(n+1)a_{n,n+1}$, $a_{n+1,k} = -(k-1)a_{n,k-1} + a_{n,k-2}$ $(n+3 \leq k \leq 2n+1)$, $a_{n+1,2n+2} = a_{n,2n}$ となり, 式①は成立する. ここで任意の $k \in \boldsymbol{N}$ について $\displaystyle\lim_{x \to +0} \dfrac{\frac{1}{x^k}}{e^{1/x}} = \lim_{t \to \infty} \dfrac{t^k}{e^t} = 0$ (1章の式 (1.7) から導かれる) なので, 式①より $\displaystyle\lim_{x \to +0} f^{(n)}(x) = 0$ が任意の $n$ に対して成り立つ. 従って, $f(x)$ は無限回微分可能である.

(2) 無限回微分可能で, $f^{(k)}(0) = 0$ $(k \in \boldsymbol{N})$ なので, テイラー展開
$f(x) = f(0) + \dfrac{f'(0)}{1!} x + \dfrac{f''(0)}{2!} x^2 + \cdots + \dfrac{f^{(n)}(0)}{n!} x^n + \cdots$ において, 係数がすべて 0 なのですべての $x$ に対して右辺は収束する. 従って, 収束半径は無限大である.

(3) テイラー展開において右辺は 0 で左辺は $e^{-1/x}$ で一致しないので, 解析関数ではない.

## 6 章の問題解答

**6.1.1** (1) 曲線 $y = x^2$ に沿って, $(x,y) \to (0,0)$ とすると, $\displaystyle\lim_{x \to 0} \dfrac{x^2}{x^2 + x^2} = \dfrac{1}{2}$.
直線 $y = x$ に沿って, $(x,y) \to (0,0)$ とすると, $\displaystyle\lim_{x \to 0} \dfrac{x^2}{x^2 + x} = \lim_{x \to 0} \dfrac{x}{x+1} = 0$.
$(0,0)$ への近づき方によって極限値が異なるので, $\displaystyle\lim_{(x,y) \to (0,0)} \dfrac{x^2}{x^2+y}$ は存在しない.

(2) $y = mx^2$ に沿って $(x,y) \to (0,0)$ に近づくと $\displaystyle\lim_{x \to 0} \dfrac{mx^2}{x^2 + mx^2} = \dfrac{m}{1+m}$ となり, $m$ の値によって極限値が異なるので, 極限は存在しない.

(3) $x = r\cos\theta, y = r\sin\theta$ とおき, $(x,y) \to (0,0)$ のとき $r \to 0$ となるので, $\displaystyle\lim_{r \to 0} \dfrac{(r\cos\theta)^2 - (r\cos\theta)(r\sin\theta) + (r\sin\theta)^2}{\sqrt{r^2}} = \lim_{r \to 0} r(\cos^2\theta - \cos\theta\sin\theta + \sin^2\theta) = 0$. 従って, $\displaystyle\lim_{(x,y) \to (0,0)} f(x,y) = 0$ が存在する.

(4) 曲線 $y = x^2$ に沿って, $(x,y) \to (0,0)$ とすると, $\displaystyle\lim_{x \to 0} \dfrac{x^2 x^2}{x^4 + 2x^4} = \dfrac{1}{3}$.
直線 $y = x$ に沿って, $(x,y) \to (0,0)$ とすると, $\displaystyle\lim_{x \to 0} \dfrac{x^2 x}{x^4 + 2x^2} = \lim_{x \to 0} \dfrac{x}{x^2 + 2} = 0$
なので, $\displaystyle\lim_{(x,y) \to (0,0)} \dfrac{x^2 y}{x^4 + 2y^2}$ は存在しない.

**6.2.1** 直線 $y = mx$ に沿って, $(x,y) \to (0,0)$ とすると, $\displaystyle\lim_{x \to 0} \dfrac{x^2}{x^2 + (mx)^2} = \dfrac{1}{1+m^2}$ なので, $m$ によって, 値が異なるので, 極限値が存在しない. 従って, 連続でもない.

**6.3.1** (1) $\sin(x-y), x-y$ はともに連続関数なので, $f(x,y)$ は $x \neq y$ では連続である.

よって $x=y$ のときの連続性を調べればよいことになる．$x-y=t$ とおくと，$\lim_{t\to 0}\frac{\sin t}{t}=1$ より，$\lim_{x\to y}\frac{\sin(x-y)}{x-y}=1=f(x,x)$ となるので，$x=y$ でも連続である．従ってこの関数は連続である． (2) 3章の例題 3.14(1) より $\lim_{t\to 0}t\log|t|=0$ なので，$\lim_{x+y\to 0}(x+y)\log|x+y|=0$. 従って，$\lim_{x+y\to 0}f(x,y)=0=f(x,-x)$ となり連続である．
(3) $\lim_{x+y\to 0}\frac{\log|x+y|}{|x+y|}=-\infty$ より，不連続である．

**6.4.1** (1) $\lim_{x\to 0}f(x,mx)=\lim_{x\to 0}\frac{x+mx}{\sqrt{x^2+m^2x^2}}=\frac{1+m}{\sqrt{1+m^2}}$ より，$(0,0)$ への近づき方によって極限値が異なるので，$(0,0)$ で連続ではない．$f_x(0,0)=\lim_{h\to 0}\frac{f(h,0)-f(0,0)}{h}$ だが，$\lim_{h\to +0}\frac{\frac{h+0}{\sqrt{h^2+0}}-0}{h}=\lim_{h\to +0}\frac{1}{h}=\infty$ で $\lim_{h\to 0}\frac{f(h,0)-f(0,0)}{h}$ は存在しないので，$x$ に関して偏微分不可能である．同様に，$y$ に関しても偏微分不可能である． (2) $\lim_{(x,y)\to(0,0)}\frac{x^2y}{x^2+y^2}=\lim_{r\to 0}\frac{r^3\cos^2\theta\sin\theta}{r^2}=\lim_{r\to 0}r\cos^2\theta\sin\theta=0$ より，$(0,0)$ で連続である．また，$f_x(0,0)=\lim_{h\to 0}\frac{f(h,0)-f(0,0)}{h}=\lim_{h\to 0}\frac{0-0}{h}=0$，同様に $f_y(0,0)=0$ で偏微分可能である．
(3) $|x+y|$ は連続な関数なので，$(0,0)$ でも連続である．$f_x^+(0,0)=\lim_{h\to +0}\frac{f(h,0)-f(0,0)}{h}=\lim_{h\to +0}\frac{|h|-0}{h}=\lim_{h\to +0}\frac{h-0}{h}=1$，$f_x^-(0,0)=\lim_{h\to -0}\frac{f(h,0)-f(0,0)}{h}=\lim_{h\to -0}\frac{|h|-0}{h}=\lim_{h\to -0}\frac{-h-0}{h}=-1$ より，右極限値を左極限値が異なるので，$f_x(0,0)$ は存在しない．従って，$x$ に関して偏微分不可能である．同様に，$y$ に関しても偏微分不可能である．

**6.4.2** $\lim_{x\to 0}f(x,mx^2)=\lim_{x\to 0}\frac{mx^4}{x^4+m^2x^4}=\frac{m}{1+m^2}$ より，$m$ によって，極限値が異なり，$\lim_{(x,y)\to(0,0)}f(x,y)$ は存在しないので，$(0,0)$ で連続ではない．しかし，$f_x(0,0)=\lim_{h\to 0}\frac{f(h,0)-f(0,0)}{h}=\lim_{h\to 0}\frac{0-0}{h}=0$, $f_y(0,0)=\lim_{k\to 0}\frac{f(0,k)-f(0,0)}{k}=\lim_{k\to 0}\frac{0-0}{h}=0$ となり，$(0,0)$ で偏微分可能である．

**6.4.3** $\lim_{(x,y)\to(0,0)}f(x,y)=e^0=f(0,0)$ となり，$(0,0)$ で連続であるが，$\lim_{h\to +0}\frac{f(h,0)-f(0,0)}{h}=\lim_{h\to +0}\frac{e^h-1}{h}=1$, $\lim_{h\to -0}\frac{f(h,0)-f(0,0)}{h}=\lim_{h\to -0}\frac{e^{-h}-1}{h}=-1$ となり，$\lim_{h\to 0}\frac{f(h,0)-f(0,0)}{h}$ が存在しないので，$x$ で偏微分不可能である．同様に，$y$ でも偏微分不可能である．

**6.5.1** (1) $f_x(x,y)=2xye^{2y}, f_y(x,y)=x^2e^{2y}+2x^2ye^{2y}=(1+2y)x^2e^{2y}$.
(2) $f_x(x,y)=\sin(x^2+y)+2x^2\cos(x^2+y), f_y(x,y)=x\cos(x^2+y)$.
(3) $f_x(x,y)=\dfrac{x}{\sqrt{(1-x^2+y^2)^3}}, f_y(x,y)=\dfrac{-y}{\sqrt{(1-x^2+y^2)^3}}$.
(4) $f_x(x,y)=2xye^{-x^2-y^3}-2x^3ye^{-x^2-y^3}=2xy(1-x^2)e^{-x^2-y^3}$,
$f_y(x,y)=x^2e^{-x^2-y^3}-3x^2y^3e^{-x^2-y^3}=x^2(1-3y^3)e^{-x^2-y^3}$.
(5) $f_x(x,y)=\dfrac{x-a}{\sqrt{(x-a)^2+(y-b)^2}}, f_y(x,y)=\dfrac{y-b}{\sqrt{(x-a)^2+(y-b)^2}}$.

(6) $f_x(x,y) = -2xe^{-x^2-y^2}, f_y(x,y) = -2ye^{-x^2-y^2}$.
(7) $f_x(x,y) = yx^{y-1}, f_y(x,y) = x^y \log x$.

**6.6.1** (1) $f(x,y)$ は $x^2 + y^2 \leq 1$ で定義されており，従って $(0,0)$ で連続である．
(2) $f_x(0,0) = \lim_{h \to 0} \frac{f(h,0) - f(0,0)}{h} = \lim_{h \to 0} \frac{1 - \sqrt{1-h^2} - 0}{h} = \lim_{h \to 0} \frac{1 - (1-h^2)}{h(1+\sqrt{1-h^2})} = \lim_{h \to 0} \frac{h}{(1+\sqrt{1-h^2})} = 0$. 同様に $f_y(0,0) = \lim_{k \to 0} \frac{f(0,k) - f(0,0)}{k} = \lim_{k \to 0} \frac{1 - \sqrt{1-k^2} - 0}{k} = 0$.
(3) (1),(2) の結果より，$C(x,y) = f(x,y) - (f(0,0) + f_x(0,0)x + f_y(0,0)y) = f(x,y) = 1 - \sqrt{1-(x^2+y^2)}$ なので，$\lim_{(x,y) \to (0,0)} \frac{C(x,y)}{\sqrt{x^2+y^2}} = \lim_{(x,y) \to (0,0)} \frac{1 - \sqrt{1-(x^2+y^2)}}{\sqrt{x^2+y^2}} = \lim_{r \to 0} \frac{1 - \sqrt{1-r^2}}{r} = \lim_{r \to 0} \frac{1 - (1-r^2)}{r(1+\sqrt{1-r^2})} = \lim_{r \to 0} \frac{r}{1+\sqrt{1-r^2}} = 0$ となる．
(4) (3) より，全微分可能なので，接平面は存在する．そして，接平面は $z = 0$．
(5) 以上より，関数 $f(x,y)$ は $(0,0)$ において連続であり，偏微分可能であり，全微分可能でもある．

**6.7.1** $z = f(x,y) = \frac{x^4}{y^3}$ とおくと，$dz = \frac{4x^3}{y^3} dx - \frac{3x^4}{y^4} dy$. ここで，$x = 2, y = 2, dx = -0.02, dy = 0.01$ を代入すると，$dz = \frac{4 \times 2^3}{2^3} \times (-0.02) - \frac{3 \times 2^4}{2^4} \times (0.01) = -0.08 - 0.03 = -0.11$ より $z + dz = \frac{2^4}{2^3} - 0.11 = 1.89$. 従って，$\frac{1.98^4}{2.01^3}$ の近似値は $1.89$．

**6.7.2** 体積を $z = x^2 y$ とおくと，$z_x = 2xy, z_y = x^2$ であり，$dx, dy$ の変化に対する誤差は，$dz = z_x dx + z_y dy$. ここで，$dx = 0.01, dy = 0.01$ なので，$dz = 2 \times 2 \times 6 \times 0.01 + 2^2 \times 0.01 = 0.24 + 0.04 = 0.28$ より誤差は $0.28\,\text{cm}^3$．

**6.8.1** (1) $f_x(x,y) = \frac{x}{x^2+y^2}, f_y(x,y) = \frac{y}{x^2+y^2}$ より，$f_{xx}(x,y) = \frac{x^2+y^2-2x^2}{(x^2+y^2)^2} = \frac{y^2-x^2}{(x^2+y^2)^2}, f_{xy}(x,y) = \frac{-2xy}{(x^2+y^2)^2}, f_{yy}(x,y) = \frac{x^2-y^2}{(x^2+y^2)^2}$ で，$(x,y) = (0,0)$ を除いてすべて連続なので，$(0,0)$ を除いて $C^2$ 級関数である．
(2) $f_x(x,y) = 3e^{3x} \sin 2y, f_y(x,y) = 2e^{3x} \cos 2y$ より，$f_{xx}(x,y) = 9e^{3x} \sin 2y, f_{xy}(x,y) = 6e^{3x} \cos 2y, f_{yy}(x,y) = -4e^{3x} \sin 2y$ ですべて連続なので，$C^2$ 級関数である．

**6.8.2** 例題 6.8-1 は $\Delta f = y(y-1)x^{y-2} + x^y(\log x)^2$ で，例題 6.8-2 は $\Delta f = \frac{2(y-x)}{(x+y)^3}$ で，問題 6.8.1 の (1) は $\Delta f = \frac{y^2-x^2}{(x^2+y^2)^2} + \frac{x^2-y^2}{(x^2+y^2)^2} = 0$, (2) は $\Delta f = 9e^{3x} \sin 2y - 4e^{3x} \sin 2y = 5e^{3x} \sin 2y$ より，問題 6.8.1 の (1) だけ調和関数である．それ以外は調和関数ではない．

**6.8.3** 例題 6.8-1 より，$f_{xx}(x,y) = y(y-1)x^{y-2}, f_{xy}(x,y) = f_{yx}(x,y) = x^{y-1}(1 + y \log x)$ なので，$f_{xx}$ を $y$ で偏微分して $f_{xxy}(x,y) = (2y-1)x^{y-2} + y(y-1)x^{y-2} \log x = \{2y - 1 + y(y-1) \log x\} x^{y-2}$, $f_{xy}$ を $x$ で偏微分して $f_{xyx}(x,y) = (y-1)x^{y-2}(1 + y \log x) + x^{y-1} \frac{y}{x} = \{2y - 1 + y(y-1) \log x\} x^{y-2}$ より $f_{xxy}(x,y) = f_{xyx}(x,y)$ である．また，$f_{yxx}(x,y)$ は $f_{yx}$ を $x$ で偏微分するのだが，$f_{xy}(x,y) = f_{yx}(x,y)$ なので $f_{yxx}(x,y) = f_{xyx}(x,y)$ となり，$f_{xxy} = f_{xyx} = f_{yxx}$．

**6.8.4** (1) $\left(h\dfrac{\partial}{\partial x}+k\dfrac{\partial}{\partial y}\right)f = hf_x+kf_y = he^x\sin y+ke^x\cos y = e^x\left\{h\sin y+k\sin\left(y+\dfrac{\pi}{2}\right)\right\}$,
$\left(h\dfrac{\partial}{\partial x}+k\dfrac{\partial}{\partial y}\right)^2 f = h^2 f_{xx}+2hkf_{xy}+k^2 f_{yy} = h^2 e^x\sin y+2hke^x\cos y-k^2 e^x\sin y$
$= e^x\left\{h^2\sin y+2hk\sin\left(y+\dfrac{\pi}{2}\right)+k^2\sin\left(y+\dfrac{2\pi}{2}\right)\right\}$,
$(\sin y)^{(k)} = \sin\left(y+\dfrac{k\pi}{2}\right)$ より $\left(h\dfrac{\partial}{\partial x}+k\dfrac{\partial}{\partial y}\right)^n f = e^x\displaystyle\sum_{j=0}^n {}_n\mathrm{C}_j h^{n-j}k^j \sin\left(y+\dfrac{j\pi}{2}\right)$.

(2) $\left(h\dfrac{\partial}{\partial x}+k\dfrac{\partial}{\partial y}\right)f = hf_x+kf_y = he^x\cos y-ke^x\sin y = e^x\left\{h\cos y+k\cos\left(y+\dfrac{\pi}{2}\right)\right\}$,
$\left(h\dfrac{\partial}{\partial x}+k\dfrac{\partial}{\partial y}\right)^2 f = h^2 f_{xx}+2hkf_{xy}+k^2 f_{yy} = h^2 e^x\cos y-2hke^x\sin y-k^2 e^x\cos y$
$= e^x\left\{h^2\cos y+2hk\cos\left(y+\dfrac{\pi}{2}\right)+k^2\cos\left(y+\dfrac{2\pi}{2}\right)\right\}$,
$\left(h\dfrac{\partial}{\partial x}+k\dfrac{\partial}{\partial y}\right)^n f = e^x\displaystyle\sum_{j=0}^n {}_n\mathrm{C}_j h^{n-j}k^j \cos\left(y+\dfrac{j\pi}{2}\right)$.

(3) $\left(h\dfrac{\partial}{\partial x}+k\dfrac{\partial}{\partial y}\right)f = hf_x+kf_y = h\cos(x+2y)+2k\cos(x+2y) = (h+2k)\sin\left(x+2y+\dfrac{\pi}{2}\right)$,
$\left(h\dfrac{\partial}{\partial x}+k\dfrac{\partial}{\partial y}\right)^2 f = h^2 f_{xx}+2hkf_{xy}+k^2 f_{yy}$
$= -h^2\sin(x+2y)-4hk\sin(x+2y)-4k^2\sin(x+2y)$
$= -(h^2+4hk+4k^2)\sin(x+2y) = (h+2k)^2\sin\left(x+2y+\dfrac{2\pi}{2}\right)$, $\left(h\dfrac{\partial}{\partial x}+k\dfrac{\partial}{\partial y}\right)^n f$
$= \displaystyle\sum_{j=0}^n {}_n\mathrm{C}_j h^{n-j}k^j 2^j \sin\left(x+2y+\dfrac{n\pi}{2}\right) = (h+2k)^n\sin\left(x+2y+\dfrac{n\pi}{2}\right)$.

**6.9.1** $\dfrac{dz}{dt} = \dfrac{\partial z}{\partial x}\dfrac{dx}{dt}+\dfrac{\partial z}{\partial y}\dfrac{dy}{dt} = e^x\cos y\dfrac{-1}{t}-e^x\sin y\dfrac{1}{2\sqrt{t}}$
$= \dfrac{1}{t}\cos\sqrt{t}\dfrac{-1}{t}-\dfrac{1}{t}\sin\sqrt{t}\dfrac{1}{2\sqrt{t}} = -\dfrac{1}{2t^2}(2\cos\sqrt{t}+\sqrt{t}\sin\sqrt{t})$.

**6.10.1** (1) $\dfrac{\partial z}{\partial u} = \dfrac{\partial z}{\partial x}\dfrac{\partial x}{\partial u}+\dfrac{\partial z}{\partial y}\dfrac{\partial y}{\partial u} = \dfrac{1}{x}2u+\dfrac{1}{y}2v = \dfrac{2u}{u^2+v^2}+\dfrac{2v}{2uv} = \dfrac{3u^2+v^2}{u(u^2+v^2)}$,
$\dfrac{\partial z}{\partial v} = \dfrac{\partial z}{\partial x}\dfrac{\partial x}{\partial v}+\dfrac{\partial z}{\partial y}\dfrac{\partial y}{\partial v} = \dfrac{1}{x}2v+\dfrac{1}{y}2u = \dfrac{2v}{u^2+v^2}+\dfrac{2u}{2uv} = \dfrac{u^2+3v^2}{v(u^2+v^2)}$.

(2) $\dfrac{\partial z}{\partial u} = \dfrac{\partial z}{\partial x}\dfrac{\partial x}{\partial u}+\dfrac{\partial z}{\partial y}\dfrac{\partial y}{\partial u} = \cos x\cos y-\sin x\sin y = \cos(x+y) = \cos(2u)$,
$\dfrac{\partial z}{\partial v} = \dfrac{\partial z}{\partial x}\dfrac{\partial x}{\partial v}+\dfrac{\partial z}{\partial y}\dfrac{\partial y}{\partial v} = -\cos x\cos y-\sin x\sin y = -\cos(y-x) = -\cos(2v)$.

**6.10.2** $\dfrac{\partial z}{\partial u} = \dfrac{\partial z}{\partial x}\dfrac{\partial x}{\partial u}+\dfrac{\partial z}{\partial y}\dfrac{\partial y}{\partial u}$ より

$$\dfrac{\partial^2 z}{\partial u^2} = \dfrac{\partial}{\partial u}\left(\dfrac{\partial z}{\partial x}\right)\dfrac{\partial x}{\partial u}+\dfrac{\partial z}{\partial x}\dfrac{\partial}{\partial u}\left(\dfrac{\partial x}{\partial u}\right)+\dfrac{\partial}{\partial u}\left(\dfrac{\partial z}{\partial y}\right)\dfrac{\partial y}{\partial u}+\dfrac{\partial z}{\partial y}\dfrac{\partial}{\partial u}\left(\dfrac{\partial y}{\partial u}\right)$$
$$= \left\{\dfrac{\partial}{\partial x}\left(\dfrac{\partial z}{\partial x}\right)\dfrac{\partial x}{\partial u}+\dfrac{\partial}{\partial y}\left(\dfrac{\partial z}{\partial x}\right)\dfrac{\partial y}{\partial u}\right\}\dfrac{\partial x}{\partial u}+\dfrac{\partial z}{\partial x}\dfrac{\partial^2 x}{\partial u^2}$$
$$+\left\{\dfrac{\partial}{\partial x}\left(\dfrac{\partial z}{\partial y}\right)\dfrac{\partial x}{\partial u}+\dfrac{\partial}{\partial y}\left(\dfrac{\partial z}{\partial y}\right)\dfrac{\partial y}{\partial u}\right\}\dfrac{\partial y}{\partial u}+\dfrac{\partial z}{\partial y}\dfrac{\partial^2 y}{\partial u^2}$$

$$= \frac{\partial^2 z}{\partial x^2}\left(\frac{\partial x}{\partial u}\right)^2 + 2\frac{\partial^2 z}{\partial x \partial y}\frac{\partial x}{\partial u}\frac{\partial y}{\partial u} + \frac{\partial^2 z}{\partial y^2}\left(\frac{\partial y}{\partial u}\right)^2 + \frac{\partial z}{\partial x}\frac{\partial^2 x}{\partial u^2} + \frac{\partial z}{\partial y}\frac{\partial^2 y}{\partial u^2}.$$

同様にして $\frac{\partial^2 z}{\partial v^2} = \frac{\partial^2 z}{\partial x^2}\left(\frac{\partial x}{\partial v}\right)^2 + 2\frac{\partial^2 z}{\partial x \partial y}\frac{\partial x}{\partial v}\frac{\partial y}{\partial v} + \frac{\partial^2 z}{\partial y^2}\left(\frac{\partial y}{\partial v}\right)^2 + \frac{\partial z}{\partial x}\frac{\partial^2 x}{\partial v^2} + \frac{\partial z}{\partial y}\frac{\partial^2 y}{\partial v^2}.$

従って, $\frac{\partial^2 z}{\partial u^2} + \frac{\partial^2 z}{\partial v^2} = \frac{\partial^2 z}{\partial x^2}\left\{\left(\frac{\partial x}{\partial u}\right)^2 + \left(\frac{\partial x}{\partial v}\right)^2\right\} + \frac{\partial^2 z}{\partial y^2}\left\{\left(\frac{\partial y}{\partial u}\right)^2 + \left(\frac{\partial y}{\partial v}\right)^2\right\}$
$+ 2\frac{\partial^2 z}{\partial x \partial y}\left(\frac{\partial x}{\partial u}\frac{\partial y}{\partial u} + \frac{\partial x}{\partial v}\frac{\partial y}{\partial v}\right) + \frac{\partial z}{\partial x}\left(\frac{\partial^2 x}{\partial u^2} + \frac{\partial^2 x}{\partial v^2}\right) + \frac{\partial z}{\partial y}\left(\frac{\partial^2 y}{\partial u^2} + \frac{\partial^2 y}{\partial v^2}\right).$

**6.11.1** $\frac{\partial x}{\partial r} = \cos\theta = \frac{x}{r}, \frac{\partial y}{\partial r} = \sin\theta = \frac{y}{r}$ なので $\frac{\partial f}{\partial r} = \frac{\partial f}{\partial x}\frac{\partial x}{\partial r} + \frac{\partial f}{\partial y}\frac{\partial y}{\partial r} = \frac{x}{r}\frac{\partial f}{\partial x} + \frac{y}{r}\frac{\partial f}{\partial y}$ だが, 仮定の $y\frac{\partial f}{\partial y} + x\frac{\partial f}{\partial x} = 0$ より $\frac{\partial f}{\partial r} = 0$. 従って, 例題 6.11(1) より, $f(x,y)$ は $\theta$ のみの関数である.

**6.11.2** $g(x,y) = f(x,y) - x^2 y$ とおく. このとき, $g_x(x,y) = f_x(x,y) - 2xy = 0$, $g_y(x,y) = f_y(x,y) - x^2 = 0$ が成り立つ. $g(x,y)$ に対して, 平均値の定理を用いると, $g(x+h, y+k) = g(x,y) + hg_x(x+\theta h, y+\theta k) + kg_y(x+\theta h, y+\theta k) = g(x,y)$ となり, $g(x,y) = c$. 従って, $f(x,y) = x^2 y + g(x,y) = x^2 y + c$ となる.

**6.12.1** $x + xy + y + z^2 = 0$ を $x$ で偏微分して, $1 + y + 2z\frac{\partial z}{\partial x} = 0$ より, $\frac{\partial z}{\partial x} = -\frac{1+y}{2z}$.
$y$ で偏微分して, $x + 1 + 2z\frac{\partial z}{\partial y} = 0$ より, $\frac{\partial z}{\partial y} = -\frac{1+x}{2z}$.

**6.13.1** $D$ 内の点 $(x_0, y_0)$ でテイラー展開すると,
$$\begin{aligned}f(x,y) &= f(x_0, y_0) + f_x(x_0, y_0)(x - x_0) + f_y(x_0, y_0)(y - y_0) \\ &\quad + \frac{1}{2}\bigl(f_{xx}(x_0 + \theta(x - x_0), y_0 + \theta(y - y_0))(x - x_0)^2 \\ &\quad + 2f_{xy}(x_0 + \theta(x - x_0), y_0 + \theta(y - y_0))(x - x_0)(y - y_0) \\ &\quad + f_{yy}(x_0 + \theta(x - x_0), y_0 + \theta(y - y_0))(y - y_0)^2\bigr)\end{aligned}$$

だが, 仮定より, 2 次偏導関数が 0 なので, $f(x,y) = f(x_0, y_0) + f_x(x_0, y_0)(x - x_0) + f_y(x_0, y_0)(y - y_0)$ となる. すなわち, $a = f_x(x_0, y_0), b = f_y(x_0, y_0), c = f(x_0, y_0) - x_0 f_x(x_0, y_0) - y_0 f_y(x_0, y_0)$ とおくと, $f(x,y) = ax + by + c$.

**6.14.1** $f(x,y) = x^4 y^3$ とおくと, $f_x(x,y) = 4x^3 y^3$, $f_y(x,y) = 3x^4 y^2$, $f_{xx}(x,y) = 12x^2 y^3$, $f_{xy}(x,y) = 12x^3 y^2$, $f_{yy}(x,y) = 6x^4 y$ となる. テイラーの定理
$$\begin{aligned}f(x_0 + h, y_0 + k) &= f(x_0, y_0) + f_x(x_0, y_0)h + f_y(x_0, y_0)k + \frac{1}{2}\{f_{xx}(x_0 + \theta h, y_0 + \theta k)h^2 \\ &\quad + 2f_{xy}(x_0 + \theta h, y_0 + \theta k)hk + f_{yy}(x_0 + \theta h, y_0 + \theta k)k^2\}\end{aligned}$$

において, $x_0 = 2, y_0 = 2, h = -0.02, k = 0.01$ として
$$f(x_0, y_0) + f_x(x_0, y_0)h + f_y(x_0, y_0)k = x_0^4 y_0^3 + 4x_0^3 y_0^3 h + 3x_0^4 y_0^2 k$$
$$= 2^4 \times 2^3 + 4 \times 2^3 \times 2^3 \times (-0.02) + 3 \times 2^4 \times 2^2 \times (0.01) = 128 - 5.12 + 1.92 = 124.8$$

で近似すると, 誤差 $R_2$ は,

$$R_2 = \frac{1}{2}\{f_{xx}(x_0+\theta h, y_0+\theta k)h^2 + 2f_{xy}(x_0+\theta h, y_0+\theta k)hk + f_{yy}(x_0+\theta h, y_0+\theta k)k^2\}$$
$$= \frac{1}{2}\{12(x_0+\theta h)^2(y_0+\theta k)^3 h^2 + 2\times 12(x_0+\theta h)^3(y_0+\theta k)^2 hk$$
$$+ 6(x_0+\theta h)^4(y_0+\theta k)k^2\}$$
$$= 6(x_0+\theta h)^2(y_0+\theta k)^3 h^2 + 12(x_0+\theta h)^3(y_0+\theta k)^2 hk + 3(x_0+\theta h)^4(y_0+\theta k)k^2$$

となる．例題 6.7 の場合は，$h = -0.02, k = 0.01$ なので，

$$R_2 = 6(2-0.02\theta)^2(2+0.01\theta)^3(-0.02)^2 + 12(2-0.02\theta)^3(2+0.01\theta)^2(-0.02)(0.01)$$
$$+ 3(2-0.01\theta)^4(2+0.01\theta)(0.01)^2$$
$$< 6\times 2^2 \times 2.01^3 \times 0.02^2 - 12\times 1.98^3 \times 2^2 \times 0.0002 + 3\times 2^4 \times 2.01\times 0.0001$$
$$< 0.078 - 0.074 + 0.01 = 0.014.$$

$$R_2 > 6\times 1.98^2 \times 2^3 \times 0.02^2 - 12\times 2^3 \times 2.01^2 \times 0.0002 + 3\times 1.99^4 \times 2\times 0.0001$$
$$> 0.075 - 0.078 + 0.009 = 0.006.$$

従って，誤差は 0.014 以下となり，例題 6.7 の結果は正当である．

**6.15.1** (1) $f_x(x,y) = 2x+2y, f_y(x,y) = 2x+6y$ より，$f_x(x,y) = 0, f_y(x,y) = 0$ となるのは $x = 0, y = 0$．また，$f_{xx}(x,y) = 2, f_{xy}(x,y) = 2, f_{yy}(x,y) = 6$ より，$A = f_{xx}(0,0) = 2, B = f_{xy}(0,0) = 2, C = f_{yy}(0,0) = 6$ で $B^2 - AC = 4-12 < 0, A = 2 > 0$ より，$(0,0)$ で極小で極小値は $f(0,0) = 0$．
(2) $f_x(x,y) = \dfrac{-2x}{(1+x^2+y^2)^2}, f_y(x,y) = \dfrac{-2y}{(1+x^2+y^2)^2}$ より，$f_x(x,y) = 0, f_y(x,y) = 0$ となるのは $x = 0, y = 0$．また，$f_{xx}(x,y) = \dfrac{-2(1+x^2+y^2)+8x^2}{(1+x^2+y^2)^3} = \dfrac{-2(1-3x^2+y^2)}{(1+x^2+y^2)^3}, f_{xy}(x,y) = \dfrac{8xy}{(1+x^2+y^2)^3}, f_{yy}(x,y) = \dfrac{-2(1+x^2-3y^2)}{(1+x^2+y^2)^3}$ より，$A = f_{xx}(0,0) = -2, B = f_{xy}(0,0) = 0, C = f_{yy}(0,0) = -2$ で $B^2 - AC = -4 < 0, A = -2 < 0$．従って，$(0,0)$ で極大で極大値は $f(0,0) = 1$．  (3) $f_x(x,y) = -2xe^{-(x^2+3y^2)}, f_y(x,y) = -6ye^{-(x^2+3y^2)}$ より，$f_x(x,y) = 0, f_y(x,y) = 0$ となるのは $x = 0, y = 0$．また，$f_{xx}(x,y) = (-2+4x^2)e^{-(x^2+3y^2)}, f_{xy}(x,y) = 12xye^{-(x^2+3y^2)}, f_{yy}(x,y) = (-6+36y^2)e^{-(x^2+3y^2)}$ より，$A = f_{xx}(0,0) = -2, B = f_{xy}(0,0) = 0, C = f_{yy}(0,0) = -6$ で $B^2 - AC = -12 < 0, A = -2 < 0$．従って，$(0,0)$ で極大で極大値は $f(0,0) = 1$．  (4) $f_x(x,y) = 4-2x, f_y(x,y) = -4y$ より，$f_x(x,y) = 0, f_y(x,y) = 0$ となるのは $x = 2, y = 0$．また，$f_{xx}(x,y) = -2, f_{xy}(x,y) = 0, f_{yy}(x,y) = -4$ より，$A = f_{xx}(2,0) = -2, B = f_{xy}(2,0) = 0, C = f_{yy}(2,0) = -4$ で $B^2 - AC = -8 < 0, A = -2 < 0$．従って，$(2,0)$ で極大で極大値は $f(2,0) = 4$．
(5) $f_x(x,y) = 3(x-1)^2, f_y(x,y) = 3y^2$ より，$f_x(x,y) = 0, f_y(x,y) = 0$ となるのは $x = 1, y = 0$．また，$f_{xx}(x,y) = 6(x-1), f_{xy}(x,y) = 0, f_{yy}(x,y) = 6y$ より，$A = f_{xx}(1,0) = 0, B = f_{xy}(1,0) = 0, C = f_{yy}(1,0) = 0$ で $B^2 - AC = 0$．$f(1,0) = 0$ で $x > 1, y > 0$ では $f(x,y) > 0, x < 1, y < 0$ では $f(x,y) < 0$ より，$(1,0)$ の近傍で正の値も負の値もとるので，$(1,0)$ では極値ではなく，極値は存在しない．  (6) $f_x(x,y) = 4x^3 - 4x = 4x(x^2-1), f_y(x,y) = 3y^2 - 3 = 3(y^2-1)$ より，$f_x(x,y) = 0, f_y(x,y) = 0$ とな

るのは $x = 0, \pm 1, y = \pm 1$. また, $f_{xx}(x,y) = 12x^2 - 4, f_{xy}(x,y) = 0, f_{yy}(x,y) = 6y$ より, $(x,y) = (0,1)$ のとき, $A = -4, B = 0, C = 6$ で $B^2 - AC = 24 > 0$ より極値でない. $(x,y) = (0,-1)$ のとき, $A = -4, B = 0, C = -6$ で $B^2 - AC = -24 < 0, A < 0$ より極大で極大値 $f(0,-1) = 3$. $(x,y) = (\pm 1, 1)$ のとき, $A = 8, B = 0, C = 6$ で $B^2 - AC = -48 < 0, A > 0$ より極小で極小値 $f(\pm 1, 1) = -2$. $(x,y) = (\pm 1, -1)$ のとき, $A = 8, B = 0, C = -6$ で $B^2 - AC = 24 > 0$ より極値でない. 以上より, $(x,y) = (0,-1)$ で極大で極大値 $f(0,-1) = 3$ をとり, $(x,y) = (\pm 1, 1)$ で極小で極小値 $f(\pm 1, 1) = -2$ をとる.

**6.15.2** 直方体の体積を $V$, 3 辺の長さを $x, y, z$, 表面積を $S$ とすると, $V = xyz$ より, $z = V/xy$. 従って, $S = 2(xy + yz + zx) = 2(xy + V/x + V/y)$ なので, $x, y$ に関する関数 $f(x,y) = 2(xy + V/x + V/y)$ として極値を考える. $f_x(x,y) = 2\left(y - \dfrac{V}{x^2}\right), f_y(x,y) = 2\left(x - \dfrac{V}{y^2}\right)$ より, $f_x(x,y) = 0, f_y(x,y) = 0$ となるのは $x = y = V^{1/3}$. このとき, $z = V^{1/3}$. また, このとき, $f_{xx}(x,y) = \dfrac{4V}{x^3}, f_{xy}(x,y) = 2, f_{yy}(x,y) = \dfrac{4V}{y^3}$ より, $A = f_{xx}(V^{1/3}, V^{1/3}) = 4, B = f_{xy}(V^{1/3}, V^{1/3}) = 2, C = f_{yy}(V^{1/3}, V^{1/3}) = 4$ で, $B^2 - AC = 4 - 16 < 0, A = 4 > 0$ より, $(V^{1/3}, V^{1/3})$ で極小かつ最小で最小値は $f(V^{1/3}, V^{1/3}) = 6V^{2/3}$.

**6.16.1** $g(x,y) = (x-1)^2 + y^2 - 1$ として, ラグランジュの未定乗数法を用いて,

$$f_x(x,y) - \lambda g_x(x,y) = y - 2\lambda(x-1) = 0 \quad \cdots \text{①}$$
$$f_y(x,y) - \lambda g_y(x,y) = x - 2\lambda y = 0 \quad \cdots \text{②}$$
$$g(x,y) = (x-1)^2 + y^2 - 1 = 0 \quad \cdots \text{③}$$

を満たす $x, y$ を求めると, ① $\times y -$ ② $\times (x-1) : y^2 - x(x-1) = 0$. この式を ③ へ代入すると, $x = 0, x = \dfrac{3}{2}$ となる. $x = 0$ のとき, $y = 0$ で $f(0,0) = 0$.
$x = \dfrac{3}{2}$ のとき, $y = \pm \dfrac{\sqrt{3}}{2}$ で $f\left(\dfrac{3}{2}, \pm\dfrac{\sqrt{3}}{2}\right) = \pm\dfrac{3\sqrt{3}}{4}$.

点 $(0,0)$ の近くでは, 関数 $f(x,y)$ は正の値も負の値もとるので, 極値ではない. $f(x,y)$ は, 有界閉集合 $\{(x,y) \,|\, (x-1)^2 + y^2 = 1\}$ 上で連続なので, 最大値, 最小値をとり, 最大値, 最小値は, 極値でもある. 従って, 二つの極値を考えると,
$(x,y) = \left(\dfrac{3}{2}, \dfrac{\sqrt{3}}{2}\right)$ で, 最大値 $f\left(\dfrac{3}{2}, \dfrac{\sqrt{3}}{2}\right) = \dfrac{3\sqrt{3}}{4}$ を,
$(x,y) = \left(\dfrac{3}{2}, -\dfrac{\sqrt{3}}{2}\right)$ で, 最小値 $f\left(\dfrac{3}{2}, -\dfrac{\sqrt{3}}{2}\right) = -\dfrac{3\sqrt{3}}{4}$ をとる.

**6.16.2** $g(x,y) = x^2 + 4y^2 - 1 = 0$ として, ラグランジュの未定乗数法を用いて,

$$f_x(x,y) - \lambda g_x(x,y) = 2x + 2y - 2\lambda x = 0 \quad \cdots \text{①}$$
$$f_y(x,y) - \lambda g_y(x,y) = 2x + 2y - 8\lambda y = 0 \quad \cdots \text{②}$$
$$g(x,y) = x^2 + 4y^2 - 1 = 0 \quad \cdots \text{③}$$

を満たす $x, y$ を求めると, ① $\times 4y -$ ② $\times x : -2x^2 + 6xy + 8y^2 = 0$. すなわち, $(x-4y)(x+y) = 0$ より $x = -y$ または, $x = 4y$. $x = -y$ のとき, 式③へ代入して, $(x,y) = \left(\pm\dfrac{1}{\sqrt{5}}, \mp\dfrac{1}{\sqrt{5}}\right)$ (複号同順). このとき, $f(x,y) = \dfrac{1}{5} - \dfrac{2}{5} + \dfrac{1}{5} = 0$. $x = 4y$ のとき, 式③へ代入して, $(x,y) = \left(\pm\dfrac{2}{\sqrt{5}}, \pm\dfrac{1}{2\sqrt{5}}\right)$ (複号同順). このとき, $f(x,y) = \dfrac{4}{5} + \dfrac{2}{5} + \dfrac{1}{20} = \dfrac{5}{4}$.

$f(x, y)$ は，有界閉集合 $\{(x, y) \mid x^2 + 4y^2 = 1\}$ 上で連続なので，最大値，最小値をとり，最大値，最小値は，極値でもある．従って，二つの極値を考えると，
$(x, y) = \left(\pm \frac{1}{\sqrt{5}}, \mp \frac{1}{\sqrt{5}}\right)$ （複号同順）で，最小値 $f(x, y) = 0$ を，
$(x, y) = \left(\pm \frac{2}{\sqrt{5}}, \pm \frac{1}{2\sqrt{5}}\right)$ （複号同順）で，最大値 $f(x, y) = \frac{5}{4}$ をとる．

**6.16.3** $g(x, y) = x(x + y^5) - 1 = 0$ として，ラグランジュの未定乗数法を用いて，
$$f_x(x, y) - \lambda g_x(x, y) = y - \lambda(2x + y^5) = 0 \quad \cdots \text{①}$$
$$f_y(x, y) - \lambda g_y(x, y) = x - 5\lambda x y^4 = 0 \quad \cdots \text{②}$$
$$g(x, y) = x(x + y^5) - 1 = 0 \quad \cdots \text{③}$$
を満たす $x, y$ を求めると，① $\times x -$ ② $\times y : 2\lambda x(2y^5 - x) = 0$. $\lambda = 0$ は明らかに不適なので，$x = 0$, または $x = 2y^5$. 仮定より $x > 0$ なので $x = 2y^5$ である．これを式③に代入すると $x\left(x + \frac{x}{2}\right) = 1$ かつ $x > 0, y > 0$ より $x = \sqrt{\frac{2}{3}}, y = \frac{1}{\sqrt[10]{6}}$. 従って，極値をとる点は $(x, y) = \left(\sqrt{\frac{2}{3}}, \frac{1}{\sqrt[10]{6}}\right)$ で，そのときの値は $f\left(\sqrt{\frac{2}{3}}, \frac{1}{\sqrt[10]{6}}\right) = \left(\frac{4}{27}\right)^{1/5}$ であり，最大値であることがグラフから推測できる．それを計算で正当化するには，拘束条件を定める曲線の上で，まず $x \geq 1$ で $y \leq 0$ となり，境目の点では $xy = 0$ となること，また $x \to 0$ のときは $y \to \infty$ となるが，このときこの曲線に沿って $x^5 y^5 < x^5(x + y^5) = x^4 \to 0$ となること，の二つの事実を押さえて，これよりその中間で最大値をとらねばならないことを最大値定理から結論すればよい．

**6.16.4** 条件 $g(x, y) = 2x^2 y + y^3 - 1 = 0$ のもとで関数 $f(x, y) = x^2 + y^2$ が最小になる点を求めればよいので，ラグランジュの未定乗数法を用いて，
$$f_x(x, y) - \lambda g_x(x, y) = 2x - 4\lambda xy = 0 \quad \cdots \text{①}$$
$$f_y(x, y) - \lambda g_y(x, y) = 2y - \lambda(2x^2 + 3y^2) = 0 \quad \cdots \text{②}$$
$$g(x, y) = 2x^2 y + y^3 - 1 = 0 \quad \cdots \text{③}$$
を満たす $x, y$ を求める．式①より，$x = 0$ または $2\lambda y = 1$ であり，$x = 0$ のとき式③より $y = 1$ となり，$f(0, 1) = 1$ である．$2\lambda y = 1$ のとき式②に代入すると $4y^2 - 2x^2 - 3y^2 = 0$ すなわち $2x^2 = y^2$. これを式③に代入すると $2y^3 = 1$ より $y = 2^{-1/3}$. このとき $x = \pm 2^{-5/6}$ で $f(\pm 2^{-5/6}, 2^{-1/3}) = 3 \cdot 2^{-5/3} = \sqrt[3]{\frac{27}{32}}$ となり $1$ より小なので，このときが最小であり，距離の最小値は $(\pm 2^{-5/6}, 2^{-1/3})$ で与えられる $\sqrt[6]{\frac{27}{32}}$ となる．なお，この問題は曲線の法線が原点を通るという条件を用いても最小値の候補を求めることができる．

## ■ 6章の演習問題解答

**1** (1) 極座標を使うと，$\displaystyle\lim_{(x,y) \to (0,0)} \frac{xy}{\sqrt{x^2 + 2y^2}} = \lim_{r \to 0} \frac{r^2 \cos\theta \sin\theta}{\sqrt{r^2 \cos^2\theta + 2r^2 \sin^2\theta}} = \displaystyle\lim_{r \to 0} r \frac{\cos\theta \sin\theta}{\sqrt{1 + \sin^2\theta}} = 0$ となり極限値 $0$ が存在する． (2) $x = my^2$ として $y \to 0$ とすると $\displaystyle\lim_{(x,y) \to (0,0)} \frac{xy^2}{x^2} = \lim_{y \to 0} \frac{my^2 y^2}{m^2 y^4} = \frac{1}{m}$ となり，$m$ によって異なるので，極限値は存在しない．

(3) $y = x + mx^2$ に沿って $(0,0)$ に近づけると $\lim_{x \to 0} f(x, x+mx^2) = \lim_{x \to 0} \frac{x^2 + (x+mx^2)^2}{x - (x+mx^2)} = \lim_{x \to 0} \frac{2x^2 + 2mx^3 + m^2x^4}{-mx^2} = -\frac{2}{m}$ となり、$m$ の値によって極限値が異なるので、極限値は存在しない。

**2** $x \neq 0$ のとき $\lim_{y \to 0} f(x, y) = \lim_{y \to 0} \frac{x^2 y^2}{x^2 y^2 + (x-y)^2} = \frac{0}{0+x^2} = 0$ より、$\lim_{x \to 0}\{\lim_{y \to 0} f(x,y)\} = 0$. 同様に $\lim_{y \to 0}\{\lim_{x \to 0} f(x,y)\} = 0$ も成り立つ。一方、直線 $y=x$ 上で、$x \to 0$ とすると、$\lim_{(x,y) \to (0,0)} \frac{x^2 y^2}{x^2 y^2 + (x-y)^2} = \lim_{x \to 0} \frac{x^2 x^2}{x^2 x^2} = 1$ なので、極限値は異なり $\lim_{(x,y) \to (0,0)} f(x,y)$ は存在しない。

**3** $t = x^2 + y^2$ とおくと、$(x,y) \to (0,0)$ のとき、$t \to 0$ より $\lim_{(x,y) \to (0,0)} \frac{\tan(x^2+y^2)}{x^2+y^2} = \lim_{t \to 0} \frac{\tan t}{t} = \lim_{t \to 0} \frac{1}{\cos^2 t} = 1$. 最後の式は、ロピタルの定理を用いた。従って、$f(0,0) = 1$ とすれば連続になる。

**4** (1) [連続性] $\lim_{(x,y) \to (0,0)} (x)^{3/4} \sqrt{|y|} = \lim_{r \to 0} r^{5/4} \cos^{3/4} \theta \sqrt{|\sin \theta|} = 0 = f(0,0)$ より $(0,0)$ で連続である。 (2) [偏微分可能性] $f(0,0) = 0$ より $f_x(0,0) = \lim_{h \to 0} \frac{f(h,0) - f(0,0)}{h} = 0$, 同様に $f_y(0,0) = 0$. 従って $(0,0)$ で偏微分可能である。 (3) [全微分可能性] (2) の結果を代入すると、$f(x,y) = f(0,0) + f_x(0,0)x + f_y(0,0)y + C(x,y) = C(x,y)$ となる。そこで、$\frac{C(x,y)}{\sqrt{x^2+y^2}} = \frac{f(x,y)}{\sqrt{x^2+y^2}} = \frac{r^{5/4} \cos^{3/4} \theta \sqrt{|\sin \theta|}}{r} = r^{1/4} \cos^{3/4} \theta \sqrt{|\sin \theta|}$ より $\lim_{(x,y) \to (0,0)} \frac{C(x,y)}{\sqrt{x^2+y^2}} = \lim_{r \to 0} r^{1/4} \cos^{3/4} \theta \sqrt{|\sin \theta|} = 0$ となり、$C(x,y)$ は $(0,0)$ で無限小となる。よって $f(x,y)$ は $(0,0)$ で全微分可能である。 (4) [$C^1$ 級] $f_x(x,y) = \frac{3}{4} x^{-1/4} \sqrt{|y|}$ は $(0,0)$ で確定した極限値を持たないので連続ではない。1次偏導関数が連続でないので、$f(x,y)$ は $C^1$ 級ではない。

**5** $f(x,y) = (xy)^{2/3}$ に対し、$f_x(0,0) = \lim_{h \to 0} \frac{f(h,0) - f(0,0)}{h} = 0$. 同様にして、$f_y(0,0) = 0$. これより、$f(x,y) = f(0,0) + f_x(0,0)x + f_y(0,0)y + C(x,y) = C(x,y)$. 従って、$\frac{C(x,y)}{\sqrt{x^2+y^2}} = \frac{(xy)^{2/3}}{\sqrt{x^2+y^2}}$ より $\lim_{(x,y) \to (0,0)} \frac{C(x,y)}{\sqrt{x^2+y^2}} = \lim_{r \to 0} \frac{r^{4/3} \cos^{2/3} \theta \sin^{2/3} \theta}{r} = \lim_{r \to 0} r^{1/3} \cos^{2/3} \theta \sin^{2/3} \theta = 0$ なので、全微分可能である。一方、$(x,y) \neq (0,0)$ で $f_x(x,y) = \frac{2}{3} x^{-1/3} y^{2/3}$ なので、$\lim_{(x,y) \to (0,0)} f_x(x,y) = \lim_{(x,y) \to (0,0)} \frac{2}{3} x^{-1/3} y^{2/3}$ は存在しないので $f_x(x,y)$ は連続ではなく、従って $C^1$ 級ではない。

**6** (1) $z_x = \frac{2x}{x^2+y^2}, z_y = \frac{2y}{x^2+y^2}$ より、全微分は $dz = \frac{2x}{x^2+y^2} dx + \frac{2y}{x^2+y^2} dy$. また、$f_x(1,2) = \frac{2}{5}, f_y(1,2) = \frac{4}{5}$ より、接平面は $z - \log 5 = \frac{2}{5}(x-1) + \frac{4}{5}(y-2)$, すなわち $z = \frac{2}{5}x + \frac{4}{5}y - 2 + \log 5$. (2) $z_x = 2x, z_y = \frac{y}{2}$ より、全微分は $dz = 2x dx + \frac{y}{2} dy$. また、$f_x(a,b) = 2a, f_y(a,b) = \frac{b}{2}$ より、接平面は $z - c = 2a(x-a) + \frac{b}{2}(y-b)$. さらに $c = \frac{a^2}{1} + \frac{b^2}{4}$

を用いて変形すると接平面は $z = 2ax + \dfrac{b}{2}y - c$. 　(3)　$z_x = 2xye^{x^2y}$, $z_y = x^2 e^{x^2y}$ より，全微分は $dz = 2xye^{x^2y}\,dx + x^2 e^{x^2y}\,dy$. また，$f_x(1,2) = 4e^2$, $f_y(1,2) = e^2$ より，接平面は $z - e^2 = 4e^2(x-1) + e^2(y-2)$, すなわち $z = 4e^2 x + e^2 y - 5e^2$.

**7**　$u_x = (y+z)\cos(xy+yz+zx)$, $u_y = (x+z)\cos(xy+yz+zx)$, $u_z = (x+y)\cos(xy+yz+zx)$ より，全微分は $du = (y+z)\cos(xy+yz+zx)\,dx + (x+z)\cos(xy+yz+zx)\,dy + (x+y)\cos(xy+yz+zx)\,dz$.

**8**　(1)　$\left(h\dfrac{\partial}{\partial x} + k\dfrac{\partial}{\partial y}\right)^2 f = h^2 \dfrac{\partial^2 f}{\partial x^2} + 2hk \dfrac{\partial^2 f}{\partial x \partial y} + k^2 \dfrac{\partial^2 f}{\partial y^2}$.

(2)　$n = m$ のとき，$\left(h\dfrac{\partial}{\partial x} + k\dfrac{\partial}{\partial y}\right)^m f = \displaystyle\sum_{j=0}^{n} {}_m\mathrm{C}_j h^{m-j} k^j \dfrac{\partial^m f}{\partial x^{m-j} \partial y^j}$ が成り立つとする．$n = m+1$ のときを考えると，

$$\left(h\dfrac{\partial}{\partial x} + k\dfrac{\partial}{\partial y}\right)^{m+1} f = \left(h\dfrac{\partial}{\partial x} + k\dfrac{\partial}{\partial y}\right)^m \left(h\dfrac{\partial}{\partial x} + k\dfrac{\partial}{\partial y}\right) f$$

$$= \sum_{j=0}^{m} {}_m\mathrm{C}_j h^{m-j} k^j \dfrac{\partial^m}{\partial x^{m-j} \partial y^j} \left(h\dfrac{\partial}{\partial x} + k\dfrac{\partial}{\partial y}\right) f$$

$$= \sum_{j=0}^{m} {}_m\mathrm{C}_j h^{m-j+1} k^j \dfrac{\partial^{m+1} f}{\partial x^{m-j+1} \partial y^j} + \sum_{j=0}^{n} {}_m\mathrm{C}_j h^{m-j} k^{j+1} \dfrac{\partial^{m+1} f}{\partial x^{m-j} \partial y^{j+1}}$$

$$= \sum_{j=0}^{m} {}_m\mathrm{C}_j h^{m-j+1} k^j \dfrac{\partial^{m+1} f}{\partial x^{m-j+1} \partial y^j} + \sum_{j'=1}^{m+1} {}_m\mathrm{C}_{j'-1} h^{m-j'+1} k^{j'} \dfrac{\partial^{m+1} f}{\partial x^{m-j'+1} \partial y^{j'}}$$

$$= {}_m\mathrm{C}_0 h^{m+1} k^0 \dfrac{\partial^{m+1} f}{\partial x^{m+1} \partial y^0} + \sum_{j=1}^{m} ({}_m\mathrm{C}_j + {}_m\mathrm{C}_{j-1}) h^{m-j+1} k^j \dfrac{\partial^{m+1} f}{\partial x^{m-j+1} \partial y^j}$$

$$+ {}_m\mathrm{C}_m h^0 k^{m+1} \dfrac{\partial^{m+1} f}{\partial x^0 \partial y^{m+1}}.$$

ここで，

$${}_m\mathrm{C}_j + {}_m\mathrm{C}_{j-1} = \dfrac{m!}{j!(m-j)!} + \dfrac{m!}{(j-1)!(m-j+1)!}$$

$$= \dfrac{m!}{j!(m-j+1)!}\{(m-j+1) + j\} = \dfrac{(m+1)!}{j!(m-j+1)!} = {}_{m+1}\mathrm{C}_j.$$

${}_m\mathrm{C}_0 h^{m+1} k^0 = {}_{m+1}\mathrm{C}_0 h^{m+1} k^0$, ${}_m\mathrm{C}_m h^0 k^{m+1} = {}_{m+1}\mathrm{C}_{m+1} h^0 k^{m+1}$ より，

$$\left(h\dfrac{\partial}{\partial x} + k\dfrac{\partial}{\partial y}\right)^{m+1} f = \sum_{j=0}^{n} {}_{m+1}\mathrm{C}_j h^{m+1-j} k^j \dfrac{\partial^{m+1} f}{\partial x^{m+1-j} \partial y^j}$$ となる．従って，成立する．

**9**　(1)　$\dfrac{\partial z}{\partial u} = \dfrac{\partial z}{\partial x}\dfrac{\partial x}{\partial u} + \dfrac{\partial z}{\partial y}\dfrac{\partial y}{\partial u} = a\dfrac{\partial z}{\partial x} + b\dfrac{\partial z}{\partial y}$ かつ

$\dfrac{\partial z}{\partial v} = \dfrac{\partial z}{\partial x}\dfrac{\partial x}{\partial v} + \dfrac{\partial z}{\partial y}\dfrac{\partial y}{\partial v} = -b\dfrac{\partial z}{\partial x} + a\dfrac{\partial z}{\partial y}$ より

$\left(\dfrac{\partial z}{\partial u}\right)^2 + \left(\dfrac{\partial z}{\partial v}\right)^2 = \left(a\dfrac{\partial z}{\partial x} + b\dfrac{\partial z}{\partial y}\right)^2 + \left(-b\dfrac{\partial z}{\partial x} + a\dfrac{\partial z}{\partial y}\right)^2 = (a^2+b^2)\left(\dfrac{\partial z}{\partial x}\right)^2 + (a^2+b^2)\left(\dfrac{\partial z}{\partial y}\right)^2$.

従って，$a^2 + b^2 = 1$ が求めるものである．

(2)　$\dfrac{\partial^2 z}{\partial u^2} = \dfrac{\partial}{\partial u}\left(a\dfrac{\partial z}{\partial x} + b\dfrac{\partial z}{\partial y}\right) = a\left(\dfrac{\partial}{\partial x}\left(\dfrac{\partial z}{\partial x}\right)\dfrac{\partial x}{\partial u} + \dfrac{\partial}{\partial y}\left(\dfrac{\partial z}{\partial x}\right)\dfrac{\partial y}{\partial u}\right) + b\left(\dfrac{\partial}{\partial x}\left(\dfrac{\partial z}{\partial y}\right)\dfrac{\partial x}{\partial u} + \right.$

6 章の演習問題解答                                        **233**

$\dfrac{\partial}{\partial y}\left(\dfrac{\partial z}{\partial y}\right)\dfrac{\partial y}{\partial u} = a\left(\dfrac{\partial^2 z}{\partial x^2}a + \dfrac{\partial^2 z}{\partial y \partial x}b\right) + b\left(\dfrac{\partial^2 z}{\partial x \partial y}a + \dfrac{\partial^2 z}{\partial y^2}b\right) = a^2 \dfrac{\partial^2 z}{\partial x^2} + 2ab\dfrac{\partial^2 z}{\partial x \partial y} + b^2 \dfrac{\partial^2 z}{\partial y^2}$. 同様にして $\dfrac{\partial^2 z}{\partial v^2} = b^2 \dfrac{\partial^2 z}{\partial x^2} - 2ab\dfrac{\partial^2 z}{\partial x \partial y} + a^2 \dfrac{\partial^2 z}{\partial y^2}$.

従って、$\dfrac{\partial^2 z}{\partial u^2} + \dfrac{\partial^2 z}{\partial v^2} = (a^2 + b^2)\dfrac{\partial^2 z}{\partial x^2} + (a^2 + b^2)\dfrac{\partial^2 z}{\partial y^2} = \dfrac{\partial^2 z}{\partial u^2} + \dfrac{\partial^2 z}{\partial v^2}$.

**10** $\dfrac{\partial z}{\partial u} = \dfrac{\partial z}{\partial x}\dfrac{\partial x}{\partial u} + \dfrac{\partial z}{\partial y}\dfrac{\partial y}{\partial u} = e^u \cos v \dfrac{\partial z}{\partial x} + e^u \sin v \dfrac{\partial z}{\partial y}$ より

$\dfrac{\partial^2 z}{\partial u^2} = e^u \cos v \dfrac{\partial z}{\partial x} + e^u \cos v \left(\dfrac{\partial^2 z}{\partial x^2}\dfrac{\partial x}{\partial u} + \dfrac{\partial^2 z}{\partial y \partial x}\dfrac{\partial y}{\partial u}\right) + e^u \sin v \dfrac{\partial z}{\partial y}$
$+ e^u \sin v \left(\dfrac{\partial^2 z}{\partial x \partial y}\dfrac{\partial x}{\partial u} + \dfrac{\partial^2 z}{\partial y^2}\dfrac{\partial y}{\partial u}\right) = e^u \cos v \dfrac{\partial z}{\partial x} + e^u \sin v \dfrac{\partial z}{\partial y} + e^{2u} \cos^2 v \dfrac{\partial^2 z}{\partial x^2}$
$+ 2e^{2u} \cos v \sin v \dfrac{\partial^2 z}{\partial y \partial x} + e^{2u} \sin^2 v \dfrac{\partial^2 z}{\partial y^2}$.

また $\dfrac{\partial z}{\partial v} = \dfrac{\partial z}{\partial x}\dfrac{\partial x}{\partial v} + \dfrac{\partial z}{\partial y}\dfrac{\partial y}{\partial v} = -e^u \sin v \dfrac{\partial z}{\partial x} + e^u \cos v \dfrac{\partial z}{\partial y}$ より,同様にして

$\dfrac{\partial^2 z}{\partial v^2} = -e^u \cos v \dfrac{\partial z}{\partial x} - e^u \sin v \dfrac{\partial z}{\partial y} + e^{2u} \sin^2 v \dfrac{\partial^2 z}{\partial x^2} - 2e^{2u} \cos v \sin v \dfrac{\partial^2 z}{\partial y \partial x} + e^{2u} \cos^2 v \dfrac{\partial^2 z}{\partial y^2}$ なので, $\dfrac{\partial^2 z}{\partial u^2} + \dfrac{\partial^2 z}{\partial v^2} = e^{2u}\left(\dfrac{\partial^2 z}{\partial x^2} + \dfrac{\partial^2 z}{\partial y^2}\right)$ となり与式が得られる.

**11** 半径 $a$ の半円に内接し,一辺がこの半円の直径上にあるような長方形の二辺の長さを $2x, y$ とすると, $g(x, y) = x^2 + y^2 - a^2 = 0$ を満たすときの面積 $S = f(x, y) = 2xy$ の最大値を求めればよい.ラグランジュの未定乗数法を用いると, $f_x(x, y) - \lambda g_x(x, y) = 2y - 2\lambda x = 0$, $f_y(x, y) - \lambda g_y(x, y) = 2x - 2\lambda y = 0$, $g(x, y) = x^2 + y^2 - a^2 = 0$ を満たす $x, y$ を求めると $x > 0, y > 0$ より $x = y = \dfrac{a}{\sqrt{2}}$ となる.このとき面積最大で $S = 2\dfrac{a}{\sqrt{2}}\dfrac{a}{\sqrt{2}} = a^2$.

**12** $g(x, y) = x^2 + 4y^2 - 4 = 0$ を満たすとき,$a = f(x, y) = 3x - 4y$ の最大,最小を求めればよい.ラグランジュの未定乗数法を用いて, $f_x(x, y) - \lambda g_x(x, y) = 3 - 2\lambda x = 0$, $f_y(x, y) - \lambda g_y(x, y) = -4 - 8\lambda y = 0$, $g(x, y) = x^2 + 4y^2 - 4 = 0$ を満たす $x, y$ を求めると, $(x, y) = \left(\pm\dfrac{6}{\sqrt{13}}, \mp\dfrac{2}{\sqrt{13}}\right)$ (複号同順) となる.極値をとるのはこの 2 点なので, $(x, y) = \left(\dfrac{6}{\sqrt{13}}, -\dfrac{2}{\sqrt{13}}\right)$ で最大値 $a = f\left(\dfrac{6}{\sqrt{13}}, -\dfrac{2}{\sqrt{13}}\right) = 2\sqrt{13}$ をとり, $(x, y) = \left(-\dfrac{6}{\sqrt{13}}, \dfrac{2}{\sqrt{13}}\right)$ で最小値 $a = f\left(-\dfrac{6}{\sqrt{13}}, \dfrac{2}{\sqrt{13}}\right) = -2\sqrt{13}$ をとる.

**13** (1) $f(x, y) = \log(1 + x + y)$ より $f_x(x, y) = \dfrac{1}{1 + x + y}, f_y(x, y) = \dfrac{1}{1 + x + y}$, $f_{xx}(x, y) = \dfrac{-1}{(1 + x + y)^2}, f_{xy}(x, y) = \dfrac{-1}{(1 + x + y)^2}, f_{yy}(x, y) = \dfrac{-1}{(1 + x + y)^2}$, $f_{xxx}(x, y) = \dfrac{2}{(1 + x + y)^3}, f_{xxy}(x, y) = \dfrac{2}{(1 + x + y)^3}, f_{xyy}(x, y) = \dfrac{2}{(1 + x + y)^3}$, $f_{yyy}(x, y) = \dfrac{2}{(1 + x + y)^3}$ より,

$f(0, 0) = 0, f_x(0, 0) = 1, f_y(0, 0) = 1, f_{xx}(0, 0) = -1, f_{xy}(0, 0) = -1$,
$f_{yy}(0, 0) = -1, f_{xxx}(0, 0) = 2, f_{xxy}(0, 0) = 2, f_{xyy}(0, 0) = 2, f_{yyy}(0, 0) = 2$

なので,マクローリン展開は

$$\log(1+x+y) = x+y - \frac{x^2+2xy+y^2}{2} + \frac{x^3+3x^2y+3xy^2+y^3}{3} + \cdots.$$

(2) $f(x,y) = e^x \sin y$ より, $f_x(x,y) = e^x \sin y, f_y(x,y) = e^x \cos y,$
$f_{xx}(x,y) = e^x \sin y, f_{xy}(x,y) = e^x \cos y, f_{yy}(x,y) = -e^x \sin y,$
$f_{xxx}(x,y) = e^x \sin y, f_{xxy}(x,y) = e^x \cos y, f_{xyy}(x,y) = -e^x \sin y, f_{yyy}(x,y) = -e^x \cos y$ より,
$$f(0,0) = 0, f_x(0,0) = 0, f_y(0,0) = 1, f_{xx}(0,0) = 0, f_{xy}(0,0) = 1, f_{yy}(0,0) = 0,$$
$$f_{xxx}(0,0) = 0, f_{xxy}(0,0) = 1, f_{xyy}(0,0) = 0, f_{yyy}(0,0) = -1$$
なので, マクローリン展開は $e^x \sin y = y + xy + \dfrac{3x^2y - y^3}{3!} + \cdots.$

**14** (1) (a) $e^x = 1 + x + \dfrac{x^2}{2!} + \dfrac{x^3}{3!} + \cdots + \dfrac{x^n}{n!} + \cdots.$
(b) $\sin x = x - \dfrac{x^3}{3!} + \cdots + (-1)^n \dfrac{x^{2n+1}}{(2n+1)!} + \cdots.$
(c) $\log(1+x) = x - \dfrac{x^2}{2} + \dfrac{x^3}{3} + \cdots + (-1)^{n-1} \dfrac{x^n}{n} + \cdots.$
(2) (a) $x+y$ をひとまとめにして, (1) の (c) を用いると
$$f(x,y) = \log(1+x+y) = (x+y) - \frac{(x+y)^2}{2} + \frac{(x+y)^3}{3} + \cdots$$
$$= x + y - \frac{x^2}{2} - xy - \frac{y^2}{2} + \frac{x^3}{3} + x^2y + xy^2 + \frac{y^3}{3} + \cdots.$$
(b) $e^x$ と $\sin y$ に対して (1) の (b), (c) を用いると
$$f(x,y) = e^x \sin y = \left(1 + x + \frac{x^2}{2} + \frac{x^3}{3!} + \cdots\right)\left(y - \frac{y^3}{3!} + \cdots\right) = y + xy + \frac{x^2y}{2} - \frac{y^3}{6} + \cdots.$$
(c) $f(x,y) = ye^x = y\left(1 + x + \dfrac{x^2}{2} + \dfrac{x^3}{3!} + \cdots\right) = y + xy + \dfrac{x^2y}{2} + \cdots.$
(d) $f(x,y) = \log(1+2x+3y) = (2x+3y) - \dfrac{(2x+3y)^2}{2} + \dfrac{(2x+3y)^3}{3} + \cdots$
$$= 2x + 3y - 2x^2 - 6xy - \frac{9y^2}{2} + \frac{8x^3}{3} + 12x^2y + 18xy^2 + 9y^3 + \cdots.$$

**15** $f(x,y) = \sin xy, f_x(x,y) = y\cos xy, f_y(x,y) = x\cos xy, f_{xx}(x,y) = -y^2 \sin xy, f_{xy}(x,y) = \cos xy - xy\sin xy, f_{yy}(x,y) = -x^2 \sin xy$ より,
$f\left(\dfrac{\pi}{2},1\right) = 1, f_x\left(\dfrac{\pi}{2},1\right) = 0, f_y\left(\dfrac{\pi}{2},1\right) = 0, f_{xx}\left(\dfrac{\pi}{2},1\right) = -1,$
$f_{xy}\left(\dfrac{\pi}{2},1\right) = -\dfrac{\pi}{2}, f_{yy}\left(\dfrac{\pi}{2},1\right) = -\left(\dfrac{\pi}{2}\right)^2$ なので, 式 (6.5) より,
$$\sin xy = 1 - \frac{1}{2}\left\{\left(x - \frac{\pi}{2}\right)^2 + \pi\left(x - \frac{\pi}{2}\right)(y-1) + \left(\frac{\pi}{2}\right)^2 (y-1)^2\right\} + \cdots.$$

**16** (1) $y$ を $x$ の関数とみて, $f(x,y) = 0$ を $x$ で微分すると, $f_x(x,y) + f_y(x,y)\dfrac{dy}{dx} = 0$ より, $\dfrac{dy}{dx} = -\dfrac{f_x(x,y)}{f_y(x,y)}$. 従って, $\dfrac{dy}{dx} = 0$ ならば $f_x(x,y) = 0$ かつ $f_y(x,y) \neq 0$. もちろん, 関数 $f(x,y) = 0$ 上の点なので, この条件も満たす.
(2) (1) をもう一度, $x$ で微分すると, $f_{xx}(x,y) + f_{xy}(x,y)\dfrac{dy}{dx} + f_{yx}(x,y)\dfrac{dy}{dx} + f_{yy}(x,y)\left(\dfrac{dy}{dx}\right)^2 +$
$f_y(x,y)\dfrac{d^2y}{dx^2} = 0$ となる. 極値の候補点では, $\dfrac{dy}{dx} = 0$ なので, この式に $\dfrac{dy}{dx} = 0$ を代入する

と，$f_{xx}(x,y) + f_y(x,y)\dfrac{d^2y}{dx^2} = 0$ となり，$\dfrac{d^2y}{dx^2} = -\dfrac{f_{xx}(x,y)}{f_y(x,y)}$.

(3) 極値の判定条件は (1) と (2) を考慮すると，$f(a,b) = 0$, $f_x(a,b) = 0$, $f_y(a,b) \neq 0$ でさらに $\dfrac{f_{xx}(a,b)}{f_y(a,b)} > 0$ なら極大で，$\dfrac{f_{xx}(a,b)}{f_y(a,b)} < 0$ なら極小である．

**17** (1), (2), (3) は直接 $y'$, $y''$ を求める方法で，(4), (5) は上問 16 を用いて解答をした．
(1) $x^2 + 2xy + 2y^2 - 4 = 0$ を $x$ で微分して，全体に 1/2 を乗ずると
$x + y + xy' + 2yy' = 0$ ···① より，$y' = -\dfrac{x+y}{x+2y}$. $y' = 0$ のとき，$x = -y$ なので，これを与式に代入すると $x^2 - 4 = 0$ より，$x = \pm 2$, $y = \mp 2$（複号同順）．式①をもう一度 $x$ で微分すると，$1 + y' + y' + xy'' + 2(y')^2 + 2yy'' = 0$．ここで，$y' = 0$ のとき，$y'' = \dfrac{-1}{x+2y}$ となり，$x = \pm 2$, $y = \mp 2$（複号同順）のとき，$y'' = \pm\dfrac{1}{2}$（複号同順）．よって，$x = 2$ のとき極小で，極小値 $y = -2$ をとり，$x = -2$ のとき極大で，極大値 $y = 2$ をとる．

(2) $xy(x-y) - 16 = 0$ を $x$ で微分して，$2xy + x^2y' - y^2 - 2xyy' = 0$ ···②
より，$y' = \dfrac{2xy - y^2}{2xy - x^2}$. $y' = 0$ のとき，$y = 0$ または $y = 2x$．$y = 0$ のとき，与式を満たす $x$ は存在しないので，$y = 2x$ を与式に代入すると，$x = -2$, $y = -4$．式②をもう一度 $x$ で微分すると，$2y + 2xy' + 2xy' + x^2y'' - 2yy' - 2yy' - 2x(y')^2 - 2xyy'' = 0$．ここで，$y' = 0$ のとき，$y'' = \dfrac{2y}{2xy - x^2}$ となり，$x = -2$, $y = -4$ のとき，$y'' = -\dfrac{2}{3} < 0$ なので，$x = -2$ のとき極大で，極大値 $y = -4$．

(3) $x^3 + y^3 - 3xy = 0$ を $x$ で微分して，全体に 1/3 を乗ずると
$x^2 + y^2y' - y - xy' = 0$ ···③ より，$y' = \dfrac{x^2 - y}{x - y^2}$. $y' = 0$ のとき，$x^2 - y = 0$ なので，これを与式に代入すると，$(x,y) = (0,0)$ または $(\sqrt[3]{2}, \sqrt[3]{2^2})$．式③をもう一度 $x$ で微分すると，$2x + 2y(y')^2 + y^2y'' - y' - y' - xy'' = 0$．ここで，$y' = 0$ のとき，$y'' = \dfrac{2x}{x - y^2}$ となり，$(x,y) = (\sqrt[3]{2}, \sqrt[3]{2^2})$ のとき，$y'' = -2$ なので，$x = \sqrt[3]{2}$ のとき極大で，極大値 $y = \sqrt[3]{2^2}$．$(x,y) = (0,0)$ のときは特異点で $y$ について解けないので陰関数が定まらないので極値も考える必要がない．

(4) $f(x,y) = x^2 + 3xy + y^2 + 5$ に対し，$f_x(x,y) = 2x + 3y$, $f_y(x,y) = 3x + 2y$, $f_{xx}(x,y) = 2$. 前問 16 より極値の候補点は $f_x(x,y) = 0$, すなわち $2x + 3y = 0$ と与式 $x^2 + 3xy + y^2 + 5 = 0$ を満たすので $x = \pm 3$, $y = \mp 2$（複号同順）．このとき $f_y(x,y) \neq 0$ である．また，$f_{xx}(x,y) = 2 > 0$, $f_y(\pm 3, \mp 2) = \pm 9 \mp 4 = \pm 5$ より前問 16(3) を使うと $x = 3$ のとき極大で，極大値 $y = -2$, $x = -3$ のとき極小で，極小値 $y = 2$.

(5) $f(x,y) = x^4 + 2x^2 + y^3 - y$ に対し，$f_x(x,y) = 4x^3 + 4x$, $f_y(x,y) = 3y^2 - 1$, $f_{xx}(x,y) = 12x^2 + 4$. 前問 16 より極値の候補点は $f_x(x,y) = 0$. すなわち，$4x(x^2 + 1) = 0$ と与式 $x^4 + 2x^2 + y^3 - y = 0$ を満たすので $x = 0$, $y = 0, \pm 1$．このとき $f_y(x,y) \neq 0$ である．前問 16(3) を使うと $f_{xx}(0,0) = 4 > 0$, $f_y(0,0) = -1 < 0$ より，$(0,0)$ で極小．
$f_{xx}(0, \pm 1) = 4 > 0$, $f_y(0, \pm 1) = 2 > 0$ より，$(0, \pm 1)$ で極大．
参考までにグラフを示す．((3) のグラフは問題 3.24.2(9) を参照）

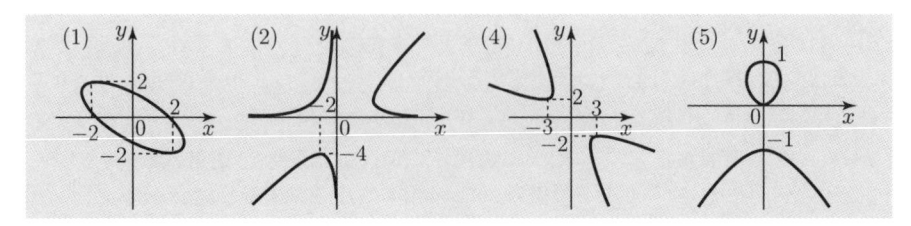

## 7章の問題解答

**7.1.1** (1) $\displaystyle\iint_D \frac{y}{x^2}dxdy = \int_1^4 dx \int_1^{\sqrt{x}} \frac{y}{x^2}dy$
$= \displaystyle\int_1^4 \left[\frac{y^2}{2x^2}\right]_1^{\sqrt{x}} dx = \int_1^4 \left(\frac{1}{2x} - \frac{1}{2x^2}\right)dx$
$= \displaystyle\left[\frac{1}{2}\log x + \frac{1}{2x}\right]_1^4 = \log 2 + \frac{1}{8} - \frac{1}{2} = \log 2 - \frac{3}{8}.$

(2) $\displaystyle\iint_D x\,dxdy = \int_0^\pi dx \int_0^{\sin x} x\,dy$
$= \displaystyle\int_0^\pi [xy]_0^{\sin x} dx = \int_0^\pi x\sin x\,dx$
$= \displaystyle\left[-x\cos x\right]_0^\pi + \int_0^\pi \cos x\,dx = \pi + \left[\sin x\right]_0^\pi$
$= \pi.$

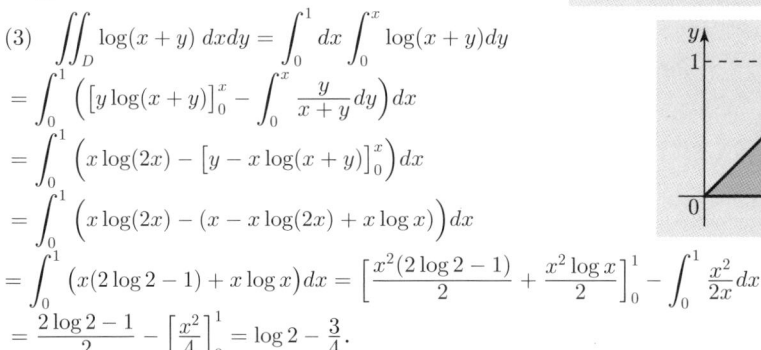

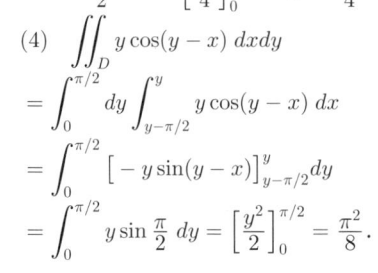

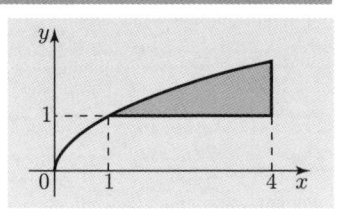

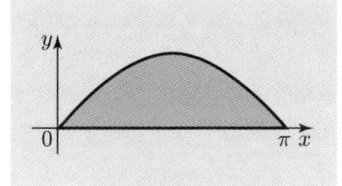

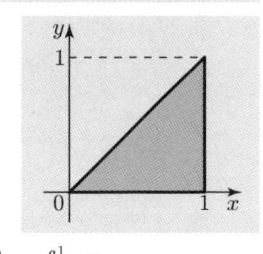

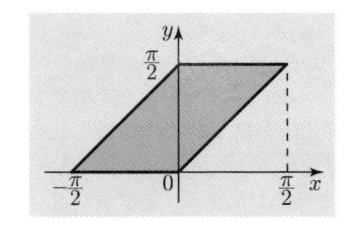

(3) $\displaystyle\iint_D \log(x+y)\,dxdy = \int_0^1 dx \int_0^x \log(x+y)dy$
$= \displaystyle\int_0^1 \left([y\log(x+y)]_0^x - \int_0^x \frac{y}{x+y}dy\right)dx$
$= \displaystyle\int_0^1 \left(x\log(2x) - [y - x\log(x+y)]_0^x\right)dx$
$= \displaystyle\int_0^1 \left(x\log(2x) - (x - x\log(2x) + x\log x)\right)dx$
$= \displaystyle\int_0^1 (x(2\log 2 - 1) + x\log x)dx = \left[\frac{x^2(2\log 2 - 1)}{2} + \frac{x^2 \log x}{2}\right]_0^1 - \int_0^1 \frac{x^2}{2x}dx$
$= \displaystyle\frac{2\log 2 - 1}{2} - \left[\frac{x^2}{4}\right]_0^1 = \log 2 - \frac{3}{4}.$

(4) $\displaystyle\iint_D y\cos(y-x)\,dxdy$
$= \displaystyle\int_0^{\pi/2} dy \int_{y-\pi/2}^y y\cos(y-x)\,dx$
$= \displaystyle\int_0^{\pi/2} \left[-y\sin(y-x)\right]_{y-\pi/2}^y dy$
$= \displaystyle\int_0^{\pi/2} y\sin\frac{\pi}{2}\,dy = \left[\frac{y^2}{2}\right]_0^{\pi/2} = \frac{\pi^2}{8}.$

**7.2.1** (1) 積分領域は右図である．積分順序の交換は
$$\int_0^a dx \int_0^{\sqrt{a^2-x^2}} f(x,y)dy$$
$$= \int_0^a dy \int_0^{\sqrt{a^2-y^2}} f(x,y)dx.$$

(2) 積分領域は右図である．積分順序の交換は
$$\int_{-a}^a dy \int_{y-a}^{\sqrt{a^2-y^2}} f(x,y)dx$$
$$= \int_{-2a}^0 dx \int_{-a}^{x+a} f(x,y)dy + \int_0^a dx \int_{-\sqrt{a^2-x^2}}^{\sqrt{a^2-x^2}} f(x,y)dy.$$

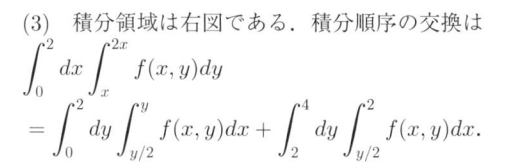

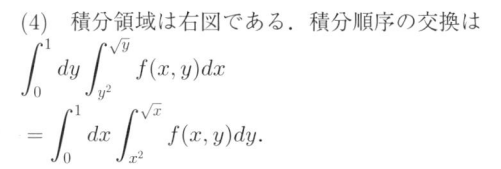

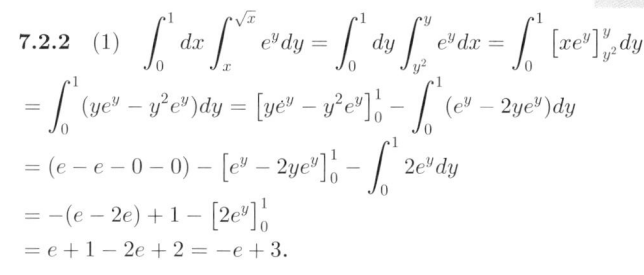

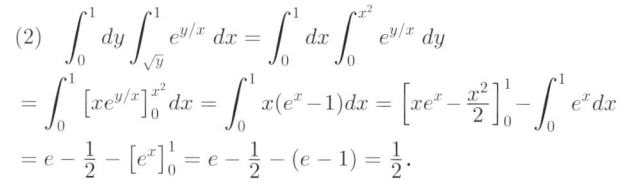

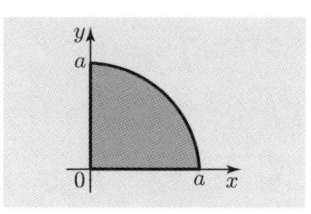

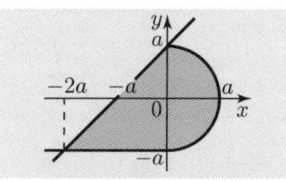

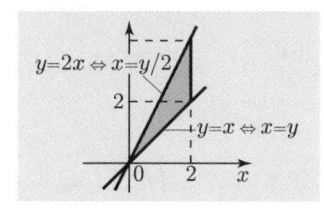

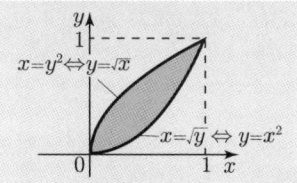

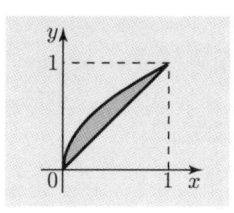

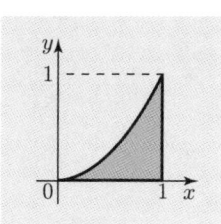

(3) 積分領域は右図である．積分順序の交換は
$$\int_0^2 dx \int_x^{2x} f(x,y)dy$$
$$= \int_0^2 dy \int_{y/2}^y f(x,y)dx + \int_2^4 dy \int_{y/2}^2 f(x,y)dx.$$

(4) 積分領域は右図である．積分順序の交換は
$$\int_0^1 dy \int_{y^2}^{\sqrt{y}} f(x,y)dx$$
$$= \int_0^1 dx \int_{x^2}^{\sqrt{x}} f(x,y)dy.$$

**7.2.2** (1) $\displaystyle\int_0^1 dx \int_x^{\sqrt{x}} e^y dy = \int_0^1 dy \int_{y^2}^y e^y dx = \int_0^1 \left[xe^y\right]_{y^2}^y dy$
$= \displaystyle\int_0^1 (ye^y - y^2 e^y)dy = \left[ye^y - y^2 e^y\right]_0^1 - \int_0^1 (e^y - 2ye^y)dy$
$= (e - e - 0 - 0) - \left[e^y - 2ye^y\right]_0^1 - \displaystyle\int_0^1 2e^y dy$
$= -(e - 2e) + 1 - \left[2e^y\right]_0^1$
$= e + 1 - 2e + 2 = -e + 3.$

(2) $\displaystyle\int_0^1 dy \int_{\sqrt{y}}^1 e^{y/x} dx = \int_0^1 dx \int_0^{x^2} e^{y/x} dy$
$= \displaystyle\int_0^1 \left[xe^{y/x}\right]_0^{x^2} dx = \int_0^1 x(e^x - 1)dx = \left[xe^x - \frac{x^2}{2}\right]_0^1 - \int_0^1 e^x dx$
$= e - \frac{1}{2} - \left[e^x\right]_0^1 = e - \frac{1}{2} - (e - 1) = \frac{1}{2}.$

(3) $\displaystyle\int_{1/2}^{2} dx \int_{1/x}^{2} ye^{xy} dy = \int_{1/2}^{2} dy \int_{1/y}^{2} ye^{xy} dx$
$= \displaystyle\int_{1/2}^{2} \left[e^{xy}\right]_{1/y}^{2} dy = \int_{1/2}^{2} (e^{2y} - e) dy = \left[\frac{e^{2y}}{2} - ey\right]_{1/2}^{2}$
$= \dfrac{e^4}{2} - 2e - \left(\dfrac{e}{2} - \dfrac{e}{2}\right) = \dfrac{e^4}{2} - 2e.$

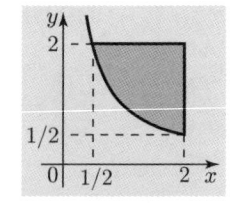

(4) $\displaystyle\int_{0}^{1} dy \int_{y}^{1} e^{x^2} dx = \int_{0}^{1} dx \int_{0}^{x} e^{x^2} dy$
$= \displaystyle\int_{0}^{1} \left[ye^{x^2}\right]_{0}^{x} dx = \int_{0}^{1} xe^{x^2} dx = \left[\dfrac{e^{x^2}}{2}\right]_{0}^{1}$
$= \dfrac{e-1}{2}.$

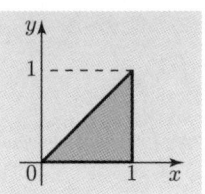

**7.3.1** (1) $x = ar\cos\theta, y = br\sin\theta$ とおくと, $\begin{vmatrix} \frac{\partial x}{\partial r} & \frac{\partial x}{\partial \theta} \\ \frac{\partial y}{\partial r} & \frac{\partial y}{\partial \theta} \end{vmatrix} = \begin{vmatrix} a\cos\theta & -ar\sin\theta \\ b\sin\theta & br\cos\theta \end{vmatrix} = abr$

で, $\left|\dfrac{\partial(x,y)}{\partial(r,\theta)}\right| = abr$ となり, $E = \{(r,\theta) \mid 0 \leq r \leq 1, 0 \leq \theta \leq \pi/2\}$ が $D$ に対応する領域なので, $\displaystyle\iint_{D} x^2 dxdy = \iint_{E} a^2r^2\cos^2\theta \cdot abr \, drd\theta = a^3b \int_{0}^{\pi/2} \cos^2\theta \, d\theta \int_{0}^{1} r^3 \, dr =$
$a^3b \displaystyle\int_{0}^{\pi/2} \dfrac{1+\cos 2\theta}{2} d\theta \left[\dfrac{r^4}{4}\right]_{0}^{1} = a^3b \left[\dfrac{\theta}{2} + \dfrac{\sin 2\theta}{4}\right]_{0}^{\pi/2} \dfrac{1}{4} = \dfrac{\pi a^3 b}{16}.$

(2) $x+y = u, x-y = v$ とおくと, 例題 7.3-2 と同様にして, $\left|\dfrac{\partial(x,y)}{\partial(u,v)}\right| = \dfrac{1}{2}, x = \dfrac{u+v}{2}$
で $D$ に対応する $uv$ 平面は $\Omega = \{(u,v) \mid 0 \leq u \leq 1, 0 \leq v \leq 1\}$ なので, $\displaystyle\iint_{D} x^2 \, dxdy =$
$\displaystyle\iint_{\Omega} \left(\dfrac{u+v}{2}\right)^2 \dfrac{1}{2} \, dudv = \int_{0}^{1} dv \int_{0}^{1} \dfrac{u^2 + 2uv + v^2}{4} \dfrac{1}{2} \, du = \int_{0}^{1} \dfrac{1}{8} \left[\dfrac{u^3}{3} + u^2v + v^2u\right]_{0}^{1} dv =$
$\displaystyle\int_{0}^{1} \dfrac{1}{8}\left(\dfrac{1}{3} + v + v^2\right) dv = \dfrac{1}{8}\left[\dfrac{1}{3}v + \dfrac{v^2}{2} + \dfrac{v^3}{3}\right]_{0}^{1} = \dfrac{7}{48}.$

(3) $x = r\cos\theta, y = r\sin\theta$ と変数変換すると,
$\displaystyle\iint_{D} \dfrac{dxdy}{x^2+y^2} = \int_{1}^{2} dr \int_{0}^{\pi} \dfrac{1}{r^2} r d\theta = \pi \int_{1}^{2} \dfrac{1}{r} dr = \pi \left[\log r\right]_{1}^{2} = \pi \log 2.$

**7.4.1** (1) $D_n = \{(x,y) \mid n^2 \geq x^2 + y^2 \geq 1\}$ とおくと, $\{D_n\}$ は $D$ の近似列である. 極座標変換して計算すると

$$\iint_{D_n} \dfrac{1}{\sqrt{(x^2+y^2)^3}} \, dxdy = \int_{0}^{2\pi} \int_{1}^{n} \dfrac{1}{\sqrt{(r^2)^3}} r \, drd\theta$$
$$= 2\pi \int_{1}^{n} \dfrac{1}{r^2} \, dr = 2\pi \left[\dfrac{-1}{r}\right]_{1}^{n} = 2\pi \left(1 - \dfrac{1}{n}\right).$$

また, $\dfrac{1}{\sqrt{(x^2+y^2)^3}} \geq 0$ なので, 式 (7.2) より

$$\iint_D \frac{1}{\sqrt{(x^2+y^2)^3}}\,dxdy = \lim_{n\to\infty} 2\pi\left(1-\frac{1}{n}\right) = 2\pi.$$

(2) $D_n = \{(x,y) \mid n^2 \geq x^2+y^2 \geq 1\}$ とおくと，$\{D_n\}$ は $D$ の近似列である．極座標変換して計算すると $x^4+y^4 = (x^2+y^2)^2 - 2x^2y^2 = r^4(1-2\cos^2\theta\sin^2\theta) = r^4\left(1-\frac{\sin^2 2\theta}{2}\right) = r^4\left(1-\frac{1-\cos 4\theta}{4}\right) = r^4\frac{3+\cos 4\theta}{4}$．関数 $\frac{1}{x^4+y^4}$ は $x$ 軸，$y$ 軸，直線 $x=y$ に関して対称なので，極座標で表した領域 $E_{n,8} = \left\{(r,\theta) \mid 1 \leq r \leq n,\ 0 \leq \theta \leq \frac{\pi}{4}\right\}$ での積分の $8$ 倍になる．ここで，$\tan 2\theta = t$ とおくと，$\cos 4\theta = \frac{1-t^2}{1+t^2}$，$d\theta = \frac{1}{2(1+t^2)}dt$ なので，

$$\iint_{D_n}\frac{1}{x^4+y^4}\,dxdy = 8\int_1^n\int_0^{\pi/4}\frac{4}{r^4(3+\cos 4\theta)}\,rd\theta dr$$
$$= 8\int_1^n\int_0^\infty \frac{4}{r^3(3+\frac{1-t^2}{1+t^2})}\frac{1}{2(1+t^2)}\,dtdr = 8\int_1^n\frac{1}{r^3}\,dr\int_0^\infty\frac{1}{2+t^2}\,dt$$
$$= 8\left[\frac{-1}{2r^2}\right]_1^n\left[\frac{1}{\sqrt{2}}\operatorname{Arctan}\frac{t}{\sqrt{2}}\right]_0^\infty = 4\left(1-\frac{1}{n^2}\right)\frac{1}{\sqrt{2}}\frac{\pi}{2} = \sqrt{2}\pi\left(1-\frac{1}{n^2}\right).$$ 従って，

$$\iint_D\frac{1}{x^4+y^4}\,dxdy = \lim_{n\to\infty}\iint_{D_n}\frac{1}{x^4+y^4}\,dxdy = \sqrt{2}\pi.$$

(3) $D_n = \{(x,y) \mid 0 \leq x \leq \frac{1}{n},\ \frac{1}{n}-x \leq y \leq 1\}$ $\cup \left\{(x,y) \mid \frac{1}{n} \leq x \leq 1,\ 0 \leq y \leq 1\right\}$ とおくと，$\{D_n\}$ は $D$ への近似列で，関数 $\frac{1}{\sqrt{(x+y)^3}} = (x+y)^{-3/2}$ は $D_n$ 上連続である．従って，$\iint_{D_n}(x+y)^{-3/2}\,dxdy$

$$= \int_0^{1/n}dx\int_{1/n-x}^1 (x+y)^{-3/2}\,dy + \int_{1/n}^1 dx\int_0^1 (x+y)^{-3/2}\,dy$$
$$= \int_0^{1/n}\left[-2(x+y)^{-1/2}\right]_{1/n-x}^1 dx + \int_{1/n}^1\left[-2(x+y)^{-1/2}\right]_0^1 dx$$
$$= \int_0^{1/n}(-2(x+1)^{-1/2}+2n^{1/2})\,dx + \int_{1/n}^1 (-2(x+1)^{-1/2}+2x^{-1/2})\,dx$$
$$= \left[-4(x+1)^{1/2}+2n^{1/2}x\right]_0^{1/n} + \left[-4(x+1)^{1/2}+4x^{1/2}\right]_{1/n}^1$$
$$= -4\sqrt{1+\frac{1}{n}}+2n^{1/2}\frac{1}{n}+4-4\sqrt{2}+4+4\sqrt{1+\frac{1}{n}}-4\frac{1}{\sqrt{n}}$$
$$= 8-4\sqrt{2}-\frac{2}{\sqrt{n}}.\ \text{従って}, \iint_D\frac{1}{\sqrt{(x+y)^3}}\,dxdy = \lim_{n\to\infty}\left(8-4\sqrt{2}-\frac{2}{\sqrt{n}}\right) = 8-4\sqrt{2}.$$

(4) 極座標に直すと $\iint_D \frac{x^2}{(x^2+y^2+1)^3}\,dxdy = \int_0^{\pi/2}\int_0^\infty \frac{r^2\cos^2\theta}{(r^2+1)^3}\,rdrd\theta$
$$= \int_0^\infty \frac{r^3}{(r^2+1)^3}\,dr \int_0^{\pi/2}\frac{1+\cos 2\theta}{2}\,d\theta = \frac{\pi}{4}\int_0^\infty\left(\frac{r}{(r^2+1)^2}-\frac{r}{(r^2+1)^3}\right)dr$$
$$= \frac{\pi}{4}\left[-\frac{1}{2(r^2+1)}+\frac{1}{4(r^2+1)^2}\right]_0^\infty = \frac{\pi}{4}\left(\frac{1}{2}-\frac{1}{4}\right) = \frac{\pi}{16}.$$

**7.5.1** 関数 $(x-1)^2 + y^2 \leq 1$ と $x^2 + y^2 + z^2 \leq 4$ は $y$ に関して偶関数なので, $D = \{(x,y) \mid (x-1)^2 + y^2 \leq 1, y \geq 0\}$ 上の体積の 2 倍を考えればよく, さらに $z = \pm\sqrt{4 - x^2 - y^2}$ なので, 求める体積は $V = 4\iint_D \sqrt{4 - x^2 - y^2}\, dxdy$ である. ここで, $(x-1)^2 + y^2 \leq 1$ を変形すると $x^2 + y^2 \leq 2x$ で, 極座標に直すと, $r \leq 2\cos\theta$ で, $D$ に対応する領域は $\Omega = \left\{(r,\theta) \mid 0 \leq r \leq 2\cos\theta, 0 \leq \theta \leq \dfrac{\pi}{2}\right\}$. 従って,

$$V = 4\iint_\Omega \sqrt{4 - r^2}\, rdrd\theta = 4\int_0^{\pi/2} \left[\frac{-\sqrt{(4 - r^2)^3}}{3}\right]_0^{2\cos\theta} d\theta$$

$$= 4\int_0^{\pi/2} \frac{8 - \sqrt{(4 - 4\cos^2\theta)^3}}{3} d\theta = \int_0^{\pi/2} \frac{32(1 - \sin^3\theta)}{3} d\theta$$

$$= \frac{32}{3}\int_0^{\pi/2} \{1 - \sin\theta(1 - \cos^2\theta)\}d\theta = \frac{32}{3}\left[\theta + \cos\theta - \frac{\cos^3\theta}{3}\right]_0^{\pi/2} = \frac{32}{3}\left(\frac{\pi}{2} - \frac{2}{3}\right).$$

**7.6.1** 半径 $a$ の球の上半分の表面積は $D = \{(x,y) \mid x^2 + y^2 \leq a^2\}$ 上の曲面 $z = \sqrt{a^2 - x^2 - y^2} = \sqrt{a^2 - r^2}$ の曲面積である. このとき, $z_r = \dfrac{-r}{\sqrt{a^2 - r^2}}$ なので,

$$\sqrt{1 + z_r^2 + \frac{1}{r^2}z_\theta^2} = \sqrt{1 + \left(\frac{-r}{\sqrt{a^2 - r^2}}\right)^2} = \frac{a}{\sqrt{a^2 - r^2}}.$$ これより

$$\iint_D \sqrt{1 + z_r^2 + \frac{1}{r^2}z_\theta^2}\, rdrd\theta = \int_0^{2\pi}\int_0^a \frac{a}{\sqrt{a^2 - r^2}} rdrd\theta = 2\pi\left[-a\sqrt{a^2 - r^2}\right]_0^a = 2\pi a^2.$$ 従って, 表面積はこの 2 倍なので $4\pi a^2$.

**7.6.2** $D = \{(x,y) \mid x^2 + y^2 \leq ax\}$ 上の曲面 $z = \sqrt{a^2 - x^2 - y^2}$ と曲面 $z = -\sqrt{a^2 - x^2 - y^2}$ の曲面積である.

極座標で表すと, $\Omega = \left\{(r,\theta) \mid 0 \leq r \leq a\cos\theta, -\dfrac{\pi}{2} \leq \theta \leq \dfrac{\pi}{2}\right\}$ 上の曲面 $z = \sqrt{a^2 - r^2}$ と曲面 $z = -\sqrt{a^2 - r^2}$ である. 従って, 表面積は $S = 2\iint_\Omega \sqrt{1 + z_r^2 + \dfrac{1}{r^2}z_\theta^2}\, r\, drd\theta =$

$$2\int_{-\pi/2}^{\pi/2}\int_0^{a\cos\theta} \sqrt{1 + \left(\frac{-r}{\sqrt{a^2 - r^2}}\right)^2} r\, drd\theta = 2\int_{-\pi/2}^{\pi/2} d\theta \int_0^{a\cos\theta} \frac{a}{\sqrt{a^2 - r^2}} rdr$$

$$= 2\int_{-\pi/2}^{\pi/2} \left[-a\sqrt{a^2 - r^2}\right]_0^{a\cos\theta} d\theta = 2\int_{-\pi/2}^{\pi/2} a(a - a|\sin\theta|)d\theta = 4a^2\left[\theta + \cos\theta\right]_0^{\pi/2} = 2a^2(\pi - 2).$$

**7.6.3** $z = \dfrac{x^2}{2a} + \dfrac{y^2}{2b}$ に対し, $\sqrt{1 + z_x^2 + z_y^2} = \sqrt{1 + \left(\dfrac{x}{a}\right)^2 + \left(\dfrac{y}{b}\right)^2}$ なので, $D = \left\{(x,y) \mid \dfrac{x^2}{a^2} + \dfrac{y^2}{b^2} \leq 1\right\}$ 上にある曲面積は $S = \iint_D \sqrt{1 + \left(\dfrac{x}{a}\right)^2 + \left(\dfrac{y}{b}\right)^2} dxdy$. ここで, $x = ar\cos\theta, y = br\sin\theta$ とおくと, $\dfrac{\partial(x,y)}{\partial(r,\theta)} = \begin{vmatrix} a\cos\theta & -ar\sin\theta \\ b\sin\theta & br\cos\theta \end{vmatrix} = abr$ なので,

$$S = \int_0^{2\pi}\int_0^1 \sqrt{1 + r^2}\, abrdrd\theta = 2\pi ab\left[\frac{1}{3}\sqrt{(1 + r^2)^3}\right]_0^1 = \frac{2\pi ab}{3}(2\sqrt{2} - 1).$$

## ■ 7章の演習問題解答

1 (1) $\iint_D x^2 y\, dxdy = \int_0^\pi d\theta \int_0^a r^3 \cos^2\theta \sin\theta\, rdrd\theta = \left[\dfrac{r^5}{5}\right]_0^a \left[\dfrac{-\cos^3\theta}{3}\right]_0^\pi = \dfrac{2a^5}{15}$.

(2) $\iint_D x^2 y\, dxdy = \int_0^{2a} dx \int_0^{\sqrt{a^2-(x-a)^2}} x^2 y\, dy = \int_0^{2a}\left[\dfrac{x^2 y^2}{2}\right]_0^{\sqrt{a^2-(x-a)^2}} dx =$
$\dfrac{1}{2}\int_0^{2a} x^2(a^2-(x-a)^2)dx = \dfrac{1}{2}\int_0^{2a}(2ax^3 - x^4)dx = \dfrac{1}{2}\left[\dfrac{x^4 a}{2} - \dfrac{x^5}{5}\right]_0^{2a} = \dfrac{1}{2}\left(8a^5 - \dfrac{32a^5}{5}\right) = \dfrac{4a^5}{5}$.

別解：領域 $D = \{(x,y) \mid x^2 + y^2 \leq 2ax,\ y \geq 0\}$ は
$E = \left\{(r,\theta) \mid 0 \leq \theta \leq \dfrac{\pi}{2},\ 0 \leq r \leq 2a\cos\theta\right\}$ に対応するので
$\iint_D x^2 y\, dxdy = \int_0^{\pi/2}\int_0^{2a\cos\theta} r^3\cos^2\theta\sin\theta\, r\, drd\theta = \int_0^{\pi/2}\cos^2\theta\sin\theta\left[\dfrac{r^5}{5}\right]_0^{2a\cos\theta} d\theta$
$= \int_0^{\pi/2}\dfrac{(2a)^5\cos^7\theta\sin\theta}{5}d\theta = \left[\dfrac{(2a)^5}{5}\dfrac{-\cos^8\theta}{8}\right]_0^{\pi/2} = \dfrac{4a^5}{5}$.

(3) $\iint_D \sqrt{2ay - x^2}\, dxdy = \int_0^{2a} dy \int_{-\sqrt{ay}}^{\sqrt{ay}} \sqrt{2ay - x^2}\, dx$
$= \int_0^{2a}\left[\dfrac{1}{2}\left(x\sqrt{2ay - x^2} + 2ay\,\text{Arcsin}\dfrac{x}{\sqrt{2ay}}\right)\right]_{-\sqrt{ay}}^{\sqrt{ay}} dy$
$= \int_0^{2a}\left(\sqrt{ay}\sqrt{ay} + 2ay\,\text{Arcsin}\dfrac{\sqrt{ay}}{\sqrt{2ay}}\right)dy = \int_0^{2a}\left(ay + 2ay\dfrac{\pi}{4}\right)dy = \left[\left(1 + \dfrac{\pi}{2}\right)\dfrac{ay^2}{2}\right]_0^{2a}$
$= (2 + \pi)a^3$.

(4) $\iint_D \sqrt{xy - x^2}\, dxdy = \int_0^2 dx \int_x^{3x} \sqrt{x}\sqrt{y - x}\, dy = \int_0^2\left[\dfrac{2\sqrt{x}}{3}\sqrt{(y-x)^3}\right]_x^{3x} dx$
$= \int_0^2 \dfrac{2\sqrt{x}}{3}\sqrt{(2x)^3}\, dx = \int_0^2 \dfrac{4x^2\sqrt{2}}{3} dx = \left[\dfrac{4x^3\sqrt{2}}{9}\right]_0^2 = \dfrac{32\sqrt{2}}{9}$.

(5) $\iint_D \sqrt{\dfrac{1 - x^2 - y^2}{1 + x^2 + y^2}}\, dxdy = \int_0^{\pi/2}\int_0^1 \sqrt{\dfrac{1 - r^2}{1 + r^2}}\, rdrd\theta = \dfrac{\pi}{2}\int_0^1 \sqrt{\dfrac{1 - r^2}{1 + r^2}}\, rdr$.

ここで，$t = \sqrt{\dfrac{1-r^2}{1+r^2}}$ とおくと，$r^2 = \dfrac{2}{1+t^2} - 1$ より $2rdr = \dfrac{-4t}{(1+t^2)^2}dt$ なので

$\int_0^1 \sqrt{\dfrac{1-r^2}{1+r^2}}\, rdr = \int_1^0 t\dfrac{-2t}{(1+t^2)^2}dt = \int_0^1 t\dfrac{2t}{(1+t^2)^2}dt = \left[t\dfrac{-1}{1+t^2}\right]_0^1 + \int_0^1 \dfrac{1}{1+t^2}dt$

$= -\dfrac{1}{2} + [\text{Arctan}\, t]_0^1 = \dfrac{\pi}{4} - \dfrac{1}{2}$. 従って，$\iint_D \sqrt{\dfrac{1-x^2-y^2}{1+x^2+y^2}}\, dxdy = \dfrac{\pi}{2}\left(\dfrac{\pi}{4} - \dfrac{1}{2}\right)$.

(6) 極座標表示 $x = r\cos\theta,\ y = r\sin\theta$ をすると，$\dfrac{y}{x} = \tan\theta$ より $\text{Arctan}\dfrac{y}{x} = \theta$. また，$D$ に対応する領域は $\Omega = \left\{(r,\theta) \mid 0 \leq r \leq a,\ 0 \leq \theta \leq \dfrac{\pi}{2}\right\}$ なので，

$\iint_D \text{Arctan}\dfrac{y}{x}\, dxdy = \int_0^a\int_0^{\pi/2} \theta r\, drd\theta = \left[\dfrac{r^2}{2}\right]_0^a \left[\dfrac{\theta^2}{2}\right]_0^{\pi/2} = \dfrac{a^2\pi^2}{16}$.

(7) $\iint_D x^y\, dxdy = \int_a^{2a}\int_0^1 x^y\, dxdy = \int_a^{2a}\left[\dfrac{x^{y+1}}{y+1}\right]_0^1 dy = \int_a^{2a}\dfrac{1}{y+1} dy = [\log(y+1)]_a^{2a} =$

$\log \dfrac{2a+1}{a+1}$.

(8) 二つの放物線 $y = x^2$, $y = 8 - x^2$ の交点の $x$ 座標は $x = \pm 2$ なので，$D = \{(x, y) \mid -2 \leq x \leq 2, \, x^2 \leq y \leq 8 - x^2\}$. また，被積分関数 $\sqrt{x^2 + y}$ は $x$ に関して偶関数なので求める積分は $\displaystyle\iint_D \sqrt{x^2 + y}\, dxdy = 2\int_0^2\!\!\int_{x^2}^{8-x^2} \sqrt{x^2+y}\, dydx$

$\displaystyle = 2\int_0^2 \left[\dfrac{2}{3}\sqrt{(x^2+y)^3}\right]_{x^2}^{8-x^2} dx = \dfrac{4}{3}\int_0^2 \left(\sqrt{8^3} - \sqrt{(2x^2)^3}\right) dx = \dfrac{4}{3}\left[16\sqrt{2}\,x - 2\sqrt{2}\dfrac{x^4}{4}\right]_0^2$

$= \dfrac{4}{3}(32\sqrt{2} - 8\sqrt{2}) = 32\sqrt{2}$.

(9) $D = \left\{(x,y) \mid 0 \leq y \leq \dfrac{1}{x^2},\, 1 \leq x\right\}$ は有界領域ではないので

$D_n = \left\{(x,y) \mid 0 \leq y \leq \dfrac{1}{x^2},\, 1 \leq x \leq n\right\}$ とおくと，$\{D_n\}$ は $D$ の近似列である．

$\displaystyle\iint_{D_n} \sqrt{1 - x^2 y}\, dxdy = \int_1^n\!\!\int_0^{1/x^2} \sqrt{1 - x^2 y}\, dydx = \int_1^n \left[\dfrac{-2}{3x^2}\sqrt{(1-x^2y)^3}\right]_0^{1/x^2} dx$

$\displaystyle = \int_1^n \dfrac{2}{3x^2}\, dx = \left[-\dfrac{2}{3x}\right]_1^n = \dfrac{2}{3} - \dfrac{2}{3n}$. 従って，求める積分は $\displaystyle\iint_D \sqrt{1 - x^2 y}\, dxdy$

$\displaystyle = \lim_{n\to\infty}\iint_{D_n} \sqrt{1 - x^2 y}\, dxdy = \lim_{n\to\infty}\left(\dfrac{2}{3} - \dfrac{2}{3n}\right) = \dfrac{2}{3}$.

(10) $D = \{(x,y) \mid y \leq x \leq 1,\, 0 \leq y \leq 1\}$ なので $\displaystyle\iint_D \dfrac{x+y}{x^2+y^2}\, dxdy = \int_0^1\!\!\int_y^1 \dfrac{x+y}{x^2+y^2}\, dxdy$.

ここで，$\displaystyle\int_y^1 \dfrac{x+y}{x^2+y^2}\, dx = \left[\dfrac{1}{2}\log(x^2+y^2) + \text{Arctan}\dfrac{x}{y}\right]_y^1$

$= \dfrac{1}{2}\log(1+y^2) + \text{Arctan}\dfrac{1}{y} - \log y - \dfrac{1}{2}\log 2 - \dfrac{\pi}{4}$. また

$\displaystyle\int_0^1 \log(1+y^2)\, dy = \left[y\log(1+y^2)\right]_0^1 - \int_0^1 \dfrac{2y^2}{1+y^2}\, dy = \log 2 - \int_0^1 \left(2 - \dfrac{2}{1+y^2}\right) dy$

$= \log 2 - \left[2y - 2\,\text{Arctan}\, y\right]_0^1 = \log 2 - 2 + \dfrac{\pi}{2}$.

$\displaystyle\int_0^1 \text{Arctan}\dfrac{1}{y}\, dy = \left[y\,\text{Arctan}\dfrac{1}{y}\right]_0^1 - \int_0^1 \dfrac{y(-1/y^2)}{1+(1/y)^2}\, dy = \dfrac{\pi}{4} - \int_0^1 \dfrac{-y}{1+y^2}\, dy$

$= \dfrac{\pi}{4} + \left[\dfrac{1}{2}\log(1+y^2)\right]_0^1 = \dfrac{\pi}{4} + \dfrac{1}{2}\log 2$ なので

$\displaystyle\int_0^1\!\!\int_y^1 \dfrac{x+y}{x^2+y^2}\, dxdy = \int_0^1 \left(\dfrac{1}{2}\log(1+y^2) + \text{Arctan}\dfrac{1}{y} - \log y - \dfrac{1}{2}\log 2 - \dfrac{\pi}{4}\right) dy$

$= \dfrac{1}{2}\left(\log 2 - 2 + \dfrac{\pi}{2}\right) + \left(\dfrac{\pi}{4} + \dfrac{1}{2}\log 2\right) - \left[y\log y - y\right]_0^1 - \dfrac{1}{2}\log 2 - \dfrac{\pi}{4} = \dfrac{1}{2}\log 2 + \dfrac{\pi}{4}$.

**2** (1) 回転放物面 $z = x^2 + y^2$ と平面 $z = x + 2$ との交わりは $x^2 + y^2 = x + 2$. すなわち，円 $D = \left\{(x,y) \mid \left(x - \dfrac{1}{2}\right)^2 + y^2 \leq \left(\dfrac{3}{2}\right)^2\right\}$. 囲まれた図形の体積は $V = \displaystyle\iint_D (x + 2 - x^2 - y^2)\, dxdy$

で，$x = \dfrac{1}{2} + r\cos\theta,\, y = r\sin\theta$ と変換して，$V = \displaystyle\int_0^{3/2}\!\!\int_0^{2\pi} \left(\left(\dfrac{3}{2}\right)^2 - r^2\right) r\, d\theta dr = $

$2\pi\left[\left(\dfrac{3}{2}\right)^2 \dfrac{r^2}{2} - \dfrac{r^4}{4}\right]_0^{3/2} = 2\pi\left\{\left(\dfrac{3}{2}\right)^4 \dfrac{1}{2} - \left(\dfrac{3}{2}\right)^4 \dfrac{1}{4}\right\} = \dfrac{81}{32}\pi$.

(2) 体積は $V = 2\int_{-a}^{a}\int_{-b\sqrt{1-\frac{x^2}{a^2}}}^{b\sqrt{1-\frac{x^2}{a^2}}} c\sqrt{1-\frac{x^2}{a^2}-\frac{y^2}{b^2}}\,dydx$. ここで, $y = b\sqrt{1-\frac{x^2}{a^2}}\sin\theta$ とおくと, $dy = b\sqrt{1-\frac{x^2}{a^2}}\cos\theta\,d\theta$ より

$$V = 2\int_{-a}^{a}dx\int_{-\pi/2}^{\pi/2}\frac{c}{2}\sqrt{b^2\left(1-\frac{x^2}{a^2}\right)}\cos\theta\left(b\sqrt{1-\frac{x^2}{a^2}}\cos\theta\right)d\theta$$

$$= 2\int_{-a}^{a}dx\int_{-\pi/2}^{\pi/2}bc\left(1-\frac{x^2}{a^2}\right)\frac{\cos 2\theta+1}{2}\,d\theta = 2\int_{-a}^{a}\left[bc\left(1-\frac{x^2}{a^2}\right)\frac{\sin 2\theta+2\theta}{4}\right]_{-\pi/2}^{\pi/2}dx$$

$$= \int_{-a}^{a}bc\left(1-\frac{x^2}{a^2}\right)\pi\,dx = \left[\pi bc\left(x-\frac{x^3}{3a^2}\right)\right]_{-a}^{a} = \frac{4\pi abc}{3}.$$

(3) $D = \left\{(x,y)\mid x\geq 0,\,y\geq 0,\,\sqrt{\frac{x}{a}}+\sqrt{\frac{y}{b}}\leq 1\right\}$ 上の関数 $z = c\left(1-\sqrt{\frac{x}{a}}-\sqrt{\frac{y}{b}}\right)^2$ のグラフ下の体積なので $V = \iint_D c\left(1-\sqrt{\frac{x}{a}}-\sqrt{\frac{y}{b}}\right)^2 dxdy$. ここで, $u = \sqrt{\frac{x}{a}}$, $v = \sqrt{\frac{y}{b}}$ とおくと, $x = au^2, y = bv^2$ より $\frac{\partial(x,y)}{\partial(u,v)} = \begin{vmatrix} 2au & 0 \\ 0 & 2bv \end{vmatrix} = 4abuv$. 従って,

$$V = \int_0^1 dv\int_0^{1-v} c(1-u-v)^2 4abuv\,du$$

$$= 4abc\int_0^1 dv\int_0^{1-v}\{uv(1-v)^2 - 2u^2v(1-v) + u^3v\}\,du$$

$$= 4abc\int_0^1\left[\frac{u^2v(1-v)^2}{2} - \frac{2u^3v(1-v)}{3} + \frac{u^4v}{4}\right]_0^{1-v}dv$$

$$= 4abc\int_0^1\left(\frac{v(1-v)^4}{2} - \frac{2v(1-v)^4}{3} + \frac{v(1-v)^4}{4}\right)dv$$

$$= \frac{abc}{3}\left[-\frac{(1-v)^5}{5} + \frac{(1-v)^6}{6}\right]_0^1 = \frac{abc}{3}\left(\frac{1}{5}-\frac{1}{6}\right) = \frac{abc}{90}.$$

(4) 体積は $D = \{(x,y)\mid (x-a)^2+y^2\leq a^2\}$ 上の二つの関数 $z = bx$ と $z = cx$ に挟まれた領域なので,

$$V = \int_{-a}^{a}dy\int_{a-\sqrt{a^2-y^2}}^{a+\sqrt{a^2-y^2}}(cx-bx)dx = \int_{-a}^{a}\left[(c-b)\frac{x^2}{2}\right]_{a-\sqrt{a^2-y^2}}^{a+\sqrt{a^2-y^2}}dy$$

$$= \int_{-a}^{a}\frac{(c-b)}{2}\{(a+\sqrt{a^2-y^2})^2 - (a-\sqrt{a^2-y^2})^2\}dy$$

$$= \int_{-a}^{a}2(c-b)a\sqrt{a^2-y^2}\,dy = (c-b)a\left[y\sqrt{a^2-y^2}+a^2\mathrm{Arcsin}\frac{x}{a}\right]_{-a}^{a} = a^3(c-b)\pi.$$

(5) $D = \left\{(x,y)\mid \frac{x^2}{a^2}+\frac{y^2}{b^2}\leq \frac{x}{h}\right\}$ とおくと, 体積は $V = \iint_D c\sqrt{\frac{x^2}{a^2}+\frac{y^2}{b^2}}\,dxdy$. 変数変換 $x = ar\cos t, y = br\sin t$ をすると, $\frac{x^2}{a^2}+\frac{y^2}{b^2}\leq \frac{x}{h}$ は $r^2\leq \frac{ar\cos t}{h}$ となり $\cos t\geq 0$. すなわち, $-\frac{\pi}{2}\leq t\leq \frac{\pi}{2}$ なので, $D$ に対応する領域は $\Omega = \left\{(r,t)\mid -\frac{\pi}{2}\leq t\leq \frac{\pi}{2},\,0\leq r\leq \frac{a\cos t}{h}\right\}$ でヤコビアン

$$J = \begin{vmatrix} \frac{\partial x}{\partial r} & \frac{\partial x}{\partial t} \\ \frac{\partial y}{\partial r} & \frac{\partial y}{\partial t} \end{vmatrix} = \begin{vmatrix} a\cos t & -ar\sin t \\ b\sin t & br\cos t \end{vmatrix} = rab \text{ となり}$$

$$V = \int_{-\pi/2}^{\pi/2}\int_0^{a\cos t/h} cr|J|drdt = \int_{-\pi/2}^{\pi/2}\int_0^{a\cos t/h} cr^2 ab\, drdt = abc\int_{-\pi/2}^{\pi/2}\left[\frac{r^3}{3}\right]_0^{a\cos t/h} dt$$

$$= abc\int_{-\pi/2}^{\pi/2}\frac{a^3\cos^3 t}{3h^3}dt = \frac{a^4 bc}{3h^3}\int_{-\pi/2}^{\pi/2}(1-\sin^2 t)\cos t\, dt$$

$$= \frac{a^4 bc}{3h^3}\left[\left(\sin t - \frac{\sin^3 t}{3}\right)\right]_{-\pi/2}^{\pi/2} = \frac{4a^4 bc}{9h^3}.$$

(6) 領域 $D = \{(x,y) \mid 0 \leq y \leq 1, 0 \leq x \leq (1-\sqrt{y})^2\}$ 上の関数 $z = \sqrt{xy}$ と $z = -\sqrt{xy}$ で挟まれた部分の体積なので $V = 2\iint_D \sqrt{xy}\, dxdy = 2\int_0^1\int_0^{(1-\sqrt{y})^2} \sqrt{y}\sqrt{x}\, dxdy$

$$= 2\int_0^1 \sqrt{y}\left[\frac{2}{3}\sqrt{x^3}\right]_0^{(1-\sqrt{y})^2} = \frac{4}{3}\int_0^1 \sqrt{y}(1-\sqrt{y})^3 dy = \frac{4}{3}\int_0^1 (\sqrt{y} - 3y + 3y\sqrt{y} - y^2)\, dy$$

$$= \frac{4}{3}\left[\frac{2}{3}\sqrt{y^3} - \frac{3y^2}{2} + \frac{6}{5}\sqrt{y^5} - \frac{y^3}{3}\right]_0^1 = \frac{2}{45}.$$

(7) $D = \left\{(x,y) \mid \frac{x^2}{a^2} + \frac{y^2}{b^2} \leq 1\right\}$ とおくと求める体積は $V = \iint_D \left(\frac{x^2}{h} + \frac{y^2}{k}\right) dxdy$ である. 変数変換 $x = ar\cos t, y = br\sin t$ すると, (5) で示したようにヤコビアンは $J = rab$ なので,

$$V = \int_0^{2\pi}\int_0^1 \left(\frac{(ar)^2\cos^2 t}{h} + \frac{(br)^2\sin^2 t}{k}\right) abr\, drdt$$

$$= ab\int_0^1 r^3\, dr\int_0^{2\pi}\left(\frac{a^2\cos^2 t}{h} + \frac{b^2\sin^2 t}{k}\right)dt = ab\left[\frac{r^4}{4}\right]_0^1\left(\frac{a^2}{h}\int_0^{2\pi}\cos^2 t\, dt + \frac{b^2}{k}\int_0^{2\pi}\sin^2 t\, dt\right)$$

$$= \frac{ab\pi}{4}\left(\frac{a^2}{h} + \frac{b^2}{k}\right). \text{ ここで}, \int_0^{2\pi}\cos^2 t\, dt = \int_0^{2\pi}\sin^2 t\, dt = \pi \text{ は式 (4.8) による}.$$

(8) $(x^2+y^2)^2 = 2a^2 xy$ は $xy \geq 0$ より第一象限と第三象限だが, $z = x^2 + y^2$ は第一象限と第三象限で同じ値をとるので第一象限での値の 2 倍である. $(x^2+y^2)^2 = 2a^2 xy$ を極座標で表すと $r^4 = 2a^2 r^2 \cos\theta\sin\theta$, すなわち $r^2 = a^2\sin 2\theta$ なので, 求める体積は

$$V = 2\int_0^{\pi/2}\int_0^{a\sqrt{\sin 2\theta}} r^2\, r\, drd\theta = 2\int_0^{\pi/2}\left[\frac{r^4}{4}\right]_0^{a\sqrt{\sin 2\theta}} d\theta = 2\int_0^{\pi/2}\frac{a^4\sin^2 2\theta}{4} d\theta$$

$$= \frac{a^4}{2}\int_0^{\pi/2}\frac{1 - \cos 4\theta}{2} d\theta = \frac{a^4}{4}\left[\theta - \frac{\sin 4\theta}{4}\right]_0^{\pi/2} = \frac{a^4\pi}{8}.$$

(9) (8) と同様に極座標で考えると, 求める体積は

$$V = \iint_{(x^2+y^2)^2 \leq 2a^2 xy} \sqrt{2xy}\, dxdy = 2\int_0^{\pi/2}\int_0^{a\sqrt{\sin 2\theta}} r\sqrt{\sin 2\theta}\, r\, drd\theta$$

$$= 2\int_0^{\pi/2}\sqrt{\sin 2\theta}\left[\frac{r^3}{3}\right]_0^{a\sqrt{\sin 2\theta}} d\theta = \frac{2}{3}\int_0^{\pi/2} a^3\sin^2 2\theta\, d\theta = \frac{2a^3}{3}\int_0^{\pi/2}\frac{1-\cos 4\theta}{2} d\theta$$

$$= \frac{a^3}{3}\left[\theta - \frac{\sin 4\theta}{4}\right]_0^{\pi/2} = \frac{a^3\pi}{6}.$$

(10) 関数 $(x^2+y^2)^2 = a^2(x^2-y^2)$ は $x$ 軸, $y$ 軸に関して対称なので, 第一象限の部分の体積の 4 倍を考えればよい. この関数を極座標で表すと $r^4 = a^2r^2\cos 2\theta$ で, $\cos 2\theta \geq 0$ より第一象限では $0 \leq \theta \leq \dfrac{\pi}{4}$ なので求める体積は $V = 4\displaystyle\int_0^{\pi/4}\int_0^{a\sqrt{\cos 2\theta}}(\sqrt{a^2-r^2}-(-\sqrt{a^2-r^2}))r\,drd\theta$

$= 8\displaystyle\int_0^{\pi/4}\left[\dfrac{-1}{3}\sqrt{(a^2-r^2)^3}\right]_0^{a\sqrt{\cos 2\theta}}d\theta = 8\int_0^{\pi/4}\dfrac{a^3}{3}\left(1-\sqrt{(1-\cos 2\theta)^3}\right)d\theta$

$= \dfrac{8a^3}{3}\displaystyle\int_0^{\pi/4}\left(1-\sqrt{(2\sin^2\theta)^3}\right)d\theta = \dfrac{8a^3}{3}\int_0^{\pi/4}\left(1-2\sqrt{2}\sin\theta(1-\cos^2\theta)\right)d\theta$

$= \dfrac{8a^3}{3}\left[\theta + 2\sqrt{2}\left(\cos\theta - \dfrac{\cos^3\theta}{3}\right)\right]_0^{\pi/4} = \dfrac{8a^3}{3}\left\{\dfrac{\pi}{4}+2\sqrt{2}\left(\dfrac{1}{\sqrt{2}}-\dfrac{1}{6\sqrt{2}}\right)-2\sqrt{2}\left(1-\dfrac{1}{3}\right)\right\}$

$= \dfrac{2\pi a^3}{3} + \dfrac{8a^3}{9}(5 - 4\sqrt{2}).$

**3** (1) $z = xy$ に対し, $\sqrt{1+z_x^2+z_y^2} = \sqrt{1+y^2+x^2}$ なので, 曲面積は $S = \displaystyle\iint_D \sqrt{1+y^2+x^2}\,dxdy$. 極座標で計算すると,

$S = \displaystyle\int_0^{2\pi}\int_0^a \sqrt{1+r^2}\,rdrd\theta = 2\pi\left[\dfrac{1}{3}\sqrt{(1+r^2)^3}\right]_0^a = \dfrac{2\pi(\sqrt{(1+a^2)^3}-1)}{3}.$

(2) $z = \text{Arctan}\dfrac{y}{x}$ より, 極座標表現すると, $z = \theta$ で積分領域は

$\Omega = \{(r,\theta) \mid 0 \leq r \leq a, 0 \leq \theta \leq 2\pi\}$ で $\sqrt{1+z_r^2+\dfrac{1}{r^2}z_\theta^2} = \sqrt{1+\dfrac{1}{r^2}}$ なので表面積は

$S = \displaystyle\iint_\Omega \sqrt{1+\dfrac{1}{r^2}}\,rdrd\theta = \int_0^{2\pi}\int_0^a \sqrt{r^2+1}\,drd\theta = 2\pi\left[\dfrac{1}{2}\left(r\sqrt{r^2+1}+\log(r+\sqrt{r^2+1})\right)\right]_0^a$
$= \pi\left(a\sqrt{a^2+1}+\log(a+\sqrt{a^2+1})\right).$

(3) 曲面は $z = \sqrt{b^2-r^2}$ と $z = -\sqrt{b^2-r^2}$ であり, $z = \sqrt{b^2-r^2}$ に対し, $1+z_r^2 = 1 + \left(\dfrac{-r}{\sqrt{b^2-r^2}}\right)^2 = \dfrac{b^2}{b^2-r^2}$ なので, 曲面積は

$S = 2\displaystyle\int_0^{2\pi}\int_0^a \dfrac{b}{\sqrt{b^2-r^2}}rdrd\theta = 2b\int_0^{2\pi}\left[-\sqrt{b^2-r^2}\right]_0^a d\theta = 4\pi b\left(b-\sqrt{b^2-a^2}\right).$

(4) $z_x = \sqrt{\dfrac{y}{2x}}, z_y = \sqrt{\dfrac{x}{2y}}$ より曲面積は $S = \displaystyle\iint_0^b\int_0^a \sqrt{1+\dfrac{y}{2x}+\dfrac{x}{2y}}\,dxdy = \iint_0^b\int_0^a \dfrac{x+y}{\sqrt{2xy}}\,dxdy.$

ここで $t = \sqrt{x}$ とおくと $dx = 2tdt$ より $S = \displaystyle\int_0^a \dfrac{x+y}{\sqrt{2xy}}\,dx = \int_0^{\sqrt{a}}\dfrac{t^2+y}{t\sqrt{2y}}2t\,dt$

$= \displaystyle\int_0^{\sqrt{a}}\dfrac{\sqrt{2}(t^2+y)}{\sqrt{y}}\,dt = \left[\dfrac{\sqrt{2}}{\sqrt{y}}\left(\dfrac{t^3}{3}+yt\right)\right]_0^{\sqrt{a}} = \dfrac{\sqrt{2a}(a+3y)}{3\sqrt{y}}.$ また $k = \sqrt{y}$ とおくと

$\displaystyle\int_0^b \dfrac{\sqrt{2a}(a+3y)}{3\sqrt{y}}\,dy = \int_0^{\sqrt{b}}\dfrac{\sqrt{2a}(a+3k^2)}{3k}2k\,dk = \int_0^{\sqrt{b}}\dfrac{2\sqrt{2a}(a+3k^2)}{3}\,dk$

$= \left[\dfrac{2\sqrt{2a}}{3}(ak+k^3)\right]_0^{\sqrt{b}} = \dfrac{2\sqrt{2ab}}{3}(a+b).$

(5) $S = \displaystyle\int_0^a\int_{ax}^{bx}\sqrt{1+(2px)^2}\,dydx = \int_0^a\left[\sqrt{1+4p^2x^2}\,y\right]_{ax}^{bx}dx$

$$= \int_0^a \sqrt{1+4p^2x^2}(b-a)x\,dx = \left[\frac{b-a}{12p^2}\sqrt{(1+4p^2x^2)^3}\right]_0^a = \frac{b-a}{12p^2}\{\sqrt{(1+4p^2a^2)^3}-1\}.$$

(6)　$z = \pm\sqrt{x^2+y^2}$ なので，曲面積は $S = 2\int_0^a\int_0^{a-x}\sqrt{1+z_x^2+z_y^2}\,dydx$

$$= 2\int_0^a\int_0^{a-x}\sqrt{1+\left(\frac{x}{\sqrt{x^2+y^2}}\right)^2+\left(\frac{y}{\sqrt{x^2+y^2}}\right)^2}\,dydx = 2\int_0^a\left[\sqrt{2}\,y\right]_0^{a-x}dx$$

$$= 2\int_0^a \sqrt{2}(a-x)\,dx = 2\sqrt{2}\left[ax-\frac{x^2}{2}\right]_0^a = \sqrt{2}\,a^2.$$

(7)　$z^2 = ax - x^2 = x(a-x) \geq 0$ より，$a \geq x \geq 0$ で，曲面は $z = \pm\sqrt{ax-x^2}$ なので，求める曲面積は領域 $D = \{(x,y) \mid x^2+y^2 \leq a^2, x \geq 0\}$ 上の曲面 $z = \sqrt{ax-x^2}$ の 2 倍である．また，$z = \sqrt{ax-x^2}$ に対し，$\sqrt{1+z_x^2+z_y^2} = \sqrt{1+\left(\frac{a-2x}{2\sqrt{ax-x^2}}\right)^2} = \frac{\sqrt{4(ax-x^2)+(a-2x)^2}}{2\sqrt{ax-x^2}} = \frac{a}{2\sqrt{ax-x^2}}$ なので，曲面積は

$$S = 2\iint_D \frac{a}{2\sqrt{ax-x^2}}dxdy = \int_0^a dx \int_{-\sqrt{a^2-x^2}}^{\sqrt{a^2-x^2}} \frac{a}{\sqrt{ax-x^2}}dy$$

$$= \int_0^a \left[\frac{ay}{\sqrt{ax-x^2}}\right]_{-\sqrt{a^2-x^2}}^{\sqrt{a^2-x^2}} dx = \int_0^a 2\frac{a\sqrt{a^2-x^2}}{\sqrt{ax-x^2}}dx = \int_0^a 2a\sqrt{\frac{a+x}{x}}\,dx.$$

4 章問題 4.8.5(3) の結果から $\int \sqrt{\frac{x+a}{x}}dx = \sqrt{x(x+a)} + a\log(\sqrt{x+a}+\sqrt{x})$ より

$$S = 2a\left[\sqrt{x(x+a)}+a\log(\sqrt{x+a}+\sqrt{x})\right]_0^a = 2a\{\sqrt{2a^2}+a\log(\sqrt{2a}+\sqrt{a})-a\log\sqrt{a}\}$$

$$= 2a^2\{\sqrt{2}+\log(\sqrt{2}+1)\}.$$

(8)　関数 $(x^2+y^2)^2 = a^2(x^2-y^2)$ は $x$ 軸，$y$ 軸に関して対称なので，第一象限の部分の体積の 4 倍を考えればよい．この関数を極座標で表すと $r^2 = a^2\cos 2\theta$ で，$\cos 2\theta \geq 0$ より第一象限では $0 \leq \theta \leq \frac{\pi}{4}$ で，$z = \frac{r^2}{2a}$ より $z_r = \frac{r}{a}$ なので表面積は

$$S = 4\int_0^{\pi/4}\int_0^{a\sqrt{\cos 2\theta}}\sqrt{1+\frac{r^2}{a^2}}\,r\,drd\theta = 4\int_0^{\pi/4}\frac{1}{3a}\left[(a^2+r^2)^{3/2}\right]_0^{a\sqrt{\cos 2\theta}}d\theta$$

$$= \frac{4a^2}{3}\int_0^{\pi/4}((1+\cos 2\theta)^{3/2}-1)d\theta = \frac{4a^2}{3}\int_0^{\pi/4}(2\sqrt{2}\cos^3\theta-1)d\theta$$

$$= \frac{4a^2}{3}\int_0^{\pi/4}(2\sqrt{2}\cos\theta(1-\sin^2\theta)-1)d\theta = \frac{4a^2}{3}\left[\left(2\sqrt{2}\left(\sin\theta-\frac{\sin^3\theta}{3}\right)\right)-\theta\right]_0^{\pi/4}$$

$$= \frac{4a^2}{3}\left(\frac{5}{3}-\frac{\pi}{4}\right) = \left(\frac{20}{9}-\frac{\pi}{3}\right)a^2.$$

(9)　極座標で表すと $z = \frac{r^2\sin 2\theta}{2a}$ より $z_r = \frac{r\sin 2\theta}{a}$, $z_\theta = \frac{r^2\cos 2\theta}{a}$, $\sqrt{1+z_r^2+\frac{z_\theta^2}{r^2}} = \sqrt{1+\frac{r^2}{a^2}} = \frac{\sqrt{a^2+r^2}}{a}$. また $(x^2+y^2)^2 = 2a^2xy$ は $xy \geq 0$ より第一象限と第三象限だが，$z = \frac{xy}{a}$ は第一象限と第三象限で同じ値をとるので第一象限での値の 2 倍である．$r^2 = a^2\sin 2\theta$ で，$\sin 2\theta \geq 0$ より $0 \leq \theta \leq \frac{\pi}{2}$ なので表面積は

$$S = 2\int_0^{\pi/2}\int_0^{a\sqrt{\sin 2\theta}} \frac{\sqrt{a^2+r^2}}{a} r\, drd\theta = 2\int_0^{\pi/2}\left[\frac{\sqrt{(a^2+r^2)^3}}{3a}\right]_0^{a\sqrt{\sin 2\theta}} d\theta$$

$$= \frac{2a^2}{3}\int_0^{\pi/2}\left(\left(1+\cos 2(\theta-\tfrac{\pi}{4})\right)^{3/2}-1\right)d\theta = \frac{2a^2}{3}\int_0^{\pi/2}\left(2\sqrt{2}\cos^3\left(\theta-\tfrac{\pi}{4}\right)-1\right)d\theta$$

$$= \frac{2a^2}{3}\left[2\sqrt{2}\left(\sin\left(\theta-\tfrac{\pi}{4}\right)-\frac{\sin^3(\theta-\tfrac{\pi}{4})}{3}\right)-\theta\right]_0^{\pi/2} = \frac{2a^2}{3}\left(\frac{10}{3}-\frac{\pi}{2}\right) = \left(\frac{20}{9}-\frac{\pi}{3}\right)a^2.$$

(10) 球面 $z = \pm\sqrt{a^2-x^2-y^2}$ の表面積は球面 $z = \sqrt{a^2-x^2-y^2}$ の 2 倍である．極座標で表すと $z = \sqrt{a^2-r^2}$ で $z_r = \dfrac{-r}{\sqrt{a^2-r^2}}$ であり，(8) と同様に $(x^2+y^2)^2 = a^2(x^2-y^2)$ は $0 \leq \theta \leq \dfrac{\pi}{4}$ に対する部分の 4 倍を考えればよく，表面積は $S = 8\displaystyle\int_0^{\pi/4}\int_0^{a\sqrt{\cos 2\theta}} \sqrt{1+\dfrac{r^2}{a^2-r^2}}\, r\, drd\theta =$

$$8\int_0^{\pi/4}\int_0^{a\sqrt{\cos 2\theta}} \frac{a}{\sqrt{a^2-r^2}} r\, drd\theta = 8\int_0^{\pi/4}\left[-a\sqrt{(a^2-r^2)}\right]_0^{a\sqrt{\cos 2\theta}} d\theta$$

$$= 8a^2\int_0^{\pi/4}\left(1-\sqrt{1-\cos 2\theta}\right)d\theta = 8a^2\int_0^{\pi/4}(1-\sqrt{2}\sin\theta)d\theta = 8a^2\left[\theta+\sqrt{2}\cos\theta\right]_0^{\pi/4}$$

$$= 2\pi a^2 - 8a^2(\sqrt{2}-1).$$

# 索引

## あ 行

アステロイド (asteroid)
 87, 89, 91
アルキメデス (Archimedes)
 の螺旋　89
一般二項展開　55
陰関数定理　119
陰関数の微分公式　39
上に有界　7

## か 行

カーディオイド (cardioid)
 87, 89, 91
解析関数　100
回転体の体積　90
ガウス (Gauss) の算術幾何平
 均　18
下界　7
下極限　19
下限　7, 23
片側極限値　29
カバリエリ (Cavalieri) の原
 理　90
ギブズ (Gibbs) の不等式
 64
逆関数の存在　39
逆関数の微分公式　39
逆三角関数　23
逆三角関数の主値　23
級数の積　98
狭義単調減少関数　23
狭義単調増加関数　23
極限値　29
極座標　131
曲線の概形　65
曲面積　135
曲面の表面積　90
切り上げ　24

切り捨て　24
近似増加列　133
近似列　133
区間縮小法　17
区分求積法　79, 128
原始関数　69
広義積分可能　84, 133
合成関数の微分　37
交代級数　98
コーシー (Cauchy) の判定条
 件　29
コーシー (Cauchy) の判定法
 96, 100
コーシー (Cauchy) 列　19

## さ 行

サイクロイド (cycloid)
 87, 91
最小値　7, 23
最大値　7, 23
最大値の定理　31
三角関数　23
三葉線　87
指数関数　23
下に有界　7
実数の完備性　19
実数の連続性公理　7
収束　15, 19
収束域　100
収束半径　100
上界　7
上極限　19
上限　7, 23
条件収束　98
商の微分　37
初等超越関数　23
数列の極限（値）　11

数列の収束　11
正項級数の積分判定法　94
正則表現　1
正則連分数　17
積の微分　37
積分可能　79
積分形の剰余　59
絶対収束　98
接平面　111
漸化式　11
漸近展開　53
線形性　37
全微分　111
全微分可能　111
双曲線関数　23

## た 行

対数関数　23
代数関数　23
対数積分法　69
対数微分法　39
体積　135
楕円　87
多項式関数　23
多項式近似　59
ダランベール (d'Alembert)
 の判定法　96, 100
単調関数　23
単調減少関数　23
単調減少（数）列　7
単調（数）列　7
単調増加関数　23
単調増加（数）列　7

値域　23
置換積分法　69, 79
中間値の定理　31
調和関数　114
定義域　23

テイラー (Taylor) 展開　53
テイラー (Taylor) の定理　59
テイラー級数　100
テイラー展開可能　100
デカルト (Descartes) の葉形　127
導関数　35
凸関数　33

## は 行

媒介変数　39
はさみうちの原理　11
発散　15
反復（累次）積分への分解　128
比較定理　15
比較判定法　94
非正則　1
非正則表現　1
左極限値　29
左微分可能　35
左微分係数　35
微分　111
微分可能　35
微分係数　35
微分積分学の基本定理　79
符号関数　24
不定形の極限値　49
部分積分法　69, 80

平均値の定理　49, 118
べき級数　100
ヘビサイド (Heaviside) 関数　24
ヘルダー (Hölder) の不等式　68
変数変換　131
偏導関数　108
偏微分可能　108
偏微分係数　108
放物線の弧　89

## ま 行

マクローリン (Maclaurin) 展開　53
マクローリン (Maclaurin) の定理　59
右極限値　29
右微分可能　35
右微分係数　35
ミンコフスキー (Minkowski) の不等式　68
(無限) 級数　15
無限小の記号　53
無限小の計算規則　53
(無限) 等比級数　15
無理数　6

## や 行

ヤコビアン (Jacobian)　131

有界　7, 23
有界性　7
有界単調列の収束　11
有理関数　23

## ら 行

ライプニッツ (Leibniz) の公式　43
ラグランジュ(Lagrange) 剰余　59
ラグランジュ(Lagrange) の未定乗数法　125
ランダウ (Landau) の記号　53
リーマン (Riemann) 和　79
累次積分　130
連続　31, 106
連分数　17
ロピタル (l'Hospital) の定理　49
ロル (Rolle) の定理　49

## 欧　字

$C^\infty$ 級関数　114
$C^k$ 級関数　114
$p$ 進法表現　1
$R \setminus N$　43
$\operatorname{sgn} x$　24
$x_+$　24
$x_-$　24

## 著者略歴

### 金子　晃
### かねこ　あきら

1968 年　東京大学 理学部 数学科卒業
1973 年　東京大学 教養学部 助教授
1987 年　東京大学 教養学部 教授
1997 年　お茶の水女子大学 理学部 情報科学科 教授
　　　　　理学博士，東京大学・お茶の水女子大学 名誉教授

### 竹尾　富貴子
### たけお　ふきこ

1965 年　お茶の水女子大学 理学部 化学科卒業
1975 年　お茶の水女子大学大学院 理学研究科数学専攻修了
1988 年　お茶の水女子大学 理学部 数学科 助教授
1994 年　お茶の水女子大学 理学部 情報科学科 教授
　　　　　理学博士，お茶の水女子大学 名誉教授

---

ライブラリ数理・情報系の数学講義-別巻 2

## 基礎演習 微分積分

2012 年 4 月 10 日 ⓒ　　　　初 版 発 行

著　者　金子　　晃　　　発行者　木下　敏孝
　　　　竹尾富貴子　　　印刷者　杉井康之
　　　　　　　　　　　　製本者　関川安博

発行所　株式会社　サイエンス社

〒 151-0051　東京都渋谷区千駄ヶ谷 1 丁目 3 番 25 号
営業　☎ (03) 5474-8500 (代)　振替 00170-7-2387
編集　☎ (03) 5474-8600 (代)
FAX　☎ (03) 5474-8900

印刷　(株) ディグ　　　　製本　関川製本所

《検印省略》
本書の内容を無断で複写複製することは，著作者および
出版者の権利を侵害することがありますので，その場合
にはあらかじめ小社あて許諾をお求め下さい．

ISBN978-4-7819-1305-6
PRINTED IN JAPAN

サイエンス社のホームページのご案内
http://www.saiensu.co.jp
ご意見・ご要望は
rikei@saiensu.co.jp　まで．